木材の組織

島地　　謙
須藤　彰　司
原田　　浩
共著

森北出版株式会社

はじめに

われわれ人類と木材のつきあいは古くまた深い．その長いつきあいの中で，人類は木材の材料としての長所や短所について多くのことを経験的に学びとってきた．しかしながら，木材の性質について本格的な研究をすることを始めたのは，そう古いことではないのである．近年，わが国においても諸外国においても，木材の研究および加工技術の進歩は著しいものがあるが，それでもなお木材の性質について不明な点が少なくない．

われわれの用いる材料のひとつとして木材を考えた場合，木材は金属，コンクリート，あるいはプラスチックなどのような木材以外の材料には考えられない多くの特色のある性質をもっている．そのうちで目立つものとして，1）性質が方向によって異なる（異方性と呼んでいる）こと，2）分類学的な科，属，種などの相違が性質の違いとなって現れること，3）性質が同一種内，同一樹幹内，さらに同一年輪内においても変動していること，などがあげられる．これらは木材が植物の体であること，したがって，1）細胞からなりたっていること，2）細胞壁はセルロースを骨格としてできているので，セルロースの構造およびその配列の違いが影響をもつこと，3）生物であるため，当然生長過程で外界の影響をうけ，これが細胞の形，大きさおよび構成などに影響を及ぼすこと，4）細胞の形，大きさおよび構成などに系統発生的な，あるいは個体発生的な変動があること，などに基づいている．

このように考えてゆくと，木材の材料としての性質を理解するにあたって，上述のような生物的な要素が非常に大きな因子となっていることを忘れてはならないことがわかるはずである．日常，便宜的に木材を均一で，変動のない材料と仮定して取り扱うことがあったとしても，このことを忘れては木材の性質を完全に理解することはできない．このような考え方に基づいて木材の組織について述べてみたい．

本書では一般に木材として用いられる双子葉植物，裸子植物を対象としたが，さらにヤシ類，竹類のような単子葉植物は利用上，あるいは一般の木材と比較する点から興味あることなので簡単にふれることとした．また，樹皮についても同じような考え方にしたがって解説をこころみた．

細胞壁の微細構造については，とくに木材の多くの特徴的な性質の基となっているものであり，しかも，最近の機器および実験方法の急速な進歩に伴い未知の分野がつぎつぎに明らかになってきている．そのような事情を十分考慮のうえ取り上げた．

木材組織に関連した分野の中で実用的な技術のひとつに木材の識別がある．とくにわが国における木材事情を反映して，多数のしかも大量の外材がわが国の市場において取引きされている．これらの識別は木材の研究上からも，また木材工業の日常の実務の中でも非常に重要であるので，木材の識別に関しては日本産の木材のほかに輸入材をも含めて解説した．

最初に述べた課題――木材を材料として考えた場合の基礎としての木材の組織――に，本書の内容が十分適合しているかどうか気がかりな点が少なくない．大ぜいの読者の方々からのご批判を頂けることを願っているものである．

本書の執筆にあたり，島地が1，3，4，10，12および13章，原田が5および10章，須藤が2，6，7，8，9，11および14章をそれぞれ分担した．

本書の執筆について：——

1）本書で用いた学術用語およびその定義はできる限り

・日本木材学会：国際木材解剖用語集．木材誌，**21**，9，A1（1975）．
・International Associaiton of Wood Anatomists : Multilingual glossary of terms used in wood anatomy. I. A. W. A.（1964）．
・文部省：学術用語集　植物編，大日本図書（1958）．
・日本木材学会：材質に関する組織用語．木材誌，**18**，8，147（1972）．

などによっている．

参考のために巻末に国際木材解剖用語集の用語の抜すいを和・英・独の対訳で記してある．

2）細胞内腔，壁孔腔，細胞間腔，などの用語に用いられている〝腔〟については，上述の用語集では〝こう〟を用い，〝腔〟を用いることを妨げないとしている．本書では，しばしば〝こう〟が〝腔〟以外の意味に誤解されないとも限らないことが起こり得る個所があるので，それを避けるために〝こう〟を用いずにあえて〝腔〟を用い，さらにそれに統一する意味で他の部分でも同様にしていることに留意されたい．

3）道管の語は本文中にも述べてあるように，一般に道管要素の意味にも用いられることが多い．本書の中でも，しばしば道管を道管要素の意味で用いていることに留意されたい．

道管せん孔については，上述の解剖用語集では道管せん孔を正式の用語としているが，本書中においては，とくにまぎらわしい場合がないので，道管せん孔とせずに，単にせん孔としていることが多い．したがって，これを正式に単独の用語として記す時には道管せん孔とすべきである．

4）本書の中では，述べた事項のうちすでに経験的にもよく知られている事項ならびに著者の直接の研究結果によっているものであって，とくにそれを引用する必要がないと考えた事項については，文献として記載していない．

5）異なった章の中に同一の事項の記述がされていることがしばしばあるが，それらの場合，それぞれの記述の重点が各章によって異なっていることに気付かれるはずである．

6）文献については，本文中に直接引用したものは各章の末尾に引用文献として示したが，一般的に参考に供した文献は巻末に参考文献として一括してあげておいた．

7）写真説明のうちで，とくに説明なく（R. 100×）あるいは（T. 100×）としてあるのは，それぞれ前者は（放射断面100倍），後者は（接線断面100倍）を意味している．

8）本文中に小さい活字で[1)2)…]と付したものは，各章末の引用文献番号を示し，同様に[*)]，[**)]等を付したものは同じページに脚注で解説してあることを示す．

9）従来ミクロンを表わす記号はμであったが，最近になってμmと表記することにJISその他で決められたので，本文中ではそれに従った．ただし写真の大きさを示すスケールでは，μだけで表わしてある．

目　次

6 木材の外観　(pp. 102〜110)

参考文献　(pp. 279～281)

1 木材を生産する植物

木材は植物の二次木部細胞の遺体が多量に蓄積された集合体である．木材が植物によって生産されるとはいえ，すべての植物が二次木部を蓄積する，いわゆる木本植物ではないし，また木本植物といえどもそのすべてが植物体の中にわれわれが製材加工して利用するに足る十分な量の二次木部を蓄積するわけではない．

1.1 木本植物の特徴とその生活型

木材が木部細胞の集合体であるからには木材を生産する植物，すなわち木本植物はまず第１に維管束植物でなければならない．維管束が存在しない植物には師部とともに維管束の重要な構成要素である木部も存在しないし，したがって木部細胞の集合体である木材も生産しえない．しかしながら，単に維管束植物であるということだけならばシダ植物以上の高等植物は草本植物を含めてすべてこれに該当し，木本植物の条件としては不十分である．そこで第２に，木材は木部細胞が多量に蓄積されたものである以上，木本植物は地上に生き続ける茎をもつ多年生植物であり，かつ維管束形成層の分裂により茎および根の二次肥大生長をおこない，多年にわたって二次木部細胞の蓄積を続けるものでなければならない．

以上の２点は木本植物としての最低の必要条件であるが，前に述べたようにすべての木本植物がわれわれの利用目的に適した形や量の二次木部を蓄積するわけではない．

木本植物は成熟状態に達したときの生活型によって高木性樹種，低木性樹種，つる性樹種に一応分けることができる．しかしながら，高木性樹種であるとされているカラマツも森林限界付近では低木化するなど，これらの樹種区分は便宜的な区分にすぎない．またこれらの樹種区分の基礎となる生活型，すなわち高木性，低木性，つる性の区分も必ずしも明確なものではないが，これらの生活型はおよそ次のように定義される．

(1) 高木：　茎（幹）がふとく高く自立し，一般に単幹性で幹の中部以上から枝を出し，芽が地上数 m より高い所にできるもの．

(2) 低木：　高さ数 m 以下であり，幹はあまり太くならずに下部から枝分れして株立ちになるもの．

(3) つる：　自ら直立することなく，地上をはい，あるいは他の物体に巻きついたり，まきひげ，かぎ状の刺（とげ），付着根などで他の物体にからんでよじのぼる茎をもつもの．

このような生活型から当然判断されるように，われわれの利用に適する木材を生産する木本植物は高木性樹種と低木性樹種の一部にすぎないし，また土木・建築用材など製材加工に適する木材は高木性樹種だけによって生産される．つる性樹種の二次木部にはフジやキッカボクのように異常肥大生長を示すものが多く，切口の模様が面白いため土びん敷，菓子器などの工芸品として利用されることがあるが，その他の利用価値はほとんどない．

1.2 木本植物，とくに木材資源となる植物の分類学上の位置

木材を対象とする者にとっては木本植物以外の植物は関係がないわけであるが，木本植物，とくに木材資源となる植物が植物界の中で分類学上どのような位置に存在するかということを整理しておくことは必要であろう．

植物界の分類様式は分類学者によっていろいろ見解が異なっているが[1]，木材を取り扱う立場からはしいて分類学者の見解にとらわれる必要もないので，便宜上，表 1.1 のように 5 つの門（division）に分類することとする．

表 1.1

植物界（357,000）
(1)　菌藻植物門　Thallophyta（72,000）
　　細菌類，菌類，藻類等
(2)　コケ植物門　Bryophyta（23,000）
　　蘚類，苔類
(3)　シダ植物門　Pteridophyta（11,000）
　　シダ類（9,300），ヒカゲノカズラ類（1,200）
　　トクサ類（30），マツバラン類（40）等
(4)　裸子植物門　Gymnospermae（700）
　　ソテツ類（目）Cycadales（90）
　　イチョウ類（目）Ginkgoales（1）
　　針葉樹類（目）Coniferales（540）
　　マオウ類（目）Gnetales（70）
(5)　被子植物門　Angiospermae（250,000）
　　双子葉類（綱）Dicotyledoneae（2 亜綱48目）（200,000）
　　単子葉類（綱）Monocotyledoneae（14目）（50,000）

注 1．Melchior ら[1] は本表の(1)菌藻植物門を 13 門に細分し，植物界を 17 門に分類している．
注 2．各分類群におけるカッコ内の数字はおおよその現生種類数を示す．

菌藻植物は植物界の中で最も下等なグループである．藻類，菌類，細菌類等かなり異質な植物群を一括した膨大なグループで，その植物体の形や大きさ，性別の確立の程度など多種多様であるが，いずれの植物群も組織や器官の分化はほとんど見られず，構造は極めて簡単で，最も簡単なものには単細胞のものも多い．大部分が水中あるいは多湿の環境で生活を営み，植物が地球上に最初に出現し陸上に移動する以前の形態・生活様式をとどめていると考えられる．

コケ植物は菌藻植物にくらべると分化がかなり進んだグループであるとはいえ，やはり比較的簡単な植物である．植物体の構造はまだかなり原始的で，蘚類ではじめて原始的な茎・葉の別が見られるが，苔類では単に扁平な葉状を呈するだけで，いずれもまだ典型的な通導組織である維管束はまったく見られない．

シダ植物にいたってはじめて維管束の分化が見られる．根・茎・葉の器官が完全に確立し，これらの器官は木部と師部によって構成される典型的な通導組織である維管束をもっている．しかしながら現生のシダ植物の維管束は師部が木部をまったく包囲する外師包囲型の維管束が管状，網状，あるいは多環状に配列したり，また種類によっては師部と木部が交互に放射状に配列しており，二次肥大生長をおこなわないものが多く，二次肥大生長をおこなう種類でも典型的な二次木部の蓄積はおこなわない．茎は一般に小型で多くは根茎となるが巨大な茎をもつ木生シダもある．現生の木生シダは非常に少ないが，古世代，とくに石炭紀には典型的な二次木部を蓄積した木生シダが全盛を極め，現在は絶滅した古い裸子植物とともに今日の石炭層の堆積に大きく貢献している．その後の地球表面の環境変化と裸子植物，被子植物の発展によってシダ植物はしだいに衰退し，現生の種

類は約 11,000 種と考えられている．

裸子植物は被子植物とともに花を咲かせ種子をつくるいわゆる種子植物としてシダ植物以下の植物群と決定的な違いを示している．裸子植物は心皮が閉合して子房をつくることがないため，胚珠が裸出していることが特徴で，古世代デボン紀にはじめて出現し中世代三畳紀に全盛を極めたが，その後被子植物に席をゆずって現生の種類数は約 700 ぐらいにまで衰退している．現生の裸子植物はソテツ類，イチョウ類，針葉樹類，マオウ類の 4 つの目（order）に分けられ，いずれも多かれ少なかれ二次肥大生長をおこなう木本植物である．

ソテツ類は熱帯から暖帯に約 90 種分布し，枝のない円柱状の茎をもっており，多くは低木で，大きいものは高木になるものもあるが，髄および皮層が非常に大きく，二次組織は木部と師部が同心円状に交互に繰り返す異常肥大生長をおこなうので木材としての利用価値はまったくない．

イチョウ類の現生のものは 1 属 1 種でイチョウ（*Ginkgo biloba* L.）があるだけである．落葉高木で正常な肥大生長により極めて多量の二次木部を蓄積するので木材としての利用価値がある．ソテツとイチョウはともに花粉が胚珠について発芽すると花粉管の中に精子が生ずることから，この両グループは裸子植物の中で最も原始的でシダ植物に近いものと考えられている．しかしながら，イチョウの二次木部は後述の針葉樹類のそれと非常によく似ているので，イチョウの木材は便宜的に針葉樹材として取り扱われる．

針葉樹類は48属 540 種を数え，すべて典型的な二次肥大生長をおこなう木本植物である．このグループの植物は，1）大部分の種類が単幹性の高木であって植物体の大部分を二次木部が占めており，幹のほそりも少ないので製材にあたって無駄が少ないこと，2）樹種構成の少ない単純な林をつくって群生する傾向があり，伐木・運材が経済的にできること，3）針葉樹林は地球上で木材の需要が最もさかんな工業地帯が集中する温帯地域に現在最も発達していること，などの理由によって重要な木材資源となっている．このグループの木材を針葉樹材と呼ぶが，前述のように便宜的にはイチョウ材も針葉樹材として扱われる．また，厳密な植物分類学の立場からはイチイ類（Taxales）を独立の目とすることがあるが，木材を扱う立場からは針葉樹類と分ける必要はない．したがって，本書では針葉樹材といった場合に，とくに述べないかぎりはイチョウ材やイチイ類の材を含めた広義の意味に理解されたい．

マオウ類は現生のものは 3 属約 70 種あるが，この類の二次木部は道管をもっていることで被子植物のそれと似ており，マオウ類は裸子植物の中で最も進化したグループとされている．しかしながら，いずれも低木あるいはつる性で木材としての利用価値はない．

被子植物は心皮が閉合して子房をつくり，胚珠が子房の中に包まれていることが特徴で，中世代ジュラ紀にはじめて出現し，新生代に入って現在に至るまで全盛を極めており，種類数は 250,000 をこえると考えられている．被子植物は胚の中の子葉が 2 枚ある双子葉類と子葉が 1 枚しかない単子葉類の 2 つの綱（class）に分けられる．双子葉類と単子葉類は茎の中の維管束の配列のしかたにおいても著しい対比を示している．すなわち，双子葉類ではごく少数の例外を除けば茎の維管束は髄の周囲に円周状に配列し（真正中心柱と呼ばれる），とくに木本植物ではその円周に沿って連続した維管束形成層が発達して二次木部の形成がおこなわれる（図 1.1 a）．このような維管束の配列や二次木部の形成のしかたは前述の広義の針葉樹類とまったく同じである．これに対して単子葉類では例外なく維管束が茎の基本組織の中に不規則に散在しており（不斉中心柱と呼ばれる），維管束形成層の発達がまったく見られない（図 1.1 b, c）.

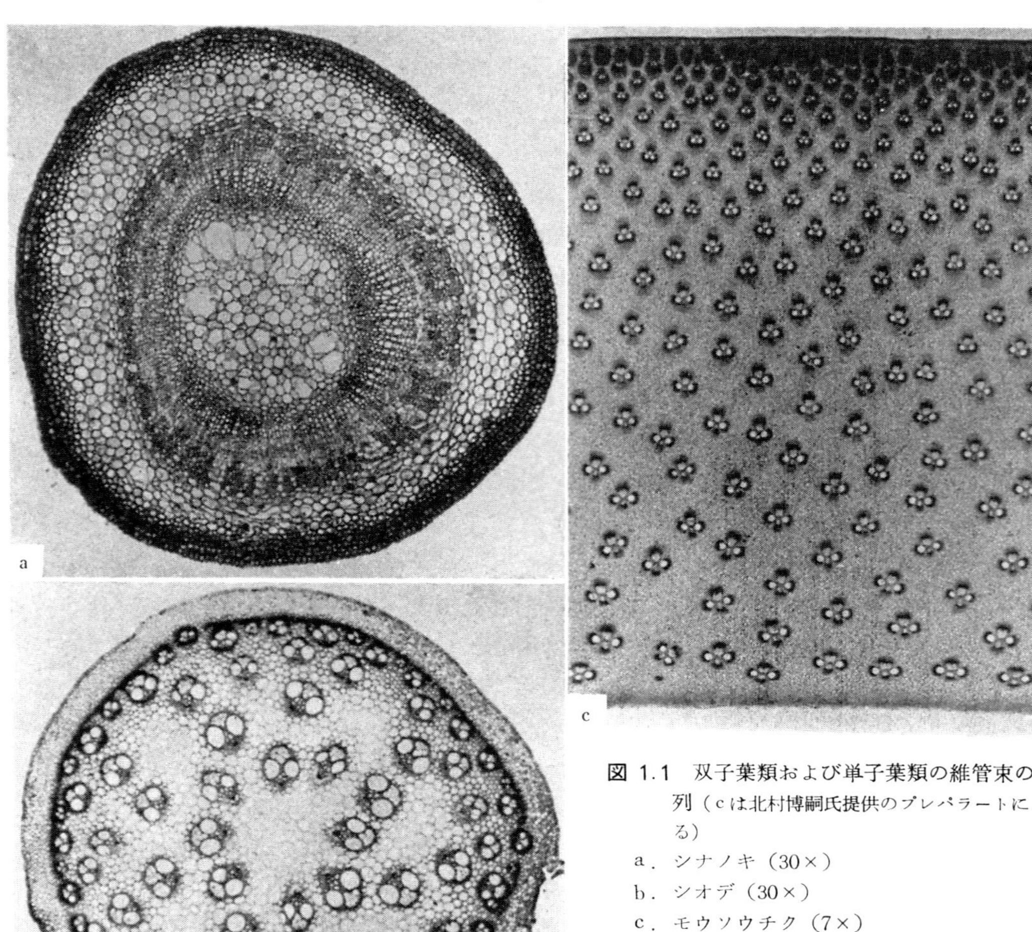

図 1.1　双子葉類および単子葉類の維管束の配列（cは北村博嗣氏提供のプレパラートによる）
a．シナノキ（30×）
b．シオデ（30×）
c．モウソウチク（7×）

双子葉類は種類数約 200,000 という膨大なグループで，さらに 2 亜綱48目，そして 300 に近い数の科に細分されている．目全体が正常な肥大生長をおこなう木本植物であるもの，あるいは目全体が肥大生長をおこなわない草本植物であるものもあるが，多くの目あるいは科，さらに属の段階ですら木本植物と草本植物が混在しており，木本性あるいは草本性ということは植物の類縁関係とはまったく関係がない．双子葉類の木本植物は広葉樹と呼ばれ，その木材を広葉樹材と呼ぶ．広葉樹は高木樹種だけを取ってみても広義の針葉樹にくらべてその数は圧倒的に多く，重要な木材資源となっている．

単子葉類は種類数約 50,000 で 14 目 53 科に細分される大きなグループで，植物界の中で最も進化の進んだものと考えられている．大部分が草本植物であるが，ヤシ類や竹類のように高木状になる種類もある．しかしながら，前述のように維管束が茎の中に散在し，維管束形成層による二次木部の形成がまったく見られないことは高木状になる種類においても例外ではない．したがって，ヤシ類や竹類の幹のように非常に特殊な用い方をされる場合があるにしても，単子葉類の植物は木材資源とはなりえない．

〔引 用 文 献〕

1) Melchior, H. & Werderman, E.: A. Engler's Syllabus der Pflanzenfamilien, Bd. II, 12 Aufl. (1964)

2　世界の木材

日常われわれが材料として用いている木材の種類が実際にどのくらいあるのか，実態をつかむことは容易ではない．わが国の場合，一般に針葉樹が約 40 種あり，広葉樹が 600〜700 種あるとされているが，実際にわれわれが，日常材料として用いる樹種となると，両者を合せてせいぜい数十種となる程度であろう．一方，世界にどのくらいの木本植物の種類があるのか，おそらく膨大な数になると考えられる．また木材として用いられる樹種はどのくらいあるのか見当がつけられない．木材の解説をしている文献を見ると，現在，地域的のものであれ，世界的なものであれ，それらを数えあげてみると，市場材といえるものはほぼ数千あると考えるのが適当なのかも知れない．しかし，それが一国の場合であっても，最近のわが国の場合のように，今までまったく市場材としては考えもされなかったような未利用樹種を東南アジアから輸入するようになると，この数は飛躍的に増加するであろう．

現在，日本の市場には国内産よりも数多くの外国産木材が輸入され，将来もその種類はますます増加していくものと考えるのが適当であろう．

現在，日本で用いられている木材（国内産，輸入材）および将来用いられると考えられる木材を以下にあげてみよう．

2.1　針　葉　樹　材

Araucariaceae（ナンヨウスギ科）

Agathis　東南アジアからニュージーランドに 20 種．*A. alba*(ダマールミニヤック)，*A. philippinensis*（アルマシガ），*A. australis*（カウリ）など．　***Araucaria***　ニューギニアからオーストラリア，ニュージーランド，ニューカレドニアを経て，ブラジル，チリーに及ぶ．*A. angustifolia*（ブラジリアンパイン，パラナパイン），*A. cunninghamii*（フープパイン），*A. hunsteinii*（=*A. klinkii*　クリンキパイン）など．

Cupressaceae（ヒノキ科）

Chamaecyparis　北米，日本，台湾に 7 種．*C. lawsoniana*（ロウソンヒノキ，ベイヒ），*C. nootkatensis*（イエロウシーダー，ベイヒバ），*C. pisifera*（サワラ），*C. formosensis*（ベニヒ），*C. obtusa*（ヒノキ），*C. taiwanensis*（タイワンヒノキ）など．***Cupressus***　地中海沿岸，サハラ，アジア，北アメリカに及ぶ．15〜20 種．*C. arizonica*（アリゾナサイプレス），*C. funebris*（ウィーピングサイプレス），*C. sempervirens*（メジタレーニアンサイプレス）など．***Juniperus***　北半球に 60 種．*J. procera*（アフリカンペンシルシーダー），*J. virginiana*（エンピツビャクシン，レッドシーダー）など．***Thuja***　日本，中国，北アメリカに 5 種．*T. plicata*（ウエスタンレッドシーダー，ベイスギ），*T. orientalis*（コノテガシワ），*T. standishii*（ネズコ）など．　***Thujopsis***　日本に 1 種．*T. dolabrata*（アスナロ，var. *hondae* ヒノキアスナロ，ヒバ）．

Pinaceae（マツ科）

Abies　北半球の温帯，中米などに 50 種．*A. firma*(モミ)，*A. sachalinensis*（トドマツ），*A. procera*（ノーブルファー），*A. concolor*（ホワイトファー），*A. grandis*（グランドファー）など．　***Cedrus***

シリア，ヒマラヤ，アルジェリア，キプロスなどに4種．*C. libanii*（レバノンシーダー），*C. deodara*（デオダール，ヒマラヤスギ）など．**Larix** ヨーロッパ，北アジア，北アメリカなどに10〜12種．*L. leptolepis*（カラマツ），*L. gmelinii*（ソ連カラマツ，グイマツ），*L. laricina*（タマラック）など．
Picea ヨーロッパ，アジア，アメリカなどに50種．*P. jezoensis*（エゾマツ），*P. glehnii*（アカエゾマツ），*P. engelmannii*（エンゲルマントウヒ），*P. sitchensis*（シトカトウヒ，ベイトウヒ），*P. abies*（ドイツトウヒ，オウシュウトウヒ）など．**Pinus** 北半球および熱帯の山地に70〜100種．*P. densiflora*（アカマツ），*P. thunbergii*（クロマツ），*P. pentaphylla*（ヒメコマツ），*P. koraiensis*（チョウセンマツ，ベニマツ），*P. strobus*（ストローブマツ），*P. taeda*，*P. palustris*，*P. rigida*，*P. echinata*，*P. elliottii*，*P. virginiana*（以上サザンイエロウパイン），*P. sylvestris*（オウシュウアカマツ，スコッチパイン，ソ連アカマツ），*P. merkusii*（メルクシマツ，スマトラマツ），*P. insularis*（ベンゲットパイン），*P. caribaea*（カリビアンパイン），*P. ponderosa*（ポンデローサパイン），*P. pinaster*（仏国海岸松），*P. radiata*（ニュージーランドマツ，ラジアータマツ）など．**Pseudotsuga** 東アジア，アメリカ西北部などに7種．*P. japonica*（トガサワラ），*P. menziesii*（ベイマツ，ダグラスファー）など．**Tsuga** ヒマラヤ，東アジア，北アメリカに15種．*T. sieboldii*（ツガ），*T. diversifolia*（コメツガ），*T. heterophylla*（ベイツガ）など．

Podocarpaceae（マキ科）

Dacrydium 東南アジア，ニュージーランド，ニューカレドニア，フィジィ，チリーなどに20〜25種．*D. elatum*（センピロール，ダクリジウム），*D. cupressinum*（リム）など．**Podocarpus** 主として熱帯に分布し，日本にも生育する．約80種．*P. macrophyllus*（イヌマキ），*P. nagi*（ナギ），*P. neriifolius*（カユチナ），*P. blumei*（マラアルマシガ），*P. dacrydioides*（イエロウパイン），*P. totara*（トタラ）など．

Taxaceae（イチイ科）

Taxus 北半球の温帯からヒマラヤ，フィリピン，セレベスおよびメキシコなどに10種．*T. cuspidata*（イチイ），*T. baccata*（コンモンユー）．**Torreya** 東アジア，北アメリカ（カリフォルニア，フロリダ）などに6種．*T. nucifera*（カヤ）．

Taxodiaceae（スギ科）

Cryptomeria 日本に1種．*C. japonica*（スギ）．**Cunninghamia** 中国大陸南部，台湾に3種．*C. lanceolata*（コウヨウザン）など．**Sciadopitys** 日本に1種．*S. verticillata*（コウヤマキ）．**Sequoia** 北アメリカ（カリフォルニア）に1種．*S. sempervirens*（レッドウッド）．**Taiwania** 中国大陸，台湾に1〜2種．*T. cryptomerioides*（アサン）．**Taxodium** アメリカ，メキシコなどに3種．*T. distichum*（ラクウショウ，ボルドサイプレス）．

Ginkgoaceae（イチョウ科）

Ginkgo biloba 中国に自生があるといわれる．正確には針葉樹材とはいえないが，わが国では良く知られ，しばしば針葉樹材と同様に取り扱われる．

2.2 広葉樹材

Aceraceae（カエデ科）

Acer 200種あり，北半球の温帯を主とし，熱帯の山岳地帯に少数分布する．*A. mono*（イタヤカエデ），*A. amoenum*（オオモミジ），*A. rufinerve*（ウリハダカエデ），*A. saccharum*（ハードメープル，シュガーメープル），*A. nigrum*（ハードメープル，ブラックメープル），*A. pseudoplatanus*（シカモア）．

Anacardiaceae（ウルシ科）

Anacardium 15種が熱帯アメリカ．*A. excelsum*（エスパベ）など．**Astronium** 中央アメリカ，南アメリカの熱帯，西インド諸島．*A. fraxinifolium* を含む *Astronium* spp.（ゴンサロアルベス），*A.*

urundeuva を含む *Astronium* spp.（ウルンダイ）．**Buchanania** 東南アジア，オーストラリアの熱帯に25種．*B. arborescens*（バリンハサイ）など．**Campnosperma** 熱帯に15種．*C. auriculata*（テレンタン），*C. brevipetiolata*（キャンプノスペルマ），*C. panamensis*（オレイウッド）など．**Choerospondias** 東南アジア，日本などに数種．*C. axillaris*（チャンチンモドキ）．**Dracontomelon** 東南アジアからフィジィへ8種．*D. dao*（ダオ），*D. mangiferum*（センクアン）．**Gluta** および **Melanorrhoea** 前者はマダガスカルに1種と東南アジアに12種，後者は東南アジアに20種．いずれもレンガスと呼ばれることが多い．**Koordersiodendron** マラヤ，ボルネオ，ニューギニア，フィリピンなどに *K. pinnatum*（アムギス）が1種．**Mangifera** 東南アジアに40種．*M. altissima*（パフタン），*M. indica*（マチャン，マンガ）など．**Pistacia** 地中海地域，アフガニスタン，東南アジア，東アジア，アメリカ南部，メキシコ，ガテマラなどに10種．*P. chinensis*（ランシンボク，サンギロ）など．**Rhus** 亜熱帯，暖帯に250種．*R. verniciflua*（ウルシ），*R. javanica*（ヌルデ）．**Schinopsis** 南アメリカに7種．*S. lorentzii*（ケブラチョ）．**Spondias** 10〜12種が東南アジア，熱帯アメリカに．**Swintonia** 東南アジアに15種．*S. floribunda*（メルパウ）．**Tapirira** 中南米に15種．*T. guianensis*（ドウカ）．

Annonaceae（バンレイシ科）

Cananga 熱帯アジアからオーストラリアへ2種．*C. odorata*（イランイラン）．**Cyathocalyx** 東南アジアに38種．*C. globosus*（ダリナス）．**Enantia** アフリカに10種．**Mezzettia** マライ，ボルネオに7種．**Polyalthia** 主として東南アジアに120種．**Xylopia** 熱帯に100〜150種．

Apocynaceae（キョウチクトウ科）

Alstonia アフリカ，東南アジアからポリネシアに50種．*A. congensis*（エミエン），*A. scholaris*（プライ）．**Aspidosperma** 熱帯アメリカ，南アメリカ，西インド諸島などに80種．*A. quebracho-branco*（ケブラチョブランコ），*A. peroba*（ペロバローザ）．**Dyera** 東南アジアに2〜3種．*D. lowii*，*D. costulata*（ジェルトン）．**Wrightia** 熱帯アフリカ，東南アジア，オーストラリアなどに23種．

Araliaceae（ウコギ科）

Kalopanax アジアに1種．*K. pictus*（セン，ハリギリ）．**Schefflera** 熱帯，亜熱帯に200種．

Betulaceae（カバノキ科）

Alnus 北半球およびアンデスなどに約30種．*A. hirsuta*（ヤマハンノキ），*A. rubra*（レッドアルダー）．**Betula** 北半球の温帯から亜寒帯へ50種．*B. maximowicziana*（ウダイカンバ，マカンバ），*B. grossa*（ミズメ），*B. mandshurica*（シラカンバ），*B. alleghaniensis*（イエロウバーチ），*B. papyrifera*（ペーパーバーチ），*B. verrucosa*（イングリッシュバーチ）．**Carpinus** 北半球の温帯を中心に約40種．*C. japonica*（クマシデ），*C. betulus*（ホーンビーム）．

Bignoniaceae（ノウゼンカズラ科）

Cybistax 熱帯アメリカに3種．*C. donnell-smithii*（プリマベラ）．**Jacaranda** 中南米に50種．*J. copaia*（コパイア）．**Tabebuia** 中南米に100種．*T. rosea*（ローブル），*T. serratifolia*（ベサバラ）．

Bombacaceae（パンヤ科）

Ceiba 熱帯アメリカに10種．また各地に植栽．*C. pentandra*（カポック）．**Durio** 東南アジアに20種．**Ochroma** 中南米に1種．*O. lagopus*（バルサ）．

Boraginaceae（ムラサキ科）

Cordia 世界の熱帯などに250種．*C. subcordata*（バル），*C. alliodora*（ラウレル）．**Ehretia** 世界の熱帯などに約50種．*E. ovalifolia*（チシャノキ）．

Burseraceae（カンラン科）

Aucoumea 熱帯西アフリカに1種．*A. klaineana*（オクメ，ガブン）．**Bursera** 熱帯アメリカに80種．**Canarium** 熱帯アフリカ，熱帯アジア，太平洋地域などに100種．**Dacryodes** 世界の熱帯に50種．**Protium** マダガスカル，東南アジア，熱帯アメリカに90種．**Tetragastris** 中米からスリナム，西インド諸島. ***Santiria*** 熱帯西アフリカに6種, 東南アジアに17種. ***Triomma*** 東南アジア(フィリピンにはない) に1種.

Buxaceae (ツゲ科)

Buxus 世界に70種. *B. microphylla* var. *japonica* (ツゲ).

Casuarinaceae (モクマオウ科)

Casuarina 熱帯地域に45種. *C. equisetifolia* (アゴホ, シーデーク, トキワギョリュウ).

Celastraceae (ニシキギ科)

Euonymus 北半球に150種. ***Lophopetalum*** 東南アジアに 4 種. *L. beccarianum* (ペルポック).

Cercidiphyllaceae (カツラ科)

Cercidiphyllum 日本, 中国に1種. *C. japonicum* (カツラ).

Combretaceae (シクンシ科)

Anogeissus 熱帯アフリカ, アラビア, 東南アジアへ11種. *A. latifolia* (アクスルウッド). ***Lumnitzera*** アフリカから東南アジアを経てオーストラリアへ2種. ***Terminalia*** 世界の熱帯に250種. *T. catappa* (ケタパン, タリサイ), *T. copelandii* (ラニパウ, タリサイ), *T. calamansanai* (マラカルンピット, ジェラワイ, ケタパン), *T. tomentosa* (ラウレル, ロクファ), *T. brassii*, *T. complanata* (ターミナリア), *T. bialata* (ホワイトチューグラム), *T. ivorensis* (フラミレ, イジグボ), *T. superba* (リンボ, コリナ), *T. januarensis* (アラカ).

Compositae (キク科)

Brachylaena アフリカ, マダガスカルに23種.

Cornaceae (ミズキ科)

Cornus ヨーロッパ, コーカサス, 東アジア, 北アメリカに4種, *C. controversa* (ミズキ). ***Mastixia*** 東南アジアに25種.

Cunoniaceae (クノニア科)

Ceratopetalum ニューギニア, オーストラリアに5種. *C. apetalum* (コーチウッド). ***Schizomeria*** 東南アジア, ニューギニア, クィンスランドに18種. *S. serrata* (テンゲレ). ***Weinmannia*** マダガスカル, 東南アジア, 太平洋地域, ニュージーランドから南アメリカへ170種. *W. descendens* (エンキニロ), *W. fraxinea* (ソンボルウ).

Datiscaceae (ダチスク科)

Octomeles 東南アジアに1～2種. *O. sumatrana* (ビヌアン, エリマ). ***Tetrameles*** 東南アジア(ボルネオ, フィリピン, モルッカを除く) に1種. *T. nudiflora* (ノンポン, マイナ).

Dilleniaceae (ビワモドキ科)

Dillenia マダガスカルから東南アジアを経てフィジィに60種. *D. philippinensis* (カトモン).

Dipterocarpaceae (フタバガキ科)

Anisoptera 東南アジアからニューギニアに13種. *A. thurifera*(パロサピス), *A. glabra*(クラバク, メルサワ, プジック), *A. curtisii* (メルサワ, クラバク). ***Balanocarpus*** マラヤ, タイに1種. *B. heimii* (チェンガル). ***Cotylelobium*** セイロン, 東南アジアに5種. *C. melanoxylon* (ギアム, レサック). ***Dipterocarpus*** インドからボルネオ, フィリピンへ76種. *D. grandiflorus* (アピトン, クルイン, ヤン, ガージュン), *D. alatus* (チュテール, ヤン, ガージュン), *D. speciosus* (ブロードウィングドアピトン), *D. warburgii* (ハガカック). ***Doona*** セイロンに11種. ***Dryobalanops*** スマトラ, マライ, ボルネオなどに7～10種. *D. aromatica* (カプール), *D. lanceolata* (カプール), *D. oblongifolia* (ケラダン, カプール, ペタナン). ***Hopea*** インドから東南アジアを経てルイシェード群島に95種. *H. odorata* (メラワン, タキエン, コキ), *H. acuminata* (マンガチャプイ), *H. plagata* (ヤカール), *H. giam* (ギアム), *H. sangal* (ガギール, チエンガル), *H. ferruginea* (セランガン, メラワン, ルイスメラ). ***Parashorea*** 東南アジアに11種. *P. plicata* (バクチカン, ホワイトセラヤ, ウラットマタ). ***Pentacme*** インドシナ半島, マラヤ, ビルマおよびフィリピンに3

種．*P. contorta*（ホワイトラワン）．**Shorea**（*Rubroshorea*☆）東南アジアに 90〜100 種．*S. polysperma*（タンギール），*S. negrosensis*（レッドラワン），*S. almon*（アルモン），*S. squamata*（マヤピス），*S. albida*（アラン），*S. leprosula*（ライトレッドメランチ，ライトレッドセラヤ），*S. pauciflora*（ダークレッドメランチ，ネメス）．**Shorea**（*Richetoides*☆）東南アジアに約 30 種．*S. kalunti*（イエロウラワン，カランチ），*S. faguetiana*（ダマールシプット，イエロウメランチ，セラヤクニン），*S. gibbosa*（ダマール ヒタム ガジャ，ルン ガジャ，ダマール ブア，セラヤ クニン ガジャ）．**Shorea**（*Anthoshorea*☆）東南アジアに約 30 種．*S. philippinensis*（マンガシノロ），*S. bracteolata*（メラピパアン，ダマール ケドンタン），*S. hypochra*（コムニャン，メランチ テマック）．**Shorea**（*Shorea*☆）東南アジアに約 50 種．*S. astylosa*（ヤカール），*S. laevis*（クムス，セランガンバツ，バラウ クムス），*S. laevifolia*（バンキライ），*S. obtusa*（プチエック）．**Upuna** ボルネオに 1 種．**Vateria** セイシェル，インド，セイロンに 21 種．**Vatica** インドからニューギニアに 76 種．*V. mangachapoi*（ナリグ，レサック バジャウ）．（注 ☆：亜属）

Ebenaceae（カキ科）

Diospyros 世界の熱帯，暖帯などに 500 種．*D. morrisiana*（トキワガキ），*D. virginiana*（コンモンパーシモン），*D. philippensis*（カマゴン），*D. ferrea*（エボニイ）．

Elaeocarpaceae（ホルトノキ科）

Elaeocarpus 東および東南アジア，太平洋地域，オーストラリアに 500 種．*E. sylvestris*（ホルトノキ），*E. sphaericus*（メンドン）．

Ericaceae（ツツジ科）

Erica ヨーロッパ，アフリカ，アジアに約 600 種．*E. arborea*（ブライア）．

Euphorbiaceae（トウダイグサ科）

Aleurites 熱帯アジア，太平洋地域に 2 種．*A. cordata*（アブラギリ）．**Bischofia** 熱帯アジア，ポリネシアなどに 1 種．*B. javanica*（アカギ，ビショップウッド）．**Croton** 世界の熱帯に 750 種．**Endospermum** 東南アジアからフィジィに 10 種．*E. peltatum*（グバス），*E. medullosum*（ニューギニア バスウッド）．**Hevea** 熱帯アメリカに 12 種．*H. brasiliensis*（ゴム，パラゴム，広く植栽）．**Macaranga** 熱帯アフリカ，東南アジア，太平洋地域に 250 種．**Sapium** 熱帯，亜熱帯に 120 種．*S. japonicum*（シラキ）．

Fagaceae（ブナ科）

Castanea 北半球の温帯に約 10 種．*C. crenata*（クリ）．**Castanopsis** 東および東南アジアに約 50 種，北アメリカに 1 種．*C. cuspidata*（スダジイ）．**Fagus** 北半球の温帯に約 10 種．*F. crenata*（ブナ），*F. japonica*（イヌブナ），*F. sylvatica*（ヨーロピアン ビーチ），*F. americana*（アメリカン ビーチ）．**Nothofagus** ニューギニア，ニューカレドニア，ニュージーランド，南アメリカなどに 35 種．*N. menziesii*（シルバー ビーチ），*N. solandri*（マウンテン ビーチ）．**Pasania** 東および東南アジアに約 50 種，北アメリカに 1 種．*P. edulis*（マテバシイ）．**Quercus**（=**Cyclobalanopsis**）東および東南アジアに約 40 種．*Q. acuta*（アカガシ），*Q. gilva*（イチイガシ），*Q. myrsinaefolia*（シラカシ）．**Quercus** 北半球に 200〜250 種．*Q. acutissima*（クヌギ），*Q. suber*（コルクガシ），*Q. crispula*（ミズナラ），*Q. robur*（ヨーロピアン オーク），*Q. alba*（ホワイト オーク），*Q. rubra*（レッド オーク）．

Flacourtiaceae（イイギリ科）

Flacourtia 日本，中国，東南アジア，アフリカ，フィジィなどに 15 種．*F. polycarpa*（イイギリ）．**Homalium** 熱帯，亜熱帯に 200 種．*H. foetidum*（マラス）．

Gonystylaceae（ゴニスチル科）

Gonystylus 東南アジア，フィジィ，ソロモンなどに 25 種．*G. bancanus*（ラミン）．

Goupiaceae（グピア科）

Goupia ギアナ，ブラジルに 3 種．

Guttiferae（オトギリソウ科）

Calophyllum マダガスカル，東南アジア，太平洋地域，オーストラリア，熱帯アメリカなどに100種をこえる．*C. inophyllum*（カロフィルム，ビンタンゴール），*C. braziliense*（サンタマリア）．***Cratoxylon*** 東南アジアに12種．*C. arborescens*（ゲロンガン）．***Garcinia*** 熱帯に400種．***Mammea*** アメリカ，アフリカの熱帯，東南アジア太平洋地域に約50種．*M africana*（オボト）．***Mesua*** 熱帯アジアに3種．*M. ferrea*（ペナガ）．***Symphonia*** 熱帯アメリカ，アフリカ，マダガスカルに約20種．*S. globulifera*（ボアーウッド）．

Hernandiaceae（ハスノハギリ科）

Hernandia 中央アメリカ，ギアナ，アフリカ，東南アジア，太平洋地域などに20種．*H. peltata*（ブア ケラス ラウト）．

Hippocastanaceae（トチノキ科）

Aesculus 北アメリカ，アジア，インド，ヨーロッパに約25種．*A. turbinata*（トチノキ），*A. glabra*（オハイオ バックアイ）．

Juglandaceae（クルミ科）

Carya 東アジア，北アメリカなどに25種．*C. ovata*（シャグバーク ヒッコリー），*C. illinoensis*（ペカン）．***Engelhardtia*** ヒマラヤから台湾，東南アジアへ5種，中央アメリカに3種．*E. spicata*（カユ フジャン）．***Juglans*** 地中海沿岸，東アジア，北中米，アンデスなどに15種．*J. sieboldiana*（オニグルミ），*J. nigra*（ブラック ウォールナット），*J. regia*（ヨーロピアン ウォールナット），*J. cinerea*（バターナット）．***Platycarya*** 東アジアに2種．*P. strobilacea*（ノグルミ）．***Pterocarya*** コーカサスから日本へ10種．*P. rhoifolia*（サワグルミ）．

Lauraceae（クスノキ科）

Actinodaphne 東および東南アジアに60～70種．***Alseodaphne*** 中国，東南アジアに25種．***Aniba*** 中南米に40種．*A. perutilis*（コミノ）．***Beilschmiedia*** 東南アジア，オーストラリア，ニュージーランドに200種以上．*B. bancroftii*（イエロウ ウォールナット），*B. assamica*（メダン）．***Cinnamomum*** 東および東南アジアに250種．*C. camphora*（クスノキ）．***Cryptocarya*** 世界の熱帯，亜熱帯に200～250種．***Dehaasia*** 東南アジアに20種．***Endiandra*** 東南アジア，オーストラリア，ポリネシア．*E. palmerstonii*（クィンスランド ウォールナット）．***Eusideroxylon*** ボルネオに2種．*E. zwageri*（ウリン，ベリアン）．***Litsea*** アジアの熱帯，温帯，オーストラリア，アメリカなどに400種．***Machilus*** 熱帯アジアを中心として約60種．*M. thunbergii*（タブノキ）．***Nothophoebe*** 東南アジアに30種．***Ocotea*** 主として熱帯アメリカに300～400種．*O. rodiaei*（グリーンハート），*O. rubra*（デテルマ）．***Persea*** 熱帯に150種．*P. lingue*（イサベラウッド，リンゲ）．***Phoebe*** 東南アジア，熱帯アメリカに70種．*P. porosa*（インブイヤ，ブラジリアン ウォールナット）．***Umbellularia*** アメリカに1種．*U. californica*（カリフォルニアン ラウレル）．

Lecythidaceae（サガリバナ科）

Barringtonia 熱帯に100種．***Cariniana*** 南アメリカに13種．*C. pyriformis*（アルバルコ）．
Combretodendron 西アフリカとフィリピンにそれぞれ1種．*C. quadrialatum*（トオオグ）．

Leguminosae（マメ科）

Acacia 750～800種が熱帯，亜熱帯．*A. arabica*（バブル），*A. koa*（コーア），*A. melanoxylon*（オーストラリアン ブラックウッド）．***Afzelia*** アジア，アフリカの熱帯に14種．*A. africana*（ドウシィ）．***Afrormosia→Pericopsis.*** ***Albizia*** 旧世界の熱帯に100～150種．*A. julibrissin*（ネムノキ），*A. falcataria*（センゴンラウト，モルッカンソウ），*A. acle*（エクル），*A. lebbeck*（ココ）．***Amburana*** ブラジルに3種．*A. acreana*（アムビユラナ）．***Andira*** アフリカ，アメリカの熱帯．*A. inermis*（パートリッジウッド）．***Apuleia*** ブラジルに2種．*A. leiocarpa*（グラピアプナ）．***Baikiaea*** 熱帯アフリカに10種．*B. plurijuga*（ローデシアンチーク）．***Baphia*** アフリカ，マダガスカルに65種，ボルネオに1種．*B. nitida*（カムウッド）．***Bauhinia*** 熱帯に300種．***Berlinia*** 熱帯アフリカに

15種．*B. grandiflora*（メレグバ，ベルリニア）．**Bowdichia** 熱帯アメリカに3種．*B. virgiloides*（スクピラ）．**Brachystegia** 熱帯アフリカに30種．*B. eurycoma*（オクウェン）．**Brya** 中米，西インド諸島に7種．**Cassia** 熱帯，暖帯などに500種．*C. javanica*（ピンクシャワー），*C. siamea*（タガヤサン）．**Cladrastis** アジアに4種，アメリカに1種．*C. sikokiana*（ユクノキ）．**Castanospermum** オーストラリアに1種．*C. australe*（ブラックビーン）．**Centrolobium** 熱帯アメリカに7種．*C. robustrum*（アラリブ）．**Copaifera** 熱帯アメリカ，熱帯アフリカに30種．*C. salikounda*（エチモエ）．**Cylicodiscus** 熱帯アフリカに2種．*C. gabunensis*（オカン）．**Cynometra** 熱帯に60種．*C. alexandri*（ムヒンビ），*C. ramiflora*（オリンゲン）．**Dalbergia** 熱帯，亜熱帯に300種．この類は一般にシタン，ローズウッドなどの名で呼ばれる．*D. nigra*（ブラジリアン ローズウッド），*D. melanoxylon*（アフリカン ブラックウッド），*D. retusa*（ココボロ），*D. sissoo*（シッシャム），*D. latifolia*（イースト インディアン ローズウッド），*D. cochinchinensis*（トラック），*D. cearensis*（ブラジリアン キングウッド），*D. stevensonii*（ホンジュラス ローズウッド）．**Daniellia** 熱帯西アフリカに11種．*D. ogea*（オゲア）．**Dialium** 熱帯アメリカに1種，アフリカ，マダガスカル，東南アジアに40種．**Dicorynia** 熱帯アメリカに2種．*D. guianensis*（アンジェリック）．**Diplotropis** 熱帯アメリカに12種．**Enterolobium** 熱帯アメリカに10種．*E. cyclocarpum*（ガナカステ）．**Eperua** 熱帯アメリカに12種．*E. falcata*（ワラバ）．**Geoffraea** 熱帯アメリカに6種．*G. spinosa*（シルバデロ）．**Gilbertiodendron** 西アフリカに25種．*G. dewevrei*（アフリカンオーク，モラバ）．**Gleditsia** 11種がアジア，アフリカ，南北アメリカ．*G. japonica*（サイカチ）．**Gossweilerodendron** 西アフリカに1種．*G. balsamiferum*（アグバ）．**Guibourtia** 熱帯アメリカに4種，アフリカに11種．*G. tessmannii*（ブビンガ），*G. demeusei*（ケバジンゴ），*G. arnoldiana*（ベンジ），*G. ehie*（オバンコル）．**Guilandina** 熱帯アメリカに20種．*G. echinata*（ペルナンブコ，ブラジルウッド）．**Haematoxylum** 中米，メキシコ，西インド諸島，アフリカに3種．*H. campechianum*（ロッグウッド），*H. brasiletto*（ブラジルウッド）．**Hymenaea** メキシコ，中南米に25種．*H. courbaril*（ロウカスト），*H. divisii*（クーバリル）．**Intsia** マダガスカル，東南アジアなどに9種．*I. bijuga*（イピール，太平洋鉄木，メルバウ），*I. palembanica*（メルバウ，太平洋鉄木）．**Kingiodendron** インド，フィリピン，ソロモン，フィジィなどにそれぞれ1種．**Koompassia** マラヤ，ボルネオ，ニューギニアに4種．*K. malaccensis*（ケンパス），*K. excelsa*（ツアラン）．**Lonchocarpus** 熱帯アメリカ，アフリカ，オーストラリアに150種．*L. hondurensis*（シャペルノ）．**Maackia** 東アジアに10種．*M. amurensis* var. *buergeri*（イヌエンジュ）．**Machaerium** メキシコから熱帯南アメリカに150種．木材は *Dalbergia* 属のそれによく似ている．**Marmaroxylon** ブラジルに1種．**Microberlinia** アフリカに2種．*M. brazzavillensis*（ゼブラウッド）．**Millettia** 熱帯，亜熱帯に150種．*M. laurentii*（ウェンジェ），*M. pendula*（チンウィン）．**Mora** 熱帯アメリカに10種．**Myroxylon** 熱帯アメリカに2種．*M. balsamum*（バルサモ）．**Olneya** アメリカに1種．*O. testota*（デザート アイアンウッド）．**Ormosia** 熱帯に50種．*O. villamili*（マラピリット）．**Oxystigma** アフリカに8種．*O. oxyphyllum*（チトラ）．**Parkia** 熱帯に40種．**Peltogyne** 南アメリカに25種．*P. pubescens*（パープルハート）．**Peltophorum** 熱帯に12種．*P. vogelianum*（カナフィツラ）．**Pentaclethra** 熱帯アメリカ，アフリカに3種．**Pericopsis** 熱帯アフリカに5種，熱帯アジア，太平洋地域にも産する．*P. elata*（コクロジュア，アフロルモシア），*P. mooniana*（ネズン）．**Piptadenia** メキシコ，南アメリカに11種．*P. rigida*（アンジコ）．**Piptadeniastrum** 熱帯アフリカに1種．*P. africanum*（デベマ）．**Platymiscium** メキシコから南アメリカへ30種．*P. trinitatis*（マカカウバ，マナウッド）．**Prioria** パナマ，コロンビアなどに1種．*P. copaifera*（カチボ）．**Pseudosindora** ボルネオに1種．*P. palustris*（セプターパヤ）．**Pterocarpus** 熱帯に100種．*P. indicus*（ナーラ，リンゴア，カリン）．*P. macrocarpus*（ビルマパドウク）．**Robinia** 北アメリカ，メキシコに20種．*R. pseudo-acacia*（ニセアカシア）．**Samanea** 中南米，アフリカに20種．*S. saman*（モンキーポッド）．**Sindora** アフリカに1種，東南アジアに20種．*S. coriacea*（セプター），*S. supa*

(スーパ). ***Sophora*** 熱帯，暖帯に50種. *S. japonica* (エンジュ). ***Swartzia*** 熱帯アメリカ，アフリカに100種. *S. fistuloides* (パウ ローザ), *S. leiocalycina* (ワマラ). ***Vouacapoua*** 南アメリカに3種. *V. americana* (アカプ). ***Xylia*** アフリカ，マダガスカル，東南アジアに15種. *X. xylocarpa* (ピンカドー). ***Zollernia*** 熱帯アメリカに10種. *Z. paraensis* (パウ サント).

Loganiaceae (フジウツギ科)

Fagraea 東南アジア，オーストラリア，太平洋地域に50種. *F. fragrans* (テマスック，テンベス).

Lythraceae (ミソハギ科)

Lagerstroemia 東南アジア，オーストラリアに50種. *L. indica* (サルスベリ).

Magnoliaceae (モクレン科)

Magnolia ヒマラヤから日本，ボルネオ，ジャバ，南北アメリカなどに80種. *M. obovata* (ホオノキ), *M. acuminata* (マグノリア). ***Michelia*** 熱帯アジア，中国に50種. *M. champaca* (チャンパカ). ***Manglietia*** 東南アジアで30種. *M. glauca* (チャンパカ フタン).

Malvaceae (アオイ科)

Hibiscus 熱帯，亜熱帯に300種. *H. tiliaceus* (ブルーマホー). ***Thespesia*** 熱帯に15種. *T. populnea* (バナロ).

Melastomataceae (ノボタン科)

Dactylocladus ボルネオに1種. *D. stenostachys* (ジョンコン).

Meliaceae (センダン科)

Aglaia 中国，東南アジア，オーストラリア，太平洋地域などに250～300種. *A. diffusa* (マラサギン). ***Amoora*** 東南アジアなどに25種. *A. aherniana* (カト). ***Azadirachta*** 東南アジアに2種. *A. excelsa* (リンパガ). ***Carapa*** 熱帯に7種. *C. guianensis* (アンジロバ). ***Cedrela*** メキシコ，南アメリカに6～7種. *C. odorata* (スパニッシュ セーダー). *C. sinensis* (チャンチン). ***Chukrasia*** 東南アジアに1～2種. ***Dysoxylum*** 東南アジアに200種. *D. fraseranum* (オーストラリアン マホガニー). ***Entandrophragma*** アフリカに35種. *E. candollei* (コシポ), *E. cylindricum* (サペリ), *E. utile* (シポ). ***Guarea*** 熱帯アメリカに150種，アフリカに20種. *G. trichilioides* (アリゲーターウッド). ***Khaya*** アフリカ，マダガスカルに8種. *K. ivorensis* (アフリカン マホガニー). ***Lovoa*** アフリカに11種. *L. trichilioides* (タイガーウッド). ***Melia*** 旧世界の亜熱帯，熱帯に2～15種. *M. azedarach* var. *subtripinnata* (センダン). ***Sandoricum*** 東南アジア，モーリシアスに10種. *S. vidalii* (マラサントル). ***Swietenia*** 中南米に7～8種. *S. mahagoni*, *S. macrophylla* (マホガニー). ***Toona*** 東南アジア，オーストラリアに15種. *T. calantus* (カランタス). ***Turraeanthus*** アフリカに6種. *T. africanus* (アボジラ). ***Xylocarpus*** アフリカ，セイロン，東南アジアなどに3種. *X. granatum* (タビギ).

Monimiaceae (モニミア科)

Laurelia ニュージーランド，チリーにそれぞれ1種. *L. novae-zelandiae* (プカタ).

Moraceae (クワ科)

Antiaris アフリカ，マダガスカル，東南アジアなどに4種. *A. toxicaria* (アンチアリス). ***Artocarpus*** 東南アジアに47種. *A. lanceifolius* (ケラダン). ***Brosimum*** 南アメリカに50種. *B. paraense* (ブラッド ウッド). ***Broussonetia*** アジア，ポリネシアに7～8種. *B. papyrifera* (カジノキ). ***Cecropia*** 南アメリカに100種. *C. peltata* (ヤグルモヘンブラ). ***Chlorophora*** 熱帯アメリカ，アフリカ，マダガスカルに12種. *C. excelsa* (イロコ). ***Ficus*** 主として熱帯，亜熱帯に600～1000種. *F. elastica* (インドゴム), *F. erecta* (イヌビワ). ***Morus*** 北半球に約35種. *M. bombycis* (ヤマグワ). ***Piratinera*** 南アメリカに12種. *P. guianensis* (スネークウッド).

Myristicaceae (ニクズク科)

Dialyanthera 中南米に6種. *D. otoba* (ビロラ). ***Knema*** 中国南部，東南アジアに60種. ***Myristica*** 熱帯に120種. *M. guatteriaefolia* (ペナラハン). ***Pycnanthus*** アフリカに8種. *P. ko-*

mbo（イロンバ）．　***Virola***　中南米に60種．　*V. surinamensis*（バナック）．

Myrtaceae（フトモモ科）

Eucalyptus　オーストラリア，タスマニア，東南アジアに500種．*E. globulus*（サザン ブルーガム），*E. robusta*（オーストラリアン スワンプマホガニー）．　***Melaleuca***　東南アジア，オーストラリア，太平洋地域に約100種．*M. leucadendron*（ゲラム）．　***Metrosideros***　アフリカ，東南アジア，オーストラリア，ニュージーランド，ポリネシア，チリーに60種．　***Syzygium***　旧世界の熱帯に500種．　***Tristania***　東南アジア，クィンスランド，ニューカレドニア，フィジィなどに50種．*T. whiteana*（ペラワン）．　***Xanthostemon***　東南アジア，オーストラリア，ニューカレドニアに40種．*X. verdugonianus*（フィリピン リグナムバイタ）．

Nyctaginaceae（オシロイバナ科）

Pisonia　熱帯，亜熱帯に50種．

Ochnaceae（オクナ科）

Lophira　アフリカに2種．*L. alata*（アゾベ）．***Tetramerista***（Tetrameristaceae あるいは Theaceae として取り扱われることがある）　東南アジアに2～3種．*T. glabra*（プナック）．

Olacaceae（ボロボロノキ科）

Scorodocarpus　東南アジアに1種．*S. borneensis*（バワンフタン）．

Oleaceae（モクセイ科）

Fraxinus　北半球に70種．*F. japonica*（トネリコ），*F. lanuginosa*（アオダモ），*F. spaethiana*（シオジ），*F. mandshurica*（ヤチダモ），*F. americana*（ホワイトアッシュ）．　***Olea***　地中海地域，アフリカよりオーストラリア，ニュージーランド，ポリネシアにかけて20種．*O. europaea*（オリーブ）．

Polygalaceae（ヒメハギ科）

Xanthophyllum　東南アジアに60種．*X. excelsum*（ボックボック）．

Proteaceae（ヤマモガシ科）

Cardwellia　クィンスランドに1種．*C. sublimis*（ノーザン シルキーオーク）．　***Grevillea***　東南アジア，オーストラリア，ニューカレドニアに190種．*G. robusta*（サザン シルキーオーク）．　***Helicia***　東南アジア，東オーストラリアに90種．*H. cochinchinensis*（ヤマモガシ）．

Rhizophoraceae（ヒルギ科）

Bruguiera　アフリカ，東南アジア，オーストラリア，ポリネシアに6種．　*B. gymnorrhiza*（ツム，マングローブ）．　***Rhizophora***　熱帯に7種．*R. mucronata*（バカウ クラップ，マングローブ）．

Rosaceae（バラ科）

Amelanchier　北半球に25種．*A. asiatica*（ザイフリボク）．　***Malus***　北半球の温帯に30種．*M. tshonoskii*（オオウラジロノキ）．　***Parastemon***　東南アジアに2種．　***Parinari***　熱帯に60種．　***Prunus***　北半球の温帯に36種．*P. grayana*（ウワミズザクラ），*P. jamasakura*（ヤマザクラ），*P. spinulosa*（リンボク）．　***Sorbus***　北半球の温帯に100種．*S. alnifolia*（アズキナシ）．

Rubiaceae（アカネ科）

Adina　アフリカ，アジアの熱帯，亜熱帯に20種．*A. cordifolia*（クワオ）．　***Anthocephalus***　東南アジアに3種．*A. cadamba*（カランパヤン，カアトアンバンカル，ラブラ）．　***Gardenia***　旧世界の熱帯に250種．　***Nauclea***　アフリカ，アジアの熱帯，ポリネシアに35種．*N. trillesii*（＝*Sarcocephalus diderrichii*）（オペペ）．　***Neonauclea***　東南アジアに70種．　***Sickingia***　中南米に15種．*S. tinctoria*（アラリバ ローザ）．

Rutaceae（ミカン科）

Amyris　アメリカ，西インド諸島に30種．　***Balfourodendron***　ブラジル，パラグァイなどに1種．*B. riedelianum*（パウ マーフィム）．　***Chloroxylon***　インド，セイロンに1種．*C. swietenia*（イースト インディアン サテンウッド）．　***Euxylophora***　アマゾン地域に1種．*E. paraensis*（ブラジリア

ン サテンウッド). ***Evodia*** アフリカ, アジア, オーストラリア, 太平洋地域に45種. ***Flindersia*** モルッカ, ニューギニア, オーストラリア, ニューカレドニアに22種. *F. brayleyana* (クィンスランド メープル). ***Phellodendron*** アジアに10種. *P. amurense* (キハダ). ***Zanthoxylum*** アジア, 北アメリカなどに20〜30種.

Salicaceae (ヤナギ科)

Populus 北半球の温帯に35種. *P. maximowiczii* (ドロノキ). *P. deltoides* (アメリカ ヤマナラシ, コットンウッド). *P. nigra* var. *italica* (イタリヤ ヤマナラシ), *P. sieboldii* (ヤマナラシ), *P. alba* (ホワイトポプラ). ***Salix*** おもに北半球の温帯に500種. *S. bakko* (バッコヤナギ), *S. nigra* (ブラックウイロウ). ***Toisusu*** 東アジアに3種. *T. urbaniana* (オオバヤナギ).

Santalaceae (ビャクダン科)

Santalum 東南アジア, オーストラリア, ポリネシアに25種. *S. album* (サンダルウッド).

Sapindaceae (ムクロジ科)

Pometia 東南アジア, ニューギニアに10種. *P. pinnata* (マトア).

Sapotaceae (アカテツ科)

Baillonella アフリカに1種. *B. toxisperma* (モアビ). ***Chrysophyllum*** 熱帯に150種. *C. africanum* (ロンギ), *C. lanceolatum* (クリソフィルム). ***Diploknema*** 東南アジアに7種. ***Ganua*** 東南アジアに20種. *G. motleyana* (ニアトー). ***Madhuca*** 東南アジア, オーストラリアに85種. *M. obovatifolia* (ピアンガ). ***Manilkara*** 熱帯に70種. ***Mimusops*** アフリカ, 東南アジア, 太平洋地域に57種. *M. littoralis* (アンダマン ブーレットウッド). ***Palaquium*** 台湾, 東南アジア, ソロモンなどに115種以上. *P. gutta* (ゲタ ペルチャ, ニアトー), *P. luzoniense* (ナトー). ***Planchonella*** セイシェル, 東南アジア, オーストラリア, ニュージーランド, 太平洋地域に100種, 熱帯アメリカに2種. *P. obovata* (ニアトー). ***Tieghemella*** アフリカに2種. *T. heckelii* (マコレ).

Scrophulariaceae (ゴマノハグサ科)

Paulownia アジアに10種. *P. tomentosa* (キリ).

Simaroubaceae (ニガキ科)

Ailanthus アジア, オーストラリアに10種. *A. altissima* (シンジュ). *A. triphysa* (マラカミアス), *A. peekelii* (ホワイトシリス). ***Picrasma*** ヒマラヤから日本, 南アジア, フィジィに6種.

Sonneratiaceae (マヤプシキ科)

Duabanga 東南アジアに3種. *D. moluccana* (ロクトブ, ドウアバンガ). ***Sonneratia*** アフリカからマダガスカル, 沖縄, ミクロネシア, 東南アジア, オーストラリア, ソロモンを経てニューカレドニアに5種.

Sterculiaceae (アオギリ科)

Firmiana アフリカ, 東南・東アジアに15種. *F. platanifolia* (アオギリ). ***Heritiera*** アフリカ, 東南アジア, オーストラリア, 太平洋地域に35種. *H. sylvatica* (ドウンゴン). ***Kleinhovia*** 東南アジアに1種. *K. hospita* (チマハール). ***Mansonia*** アフリカ, ビルマ, アッサムに5種. *M. altissima* (アフリカン ブラックウォールナット, マンソニア). ***Pterocymbium*** 東南アジア, フィジィに15種. *P. tinctorium* (タルト), *P. beccarii* (アンベロイ). ***Pterospermum*** ヒマラヤ, 東南アジアに40種. *P. diversifolium* (バユール). ***Sterculia*** 熱帯に300種. *S. foetida* (ケルンパン). ***Tarrietia*** (=***Heritiera***) *T. javanica* (ルンバヤウ, メンクラン), *T. utilis* (ニヤンゴン). ***Triplochiton*** アフリカに2〜3種. *T. scleroxylon* (オベチエ, ワワ).

Styracaceae (エゴノキ科)

Styrax ヨーロッパ, アジア, アメリカに130種. *S. japonica* (エゴノキ).

Symplocaceae (ハイノキ科)

Symplocos アジア, オーストラリア, ポリネシア, アメリカに350種.

Tamaricaceae (ギョリュウ科)

Tamarix　ヨーロッパ，地中海地方を経てインド，中国に90種．*T. gallica*（タマリクス）．

Theaceae（ツバキ科）

Camellia　東南アジア，中国，日本などに50種以上．*C. japonica*（ヤブツバキ）．***Schima***　ヒマラヤ，台湾，日本，東南アジアに15種．*S. superba*（ヒメツバキ）．***Stewartia***　東アジア，アメリカに10種．*S. monadelpha*（ヒメシャラ）．***Ternstroemia***　主として熱帯に100種．*T. gymnanthera*（モッコク）．

Thymelaeaceae（ジンチョウゲ科）

Aquilaria　中国，東南アジアに15種．*A. agallocha*（イーグルウッド）．***Edgeworthia***　ヒマラヤから日本へ3種．*E. papyrifera*（ミツマタ）．

Tiliaceae（シナノキ科）

Grewia　アフリカ，アジア，オーストラリアの熱帯に150種．***Nesogordonia***　アフリカ，マダガスカルに170種．*N. papaverifera*（ダンタ）．***Pentace***　東南アジアに25種．*P. triptera*（メルナック）．***Tilia***　北半球の温帯に50種．*T. maximowicziana*（オオバボダイジュ）．*T. japonica*（シナノキ），*T. americana*（バスウッド）．*T. europaea*（ライム）．

Trochodendraceae（ヤマグルマ科）

Trochodendron　日本などに1種．*T. aralioides*（ヤマグルマ）．

Ulmaceae（ニレ科）

Aphananthe　マダガスカル，東南アジアから日本，オーストラリアなどに4種．*A. aspera*（ムクノキ）．***Celtis***　主として北半球に80種．*C. sinensis*（エノキ）．***Holoptelea***　アフリカ，南アジアに2種．***Phyllostylon***　中南米に3種．***Trema***　熱帯，亜熱帯に30種．*T. orientalis*（ウラジロエノキ）．***Ulmus***　北半球に20種．*U. davidiana* var. *japonica*（ハルニレ，アカダモ）．***Zelkova***　東地中海地方，コーカサス，東アジアに6～7種．*Z. serrata*（ケヤキ）．

Verbenaceae（クマツヅラ科）

Gmelina　アフリカ，マダガスカルに2種，東南アジア，オーストラリアに33種．*G. arborea*（ヤマネ，メライナ）．***Peronema***　東南アジアに1種．*P. canescens*（スンカイ）．***Premna***　アフリカ，アジアに200種．***Tectona***　東南アジアに3種．*T. grandis*（チーク）．***Vitex***　熱帯および温帯に250種．*V. pubescens*（レバン），*V. parviflora*（モラベ）．

Vochysiaceae（ボキス科）

Vochysia　中南米に105種．*V. guianensis*（クワリエ）．

Zygophyllaceae（ハマビシ科）

Bulnesia　南アメリカに8種．*B. arborea*（ベラウッド）．***Guaiacum***　中南米に6種．*G. officinale*，*G. sanctum*（リグナムバイタ）．

3 樹木の生長

3.1 樹幹の組織区分

すべての維管束植物の体は根・茎・葉の3つの基本器官からなりたっているが，木材を取り扱う者にとっておもな関心の対象は針葉樹や広葉樹のような樹木の茎，すなわち幹である．図3.1に模式図で示したように，樹木の幹は根によって土壌からとり入れられた水や養分を葉へ輸送し，また葉でつくられた光合成物質を植物体の各部へ輸送する通導器官であると同時に，光合成の場である葉が十分に日光を利用できるように支えるための支持器官でもあり，また光合成物質の一部や種々の代謝生産物を貯えるための貯蔵器官でもある．

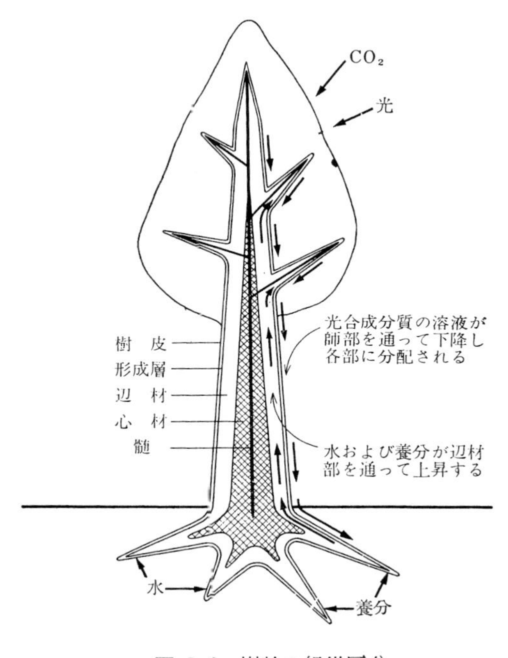

図 3.1　樹幹の組織区分

幹の大部分は中心部に小量の髄を含んだ木部の円柱体で，その木部円柱体は維管束形成層と呼ばれる分裂組織の薄い層で完全に包まれ，さらに外側を樹皮によって包まれている．木部は中心部の心材と周辺部の辺材とに分かれ，辺材部は根から葉へ向っての上方への通導機能，機械的支持機能および貯蔵機能を果たしているのに対して，心材部はかつて辺材部であった部分が生活機能を失ったもので，通導機能および貯蔵機能は失い機械的支持機能だけを果たしているものと考えられよう．樹皮は生活機能をもっている師部からなる内樹皮の層と生活機能を失った外樹皮の層とに分かれ，内樹皮は葉でつくられた光合成物質を各部へ輸送する通導機能と貯蔵機能を果たしているのに対して，外樹皮は植物体を外界の高温や低温，乾燥あるいは機械的な傷害から保護する外被の機能を果たしている．

3.2 樹幹の生長

樹木の幹は伸長生長と肥大生長によってその大きさを増す．幹の伸長は先端の頂端分裂組織(apical meristem)に起原をもつ組織の増加によっておこなわれ，肥大生長は木部と樹皮の間にある側生分裂組織(lateral meristem)である維管束形成層(vascular cambium)に起原をもつ組織の増加によっておこなわれる．頂端分裂組織に起原をもつ組織を一次組織（primary tissue）といい，維管束形成層に起原をもつ組織を二次組織（secondary tissue）という．

3.2.1 伸長生長——一次組織の発達

頂端分裂組織（apical meristem）の構成は広葉樹の場合は外衣（tunica）と内体（corpus）に分かれやや複雑であるが，針葉樹の場合はその区分が明瞭でなく比較的単純な構成である（図 3.2, a－a－a）．いずれにせよ，伸長生長をおこなっている幹の先端では頂端分裂組織の細胞は活発に分裂をおこない，下方に新しい細胞を押し出しながら自分自身は上方に押し上げられてゆく（図 3.3, a－a）．これより少し下の部分では頂端分裂組織でつくられた細胞群にしだいに大きさ，形および機能の分化がおこり，３種類の異なった組織，すなわち最外層の原表皮（protoderm），樹軸方向に長い細胞の束である前形成層（procambium）および両者以外の部分を全面的に埋める基本分裂組織（ground meristem）が区別できるようになる．前形成層は茎の横断面において同心円状に並んでいる（図 3.3 のb－b；図 3.4）．

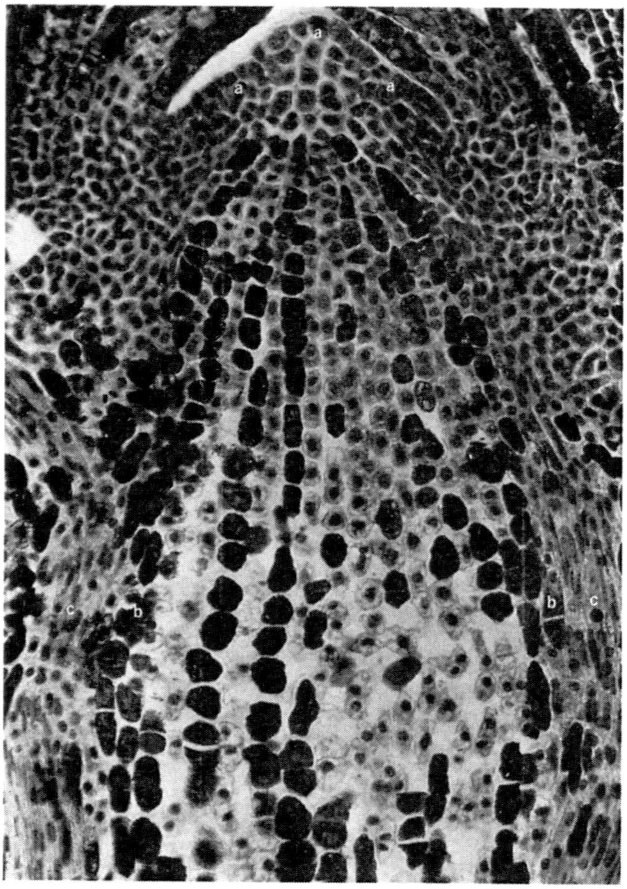

これらの組織はいずれもまだ細胞分裂をおこなう分裂組織であり，それぞれ自分自身の組織の量をふやしながら，下方へ移るにつれてしだいに永久組織化してくる．すなわち，原表皮はやがて表皮（epidermis）となり，基本分裂組織は中心部の髄（pith）と周辺部の皮層（cortex）とからなる基本組織（ground tissue）になる．前形成層の細胞群は内側と外側からしだいに永久組織化して（図 3.3, c－c），ついには維管束（vascular bundle）と呼ばれる永久組織となる（図 3.3, d－d；図 3.5）．これらの維管束は中央で内外２つの部分に区分され，その境界には分裂機能をもち続けた極めてわずかな層の細胞列があって，これを束内形成層（fascicular cambium）と呼ぶ．そしてその内側は一次木部（primary xylem），外側は一次師部（primary phloem）と呼ばれる．

樹木の茎の維管束はこのように一次木部と一次師部が相接して向い合

図 3.2 アカマツの頂端分裂組織付近の縦断面（120×）
a–a–a：頂端分裂組織
b–b　：髄
c　　：前形成層

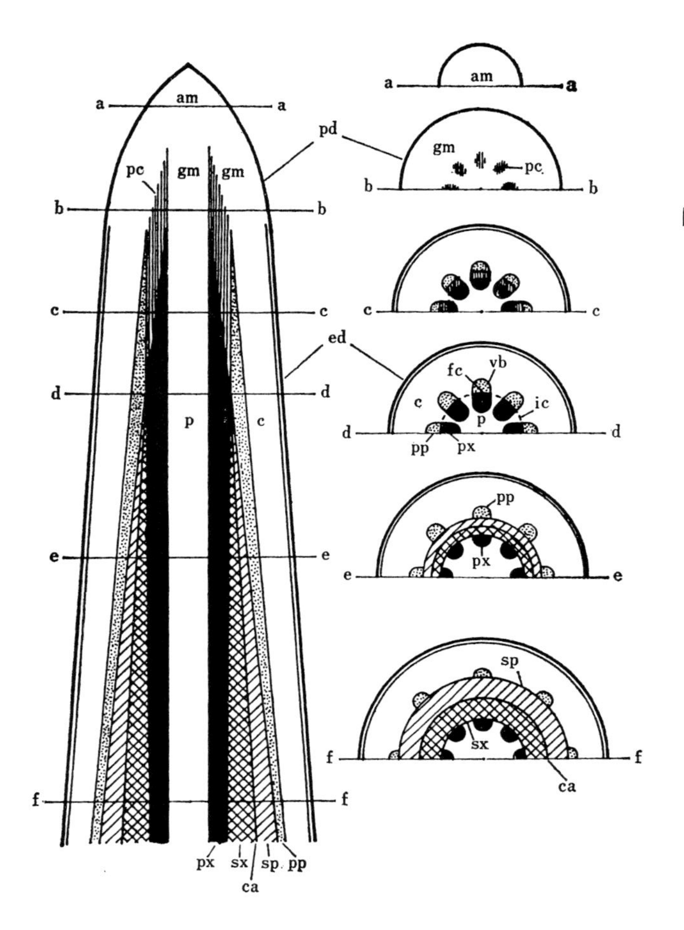

図 3.3 樹幹先端部の組織発達模式図

am：頂端分裂組織
pd：原表皮
gm：基本分裂組織
pc：前形成層
ed：表皮
p：髄
c：皮層
vb：維管束
fc：束内形成層
ic：束間形成層
pp：一次師部
px：一次木部
sp：二次師部
sx：二次木部
ca：形成層

い，木部は茎の中心の方に，師部は外方に位置しているので並立維管束(collateral vascular bundle）と呼ばれる．また，茎の一次木部は上述のように中心に近い方（内側）から外側へ向って分化が進んでゆくので内原型木部（endarch xylem）と呼ばれる．茎が並立維管束をもち，その木部が内原型であるということは，後述するように根の場合と明確な対比を示している（p. 25 参照）.

一次木部形成の初期につくられた部分，すなわち髄に近い部分は原生木部（protoxylem）で，その構成要素は針葉樹，広葉樹ともに細胞壁にらせん状の肥厚をもったらせん紋仮道管（spiral tracheid）である（図 3.5 b；図 3.6）．この仮道管壁はらせんの部分だけが二次壁（5 章参照）で補強され，他の部分はすべて非常に薄い一次壁（5 章参照）であり，原生木部が形成される段階（図 3.3, c−c）ではこの部分の茎はまだ伸長生長をおこなっているので，これらの仮道管はあたかもスプリングを引き伸ばしたようにらせんの間隔をひろげて茎の伸長に対応している．したがって伸長生長の旺盛な茎では初期に形成された原生木部の仮道管はらせん肥厚が極端に引き伸ばされ，細胞壁が破壊されている場合がある（図 3.6）.

一次木部形成の後半につくられた部分は後生木部（metaxylem）で，その構成要素は二次壁が発達し有縁壁孔をもった仮道管（針葉樹）あるいは道管要素（広葉樹）である．後生木部が形成され

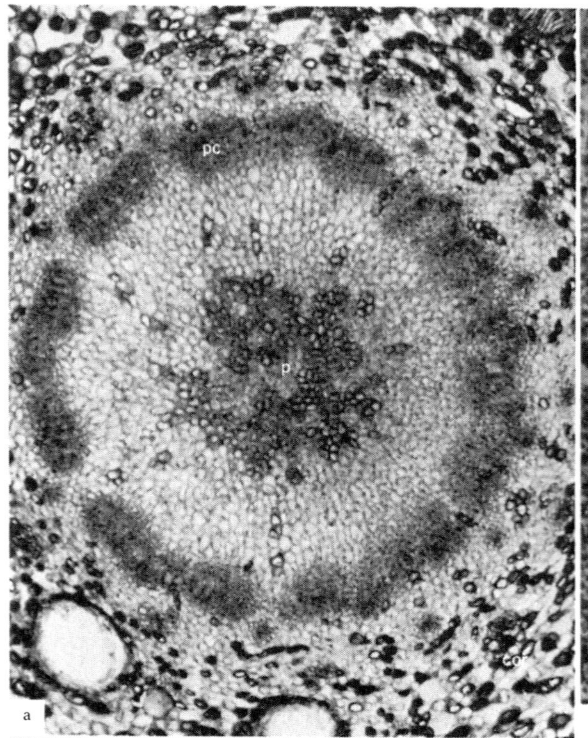

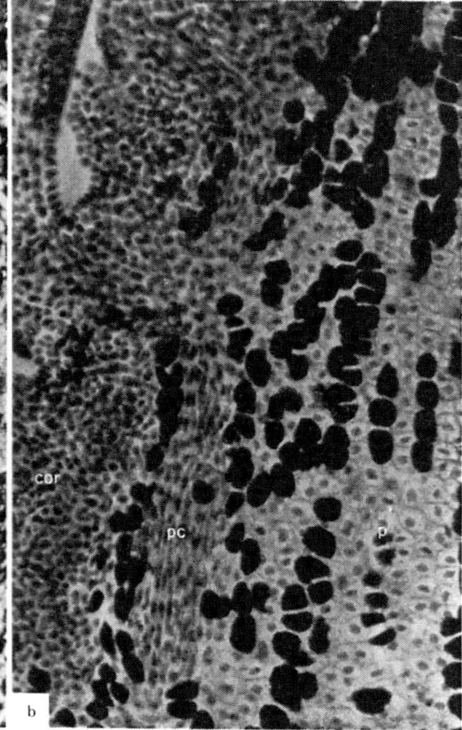

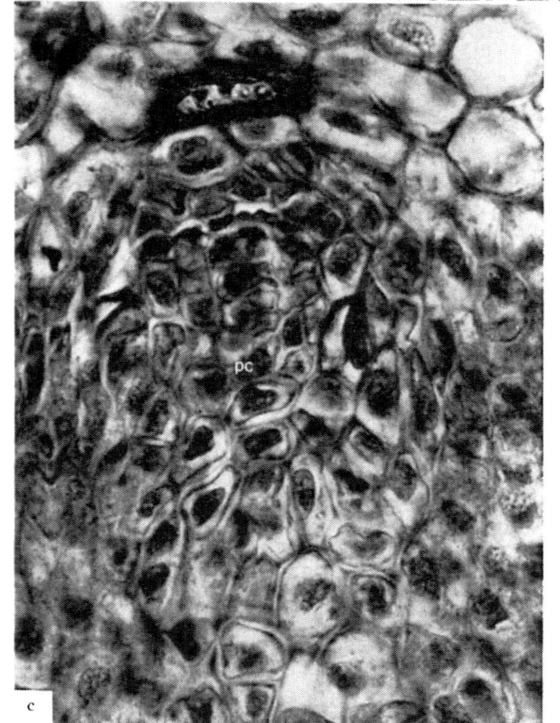

図 3.4　前形成層
a．カラマツ横断面（50×）
b．アカマツ縦断面（135×）
c．カラマツ横断面（500×）
pc：前形成層，p：髄，cor：皮層

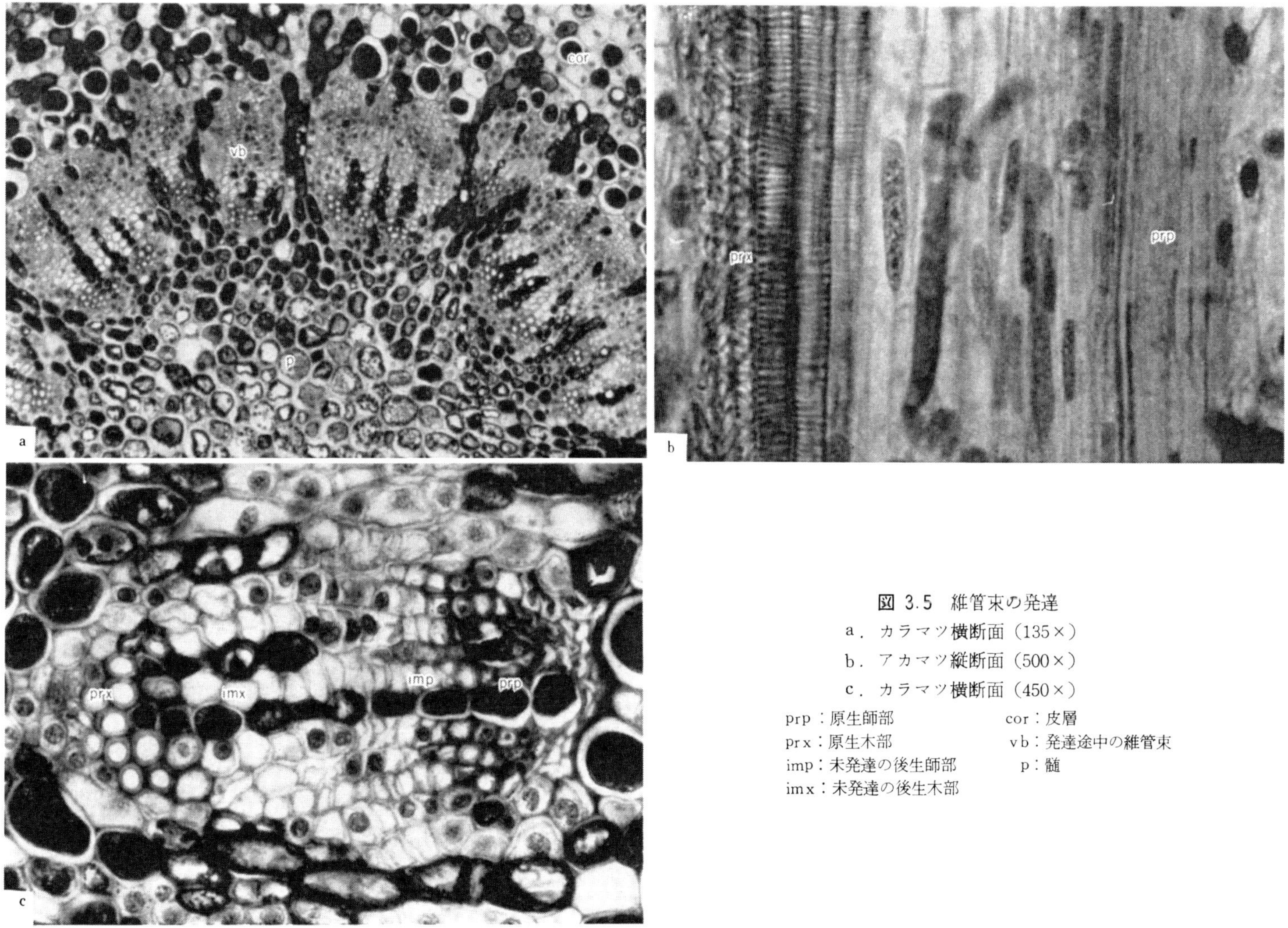

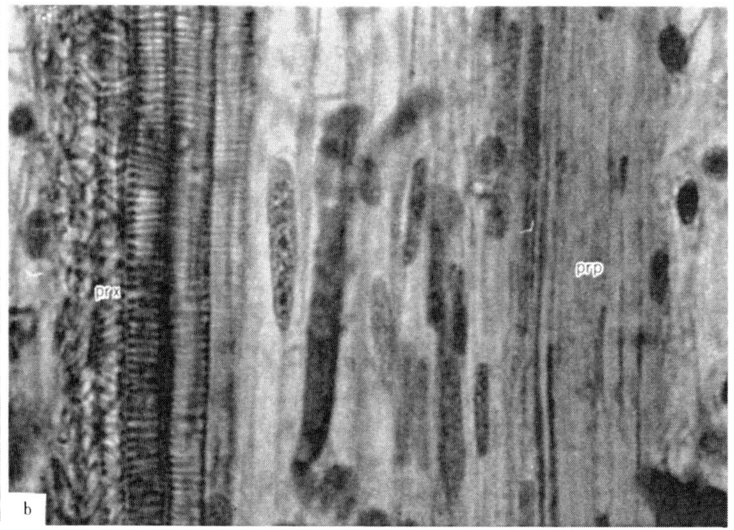

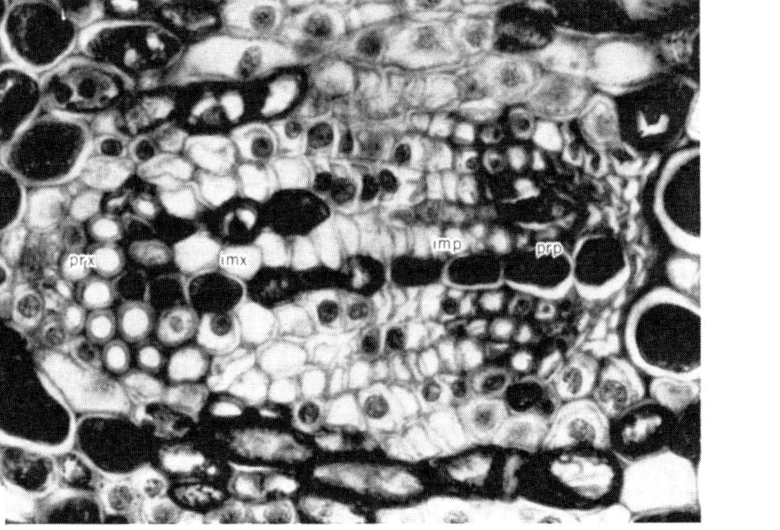

図 3.5 維管束の発達

a．カラマツ横断面（135×）

b．アカマツ縦断面（500×）

c．カラマツ横断面（450×）

prp：原生師部　　cor：皮層

prx：原生木部　　vb：発達途中の維管束

imp：未発達の後生師部　　p：髄

imx：未発達の後生木部

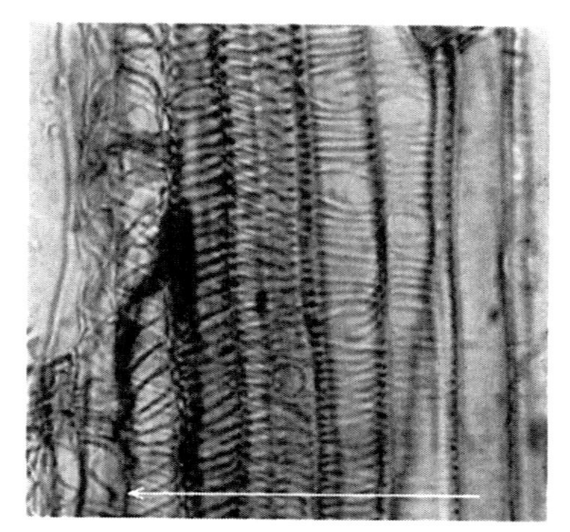

図 3.6　アカマツの原生木部縦断面（480×）
矢印が髄の方向

る段階になるとこの部分の茎はもはや伸長生長を停止している．このようにして頂端分裂組織に端を発した組織群は維管束形成層を除いてすべて一次永久組織として完成する．

この段階の組織系を表皮，皮層および中心柱（stele, central cylinder）の3つに区分する考え方がある．中心柱とは皮層より内側のすべての組織を指しており，中心柱の中での維管束の構造・配列の相異によっていろいろな型に分けられるが，樹木の茎のように並立維管束が同一円周上に配列している中心柱は真正中心柱（eustele）と呼ばれる．

3.2.2 肥大生長——二次組織の発達

前項に述べた一次永久組織の完成までの経過は多くの双子葉草本植物にも共通に見られる現象であるが，肥大生長をおこなう樹木においては一次永久組織完成の最終段階で特殊な二次分裂組織が発達する点で草本植物と異なる．すなわち，樹木では維管束の一次木部と一次師部の境界に残された束内形成層が並層分裂（periclinal division）すなわち接線面分裂（tangential division）（図 4.17 参照）をおこなって内側に木部の細胞を，外側に師部の細胞をつくりだす機能をもつようになる．束内形成層がこのような機能を発揮しだすと同時に，あるいはそれにややおくれて隣どうしの束内形成層をつなぐように維管束の間の基本組織の中に束間形成層（interfascicular cambium）と呼ばれる層ができ，完全に連続して髄および一次木部を環状に包囲する維管束形成層（vascular cambium），すなわち通常は単に形成層（cambium）と呼ばれる二次分裂組織が完成する．

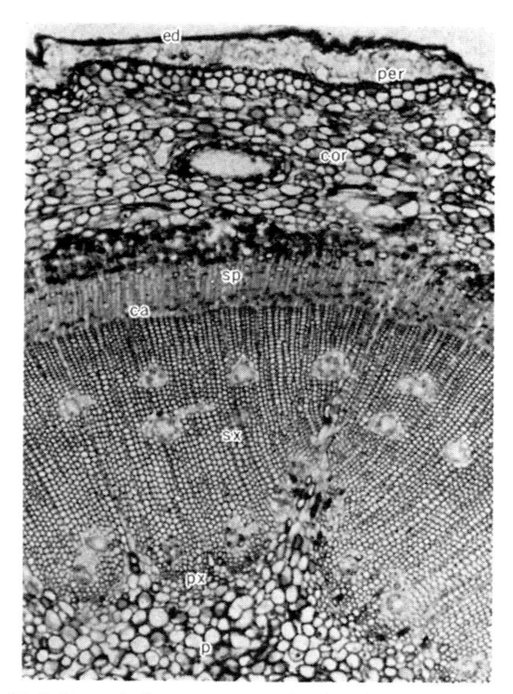

図 3.7　1年生アカマツの茎横断面（45×）
p：髄，px：一次木部，sx：二次木部，ca：形成層，sp：二次師部，cor：皮層，per：周皮，ed：表皮

この形成層の環は内側に木部の細胞を分裂しつつ自分自身はその円周をひろげながら外方に押し出されてゆき，それと同時に外側に師部の細胞を分裂してゆく（図 3.3，e−e，f−f）．このように環状の形成層から新たに分裂してできた木部および師部をそれぞれ二次木部（secondary xylem）および二次師部（secondary phloem）と呼ぶ．図 3.7はアカマツの1年生の茎で図 3.3，f−f の状態を示している．

形成層はその樹木の一生を通じて分裂を続けるか

ら，二次木部は逐次蓄積されて，その量を増大する．このように，形成層の活動によって二次組織の量をふやす肥大生長を二次肥大生長（secondary thickening growth）という．形成層の活動には一定の周期があって，それに従って二次木部の組織にも周期的な変化が現れる．この周期的変化を生長輪（growth ring）と呼ぶが，ふつう温帯地方では1年を周期とするのでこれを年輪（annual ring）と呼ぶ．

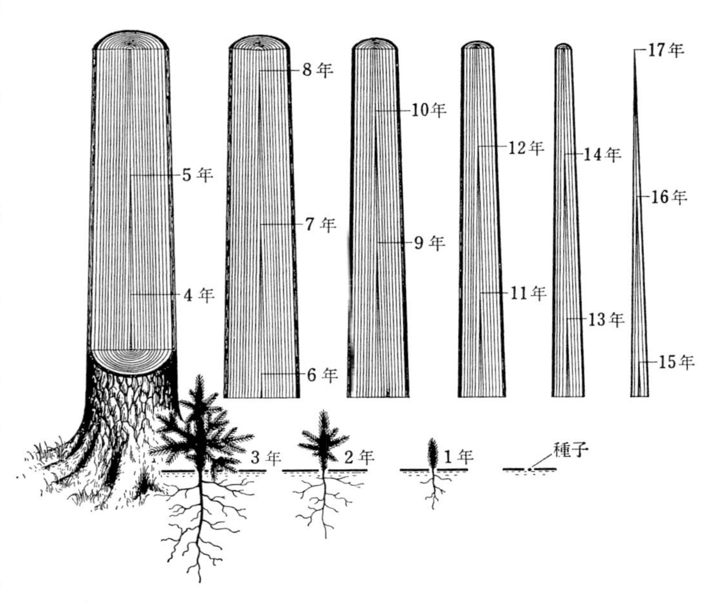

図 3.8 樹幹の生長模式図[1)]

(From Textbook of Wood Technology, 3rd ed. by A. J. PANSHIN & C. de ZEEUW, Copyright 1964, 1970 by McGraw-Hill, Inc. Used with permission of McGraw-Hill Book Company)

二次肥大生長が始まると，その段階ではもはや新しい一次組織の形成は見られず，髄と一次木部は二次木部に囲まれてそのまま残るが，一次師部は圧縮されてその存在が不明瞭になるし，また表皮と皮層も外側から順次枯死して外樹皮となり，やがて剝離してしまう．肥大生長が進むにつれて二次師部も古い方から順次外樹皮となって剝離してゆくので，二次師部は二次木部のように大量に蓄積されることはない（12章参照）．二次木部は古い方から順次生活機能を失って心材となるが，そのまま蓄積されるので結局，図3.1に示したように二次木部が樹幹の大部分を占める木部円柱体となって木材利用の対象となるのである．

3.2.3 樹幹の生長

前述したように，ふつう温帯地方の樹木の幹は1年を周期とする形成層活動の変化に対応して二次木部に年輪を形成しながら肥大生長を続けてゆく．図3.8に模式的に示したように（髄は省略してある），幹の横断面では年輪が髄を中心として同心円の環として現れるが，立体的には1年ごとの生長層（growth layer）が円錐形のさやとなって重ねられてゆく．各年度の円錐の頂点はその生長年度の生長停止時期における図3.3，d−dの位置にあたり，図3.3，c−dより上の部分は冬芽として存在していたことになる．図3.8は17年生の幹を示してあるが，この幹は3年生の時期には切株の高さに達していなかったために切株の面には14年輪しか見られない．したがって，年輪数によってその樹幹の年令を知るためには1年生の茎の年輪が含まれる高さの横断面で数えねばならない．（実際には樹種によって稚苗時代の年輪が非常に不明瞭なものもあるので，切株の年輪数でその樹幹の年令を推測する場合，多少の誤差を覚悟しなければならない）．

樹木の幹はこのようにして肥大生長をしてゆくわけであるが，形成層によってつくられた新しい二次木部は数年の間は機械的支持，水分通導および養分の貯蔵の3つの機能を果たしていることは最初に述べたとおりである．機械的支持および水分通導にあずかる細胞は細胞成熟の段階で原形質を失って死細胞となるが，養分の貯蔵というような生理的機能は柔細胞と呼ばれる生きている細胞が受持っている．樹幹の木部円柱体の中でこのように木部細胞の一部が生きており，生理的活動をおこなっている部分は辺材（sapwood）と呼ばれる．形成層の活動により肥大生長が進行し，新しい辺材が外周に形成されるにつれて柔細胞は古い方から順次原形質を失って死細胞となり，したがって木部円柱体は樹心に近い方から順次死細胞だけからなる材部に移行してゆく．このような死細胞だけからなる材部を心材（heartwood）と呼び，また辺材から心材へ移行する現象を心材化あるいは心材形成（heartwood formation）と呼ぶ．

一般に心材化に際して柔細胞の内容物が一種の酸化作用を受け，多少とも濃く着色した心材部をつくることが多いが，まったく着色をおこさない樹種もあるので心材の有無を色によって判定することは不可能な場合がある．着色心材の場合，辺材と心材の移行部に，着色の程度が心材と辺材の中間の部分が存在することがあり移行材（intermediate wood）と呼ばれるが，移行材部の柔細胞はまだ生きた細胞であって移行材は明らかに辺材の一部である．また，ハンノキ属（*Alnus*）などの樹木は柔細胞の生存期間が非常に長いために心材をつくらないものと誤認されて辺材樹（sapwood tree）と呼ばれたことがある．しかしながら，これらの樹種でも心材化が遅れるだけでいずれ大径木になれば樹心に近い方から心材が形成されるのであって，文字通りの辺材樹というものは存在しないのである．

3.3　根の一次組織および二次組織の発達

樹木の根も幹と同様に伸長生長と肥大生長によってその大きさを増すことはいうまでもないが，根の場合は二次組織が出現するまでの過程が幹の場合と多くの点で異なっているので，以下とくに根に特徴的な点について述べておく．

まず，根の先端の頂端分裂組織は根冠（root cap）と呼ばれる特殊な保護層によって保護されている点が茎の先端と異なる．根冠の細胞は頂端分裂組織から補給されるのであるが，外側の土壌に接している古い根冠細胞は順次死んでゆくので根冠はつねにほぼ一定の大きさと形を保っている．しかしながら，根冠は根の伸長生長の際に土壌粒子との摩擦から頂端分裂組織を保護するための組織であるから，土壌の性質によって根冠の大きさが異なり，とくに摩擦がほとんど考えられない水栽培の場合には根冠は一般に小さくなる．

つぎに顕著なことは，皮層の最内層に茎の場合には極めて不明瞭あるいはまったく欠いている内皮（endodermis）と呼ばれる細胞層が明瞭に分化することである（図3.9；図3.10 a；図3.11）．また，内皮の内側にはやはり茎の場合に不明瞭である内鞘（ないしょう）（pericycle）が中心柱の最外層として非常に顕著に発達する（図3.9；図3.10 a, c；図3.11）．このように根の場合には皮層と中心柱の区分は，内皮，内鞘が明瞭なため茎にくらべて非常に明確である．

根と茎の組織で最も顕著な対比を示す点は中心柱における維管束の構造と配列である．すなわち，根の中心柱は維管束が茎のように並立維管束を形成せず，一次木部，とくに原生木部と一次師部が交互に配列して環状をなし，いわゆる放射維管束（radial vascular bundle）を形成する放射中心柱（actinostele）である（図3.9；図3.10 a）．樹木の根の放射維管束における原生木部の数は針葉樹では2～4個，広葉樹では3～5個の場合が多く，その数によって2原型（diarch）（図3.11），3原型（triarch）（図3.9；図3.10），4原型（tetrarch），5原型（pentarch）（図3.12）などと呼ばれる．

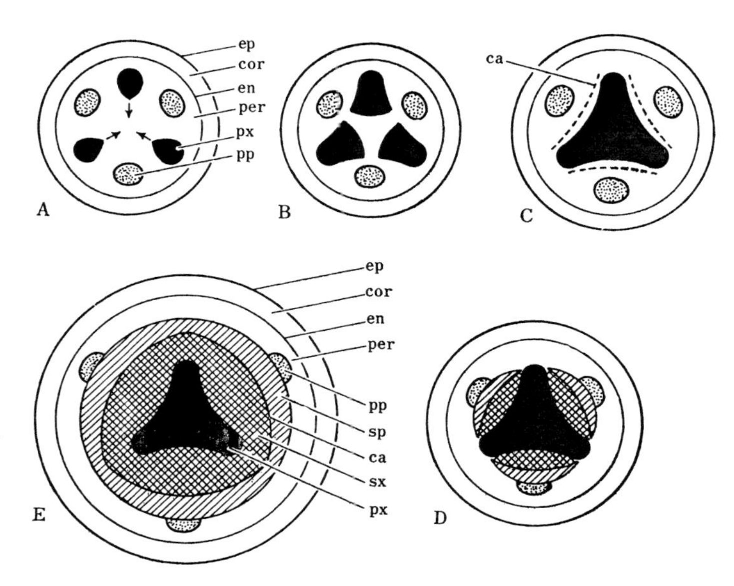

図 3.9 根の先端の組織発達模式図

ep：表皮
cor：皮層
en：内皮
per：内鞘
px：一次木部
pp：一次師部
ca：形成層
sx：二次木部
sp：二次師部
Aの矢印は一次木部発達の方向を示す．

さらに根の放射維管束においては原生木部は茎の場合と反対につねに外側にあり，一次木部は外側から内側へ向って分化が進行するので外原型木部（exarch xylem）と呼ばれるが，それぞれの原生木部から内側へ向って分化が進行してきた一次木部は中心部において相互に合体してしまい，根の中心部は後生木部で占められることになる（図3.9；図3.10 b,c；図3.11；図3.12）．すなわち，茎の中心部は基本組織系の柔細胞である髄によって占められるが（図3.1；図3.3；図3.7参照），根の中心部は一次木部によって占められており，髄は存在しないことが特徴である．

樹木の根も茎と同様に一次組織が完成する前後から維管束形成層の活動によって二次肥大生長をおこなうが，根の形成層はまず一次木部の凹んだ面と一次師部の間にわん曲して現れ（図3.9 C；図3.10 b），ついには木部と師部の間を縫って連続する．形成層は茎と同じように内側に二次木部，外側に二次師部を形成するのであるが，はじめはわん曲した形成層の凹部において木部の形成が多量におこなわれるため（図3.9 D,E；図3.10 c）形成層はしだいに円形に近づき，やがて茎の場合と同様の行動を示すようになって，二次木部すなわち木材の蓄積がおこなわれるのである．

〔引用文献〕

1) JEFFREY, E. C.: The Anatomy of Woody Plants. Univ. Chicago Press (1926)

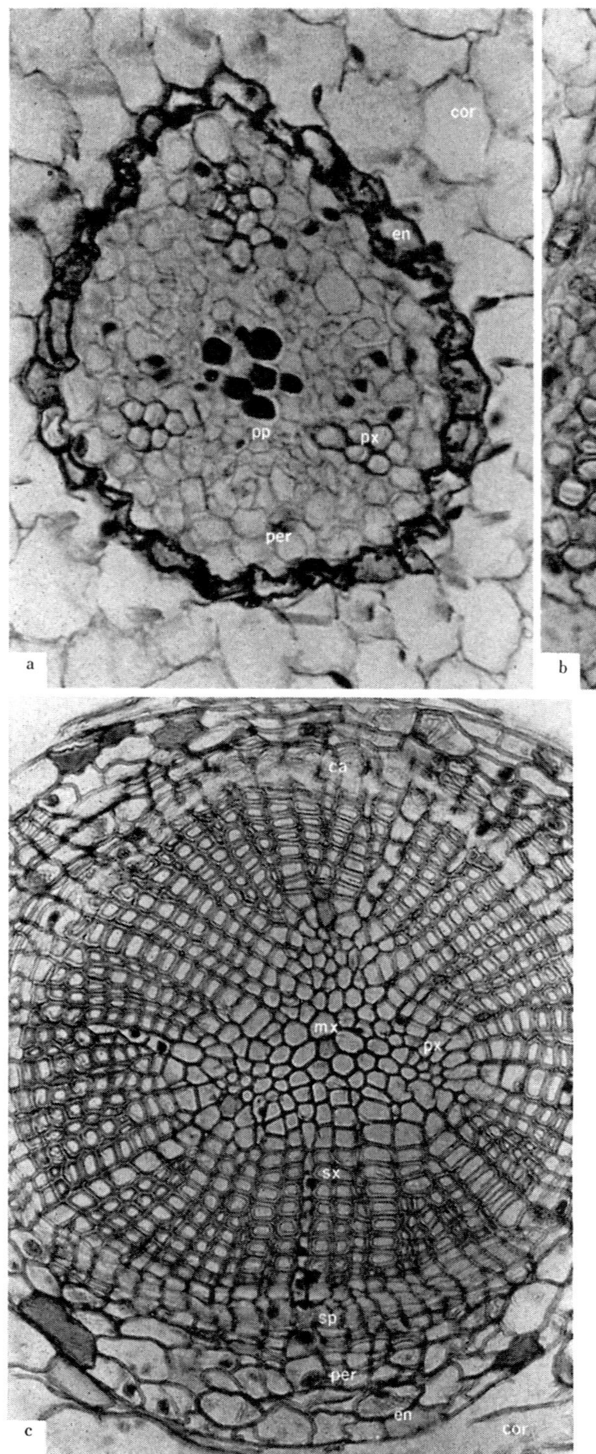

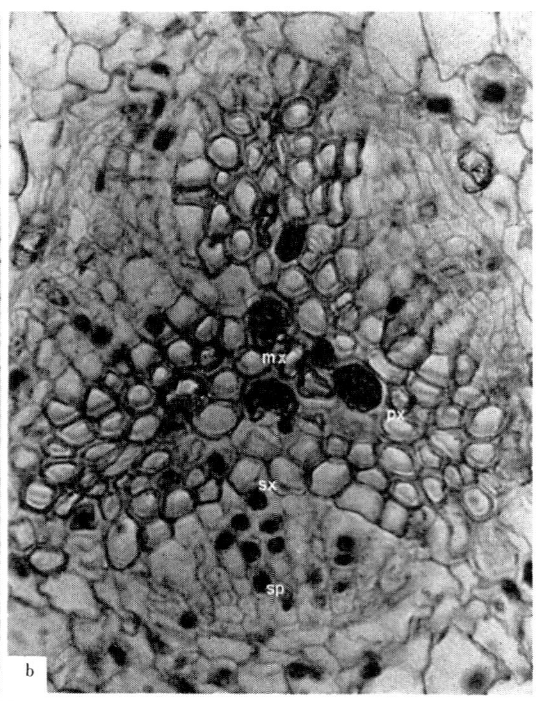

図 3.10　スギの根の先端部組織の発達
（鈴木三男氏提供のプレパラートによる）

a．(350×)，b．(350×)，c．(175×）はそれぞれ図3.9のA，D，Eに相当する．

px：原生木部　　en：内皮
mx：後生木部　　per：内鞘
sx：二次木部　　cor：皮層
pp：一次師部
sp：二次師部

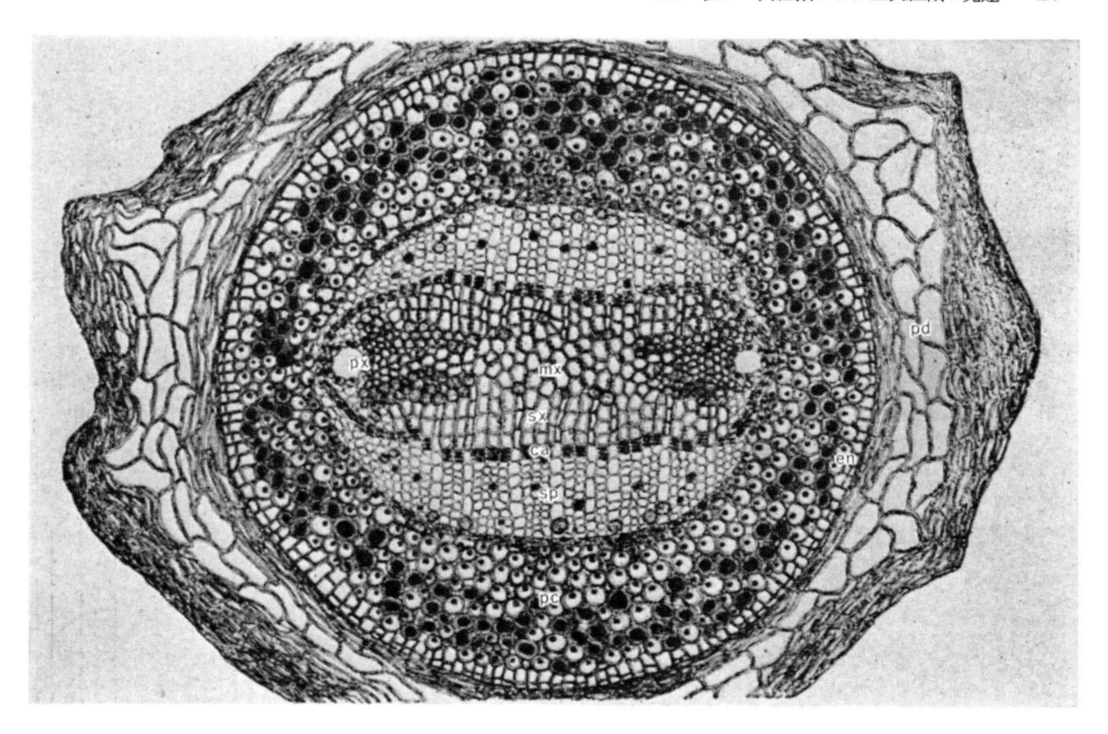

図 3.11 タマラック（*Larix laricina*）の若い根の横断面（JEFFREY[1] 原図）
px：原生木部，mx：後生木部，sx：二次木部，sp：二次師部，pc：内鞘，en：内皮，pd：周皮

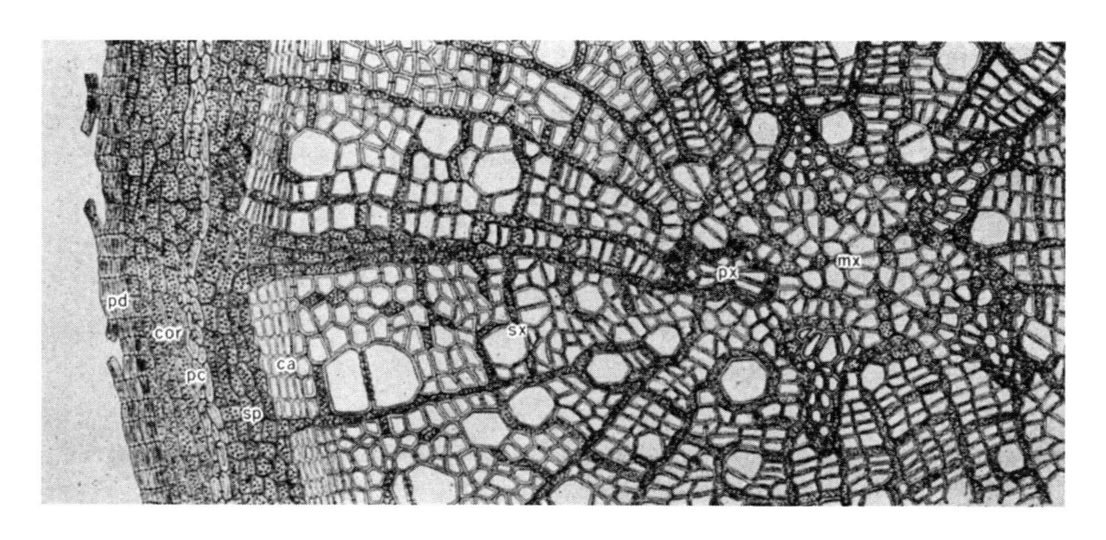

図 3.12 *Alnus incana* の根の横断面（JEFFREY[1] 原図）
px：原生木部，mx：後生木部，sx：二次木部，ca：形成層，sp：二次師部，pc：内鞘，
cor：皮層，pd：周皮

4 形　成　層

木材は 1) 形成層の細胞分裂, 2) 新生木部細胞の成熟, 3) 成熟木部細胞の蓄積という 3つの過程を経て形成される. すなわち, 木材の直接的な起原は形成層である.

4.1 形成層の位置および構成細胞

形成層 (cambium) は立体的に見ると幹, 枝および根の二次木部のまわりを完全にさや状に包み, 接線面分裂をおこなって内方に二次木部の層を, 外方に二次師部の層を追加してゆく分裂組織で, 正確には維管束形成層 (vascular cambium) と呼ぶべきであるが, ふつう単に形成層といえば維管束形成層を意味する. この分裂組織は樹軸に対して側方に位置するので, 頂端分裂組織 (apical meristem) に対して側生分裂組織*) (lateral meristem) と呼ばれる.

形成層を構成する個々の細胞を形成層始原細胞 (cambial initial) と呼ぶ. 分裂組織の細胞は一般に原形質が密につまり, 大きな核をもち, 大体等径的な形をしているのが普通であるが, 形成層始原細胞には極端に形の異なった2種類の細胞, すなわち紡錘形始原細胞 (fusiform initial) と放射組織始原細胞 (ray initial) とが存在する. 紡錘形始原細胞は軸方向に細長い細胞で, 接線面で見ると両端がとがった紡錘形であり, 放射組織始原細胞は接線面で見るとやや軸方向に長いか, あるいはほとんど等径でだ円形ないし円形である (図4.1). これらの始原細胞は接線面分裂 (図4.17) によって, 紡錘形始原細胞からは形成層の内側へ向って道管要素, 仮道管, 木部繊維, 軸方向柔細胞など木部の軸方向要素のすべてがつくられ, 外側へ向っては師管要素, 師細胞, 軸方向柔細胞, じん皮繊維など師部の軸方向要素のすべてがつくられる. また, 放射組織始原細胞からは内側に木部放射組織, 外側に師部放射組織がつくられる (図4.11; 図12.8参照). したがって, 接線面における紡錘形始原細胞と放射組織始原細胞の配列のしかたは, ほとんどそのまま木部の接線断面における軸方向要素と放射組織との位置関係に反映されて現れる (図4.2).

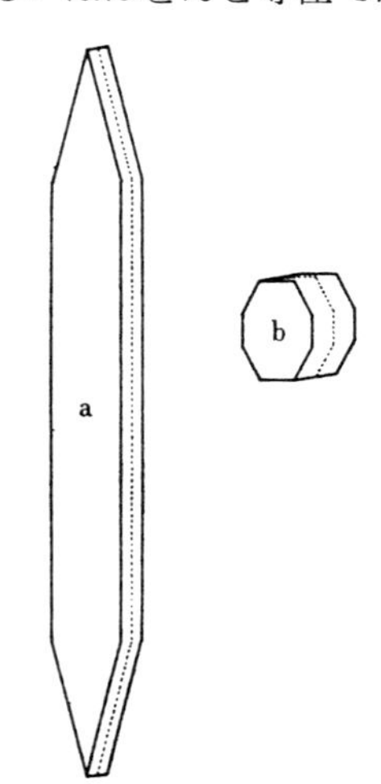

図 4.1 形成層始原細胞の模式図
a：紡錘形始原細胞
b：放射組織始原細胞

形成層始原細胞の配列のしかたには層階状配列をする場合と非層階状配列をする場合とがある. 前者は紡錘形始原細胞, 放射組織始原細胞群の両者とも (図4.2c), あるいはいずれか一方 (図4.2b) が接線面で同じ高さにそろって並び, 全体として層状構造を示すもので, 層階状形成層 (storied cambium) と呼ばれ, 進化の度合の高い広葉樹に見られる. 針葉樹や, 大部分の広葉樹の形成層は始原細胞の配列にとくに規則性のない非層階状配列をなしている (図4.2a).

*) 側生分裂組織には維管束形成層のほかにコルク形成層 (phellogen, cork cambium) (12章参照) が含まれる.

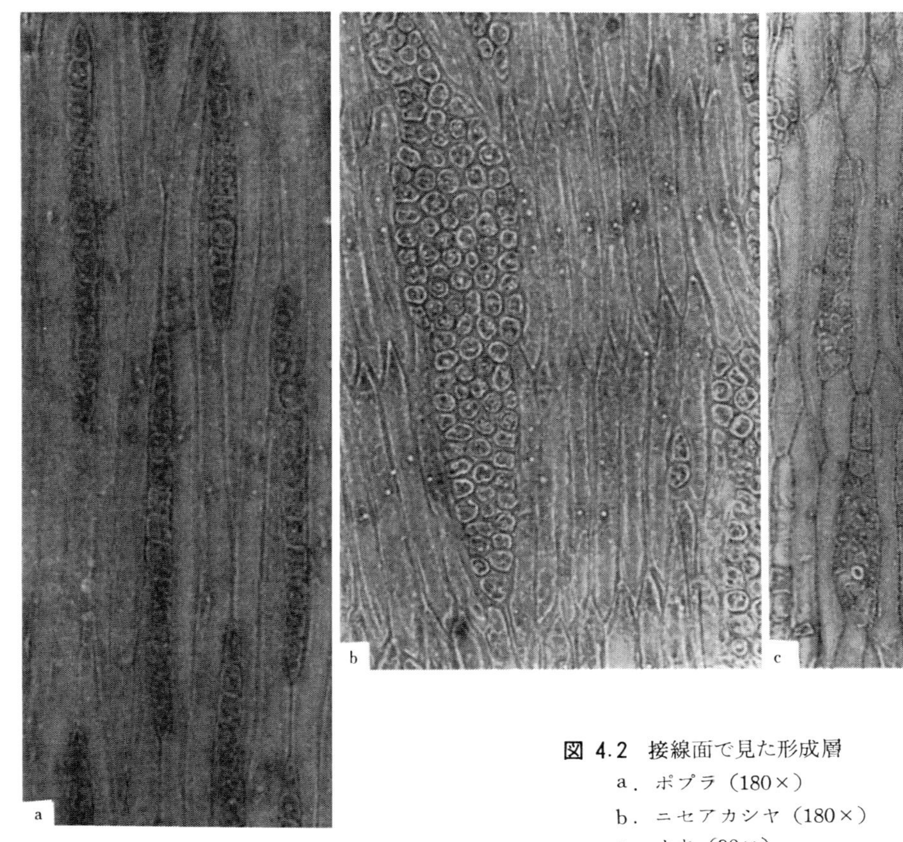

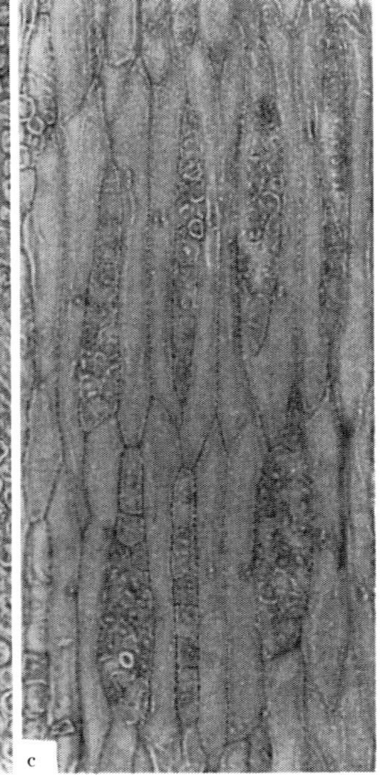

図 4.2 接線面で見た形成層
a．ポプラ（180×）
b．ニセアカシヤ（180×）
c．カキ（90×）

紡錘形始原細胞の長さは樹種により，あるいは同一樹種でも樹幹の部位，環境条件，生理的条件あるいは遺伝的性質によって異なっている．BAILEY[1] は十分に成熟した多数の樹木について紡錘形始原細胞の長さを測定して次のような結果を報告している．

(1) 針葉樹 10 種類の平均は約 4000 μm で，中でもレッドウッド（*Sequoia sempervirens*）での最高値は 8700 μm であった．

(2) 比較的進化の度合の低い道管をもつ広葉樹 10 種類（カバノキ，ハンテンボクなど）の平均は 1260 μm．

(3) 比較的進化の度合の高い道管をもつ広葉樹 10 種類(サクラ，カエデなど)の平均は 600 μm．

(4) 層階状形成層をもった広葉樹 10 種類(ニセアカシア，カキ)などの平均は 300 μm であった．

以上の結果から，紡錘形始原細胞は植物の進化が進むにつれて短かくなっていると考えられる．

また，紡錘形始原細胞の長さは樹木の年令とともに増加するものが多い．図 4.3 に見られるように，針葉樹でははじめの 60 年間に約 4 倍の長さに増加し，その後にほぼ一定の長さとなるが，広葉樹では針葉樹ほど著しくはなく，比較的進化の度合の低い広葉樹ではじめの 30 年間に約 2 倍の長さになるが，層階状配列を示すものを含めて，進化の度合の極めて高い広葉樹でははじめからほとんど一定の長さを保ったままである．

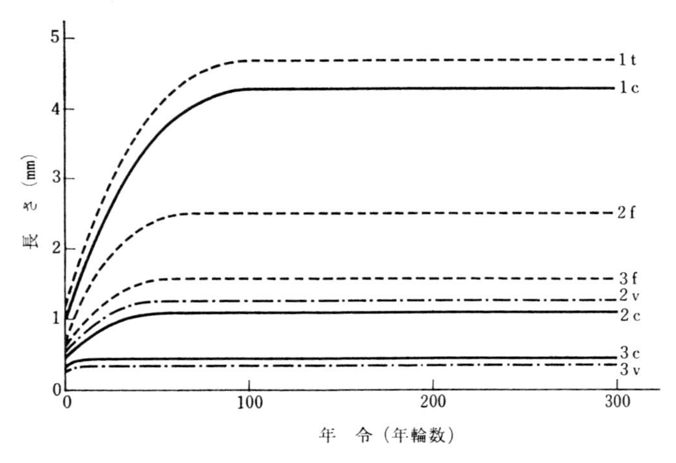

図 4.3　紡錘形始原細胞およびそれから生じた木部細胞の長さの年令による変化 (BAILEY[1] 原図)
1：針葉樹　2：進化の程度の低い広葉樹
3：進化の程度の極めて高い広葉樹
c：紡錘形始原細胞　t：仮道管
f：繊維　v：道管要素

紡錘形始原細胞の長さは年令によって異なるばかりでなく，前述したように同じ年令でも地上高によって異なるし，また種々の環境条件によっても異なってくる．したがって図4.3において少なくともある年令に達すると長さはほぼ一定になるように示してあるが，実際には長年の環境条件や生理的条件の変化に影響されて波状に変動するものである．

いずれにしても図4.3に示されたように，広葉樹の繊維は紡錘形始原細胞から分生されて完全な成熟細胞になるまでの間にその長さを著しく増すが，針葉樹の仮道管および広葉樹の道管要素は成熟過程における長さの変化がわずかなので，紡錘形始原細胞の長さの近似値を知るためには針葉樹の場合は仮道管の長さを，広葉樹の場合は道管要素の長さを測ればよいであろう．

4.2　始原細胞の接線面分裂――木部細胞の増加

形成層の始原細胞は木部細胞あるいは師部細胞をつくるにあたって，接線面で真二つに割れる接線面分裂 (tangential division) (図4.17) をおこなう．接線面分裂の結果内側と外側に分裂した２つの娘細胞のうちいずれか１つはもとの大きさにもどって始原細胞として残り，他の１つはそれが内側の細胞であれば木部細胞 (xylem cell)，外側の細胞であれば師部細胞 (phloem cell) となる．始原細胞はこのようにして接線面分裂を繰り返し，内外いずれかの半分はつねに始原細胞として残り，他の半分は木部細胞あるいは師部細胞となってそれぞれ木部あるいは師部に追加されてゆく．始原細胞から分かれた新生木部細胞，新生師部細胞は多くの場合しばらくの間分裂機能を失わず，さらに１回以上接線面分裂を繰り返した後古い方から順に分裂機能を失って永久細胞として成熟の過程に移行する (図4.4)．始原細胞から分かれたばかりの分裂機能を失っていない新生木部細胞，新生師部細胞をそれぞれ木部母細胞 (xylem mother cell)，師部母細胞 (phloem mother cell) と呼ぶ．

始原細胞の層すなわち形成層は原理的には１層であるが，実際には始原細胞をはさんで木部および師部の母細胞からなる数層の細胞が接線面分裂をおこなうので，その中から厳密な１層の始原細胞の層としての形成層を識別することは形態的にも細胞学的にも困難な場合が多い．そこで，便宜上始原細胞と木部母細胞および師部母細胞の層を一括して形成層帯 (combial zone) と呼ぶが，形成層という言葉を複数層であるこの形成層帯に対して用いる場合も多い．

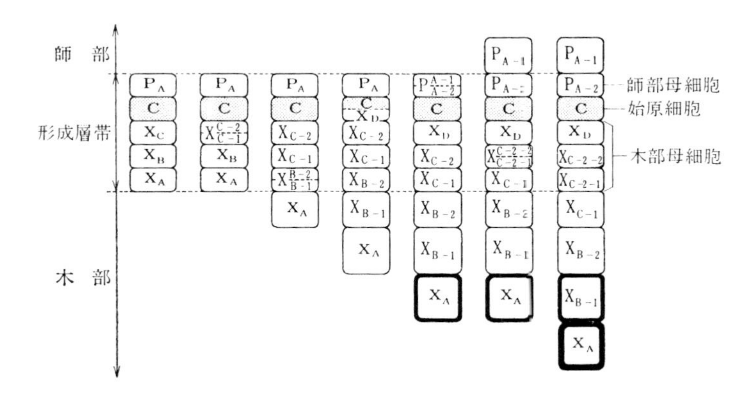

図 4.4　形成層帯の細胞の接線面分裂のおこり方を示す模式図

形成層帯の幅は季節や生育状態によって異なる．東京周辺のアカマツでは，師部母細胞は四季を通して0～2層ぐらいであるが，木部母細胞は分裂活動の休眠期では2～5層であるのに対して，活動期，とくに4月下旬から5月中旬にかけての分裂活動の最盛期には10～15層に達する場合がある（図4.5）．これらの形成層帯の細胞は接線面分裂を繰り返すから，形成層帯を横断面で見ると細胞が放射方向の列をつくって整然と並んでいる（図4.4；図4.5；図4.12）．

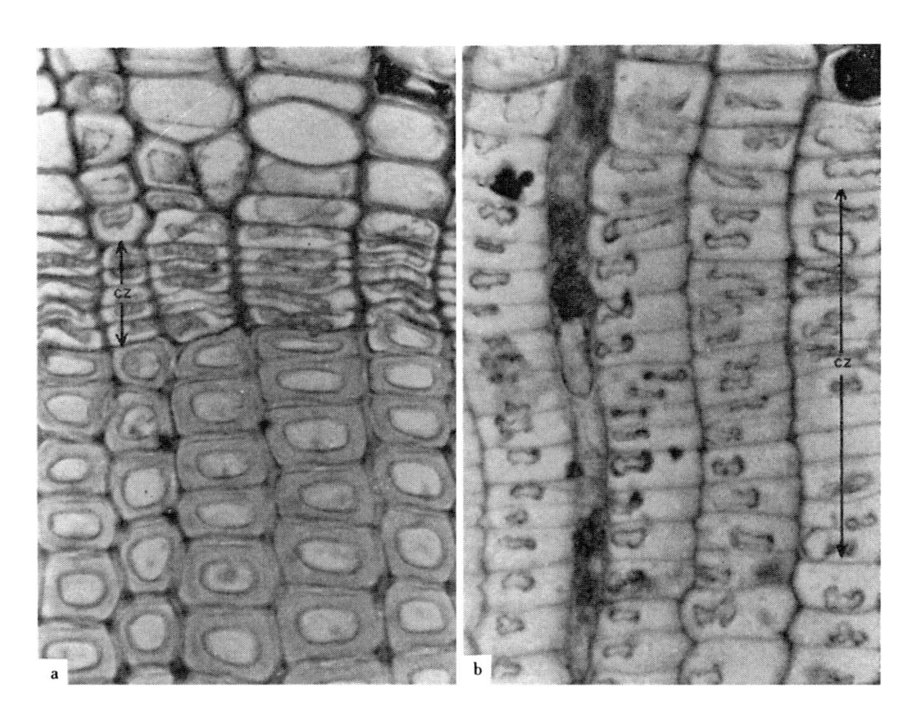

図 4.5　アカマツの形成層帯（360×）
a．活動休止期（1月下旬）
b．活動最盛期（5月中旬）
cz：形成層帯

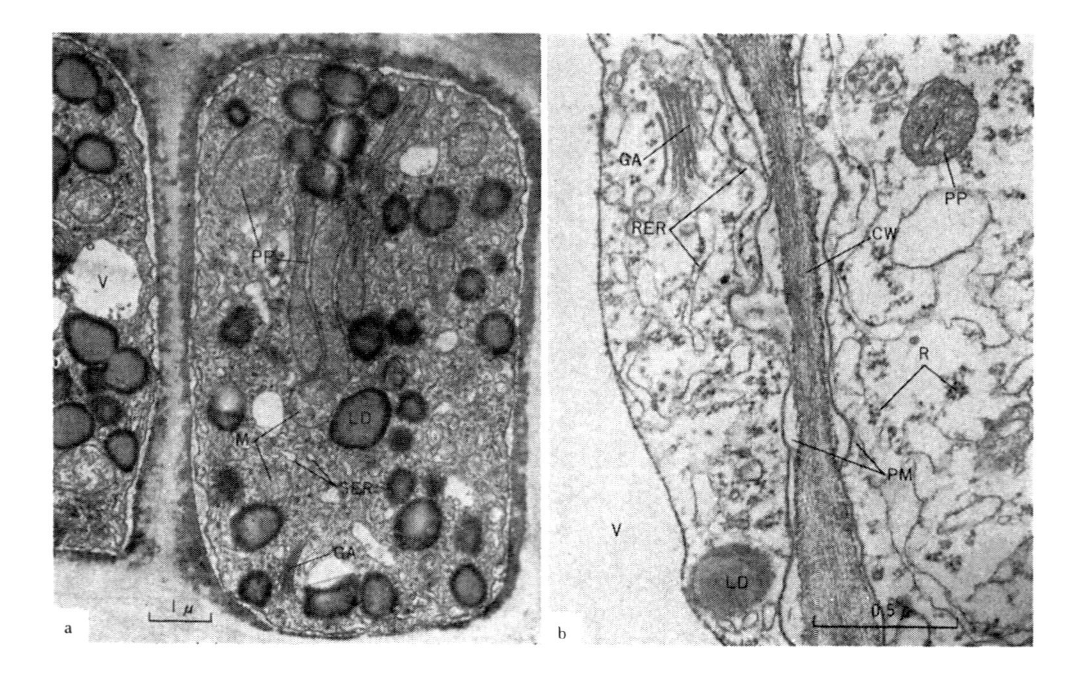

図 4.6 アカマツの紡錘形始原細胞の横断面（津田稔氏提供）
a．休眠期，b．活動期
V：液胞，PP：プロプラスチド，M：ミトコンドリア，SER：滑面小胞体，GA：ゴルジ体，LD：リピド，RER：粗面小胞体，R：リボゾーム，PM：原形質膜，CW：細胞壁

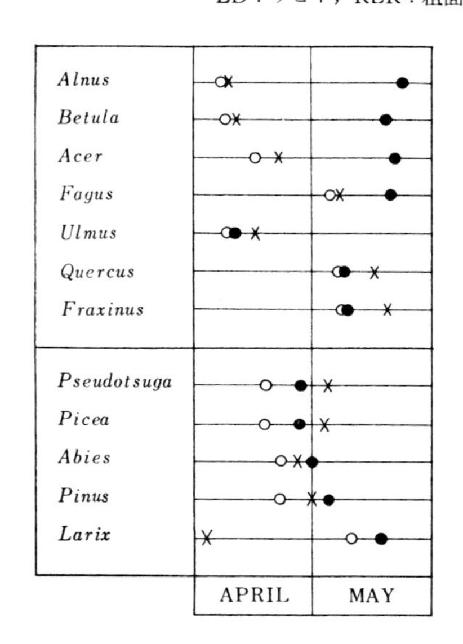

図 4.7 形成層における接線面分裂開始の時期と芽の開序との関係
（LADEFOGED[2] より抜粋）
× 芽の開序
○ 芽の基部の接線面分裂開始
● 胸高部位の接線面分裂開始

ふつう，温帯の樹木では形成層の分裂活動には四季の変化に対応したリズムがあり，形成層活動の産物である木部組織の中に年輪として反映される．このリズムは冬期の休眠期間と春から秋にかけての活動期に大別されるが，形成層帯の細胞が休眠からさめて実際に分裂を始める１～数週間前になると，分裂活動の前段階として細胞の様相にいろいろな変化が現れる．すなわち，休眠期の細胞は原形質が不透明でゲルの状態にあるといわれ，細胞内は多くの小さな液胞に満たされ，小胞体は滑面で，ゴルジ体は目立たない．分裂活動の準備段階になると細胞は膨潤状態となり，原形質は透明でゾルの状態となる．また，大きな液胞が細胞内を占め，小胞体は粗面となり，ゴルジ体が多くなる（図4.6）．このような変化を示す準備段階を経た後に形成層帯の細胞は接線面分裂を始めるが，接線面分裂は芽の基部で最初におこり，しだいに樹幹の基部を経て根に向って分裂開始の波が伝わってゆく．この波の伝わる速さは樹種や環境条件によって異なるが，一般的にいって広葉樹の場

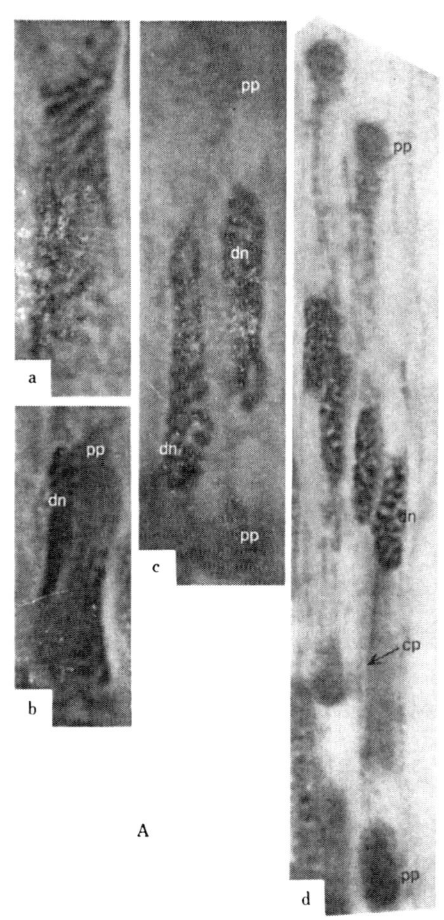

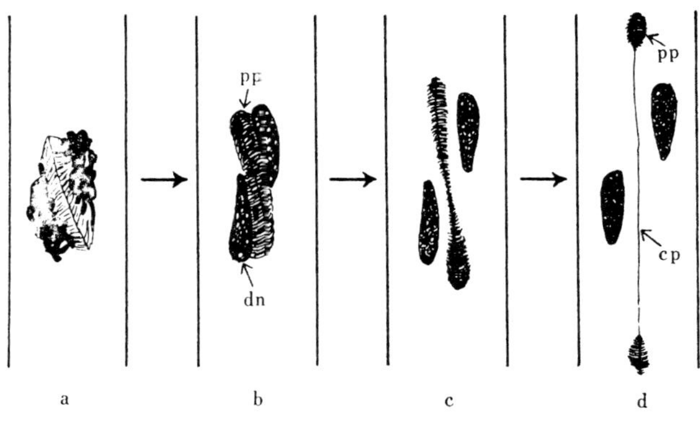

図 4.8 紡錘形始原細胞の接線面分裂

A．アカマツ放射断面（a, b, c：1000×，d：800×）

B．同上模式図

A．Bともa．核分裂後期，b．隔膜形成体の出現，c．隔膜形成体の移動開始，d．隔膜形成体の移動の進行および細胞板の形成

dn：娘核，pp：隔膜形成体，cp：細胞板

合環孔材の樹種では極めて速く，散孔材の樹種ではゆっくりしており，針葉樹の場合は両者の中間であるといわれる[2]（図4.7）．

分裂休止期の形成層帯の紡錘形細胞においては核が細長く，核の長軸と細胞の長軸が平行の状態にあるが，分裂が始まると有糸核分裂の極軸は細胞の長軸に対して斜めに位置を変える．やがて2つの娘核の間に生じた隔膜形成体（phlagmoplast）は細胞板（cell plate）を形成しつつ細胞の両端に向って移動し，ついには細胞板によって親細胞の原形質が2分され2つの娘細胞となる[3)4)]（図4.8 A, B）．1枚の細胞板が相隣る2つの娘細胞それぞれの細胞壁に変化してゆく過程は現在のところ必ずしも明確ではないが，Roelofsen[5)]などによれば，2つの娘細胞の間の細胞板は割れて2層になり，その間に新しい細胞壁と細胞間層が生じ，また2層に分かれた細胞板はそれぞれ娘細胞の原形質膜となって原形質を包む．

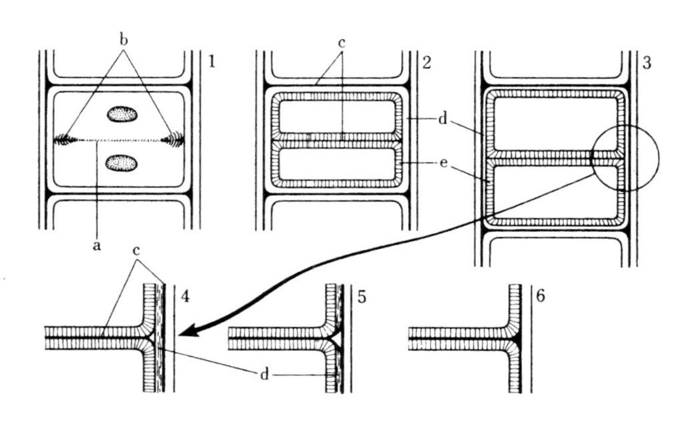

図 4.9 細胞分裂後新旧細胞壁の間におこる調整現象の概念図

a：細胞板，b：隔膜形成体，c：細胞間層，d：親細胞の細胞壁，e：娘細胞の細胞壁

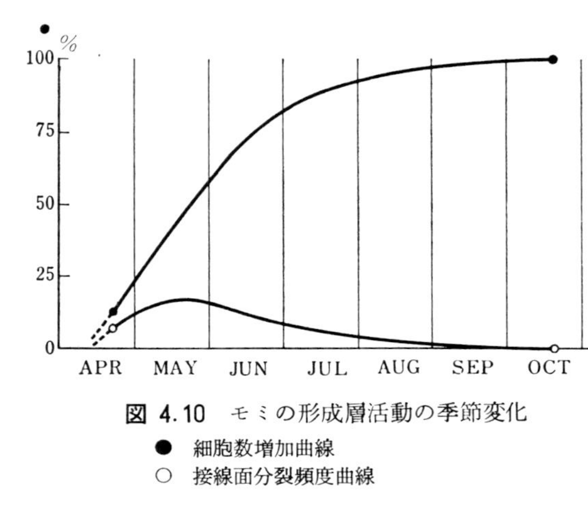

図 4.10 モミの形成層活動の季節変化

● 細胞数増加曲線

○ 接線面分裂頻度曲線

分裂の結果容積が半分になった娘細胞がその大きさを増し始めると，親細胞の古い細胞壁は破壊され，ついには細胞間層の中に取り込まれてしまう．親細胞の細胞壁が破壊されることによって，娘細胞どうしの間にできた新しい細胞間層は既存の細胞間層と完全に連続すると考えられる（図 4.9）．

形成層の接線面分裂によって1生長期間に木部側に分生される細胞数と師部側に分生される細胞数をくらべると前者の方がはるかに多い．しかし，生育状態のよしあしの影響は師部側への分裂よりも木部側への分裂に大きく現れる場合が多く，たとえばノーザンホワイトシーダー（*Thuja occidentalis*）では1生長期間の木部側および師部側それぞれへの分裂回数の比は生育状態によって15：1から2：1の範囲で変化しているという[6]．

形成層における接線面分裂，とくに木部側への分裂の頻度は分裂活動期を通じて一様ではない．ふつう，分裂活動開始後4～7週間の間に分裂活動の最盛期に達し，その後しだいに活動が衰える．たとえば，秩父地方のモミの胸高部位では図 4.10に示したような分裂頻度曲線を示す[7]．したがって，5月中旬までにはその生長年度の終りまでにつくられた木部細胞総数の50%，6月末までには80%が形成層帯における接線面分裂によって生みだされており，その後の3カ月で残りの20%がつくられる．

分裂活動を開始する時期，あるいは分裂活動を停止して休眠に入る時期は樹種，生育状態，環境条件などによってかなり異なるが，分裂活動の継続期間は一般的にいって同一地域においては常緑性樹種の方が落葉性樹種にくらべて長く[8]，また同一林分の中では優勢木は劣勢木よりも長い[9]．

4.3 新生木部細胞の成熟*)

形成層始原細胞から分生された新生木部細胞は木部母細胞となってさらに1回以上接線面分裂を繰り返した後，古い方から順に分裂機能を失って形成層帯から内側へはみ出し，永久細胞として成熟の過程に移行するが，その過程においてそれぞれ形態的，化学組成的に特殊化した4つの類型の細胞，すなわち道管要素，仮道管，繊維および柔細胞のいずれか1つに分化する（図 4.11）．

成熟の過程は基本的には(1)細胞の拡大(細胞壁の面積生長)と(2)それに続いておこる細胞壁の肥厚および木化の2段階に分けられるが，具体的には細胞の種類によってその様相がかなり異なる．また，柔細胞ストランドやストランド仮道管に分化する細胞では接線面分裂の機能を失った後に改めて数個所で横面分裂（transverse division）（図 4.17）をおこし，それから成熟の過程に入る．

*)　木部細胞の成熟の過程における細胞壁の微細構造の問題に関しては5章で述べる．

細胞拡大期の木部細胞の原形質は一次壁（primary wall）によって囲まれている．一次壁は等方性でセルロースのフィブリルが網目状に走り，その網目の間に新しいセルロースのフィブリルを挿入するいわゆる挿入生長（intussusception growth）によって面積生長をすることができ，また隣接細胞どうしの原形質の連絡を保つために多数の原形質糸（plasmodesmata）によって貫通されている．さらに，おのおのの細胞は原形質糸の部分を除いて細胞間層（intercellular layer）と呼ばれる層によって隣接細胞から隔てられているが（図4.9），この時期の細胞間層は大部分ペクチン質からなり，非常に可塑性に富んでいる．

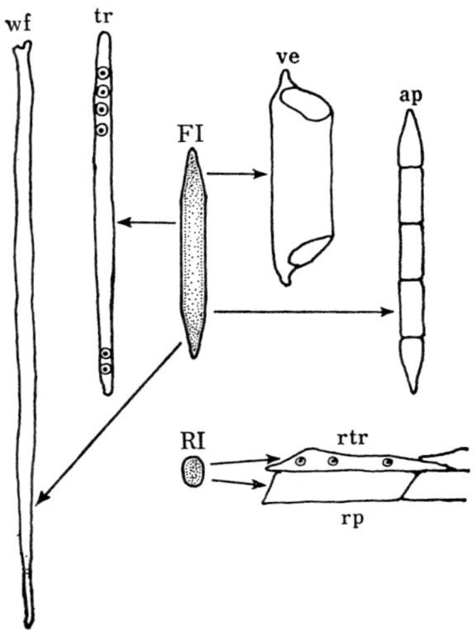

図 4.11 形成層始原細胞およびそれに由来する木部細胞
FI：紡錘形始原細胞
RI：放射組織始原細胞
ve：道管要素
tr：仮道管
wf：繊維
ap：軸方向柔細胞
rtr：放射仮道管
rp：放射柔細胞

細胞の拡大の第1段階は直径の増大である．直径の増大は針葉樹材の早材部仮道管および広葉樹材の道管要素においてとくに著しいが，前者の場合は放射方向直径の増大だけで接線方向直径の増大はほとんど見られないのに対して，後者の場合は放射方向直径，接線方向直径ともに増大する．その他の細胞，すなわち，針葉樹材の晩材部仮道管，広葉樹材の繊維，軸方向柔細胞などは極めてわずかに放射方向直径の増大を見る場合もあるが，接線方向直径の増大はほとんどおこなわない．

細胞の拡大の第2段階として軸方向への伸長がおこる．細胞の伸長は広葉樹の繊維において最も典型的に見られ，針葉樹の仮道管においてもある程度見られるが，その他の細胞では極めてわずかであり，とくに進化の程度の高い環孔材広葉樹の早材部道管要素の場合には直径生長が著しいために結果的には始原細胞より短かくなる場合もある（図4.3参照）．細胞の伸長の程度は BAILEY[1] によれば，針葉樹の仮道管の場合には始原細胞にくらべて最高10〜15％の伸長にとどまり，樹種によってはほとん伸長を示さないものもあるのに対して，広葉樹の繊維では54種の平均で140％，最低20％，最高460％の伸長を示しているという．

上述のように分化の第1段階にある個々の細胞はそれぞれ独自の方向への一次細胞壁の面積生長をおこなって細胞容積を拡大するので，隣接する細胞相互の関係位置は当然異なってくる．針葉樹のようにほとんどすべての細胞が接線方向の拡大をおこなわない場合には，形成層帯に見られた放射方向の整然とした細胞列はそのまま木部組織に残されるが（図4.12 a），広葉樹の場合，とくに環孔材の孔圏に見られるような巨大な道管要素をもつ場合には，分化中の道管要素はまず接線方向に拡大し，つぎに放射方向にその直径を増す．このような道管要素の直径の増大は当然周囲の細胞の分化・発達に影響し，それらの細胞の形や配列に変化をもたらすので，形成層帯に見られた放射方向の細胞列は分化の過程で著しく乱されることになる（図4.12 b）．また，広葉樹の繊維は前述のように分化の過程で著しい伸長をおこなうが，この場合も細胞の先端が他の分化中の細胞の間に侵入してゆくので放射方向の細胞配列はさらに乱される．

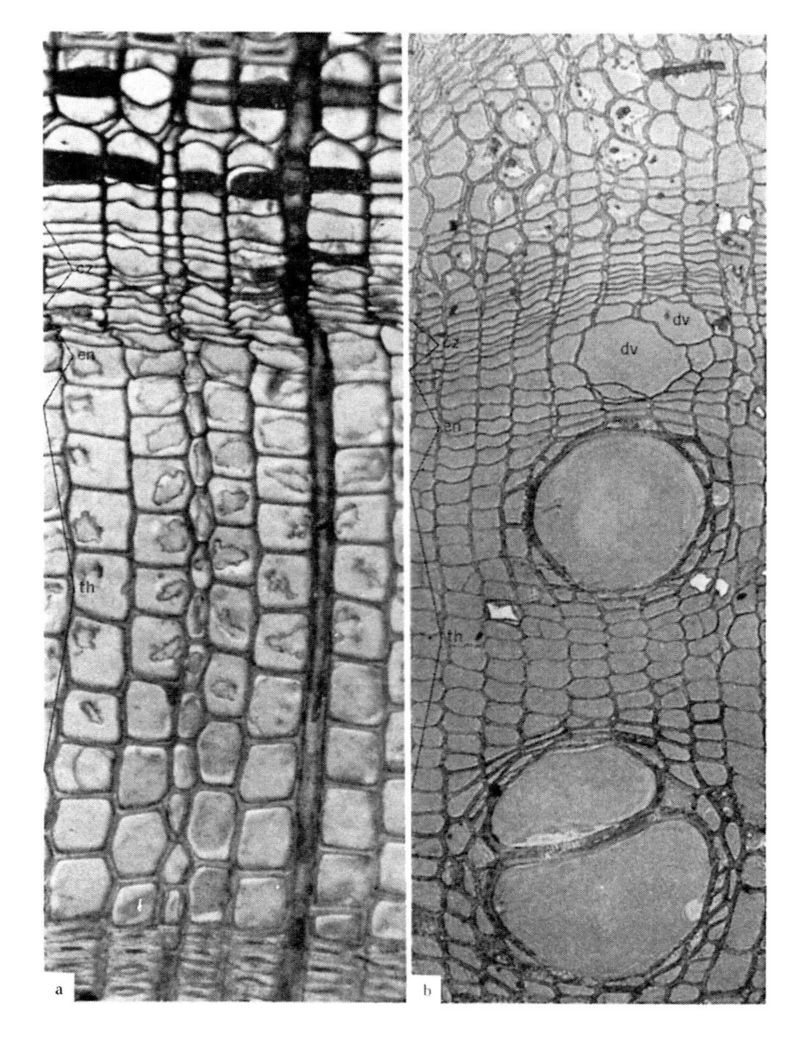

図 4.12 木部細胞の成熟過程（bは涌田ら[26]）
a．ヒノキ（200×）　b．アオギリ（180×）
cz：形成層帯，en：細胞拡大帯，
th：二次壁肥厚帯，dv：分化中の道管要素

このように，細胞成熟の第1段階である細胞の拡大によって隣接細胞相互の位置関係が変わる場合に，その配列調整をおこなう方法についてはいろいろな考え方が出されている．たとえば，巨大な道管要素が他の細胞を押しのけて直径生長をしてゆく場合，道管要素の細胞壁は隣接する細胞壁との接触面に沿ってすべりながら全面的にずれてゆくことが考えられる．このような方法はすべり生長[10]（sliding growth, gliding growth）（図4.13 A）と呼ばれ，紡錘形始原細胞およびそれに由来する未分化の木部細胞が伸長生長をおこなう場合もこの方法によるとする考え方もあるが，紡錘形の細胞の伸長生長の場合には細胞壁の一部はもともとの隣接する細胞壁との間にずれ合いを生ぜず，先端部だけがずれ合って他の細胞の間に割り込んでゆくいわゆる割り込み生長[11]（intrusive growth)(図4.13B)をおこなうのがふつうであると考えられる．

また，針葉樹のようにほとんどすべての細胞が直径生長に際して接線方向の拡大をおこなわず，放射方向の拡大だけをおこなう場合には細胞相互のずれ合いがおこらないので，隣接細胞どうしの接し合っている細胞壁が関係位置を変えることなく同調して伸長すると考えられ，このような方法は同調生長[12](symplastic growth)と呼ばれる(図4.13C).

すべり生長や割り込み生長によって生じる隣接細胞相互の関係位置の変化は，これら分化途中の組織の細胞間層が可塑性に富んでいることによって一応調整されていると考えられるが，隣接細胞どうしの原形質の連絡をおこなっている原形質糸の多くは細胞壁のずれ合いの過程でいったん切断され，新しい原形質糸がつくられて原形質の連絡を回復するのであろう．しかしながらそのメカニズムについては不明の点が多い．

細胞の拡大がほぼ完了した時点で，一次壁の内側にセルロースのフィブリルの堆積がおこり，いわゆる付加生長(apposition growth)によって細胞壁の肥厚が始まる．このように一次壁の内側に付加生長によって堆積された細胞壁を二次壁(secondary wall)と呼ぶ．二次壁の肥厚が進むにつれて，まもなく細胞間層の各細胞の角の部分にリグニンの沈着が見られるようになる．リグニンが木部組織中に沈着する現象は木化現象(lignification)と呼ばれるが，この木化現象は細胞の角の部分に始まってしだいに細胞間層全体へ，さらに一次壁および二次壁のフィブリルの間げきへと進行してゆく．このようにして二次壁の肥厚が完了し，ついで木化現象が完了することによって木部細胞の成熟が終る．

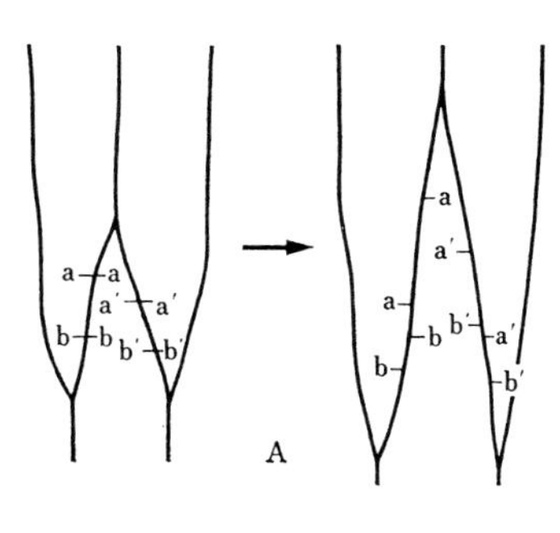

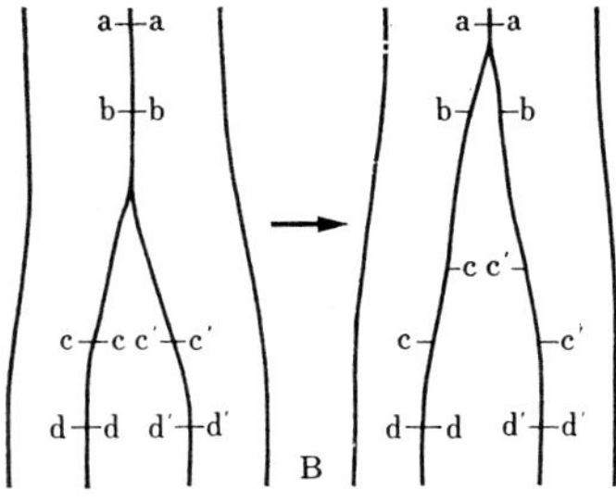

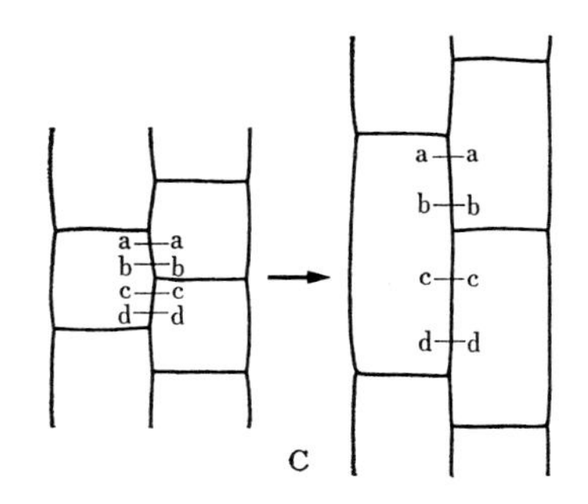

図 4.13
A．すべり生長
B．割り込み生長
C．同調生長

柔細胞においては木化現象はおこらず細胞の成熟後もその組織が心材化するまでは原形質をもち，生きた細胞として機能し続けるが，仮道管，道管要素，繊維など柔細胞以外の細胞は成熟完了の時点で原形質を消費しつくして個々の細胞としては死細胞となる(図4.12；図4.16)．また，とくに道管要素の場合はその成熟過程の後半に，各道管要素の上下に接し合っている壁の全部あるいは一部が完全に消失してせん孔(perforation)を生じ，あたかも竹の節を打抜いたように，軸方向に連なった長い管状の構造，すなわち道管(vessel)を形成することが他の細胞と著しく異なっている．道管要素のせん孔が形成される過程は図4.14に模式的に示したが，YATAら[13]によれば，上下に接し合っている壁の主要構成部分はまず酵素反応によって分解され，残りの部分は道管内を上昇し始めた水の流れによって機械的に破壊されるものと考えられる．

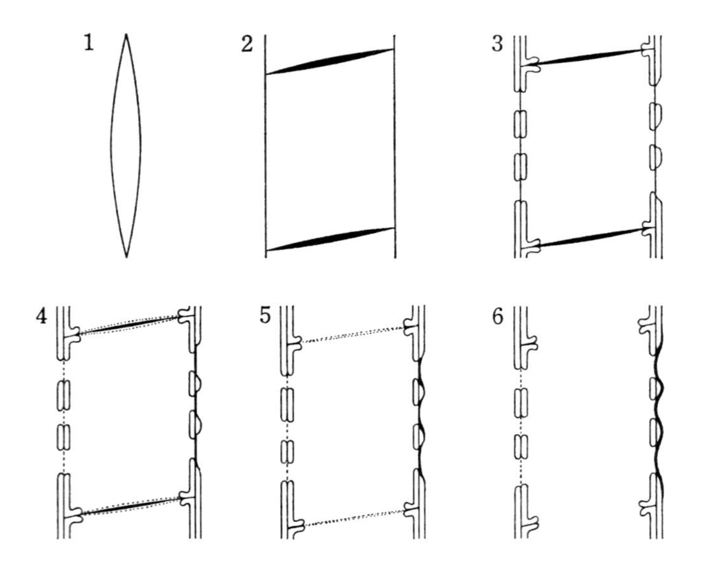

図 4.14　道管せん孔形成の模式図（YATAら[13]）原図）
1．木部母細胞，2．細胞拡大期：末端壁が厚みを増す，
3．二次壁肥厚期：末端壁には二次壁の肥厚がおこらない，
4．5．末端壁の分解，6．せん孔の完成

完成した二次壁の厚さや微細構造あるいは木化の程度は細胞の種類によって変化に富むが，いずれの細胞においても二次壁は面積生長をおこなうことができないので，二次壁の肥厚が始まった細胞はもはや容積を拡大することはない．また，二次壁はセルロースのフィブリルが一定の方向に整然と配列するいくつかの層からなり（5章参照），偏光顕微鏡の十字ニコル下で観察すると光って見える特徴がある（図 4.15）．

図 4.15 および図 4.16 は上に述べた木部細胞の成熟過程を針葉樹の仮道管について示したものである．木部細胞が成熟の全過程を完

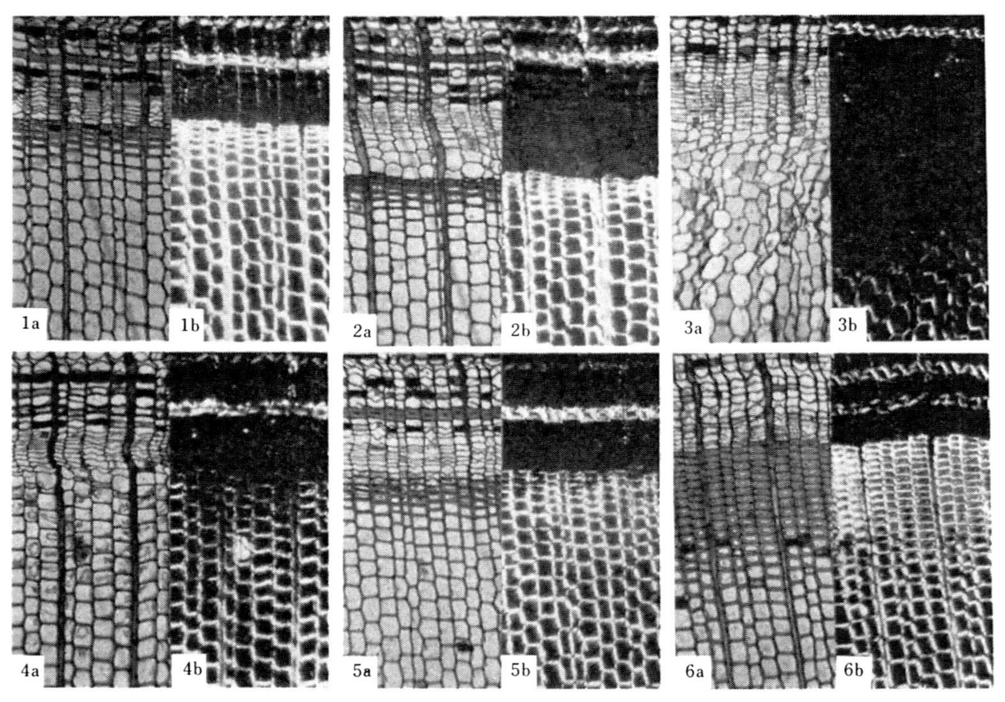

図 4.15　スギ仮道管成熟過程の季節変化（90×）
1．4月上旬，　2．4月下旬，　3．5月中旬
4．6月中旬，　5．7月中旬，　6．9月下旬
a，bはそれぞれ普通光および十字ニコル下で同一視野を観察したもの

了するのに要する時間はもちろん樹種，細胞の種類などによって異なるが，季節によっても異なる．SKENE[14]によれば，オーストラリアにおける14年生のラジアータマツ（*Pinus radiata*）において仮道管の放射方向の拡大に要する時間は早材部では約3週間であるのに対して晩材部では約10日であり，また二次壁の肥厚完了に要する時間は早材部では3～4週間であるのに対して晩材部では8～10週間であったという．

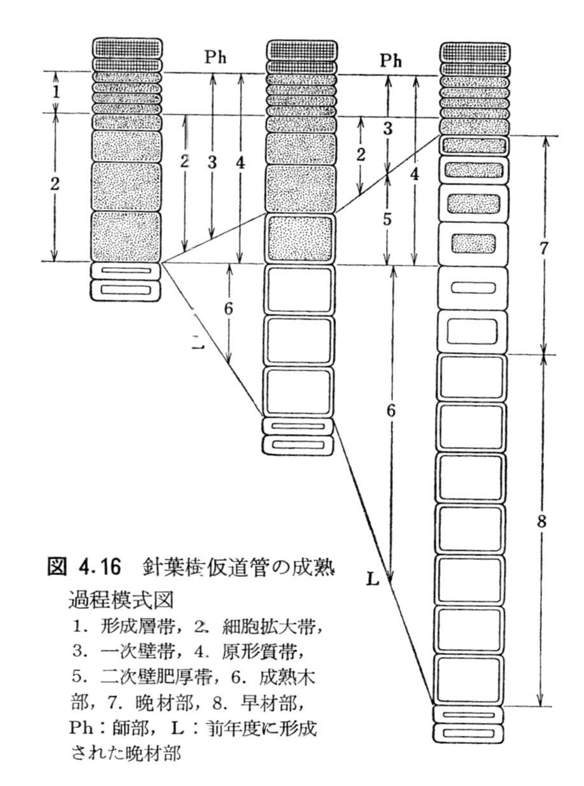

図 4.16 針葉樹仮道管の成熟過程模式図
1. 形成層帯，2. 細胞拡大帯，3. 一次壁帯，4. 原形質帯，5. 二次壁肥厚帯，6. 成熟木部，7. 晩材部，8. 早材部，Ph：師部，L：前年度に形成された晩材部

図4.15で見られるように，形成層帯を含めた未成熟木部細胞の層（模式的には図4.16の原形質帯）の厚さは季節によって著しく変化するが，この層の厚さはそれぞれの季節における 1）形成層帯の細胞の接線面分裂の頻度(図4.10参照)，2）新生木部細胞の拡大速度，および 3）二次壁の肥厚と木化の速度によって支配されるものである．図4.10および図4.15から形成層帯の分裂頻度および新生木部細胞の直径の増大量は春から初夏にかけて大きく，二次壁の肥厚は夏に著しいことがわかるが，LARSON[15)16)]らは若い苗を用いて生長ホルモンおよび日長時間を人為的にコントロールする実験をおこない，形成層帯の分裂活動および新生細胞の直径の増大は生長促進物質の量に支配され，壁厚は光合成生産物の量に支配されるという仮説をたてて，早材・晩材の区別が現れる現象をうまく説明している．

4.4 形成層の円周の増加

形成層始原細胞の接線面分裂によって木部の量が増加するにつれて，当然樹幹の直径が増大するが，それに伴って形成層の環はその円周を拡大しなければならない．このような円周の拡大に対応するためにはその円周を構成する始原細胞の接線方向直径の増大と始原細胞そのものの数の増加とが考えられる．この点に関して BAILEY[17]が1年生と60年生のストローブマツ(*Pinus strobus*)の幹について比較した結果によれば，紡錘形始原細胞および放射組織始原細胞の接線方向直径は59年間にそれぞれ平均16μmから42μm，および14μmから17μmに増加したにすぎないが，形成層の円周を構成する紡錘形始原細胞および放射組織始原細胞の数は，それぞれ約720個から23,000個，および70個から8,800個に増加している．すなわち，形成層の円周の拡大は主として始原細胞の数の増加によっておこなわれることは明らかであり，中でも紡錘形始原細胞の数を増加することが，少なくとも量的にみて形成層それ自体の円周を拡大する活動の主要な部分である．

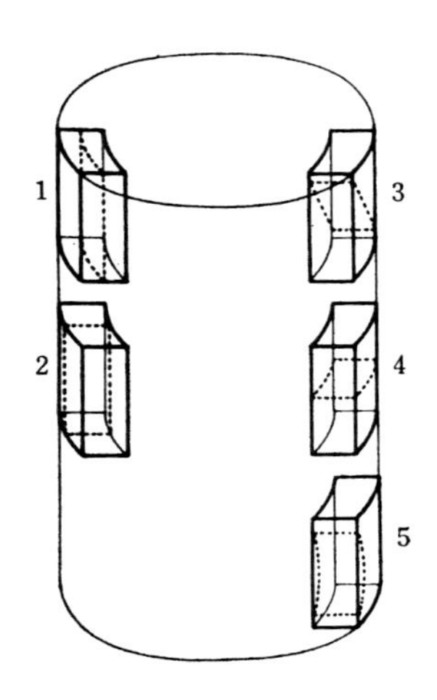

図 4.17　細胞分裂の方向
1. 並層分裂＝接線面分裂
2〜5. 垂層分裂
2. 放射面分裂
3. 偽横分裂
4. 横面分裂
5. ラテラルディビジョン

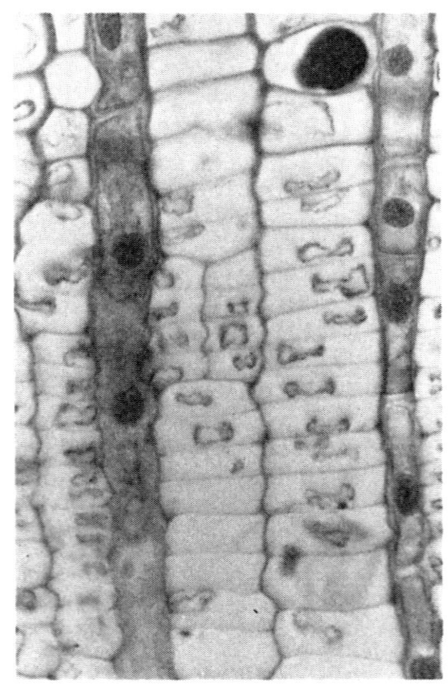

図 4.18　アカマツの形成層における紡錘形始原細胞の偽横分裂により，放射方向の細胞列が増加した状態を示す（360×）

4.4.1 紡錘形始原細胞の垂層分裂

形成層始原細胞が木部あるいは師部の細胞をつくり出すためには接線面分裂（並層分裂）をおこなうことはすでに述べたが，形成層の円周を拡大するために紡錘形始原細胞が自分自身の数を増すためにはこれらの細胞は垂層分裂（anticlinal division）をおこなう（図 4.17；図 4.18）．垂層分裂の中でも放射面分裂（radial division）をおこなうのは層階状構造の形成層をもつ広葉樹に限られ，他の広葉樹およびすべての針葉樹では偽横分裂（pseudotransverse division）をおこなうのが普通である．

層階状構造の形成層においては長さのそろった比較的短かい紡錘形始原細胞が水平に並んでおり，これらの始原細胞が自分自身の数を増す場合は完全な放射面に沿って縦に真二つに割れるいわゆる放射面分裂をおこない，新しく生れた２つの娘細胞はもとの長さのままで完全に平行して並んでいる．放射面分裂を終るとこれらの娘細胞は伸長生長をおこなうことなく，接線径だけがもとの細胞の大きさまで拡大する（図 4.19 a）．このように層階状構造の形成層をもつ樹種では形成層の円周の拡大は 1）始原細胞の放射面分裂と 2）娘細胞の接線径の拡大だけによっておこなわれるので，紡錘形始原細胞の長さは変ることがなく，年令にかかわらずほぼ一定である（図 4.3 参照）．

これに対して，層階状構造をもたない形成層に見られる偽横分裂は接線面で見た場合ややＳ字形をした斜めの面で上下に分裂するもので，このような偽横分裂の結果斜め上下に接した２つの娘細胞はそれぞれ接線面分裂を繰り返して木部あるいは師部の細胞をつくりながら，その先端が相互に反対方向に割り込み生長をおこなって伸びてゆき，ついには2つの細胞はもとの長さあるいはそれ以上の長さに達する（図4.19 b）．すなわち，層階状構造の形成層をもたない樹種においては 1）始原細胞の偽横分裂，2）娘細胞の伸長，および 3）伸長部分の接線径の増大，によって形成層の円周の拡大がおこなわれる．また，これらの樹種では娘細胞の伸長がもとの長さ以上に達するために紡錘形始原細胞の長さは年令とともに長くなる（図4.3参照）．

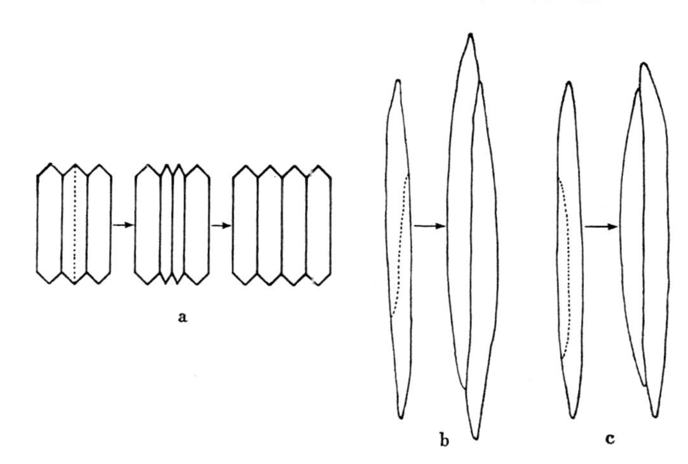

図 4.19 紡錘形始原細胞の増加法
a．放射面分裂による方法
b．偽横分裂による方法
c．ラテラルディビジョンによる方法

広葉樹の場合，進化に伴って紡錘形始原細胞が短かくなっていることが見られるが（図4.3参照），紡錘形始原細胞が短かくなるにつれて偽横分裂の分裂面の傾きは急になってしだいに放射面分裂に近くなり，また分裂後の伸長も少なくなって層階状構造に近くなる．このように広葉樹の場合にはその樹種の進化の程度に応じて，完全な放射面分裂から横面分裂に近い偽横分裂まで種々の段階の移行型が見られる．針葉樹の場合はむしろ広葉樹の場合と反対に始原細胞が長いほど分裂面も急傾斜になる傾向が見られる．

また，分裂面の傾斜の向きは形成層全体にわたって，あるいはある範囲の始原細胞の集団ごとに右傾，左傾いずれかにそろっている傾向がある．この傾斜の向きは肥大生長の過程において，いろいろな時間的間隔で反対方向への切り換えがおこなわれるのが普通であるが，長い間切り換えが行なわれず一方向の傾斜のままで偽横分裂が頻繁に繰り返されると，このような形成層から生じた木部に旋回木理や交錯木理が現れる原因となる[18]．

紡錘形始原細胞の垂層分裂には上述の放射面分裂，偽横分裂のほかに図4.17の5および図4.19 cに示したようなラテラルディビジョン（lateral division）によって紡錘形始原細胞の数を増す場合もあることが一部の針葉樹で知られているが，ラテラルディビジョンによって紡錘形始原細胞の数が増加する頻度は極めて少なく垂層分裂全体の1％程度といわれており[19]，普通はラテラルディビジョンによって生じた小型の娘細胞は伸長して新しい紡錘形始原細胞にはならずに，後述のように放射組織始原細胞に変化するか，あるいはそのまま接線面分裂をおこなわずにしだいに形成層帯の外へ押し出されて形成層から消失してしまう．

放射面分裂，偽横分裂いずれにせよ，垂層分裂によって生じた2つの娘細胞は高さのずれはあるにしても接線方向に隣接して並びそれぞれ接線面分裂をおこなうので，横断面では放射方向の細胞列が増加することになる（図4.18）．この細胞列の増加は木部側と師部側が必ず対称的に増加しており，どちらか一方だけが増加するということはない．木部母細胞あるいは師部母細胞が垂層分裂をおこなうとすれば細胞列の増加は木部側あるいは師部側一方にかたよるはずであるから，垂層分裂は接線面分裂のように形成層帯全体にわたって平等におこるのではなくて，狭義の形成層始原細胞にだけおこるものと考えられる．形成層帯の中で厳密に1層の始原細胞の層を識別することは形態学的にも細胞学的にも非常に困難であることはすでに述べたが，垂層分裂のおこる位置を基準にすれば始原細胞の層を判断することができよう．

4.4.2 垂層分裂の頻度と始原細胞の消失

紡錘形始原細胞の偽横分裂の頻度は常識で考えられるよりもはるかに高いもので，Bannan[20]によればヒノキ属（*Chamaecyparis*）の生長の速い若い幹では1年輪の肥大生長の間に1つの始原細胞が平均3～4回の偽横分裂をおこなうという．このような高頻度の偽横分裂がおこれば当然始原細胞は形成層の円周の拡大に必要な数をはるかにこえて過剰生産されることになるが，新しい始原細胞のすべてが生き残るわけではなく，必要数をこえるものは急速に，あるいは徐々に消失してしまうのである．過剰生産の結果消失するのは新生始原細胞だけではなく，従来一人前に接線面分裂を続けてきたものがしだいに退化してついに消失する場合もある（図4.20）．したがって，肥大生長に伴う紡錘形始原細胞の正味の増加を考える場合には偽横分裂の頻度と始原細胞の消失の頻度を同時に考えねばならない．

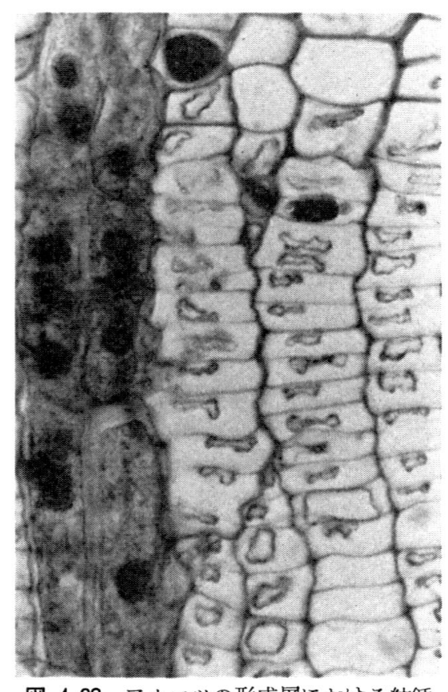

図 4.20 アカマツの形成層における紡錘形始原細胞の消失により，放射方向の細胞列が減少した状態を示す（360×）

偽横分裂の頻度は樹種や品種など遺伝的性質によって異なることはもちろんであるが，形成層の年令，肥大生長のよしあし，あるいは季節などいろいろの要因によってかなりの変異を示す．すなわち，分裂頻度は一般に若い幹の方が高年令の幹よりも高く，例えば生長の良い若い幹では1年輪の肥大生長の間に1つの始原細胞が平均3～4回の偽横分裂をおこなうのに対して，同じく生長の良い高年令の幹（直径22 cm）では平均1～2回であることが観察されており（図4.21 a，c），一般的傾向としては偽横分裂の頻度は髄の近くでは高く，外方に向ってしだいに低下する．生長のよしあしを比較すると，若い幹では生長の良いものは上述のように平均1年に3～4回であるのに対して生長の悪いものでは平均2年に1回ぐらいの偽横分裂がおこなわれる（図4.21 a，b）．

また，肥大生長の厚さを規準にして比較した場合には偽横分裂の頻度はほぼ一定であるといわれる．例えば，Bannan[21]はネズコ属（*Thuja*）において直径15 cm以上の幹では直径の大小，肥大生長の速度を問わず1 cmの厚さの木部の増加に対して1つの始原細胞は平均2～3回の偽横分裂を示すことを観察している．つまり，一般的に生長の良い方が偽横分裂の頻度は高いということになる．

偽横分裂の頻度が高ければそれだけ短かい始原細胞が多くなるわけで，偽横分裂の頻度と始原細胞の長さ，したがってそれから生じた繊維の長さが逆の相関を示すことは一般に認められることであり，図 4.3 に示されたような髄から外方へ向って紡錘形始原細胞および繊維の長さが増加する現象や，年輪幅と繊維長が逆相関関係を示すことなど繊維長の変異の問題の多くは，少なくともその原因のひとつとして紡錘形始原細胞の偽横分裂の頻度の面から説明できるであろう．

一方，紡錘形始原細胞が形成層から消失する頻度は 1) 偽横分裂の頻度，2) 始原細胞の伸長量，および 3) 形成層の円周の拡大速度，すなわち始原細胞および木部母細胞の接線面分裂の頻度の組合わせによって左右されるものである．いずれにせよ新しく生じた特定の始原細胞が消失するか生き残るかの分かれ目は，主としてその始原細胞の長さおよび放射組織との接触の度合に支配されるといわれている[22]．偽横分裂の分裂面は必ずしも母細胞を同じ長さに2等分するとは限らず，分裂面が多少ともかたよるために長さの異なる2つの娘細胞に分かれる場合が多い．長い方の細胞は紡錘形始原細胞として生き残るのが普通であるが，短かい方の細胞はその長さが極端に短かくない場合には主として放射組織との接触の程度によって生き残るか消失するかが決まるが（図 4.22），極端に短かい場合にはたとえ放射組織と接触があったとしても消失してしまうのが普通である．

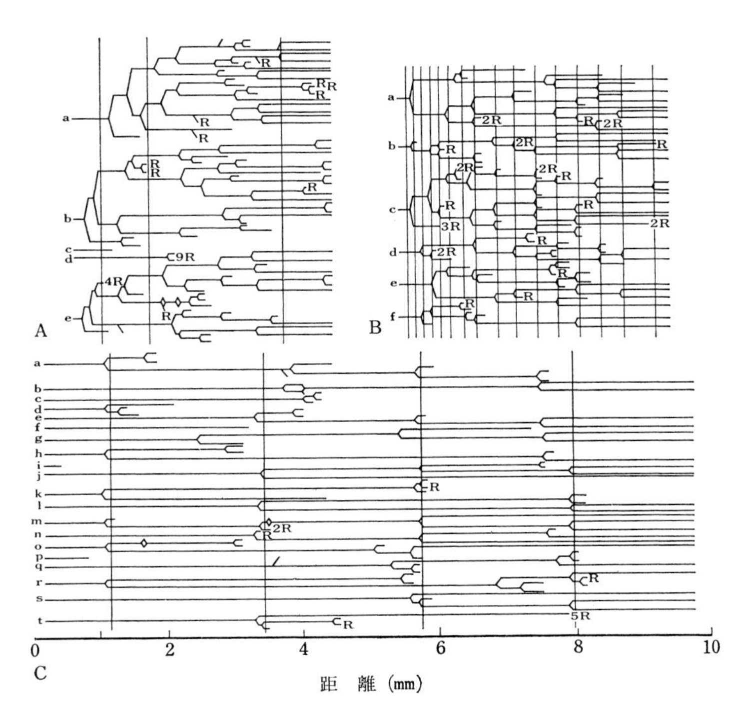

図 4.21 紡錘形始原細胞の偽横分裂，紡錘形始原細胞の消失，および放射組織始原細胞の増加の頻度を示す模式図（BANNAN[20] 原図）

A．*Chamaecyparis lawsoniana* の生長の良い若い幹，B．*C. thyoides* の生長の悪い若い幹，C．*C. thyoides* の生長の良い高年令の幹（直径 22 cm）．

a，b，c……の水平の線は仮道管の列を示す．水平の線における対称的な二又は真二つの偽横分裂を，非対称的な二又は片寄った偽横分裂を，側枝はラテラルディビジョンを示す．線の消失は紡錘形始原細胞の消失を示し，R は1個ないしそれぞれ示された数だけの放射組織始原細胞の誕生を意味する．縦線は年輪界を示す．

紡錘形始原細胞が消失する場合，その細胞は接線面分裂をおこなう能力を失って周囲の細胞の圧力によって形成層帯から木部側あるいは師部側に押し出され奇形的な成熟細胞となることが多いが，場合によっては分裂能力は失わないがしだいに大きさを減じてついには放射組織始原細胞に変ることもある（図 4.21；図 4.23 a, b）．

紡錘形始原細胞は偽横分裂のほかにラテラルディビジョンをおこなうことがある．ラテラルディビジョンによって生じた小さい娘細胞は，ある場合にはそのまま形成層帯から押し出されて成熟細

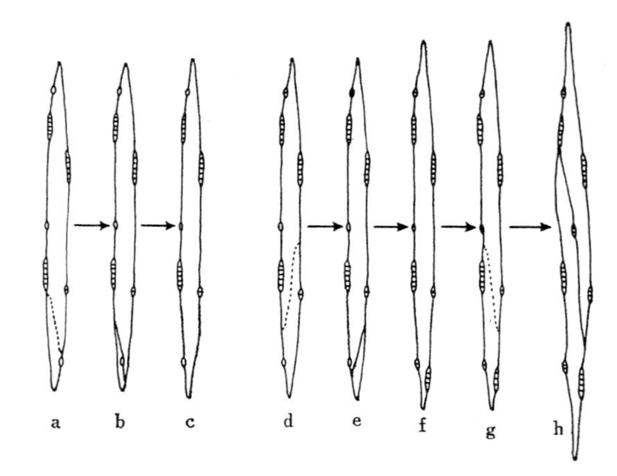

図 4.22　紡錘形始原細胞の消失
a−b−c：娘細胞が極端に短かい場合
d−e−f：放射組織との接触が少ない場合
f−g−h：娘細胞が短かくても放射組織との接触が多い場合は生き残る.

胞となり，ある場合には放射組織始原細胞に変化するが，極めてまれには伸長生長をおこなって一人前の紡錘形始原細胞になることもある（図 4.19 c).

4.4.3　放射組織始原細胞の増加

形成層の円周を拡大する活動の主要な部分は紡錘形始原細胞の増加であるが，放射組織始原細胞も形成層の円周の拡大とともに増加することは，若い部分から高令の部分まで木部の接線面で放射組織の分布密度が比較的一定に保たれていること，すなわち肥大生長に伴って紡錘形始原細胞が増加しても紡錘形始原細胞数と放射組織始原細胞群数の比はほぼ一定であるということから明からである．このように放射組織の数が増加するということは1つの放射組織始原細胞群の中の細胞数が増加することではなく，放射組織始原細胞群そのものの数が増加することである.

前述したように，形成層の円周の拡大に伴ってまず紡錘形始原細胞が増加するが，そのことによって形成層における放射組織始原細胞群の構成比は減少するので，両者の接触の度合は低下する．とくに紡錘形始原細胞の長さが短かいほど放射組織始原細胞群との接触の度合の低下は著しい．接触の悪い紡錘形始原細胞ほど，放射組織を通じて供給される水分，養分その他生長に必要な物質の点で不利になるので，そのようなものは紡錘形始原細胞として生き残ることができなくなり，多くのものが形成層から消失する．しかしながら，つねに必要な量だけは消失せずに放射組織始原細胞に変化してその不足を補い，両始原細胞の構成比がほぼ一定に保たれるように自己調節がおこなわれているのである．この自己調節については，BUENNING [23] は放射組織始原細胞群相互の抑制作用によってなされるとしているが，CARMI ら [24] は実験形態学的手法によって BUENNING の説を否定

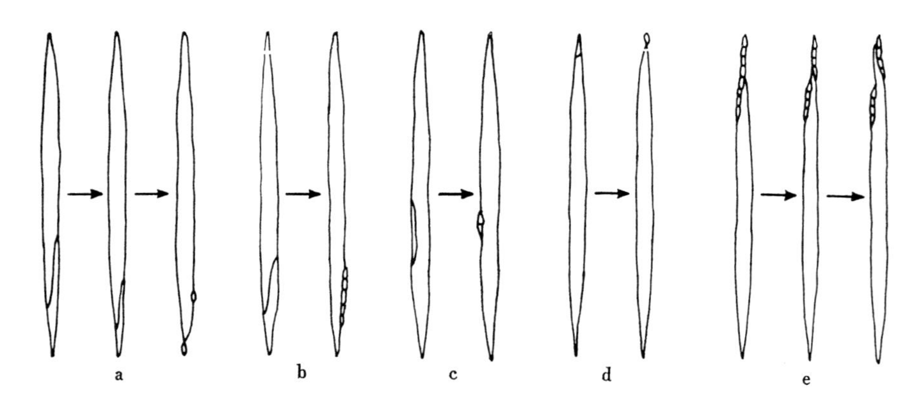

図 4.23　放射組織始原細胞の形成

し，この調節の指令は形成層内でおこるのではなく，分化しつつある木部組織から指令が出されるとしている．

いずれにしても，放射組織始原細胞群が増加する過程は，前述のように偽横分裂あるいはラテラルディビジョンの結果生じた短かい紡錘形始原細胞が接線面分裂を繰り返す過程で急速に縮小して単一の放射組織始原細胞に変化したり，あるいは短かい紡錘形始原細胞が横面分裂をおこなって放射組織始原細胞群に変化するのが普通であるが(図4.23 a, b, c)，長い紡錘形始原細胞の先端が分裂して放射組織始原細胞となる場合（図4.23 d)や，紡錘形始原細胞の割り込み生長によって1個の放射組織始原細胞群が2分され，結果として放射組織始原細胞群が増加することもある(図4.23 e)．このようにして新しく生れた放射組織始原細胞群の構成細胞数ははじめのうちは少ないが，しだいに横面分裂を繰り返して細胞数が増加する．

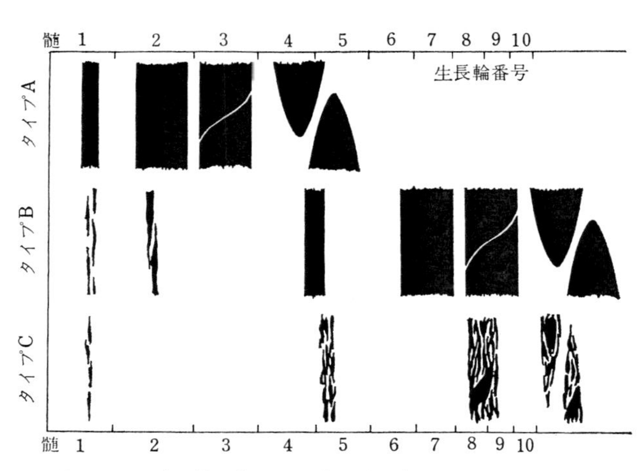

図 4.24 ブナ科植物の放射組織始原細胞群の大きさの年令による変化の3つのタイプ（島地[25]原図）

広葉樹の多列放射組織の場合は単に放射組織の数が増加するばかりでなく，一般に髄に近い部分では高さが高く，幅が狭いがしだいに外方に向って高さが低くなり形が広くなる場合が多く，その最も典型的な例がブナ科（Fagaceae）のいろいろな樹種の広放射組織に見られる[25]（図4.24)．このような高さの減少は前述のように紡錘形始原細胞の割り込み生長によって放射組織始原細胞群が上下に2分されることによっておこなわれるが，幅の増加は 1）紡錘形始原細胞から変化した放射組織始原細胞が既存の放射組織始原細胞群の側面に付加されたり， 2）既存の放射組織始原細胞自身が垂層分裂をおこなったり， 3）隣接する放射組織始原細胞群が合併してひとつになったりすることによっておこなわれる．

〔引 用 文 献〕

1） Bailey, I. W.: The cambium and its derivative tissues, II. Size variation of cambial initials in Gymnosperms and Angiosperms. Am. J. Bot. **7**, 355 (1920)

2） Ladefoged, K.: The periodicity of wood formation. Dan. Biol. Skr. **7**, 1 (1952)

3） Bailey, I. W.: Phenomena of cell division in the cambium of arborescent Gymnosperms and their cytological significance. Proc. Natl. Acad. Sci. U. S. **5**, 283 (1919)

4） Bailey, I. W.: The cambium and its derivative tissues, III. A reconnaissance of cytological phenomena in the cambium. Am. J. Bot. **7**, 417 (1920)

5） Roelofsen, P.: The Plant Cell Wall. Handb. PflAnatomy. Bd. 3, Teil 4. Gebrüder Bornträger (1959)

6） Bannan, M. W.: The vascular cambium and radial growth in *Thuja occidentalis* L. Can. J. Bot. **33**, 113 (1955)

7) SHIMAJI, K. & NAGATSUKA, Y.: Pursuit of time sequence of annual ring formation in Japanese fir (*Abies firma* SIEB. et ZUCC.). 木材誌. **17**, 122 (1971)
8) WINGET, C. H. & KOZLOWSKI, T. T.: Seasonal basal area growth as an expression of competition in northern hardwoods. Ecology. **46**, 786 (1965)
9) KOZLOWSKI, T. T. & PETERSON, T. A.: Seasonal growth of dominant, intermediate, and suppressed red pine trees. Bot. Gaz. **124**, 146 (1962)
10) SCOTT, D. H.: Review of KRABBE. Ann. Bot. **2**, 127 (1888)
11) BANNAN, M. W. & WHALLEY, B. E.: The elongation of fusiform cambial cells in *Chamaecyparis*. Can. J. Res. C. **28**, 341 (1950)
12) PRIESTLEY, J. H.: Studies in the physiology of cambial activity, II. The concept of sliding growth. New Phytol. **29**, 96 (1930)
13) YATA, S., ITOH, T. & KISHIMA, T.: Formation of perforation plates and bordered pits in differentiating vessel elements. 木材研究. **50**, 1 (1970)
14) SKENE, D. S.: The period of time taken by cambial derivatives to grow and differentiate into tracheids in *Pinus radiata* D. DON. Ann. Bot. **33**, 253 (1969)
15) LARSON, P. R.: A physiological consideration of the springwood-summerwood transition in red pine. Forest Sci. **6**, 110 (1960)
16) LARSON, P. R.: Wood formation and the concept of wood quality. Yale School Forest. Bull. **74**, 1 (1969)
17) BAILEY, I. W.: The cambium and its derivative tissues, IV. The increase in girth of the cambium. Am. J. Bot. **10**, 499 (1923)
18) BANNAN, M. W.: Spiral grain and anticlinal divisions in the cambium of conifers. Can. J. Bot. **44**, 1515 (1966)
19) BANNAN, M. W.: Anticlinal divisions and the organization of conifer cambium. Bot. Gaz. **129**, 107 (1968)
20) BANNAN, M. W.: The frequency of anticlinal divisions in fusiform cambial cells of *Chamaecyparis*. Am. J. Bot. **37**, 511 (1950)
21) BANNAN, M. W.: Ontogenetic trends in conifer cambium with respect to frequency of anticlinal division and cell length. Can. J. Bot. **38**, 795 (1960)
22) BANNAN, M. W. & BAYLY, I. L.: Cell size and survival in conifer cambium. Can. J. Bot. **34**, 769 (1956)
23) BUENNING, E.: Die Entstehung von Mustern in der Entwicklung von Pflanzen. Handb. PflPhysiol. **15** (1), 383 (1965)
24) CARMI, A., SACHS, T. & FAHN, A.: The relation of ray spacing to cambial growth. New Phytol. **71**, 349 (1972)
25) SHIMAJI, K.: Anatomical studies on the phylogenetic interrelationship of the genera in the Fagaceae. 東大演報. **57**, 1 (1962)
26) 涌田良一, 佐伯浩, 原田浩：アオギリの木部分化過程における道管の発達. 京大演報. **45**, 204 (1973)

5　細　胞　壁

5.1　ミクロフィブリル

5.1.1　細胞壁を構成する化学成分

木材の組織構造上の特性は，異質異方的でありかつ多孔的である．木材中の空気の容積割合はほぼ13%から96%にわたる[1]が，木材の異質異方的な特性をになうものは木材実質であり，木材の多孔的な特性もまた木材実質との関連においてもたらされるものである．したがって木材の主体は木材実質すなわち細胞壁（cell wall）であるということができる．

木材を構成する化学成分の一例を表5.1に示す．これらの化学成分のうち，セルロース（cellu-

表 5.1　木材を構成する化学成分の割合（%）[2]

	セルロース	ヘミセルロース		リグニン	樹　脂	灰　分
		キシラン	グルコマンナン			
針葉樹材	40～50	6～10	5～10	27～30	2～5	0.2～0.5
広葉樹材	45～50	15～20	0～	20～25	2～	0.5

lose），ヘミセルロース（hemicellulose）およびリグニン（lignin）は木材の主成分といわれ，樹脂，灰分などは副成分といわれている[3]．主成分は細胞壁を構成する成分で，細胞と細胞とを接着している部分すなわち細胞間層の成分もこれに含まれる．また主成分はすべての樹種の木材に普遍的に多量に存在し，その総量は90～90数%にも達する．一方副成分は，細胞壁中に存在している場合もあるが多くは細胞内腔とか特殊な組織内に存在し，その含有量は樹種によって著しく変動し，ある種の成分は特定の樹種にだけ見い出される．

主成分を細胞壁の形態学的な構成の観点からとらえると，セルロースは骨格物質（framework substance）ヘミセルロースはマトリックス（matrix substance）またリグニンは充填物質（incrusting substance）ということができる[4]．細胞壁を鉄筋コンクリートの建物にたとえるなら，さしずめセルロースは鉄筋であり，リグニンはコンクリート，そしてヘミセルロースは鉄筋とコンクリート間のなじみをよくする小骨的な針金と考えられよう．このような形態学的解釈は後述するような根拠によっている．

木材の化学成分を，代表的な天然セルロース繊維である木綿（cotton）の化学成分と比較してみると表5.2のとおりである．この表からわかるように，木綿ではαセルロースは89.4%を占めており木材のそれにくらべて著しく高い値を示している．このような高い値がセルロースの結晶構造（例えば結晶領域の大きさや結晶化度）における木材と木綿との違いの大きな原因のひとつと考えられ，木材と木綿とが同じようにセルロースを主成分としているというだけの根拠でもって両者の

表 5.2 木綿と代表的な針葉樹・広葉樹両材の化学成分の比較[5]

成　分	木 綿	カ バ	トウヒ
ホロセルロースI)	94.0	77.6	70.7
α セルロースII)	89.4	44.9	46.1
ヘミセルロースIII)	5.0	32.7	24.6
リグニン	0.0	19.4	26.3
蛋　白	1.2	0.2	0.2
抽出成分	2.5	2.5	2.5
灰　分	1.2	0.3	0.3

注 I) 全多糖類成分
II) ホロセルロースのうち17.5％の NaOH に不溶の成分
III) ホロセルロースのうち17.5％の NaOH に可溶の成分

セルロースの結晶構造を同一視することに対する注意をうながすものではなかろうか．

木材の主成分のうち，セルロースとヘミセルロースとは樹木の中で細胞壁が肥厚する間にほぼ同時につくられるのに対して，リグニンは細胞壁の肥厚がある程度進行してから後につくられ始めると考えられている．

a）セルロース[6]

セルロースは細胞壁を構成する化学成分の中で最も多くを占めていることとその特徴のある分子構造とから，細胞壁の構造を理解する上で最も重要視しなければならない．セルロースの分子式は$(C_6H_{10}O_5)_n$で示され，1つのグルコース (glucose) 残基の1の位置のC(C_1)が次のグルコース残基の4の位置のC(C_4)とβ-グルコシド結合してセロビオースをつくっているが，その構造式は図 5.1のとおりである．同じグルコース残基をもちながら1，4のC間でα-グルコシド結合しているアミロースが図5.2のようにらせん構造を呈するのに対して，セルロースがβ-グルコシド結合のためらせん構造をとらず長鎖状であることがその分子構造を特徴的ならしめているゆえんである．

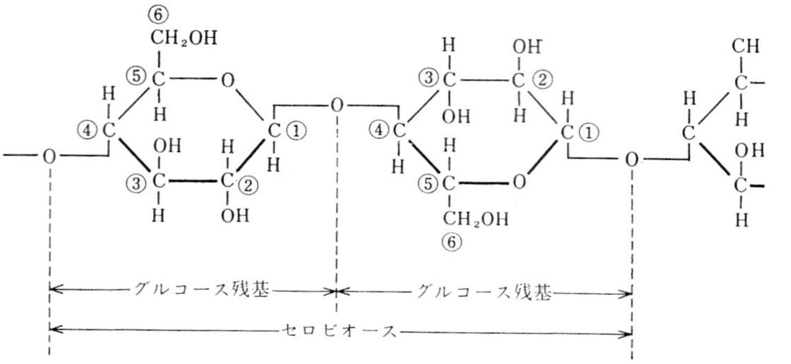

図 5.1 セルロースの分子構造[6]

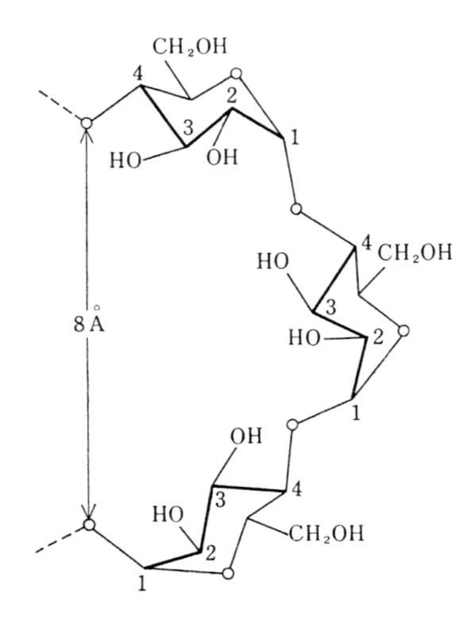

図 5.2 アミロースの分子構造 (CLOWES ら[7])

木材中のセルロースはその重合度が1,000～1,500と考えられており，$C_6H_{10}O_5$の分子量は162であるから，セルロースの分子量は16～24万ということになる．そしてグルコース残基1個あたり3個の遊離の水酸基（OH 基）をもっており，それらはCの2，3，6の位置にある．この水酸基の存在がセルロースの天然高分子としての性質を特徴づけるもうひとつの点である．セルロースのこのような分子構造上の特徴は，セルロース分子が集合して結晶構造を形成することと相まって，形態学的にセルロースが細胞壁の骨格物質といわれる理由でもある．

b）ヘミセルロース[8)]

細胞壁を構成する化学成分は，セルロース以外になお多種類の多糖類を含んでいる．これらは水では抽出されないが稀アルカリには溶解する．ヘミセルロースはこのような物質に与えられた名称である．これらはマンノース，キシロース，アラビノース，ガラクトース，グルコースなどを構成単糖類とし，それらが鎖状に結合して多糖類を構成しており，それぞれの構成単糖類に応じてグルコマンナン，キシラン，アラビノガラクタンなどと呼ばれている．針葉樹材のヘミセルロースはグルコマンナンとキシランの両方を含んでいるが，広葉樹材のそれは主としてキシランからなりグルコマンナンは痕跡しか含まれていない．

ヘミセルロースの分子構造はセルロースによく似ており，それぞれ水酸基およびカルボキシル基のような親水基をもつことが多い．セルロースと異なる点は，分子の長さすなわち重合度で，ヘミセルロースは100～200と著しく小さいこと，またキシランではセルロースの CH_2OH のところがHであることである（図5.3）．さらに，セルロースは細胞壁中で結晶と非結晶の2つの状態で存在しているのに対して，ヘミセルロースは一般に非結晶の状態にあり，セルロースミクロフィブリル間に存在していると考えられている．ヘミセルロースはその水酸基とカルボキシル基とでセルロースと親水的な親和力をもっており，一方リグニンとは疎水性のアセチル基および他の基によってセルロースと疎水的な親和力をもっていると考えられる．

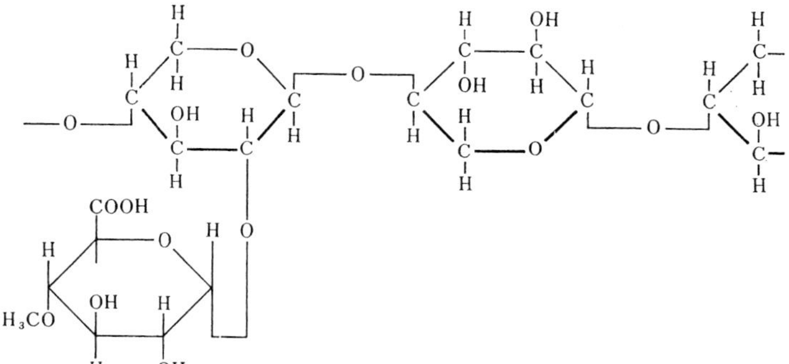

図 5.3　キシラン分子の部分構造[8)]

c）リグニン

セルロースやヘミセルロースが多糖類であるのに対して，リグニンはフェニルプロパンを基体とする物質である．木材中のリグニンすなわちプロトリグニンを変質しないで単離する方法はない．最も変質の少ない調製リグニンは，木材を磨砕後溶剤抽出して得られる磨砕リグニンすなわちミルドウッドリグニン（MWL）である．このほか単離法によって，ジオキサンリグニン，銅安リグニン，過ヨウ素酸リグニンなどがある．木材中に存在するリグニンには2種類があり，ひとつはグアヤシルリグニンでフェニルプロパン基体にメトキシル基が1個ついたもので針葉樹材と広葉樹材の両者に存在する．他のひとつはシリンギルリグニンで，フェニルプロパン基体にメトキシル基が2個ついたもので広葉樹材に存在する．それぞれの構成基体は図5.4に示すとおりである．

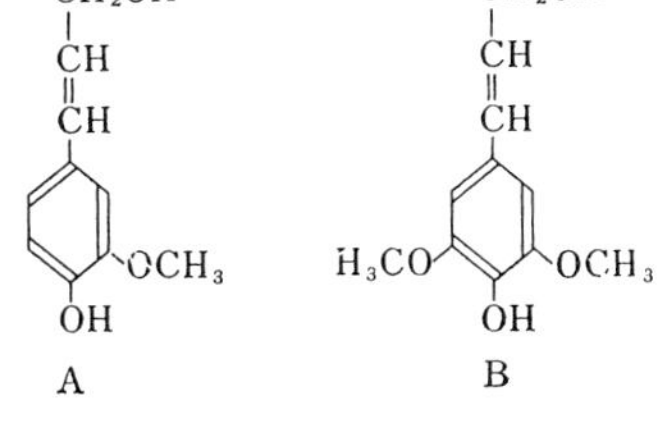

図 5.4　リグニンの構成基体（樋口[9)]）
A．グアヤシルリグニン
B．シリンギルリグニン

リグニンが木材の細胞壁の中でセルロースやヘミセルロー

スを固める役割を果たしていることについては，植物組織にリグニンが発生してきた過程すなわち植物の進化の過程と密接に結びついているという事実から，次のように説明されている[10]．すなわち，リグニンは菌類，藻類，蘚苔類には存在しないが，シダ類，裸子植物（針葉樹），被子植物(広葉樹）のような維管束植物にだけ存在し，とくに一般の針葉樹や広葉樹では重力や風雨などの厳しい外界条件から樹体を守るために木部の細胞壁内や細胞間を結着している．そしてまた，その化学構造からも高度に疎水性であり，水分運搬管束の細胞壁から水分が途中で拡散，消失するのを防止する機能も果たしているとみられている．

5.1.2　セルロースの結晶構造

a）セルロースの結晶単位胞と面配向[6]

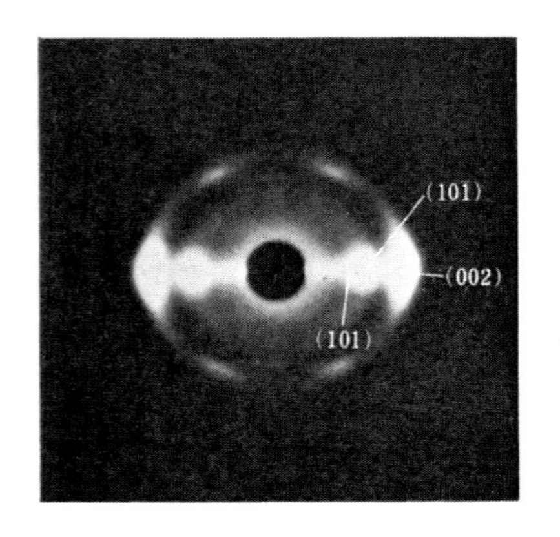

図 5.5　アカマツ早材のX線回折図
(002)，(10$\bar{1}$)，(101)は赤道線上の結晶面
（原田ら[11]）

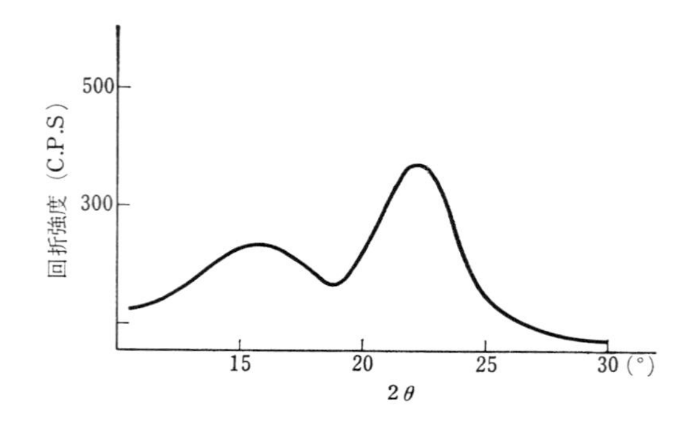

図 5.6　アカマツ早材の赤道線上のX線回折強度曲線
（原田ら[12]）

木材にX線を投射すると図 5.5 のようなX線回折図が得られる．これは天然セルロースすなわちセルロースⅠの回折図形を示すものである．このことから木材の細胞壁の中でセルロースが結晶構造を形づくって存在することが知られる．このX線回折図は赤道線上において（101),(10$\bar{1}$),(002）各結晶面の強い回折を示すことが特徴であり，またそれらの回折強度曲線は図 5.6 に示すとおりである．ただ木材では（101）面と（10$\bar{1}$）面とは明確に区別できない．

セルロースⅠの結晶単位胞について，現在受け入れられているのは Meyer–Misch のもの（図 5.7）で，その格子定数は $a=8.2$Å，$b=10.3$Å，$c=7.9$Å，$\beta=84°$ である．ひとつの単位胞中にグルコース残基が 4 個含まれることになる．既述のように各グルコース残基は b 軸方向に C_1-O-C_4 結合で連なり相互に 180° 回転して 2 回らせんとなっている．ピラノース環は平面に近くほぼ ab 面に平行になるために（002）面の回折強度が最大である．また単位胞の 4 隅の主鎖と中央の主鎖の向きは逆になり，両者の位置は 2.9Å だけ相互にずれている．Hermans は Meyer–Misch のモデルについて C_1-O-C_4 結合は真直ぐでなくて曲っているという修正案を出したが，これは偏光赤外線を用いた赤外線吸収スペクトルの研究[6] によって確認された．

Liang らは，また図 5.8 に示すように分子内水素結合および分子間水素結合の存在を指摘している[13]．すなわち，図において分子内水素結合はひとつのピラノース環の O_3' の水酸基とこれに

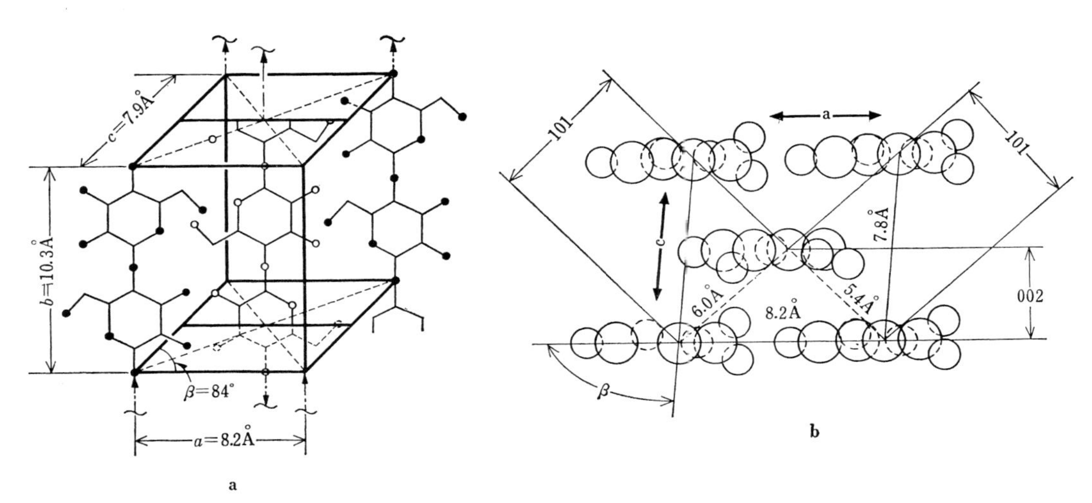

図 5.7　セルロースⅠの結晶単位胞(a)とその ac 面(b).（松崎ら[6]）

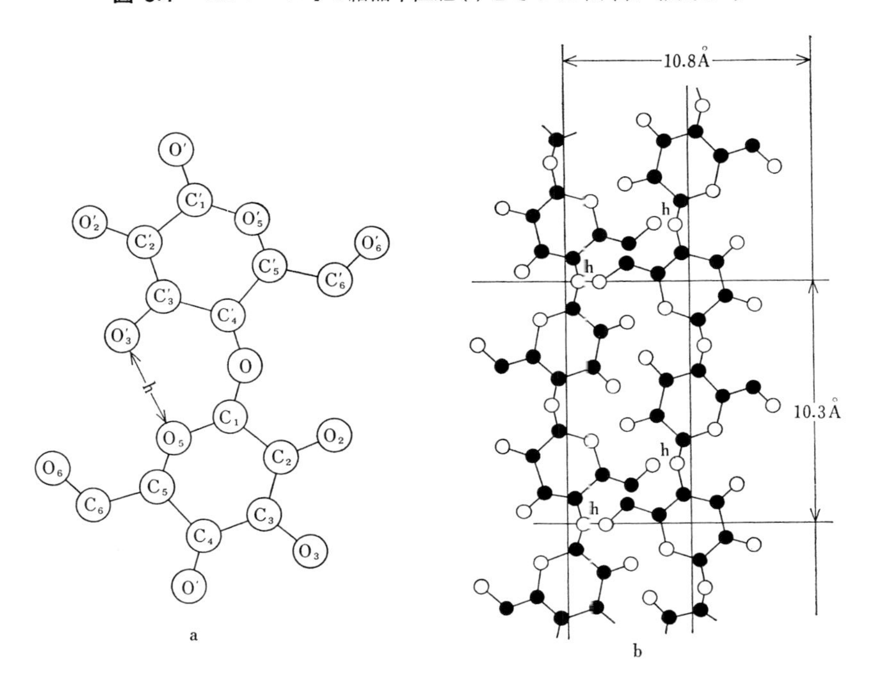

図 5.8　セルロースの結晶領域における水素結合（Frey-Wyssling[13]）

a．分子内水素結合　　b．分子間水素結合

h：水素結合の位置

連なるピラノース環の O_5 との間に，また分子間水素結合は（101）面においてひとつの分子鎖の C_6 の水酸基とこれに相隣る逆平行のグルコシド結合の O との間に存在するというものである．

Frey-Wyssling[13] はこのような分子間水素結合の存在は，（101）面がひとつの細胞壁内でその内表面に平行に存在する原因となり，これがため（101）面に平行なラメラ（lamella）が細胞壁に形成されると考えている．また，Preston ら[14]はバロニア（*Valonia macrophysa*）の細胞壁のラメラ面に垂直にX線や電子線を投射したとき，そのX線回折像や電子回折像に（101）面が現れないことから，（101）面が細胞壁の内表面に平行であることを確めた.

WARDROP[4]は引張あて材のゼラチン繊維壁のゼラチン層を含む縦方向の超薄切片を電子顕微鏡で観察し，ゼラチン繊維壁の内表面に平行なゼラチン層中のひとつのラメラの像と内表面に直角に存在するいくつかのラメラの像とを比較した．そして前者では後者にくらべてミクロフィブリルが相互に密に会合しているが，これは（101）面の方向におけるミクロフィブリル間の結合が強いことを示すもので，それゆえに（101）面は細胞壁の内表面に平行に存在するであろうと述べている.

一方，岡野[15]はアカマツの晩材を用いて仮道管壁中のセルロース結晶の（101）面が仮道管壁の内表面に平行している（面配向という）かどうかについて，X線回折法によって研究した．すなわち，まず試料の放射断面（$\alpha=0°$）から接線断面（$\alpha=90°$）まで，細胞軸を含む面内に存在する結晶のb軸の数に対応する配列分布関数（$f(\alpha)$）を，（101）（$10\bar{1}$），（002）各面から求めてそれぞれの面から得た $f(\alpha)$ の値に位相のずれがあれば面配向を，またそうでない場合は面配向をとらないことを理論的に明らかにした．ついで，実験結果として図5.9を得，この図で $\alpha=0$〜$90°$ の間に $f(\alpha)$ の値には（002），（$10\bar{1}$），（101）各面とも位相のずれがないことを認め，面配向の存在を否定している．木材の細胞壁中で（002），（$10\bar{1}$），（101）各面がいわゆる面配向をとっているか否かは細胞壁の構造上重要な課題のひとつと考えられる．したがって今後，木材の細胞のシングルウォール（single wall）のX線回折あるいは細胞壁の内表面に対してまったく平行な超薄切片の電子回折などの方法によってさらに検討することが期待される.

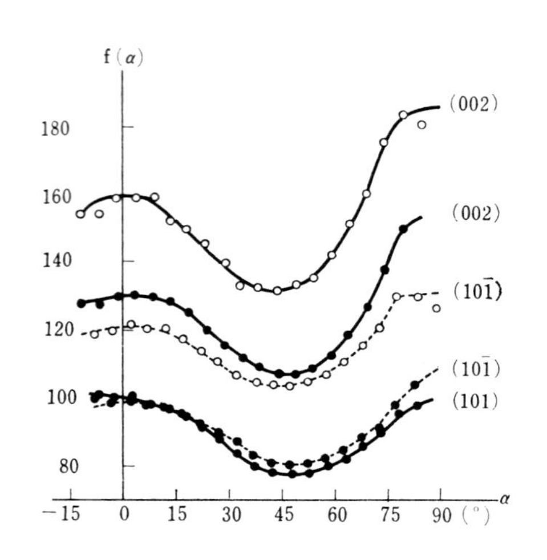

図 5.9　アカマツ晩材の細胞軸を含む面内における結晶各面の分布（岡野[15]）

b）結晶領域と非結晶領域[16]

既述のように，木材を含めた天然セルロース細胞壁のX線回折図が結晶性の干渉点あるいは干渉環を示すことから，細胞壁中でセルロース分子が結晶領域（crystalline region：微結晶　crystallite またはミセル micelle とも呼ばれる）を形成して存在することが明らかになった．一方X線回折図の干渉点あるいは干渉環の背後に分散したハローが認められる（図5.5参照）が，これはセルロース分子が規則正しい配列をとらないいわゆる非結晶領域（non-crystalline region）の存在からもたらされるものであると考えられる.

細胞壁の中におけるセルロース分子の存在のしかたには，考え方として2つがある．そのひとつは，いちばん簡単な考え方で，明瞭に区別できる結晶領域と非結晶領域の2個の相からなるとする2相説である．厳密にいうと，高分子を構成しているセルロース分子は一般に数個の結晶領域と非結晶領域とを貫通しているから，結晶領域と非結晶領域の転移する領域で結晶・非結晶いずれとも名づけがたい領域があろうけれども，このような転移領域は量的に少ないとすると，2相説はひとつの仮定として十分成立しうる．これと対照的なもうひとつの考え方は，完全に結晶した部分を一端とし，完全に無配列な部分を他端とする連続的に配列度が異なる部分から構成されたセルロースの集合体であるとする多相説である．

2相説の立場にたって，細胞壁中でのセルロース分子の存在状態について連続ミセル説が提案された．これは，セルロース分子が数個の結晶領域および非結晶領域を貫通しているとする考え方であるが，これにはふさ状ミセル（fringed micelle）説と連続変形ミセル（continous deformed micelle）説とがある（図5.10）[17]．

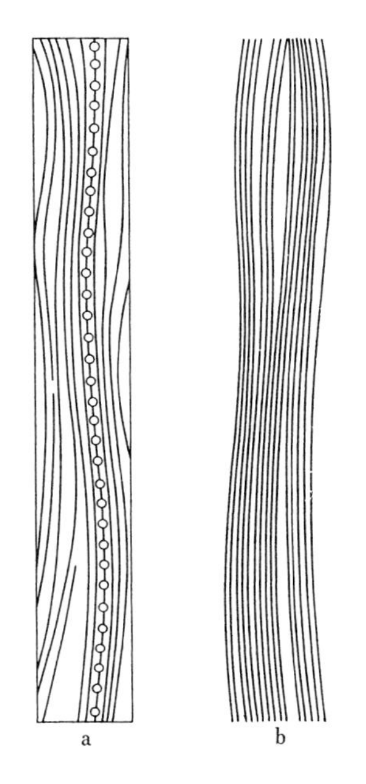

図 5.10 ミセル構造のモデル（PRESTON[17]）
a．ふさ状ミセル，b．連続変形ミセル
∘印は1本の分子が結晶・非結晶領域を貫通していることを示す．

c） 結晶領域の大きさと結晶化度

2相説の立場にたつと，X線回折図から結晶領域の大きさや結晶化度（crystallinity）を求めることができる．

X線回折図において干渉点あるいは干渉環に幅が見られるが，この原因として結晶粒子（結晶領域）の大きさ，結晶格子の不完全さ，そのひずみ，不純物の存在などが考えられる．いま干渉幅の原因が結晶領域の大きさだけにあると考えると，干渉幅の測定から結晶領域の大きさを理論的に計算することができる[16]．HENGSTENBERGら[18]は，次に示すSCHERRER式を用いて，ラミーについて結晶領域の幅と長さとを求め，それぞれ約50Å，約600Å の値を得た．

SCHERRER 式
$$D=\frac{K\cdot\lambda}{B\cdot\cos\theta}$$

ここで，D：結晶領域の大きさ，K：0.9（定数），λ：入射X線の波長，θ：回折角，B：半価幅（ラジアン）である．

この式を用いて，木材について得られた結果の例を表5.3に示す．ただし，結晶領域の幅は（002）面の干渉幅から，また結晶領域の長さは（040）面の干渉幅からそれぞれ測定している．木材の結晶領域の幅はいずれも28Å以下で，ラミーのそれにくらべてかなり小さいことが注目される．

NIEDUSZYNSKIIら[26]は，植物細胞のX線回折図において赤道線上の（10$\bar{1}$）面と（101）面からSCHERRER式を用いて求めた結晶領域の大きさは，それぞれ結晶領域の幅と厚さとに対応するものであると考えている．その結果を表5.4に示すが，これらの試料については結晶領域の横断面は長方形であることを意味している．この資料は木材に関するものではないが，結晶領域の単なる平均的な幅だけでなくその横断面における幅と厚さを区別して求めている点で今後の研究に示唆を与えるものと考える．

以上はX線の広角干渉に着目して結晶領域の大きさを求めたのであるが，2θ が数度以下の角度で連続的な散乱として現れる小角散乱に着目して結晶領域の大きさを求める研究がおこなわれてきた．KRATKYは，次式から結晶領域の大きさの分布曲線が得られるとしている[27]．

$$H=\frac{I}{d^2}=\frac{I}{\left(\dfrac{\lambda}{2}\sin\theta\right)^2}$$

表 5.3　木材の結晶領域の大きさ（広角X線回折法による）

樹　種	結晶領域の大きさ（Å）		測　定　者
	幅	長さ	
ス　ギ	22	600	長沢[19]
ヒ　ノ　キ	22		
ア　カ　マ　ツ	22		
エ　ゾ　マ　ツ	25		
ス　ギ（早材）	23	——	原田[20]
〃　（晩材）	23	——	
アカマツ（あて材）	18	——	
アカマツ（早材）	22	——	原田・谷口・古野[21]
〃　（早材ホロセルロース）	27	——	
ヒ　ノ　キ	—	201	鈴木[22]
エ　ゾ　マ　ツ	—	219	
ブ　ナ	—	199	
シ　オ　ジ	—	210	
ス　ギ（早材・晩材）	26	——	祖父江・平井・浅野[23]
アカマツ（木粉）	20	——	後藤・原田・佐伯[24]
〃　（ホロセルロース）	28	——	
ア　カ　マ　ツ	28	80	NOMURA・YAMADA・SUMIYA[25]

表 5.4　SCHERRER 式を用いて測定した植物細胞の結晶領域の大きさ[26]

試　料	101，10$\bar{1}$各面より求めた結晶領域の大きさ（Å）	
	101	10$\bar{1}$
Chaetomorpha melagonium（ジュズモ）	114	169
Acetobacter xylinum（酢酸菌）	70	84
木　綿	49	62

ただし，I：回折強度，λ：入射X線の波長，θ：回折角，H：横軸を格子面間隔（d）で表わしたとき，その面間隔をもつ物質の頻度（ここでいう面間隔は密度均一物質の幅すなわちその方向の結晶領域の大きさに相当）．

岡野[27]はこの式を用いて，アカマツ早材について研究し次の結果を得た．すなわち，結晶領域の幅は後述の結晶化度とも関連をもち結晶化度が大であるとその幅も大となるが，$d-H$ 曲線の極大の位置から求めた結晶領域の幅は約 40Å から 80Å までの範囲にあって一定の値をとるものではない．また結晶領域の長さ方向について求めた $d-H$ 曲線には極大値は見られないから，長さ方向には密度不均一領域は存在しない．

セルロースの結晶化度とは木材中のセルロースの結晶領域量と非結晶領域量との割合である．その測定法には非結晶領域のアクセシビリティを利用する方法もあるが，ここではX線回折による方法について述べる．X線回折法による結晶化度測定の原理は，試料による全干渉散乱強度が試料内部の原子の量できまるということを利用して，干渉散乱を結晶領域量による寄与 I_{cr} と非結晶領域量による寄与 I_{am} とに分離し，おのおのの全散乱強度の比を求めることである．これには有名なHERMANS ら[28]のX線回折強度曲線中の結晶領域による上部干渉面積と非結晶領域による下部干渉山の高さとから求める方法や，SEGAL ら[29]の次式から求める簡単な方法がある．

$$\frac{I_{002}-I_{am}}{I_{002}} \times 100\ (\%)$$

ただし，I_{002}：$2\theta = 22.8°$における（002）面の干渉強度，I_{am}：$2\theta = 18°$での干渉強度

岡野[30]は，木材のようにセルロースが配向をもったままの状態にあるものの結晶化度を測定する方法として，（040）面の全干渉散乱強度 I_t と結晶散乱が無視できると考えられる $2\theta=60°$での全干渉散乱強度 $I_{2\theta=60°}$から，次式によって結晶化度 C_r を求める方法を考え出した．

$$C_r=1-\frac{I_{2\theta=60°}}{I_t}$$

X線回折法から求めた木材の結晶化度の測定値の例を表5.5に示す．

表 5.5 木材のセルロースの結晶化度の測定例

樹種		結晶化度（%）	測定者	方法
アカマツ	晩材	37～54	岡野[30]	岡野法
アカマツ	早材	48	原田・谷口[12]	HERMANS–WEIDINGER 法
	晩材	49		
トガサワラ	早材	46		
	晩材	50		
スギ		30	祖父江・平井・浅野[23]	同上

5.1.3 ミクロフィブリル

a) ミクロフィブリルとは

X線回折的研究から，木材を含めた高等植物の細胞壁中で，セルロース分子が結晶領域と非結晶領域とを構成して存在することが明らかにされた．そして例えばラミー（ramie）については，結晶領域の幅は数十Å，長さは600Å 以上という値が得られていることを前述した．一方，解体処理した細胞壁の細片を光学顕微鏡下で調べると幅 0.4～1.0μm 程度の糸状の構造物が見られ，これはフィブリル（fibril）と名付けられた．FREY–WYSSLING[31]は，これらのX線回折的研究と光学顕微鏡的研究の結果を比較して，植物細胞壁中には幅 200Å 程度のセルロース分子の集合単位が存在するはずであると予言した．電子顕微鏡の出現およびその試料技術の進歩に伴って，1948年に KINSINGER ら[32]をはじめ PRESTON ら[33]，FREY–WYSSLING ら[34]は，天然セルロース繊維を強く解体するとほぼ均一な幅（90～370Å）のフィブリルに分かれるがこれは裂開産物ではなくてその幅で細胞壁中に存在している要素的構造単位であるとし，FREY–WYSSLING の予言を実証した．そしてこのフィブリルをミクロフィブリル（microfibril）と呼んだ．

また植物細胞壁を構成する主化学成分の中で，このような糸状構造をとるものはセルロースだけであるといわれているので，本書の中ではセルロース分子の集合体でしかも電子顕微鏡下で糸状の形態として見えるものの総称としてミクロフィブリルという語を用いたい．したがってミクロフィ

ブリルという語を，FREY-WYSSLING のいう幅をもつかなり大きいもの（200 Å 程度）から他の研究者ら[35)36)]の提唱するエレメンタリーフィブリル（elementary fibril）あるいはミセルストリング（micell string）のようなかなり幅の小さいもの（35〜50Å）まで含めて適用することがある．なおミクロフィブリルの構造は，単に木材だけでなく広く植物の細胞壁に共通するものも多く，またそれらとの比較において研究されているので，それらを含めて記述する．

ここでは主として電子顕微鏡的研究の成果を中心に述べる．電子顕微鏡という直接の観察手段を用いてセルロース分子の集合体の構造を研究する上で知りたい点は，X線回折的研究から明らかにされた結晶領域あるいは非結晶領域が電子顕微鏡下でどのように見えるのかということである．いいかえれば，前述のような糸状の構造物の横断面はどのような形であるか，その幅，厚さおよび長さはいくらか，また横方向ならびに長さ方向の中において非結晶領域はどのように存在するのか，などである．

b）ミクロフィブリルの幅

電子顕微鏡によるミクロフィブリルの研究がまずその幅と長さの研究から始まったのは，第1にはミクロフィブリルが電子顕微鏡下で糸状の構造物としてとらえられたので形態的にはその幅と長さとに関心がもたれたこと，第2にはX線回折的研究の結果はセルロースの結晶領域の幅と長さについての情報を与えたのでこれとの比較対照が注目されたこと，の2つの理由によっている．

当初，解体した試料にメタルシャドウイング（metal shadowing）して電子顕微鏡で観察した結果，木材および他の植物の細胞壁のミクロフィブリルはその幅が 90〜370 Å，長さは不定であることが見い出された[32)33)34)]．この値のうち，その幅がX線回折的研究から得られた結晶領域の幅の代表的な測定値ラミの数十Å（木材では 20 Å 前後とさらに小さい）と一致しないことから，この違いをどのように解釈するかについて議論された．このような観点から，ここでは今までになされたミクロフィブリル幅の研究結果を3つに分けてとりまとめて述べる．

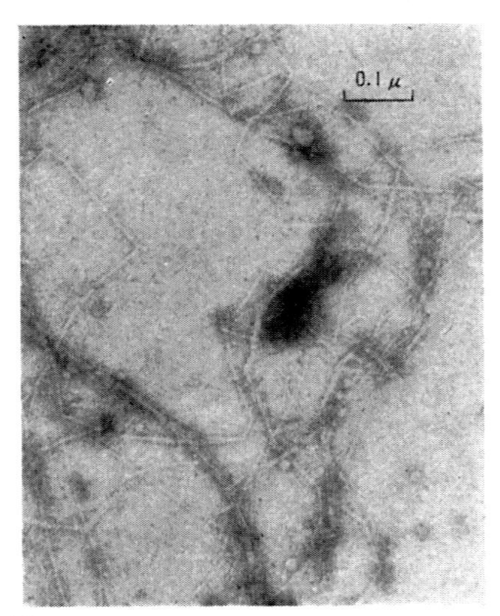

図 5.11 アカマツのホロセルロースからのミクロフィブリル（78000×）（後藤ら[24)]）

第1は，数値そのものがまったく一致するのではないが，電子顕微鏡から得られたものはX線回折からのものに相当するという考え方であって，これに属する2，3の例をあげる．RÅNBY ら[35)]は，天然セルロース繊維（木綿や木材パルプ）を適度に膨潤させて超音波で解体して電子顕微鏡（メタルシャドウイング法）で調べると幅 50〜100 Å のものが得られ，これはX線回折的研究からの結晶領域幅に相当するとし，これをエレメンタリーフィブリルと呼んだ．小林ら[36)]は，メタルシャドウイング法による蒸着金属の太りや解体法（disintegration）による試料変化を避けるために，ミクロフィブリルが密に接して平行に並んでいる部分のミクロフィブリル束の幅を測定しその本数で割るという方法で測定をおこない，木綿で 80 Å の値を得た．そしてもし結晶領域のまわりにパラクリスタリン領域

（後述）があるとなるとミクロフィブリル幅は70 Å 以下となるから，これはX線回折的研究からの結晶領域幅に相当すると考えた．

1960年以来，ミクロフィブリルの電子顕微鏡観察にネガティブ染色法（negative staining）が使用されるようになった．この方法は，重金属（燐タングステン酸，酢酸ウラニル）の粒子が結晶領域内には入りえないことを利用して，結晶領域と非結晶領域との間にコントラストをつけて結晶領域の幅を測定するものである．この方法を用いてアカマツのホロセルロースから得た写真の例を図5.11に示す．したがってこの方法を用いて得たものは結晶領域そのものを示すものであり，結晶領域の周囲のパラクリスタリン領域（paracrystalline region）をも含めたものとして示されるメタルシャドウイン法からの結果とは区別して考えるべきであろう．Heyn[37][38]は，細胞壁が乾燥するとミクロフィブリル相互間に集合化がおこったり，また非結晶領域あるいはパラクリスタリン領域のセルロース分子が結晶化するなど，電子顕微鏡の試料作製過程でミクロフィブリルの形態変化がおこることを指摘した．そしてこの変化を防止するために，水で膨潤したままの試料や水膨潤した試料を凍結乾燥した後，それぞれネガティブ染色剤を試料に浸透させ，それから超薄切片をつくって観察した．その結果，ミクロフィブリル幅がラミーで36または48 Å，木綿で35 Å，またカリビアンパイン（*Pinus caribaea*）の仮道管で35 Å の値を得た．そして，これはエレメンタリーフィブリルと呼ぶべきもので，この幅約40 Å は天然セルロース繊維全般に共通な構造単位であると述べている．

第2は，両者は別個のもので，幅200 Å 程度のミクロフィブリルは，X線回折からの結晶領域幅に相当するかなり小さい幅のいわゆるミセルストリングまたはエレメンタリーフィブリルが集合して構成されたもので，200 Å 幅単位のものも存在するという考え方である．この考え方の代表的なものはFrey–Wyssling[39]の説である．これは，天然セルロース繊維から得られた幅200 Å 級のミクロフィブリルを超音波処理や加水分解処理すると約70 Å 以下のいわゆるエレメンタリーフィブリルに細分されることを根拠としているが，このエレメンタリーフィブリルが2～4個集合してミクロフィブリルをつくる．そしてこのエレメンタリーフィブリルの周囲にはセルロース分子が結晶領域（彼は結晶芯（crystalline core）と呼んでいる）中のそれよりは少し配列の乱れたパラクリスタリン，いいかえれば準結晶の状態で存在すると述べ，図5.12を提案している．

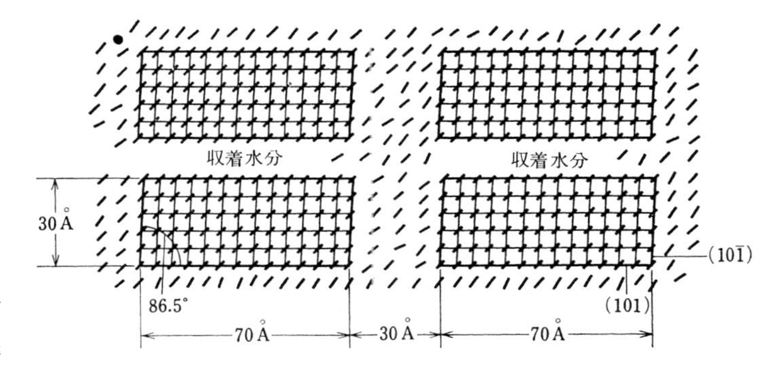

図 5.12 ミクロフィブリル構造のモデル（Frey–Wyssling[39]）
4個のエレメンタリーフィブリルよりなるミクロフィブリルの横断面

第3は，植物の種類によって両者は別個のものであることもあるし同じ幅の単位のこともあるという前2者の中間的な考え方である．Balashovら[40]は，バロニア（*Valonia ventricosa*）について電子顕微鏡による直接観察から得られたミクロフィブリル幅と電子回折像から測定した結晶領域の幅とはともに約200 Å で一致すること，また木綿の場合にも両者の幅はほぼ一致することを見い出し，バロニアと木綿とではそれぞれの幅の絶対値は異なるが，ミクロフィブリルと結晶領域の幅は一致すると述べた．最近 PRESTON[41]は，ネガティブ染色法を用いるミクロフィブリル幅の評価法を再検討した結果，電子顕微鏡下で見られるミクロフィブリル自体の幅は，少なくとも木綿，ラミー，木材などの高等植物と，バロニア，シオグサ（*Claldophora*），ジュズモ（*Chaetomorpha*）などの緑藻類とでは明らかに異なる，したがって，幅 35～40 Å のいわゆるエレメンタリーフィブリルがすべての植物の細胞壁に普遍的な構造単位であるという見解には賛成しがたいと述べている．後藤ら[24]は，X線回折法から計算した結晶領域の幅と電子顕微鏡により求めたミクロフィブリル幅とについて，WHATMAN セルロースとアカマツとを比較すると，前者の方が結晶領域の幅，ミクロフィブリルの幅ともに大きく，これはミクロフィブリル自体の結晶芯の差異によるものと推定した．

以上述べたように，ミクロフィブリルの幅については多くの議論のあるところであるが，解体試料からではなく細胞壁中に存在している状態でのミクロフィブリル幅に関しては，超薄切片法（ultra-thin sectioning）にネガティブ染色法を併用して研究した HEYN[37][38]および GOTOら[42]の結果は注目してよい．後藤ら[42][43]は，バロニア（*Valonia macrophysa*）およびポプラ（*Populus euramericana*）の引張あて材のゼラチン繊維のゼラチン層のミクロフィブリルの横断面を，傾斜装置つき電子顕微鏡で観察し，前者については 150～200Å×70～100 Å の，また後者については 20～40Å 程度の値を得ている．このことからも，少なくともバロニアと木材とではミクロフィブリルの幅は異なるといえる．

c） ミクロフィブリルの横断面の形

PRESTON[44]はメタルシャドウイング法を用いて，孤立したミクロフィブリルの長軸方向に対して直角方向に吹きつけたシャドウの長さと，同じ視野に分布している直径のわかっているポリスチレン球のシャドウの長さから求めたシャドウイング角度とから，ミクロフィブリルの厚さを計測した．そしてバロニアでは幅と厚さの比がほぼ1：0.5 または1：0.7 であることを示し，ミクロフィブリルの横断面が長方形またはだ円形であると推定した．

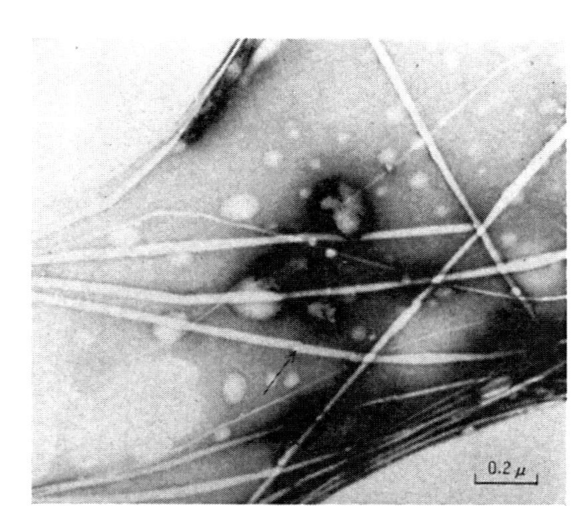

図 5.13 バロニア（*Valonia macrophysa*）からのミクロフィブリル（36000×）（吉見[46]）
矢印はねじれた部分

WARDROP ら[45]は，バロニア（*Valonia ventricosa*）の細胞壁を 37°C の条件下でセルラーゼの水溶液に浸し，一定時間ごとに取り出して，ミクロフィブリルがセルラーゼによって分解される過程を順次ネガティブ染色法で観察した．セルラーゼによって分解を受ける前の観察において，ミクロフィブリルがねじれている部位が存在することを見い出し，ミクロフィブリルが扁平であることを明らかにした（図 5.13）．また，ミクロフィブリルの分解過程の観察から，ミクロフィブリルの先端の角度が分解の進行とともに62～66°，33°，20～25°と変化することを見い出し，これについて次のように考えた．すなわち，これらの角度は，木材の細胞壁が軟腐朽菌によって腐朽したときに見られる腐朽せん孔の先端の種々の角度，65°，36°，23°にそれぞれ対応していることから，セルラーゼによる分解が大きい角度65°（(41$\bar{4}$)面）から36°（(43$\bar{4}$)面），23°((45$\bar{4}$)面)と小さい角度へ順次進むことを示すものである．一方バロニアの結晶格子の(101)面は細胞壁の内表面に平行に存在することがX線回折的研究からわかっているので，木材細胞壁中で腐朽せん孔の先端がこれらの角度を示す面は（101)面である．したがって木材の細胞壁中でも（101)面はその内表面に平行に存在することになり，このことはミクロフィブリルが扁平になりやすいことを意味すると述べている．

以上は，ミクロフィブリルの横断面を直接に観察して得たものではなかった．HEYN[37]は前述のラミーや木綿などのネガティブ染色した超薄切片の観察において，彼のいうエレメンタリーフィブリルの横断面の形は，円形，だ円形，長方形のものが見られたと述べている．この研究は，ミクロフィブリルの横断面の形を直接観察する方法を開発した点で意義深いものである．吉見[46]は，クロヤマナラシ（*Populus nigra*）の引張あて材繊維のゼラチン層のミクロフィブリルの横断面の形が正方形または円形に近いと報告している．GOTO ら[42]は，バロニア（*Volonia macrophysa*）のミクロフィブリルの正しい横断面像を得，その形が長方形（150～200 Å×70～100 Å）であることおよびその長辺は細胞壁の内表面に平行であることを示した（図5.14）．HEYN[38]の主張にもかかわらず，木材の細胞壁中のミクロフィブリルの横断面の形については，なお説得的な電子顕微鏡写真が得られていない．これは，木材細胞壁中のミクロフィブリル幅が35 Å 前後とかなり小さいこと，これに対して現在得られる超薄切片の厚さは数百Åであるため，電子顕微鏡像として正しい横断面を得ることが技術上困難であることによると考えられる．

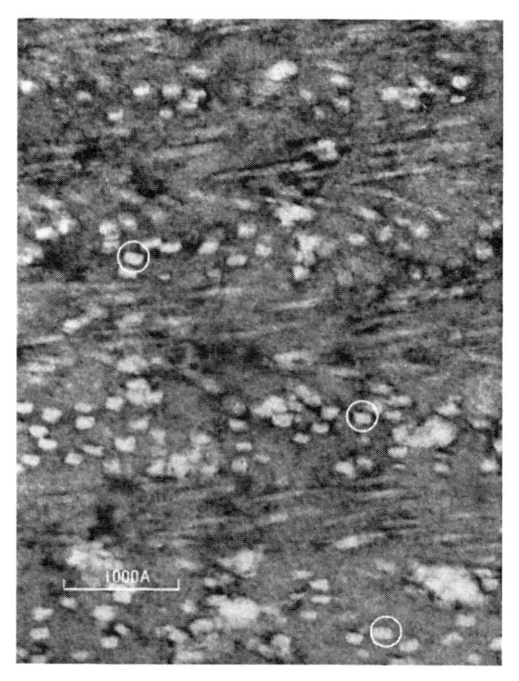

図 5.14　バロニア（*Valonia macrophysa*）の断面（150000×）（後藤ら[42]）
円内はミクロフィブリルの横断面を示す．

d)　ミクロフィブリルの内部構造

解体法を用いて得たミクロフィブリルを，メタルシャドウイングしたりネガティブ染色したりして観察しても，ミクロフィブリルの横方向や長さ方向にはいずれも構造が違うと推定される部分を発見することができなかった．このことは典型的なふさ状ミセルの考え方からすると不思議であった．そこで電子顕微鏡下でのミクロフィブリルの内部構造はいろいろな角度から検討された．それらの結果をまとめてみると，次の3つに分類でき，それぞれについて例をあげて述べる．

第1は，加水分解などの化学処理や酵素処理によっておこる変化から考察したものである．PRESTON[47]は，バロニアのミクロフィブリルを適当な濃度の硫酸で加水分解するとその外殻部だけがおかされることから，中心部は結晶芯でそのまわりはパラクリスタリン状態であろうと考えた．また彼は，ヘミセルロースがセルロースよりも重金属と結合しやすい性質を利用して研究し，ミクロフィブリルの表面の約25％はヘミセルロースであるとした．これらの結果から，ミクロフィブリルの内部構造について図5.15のモデルを提案した．このモデルによると，ミクロフィブリルの横断面では中心に扁平な形の結晶芯があり，そのまわりをパラクリスタリン状態にあるセルロースとヘミセルロースの分子が取り囲んでおり，一方，ミクロフィブリルの長さ方向にも同様なパラクリスタリン領域があることになる．

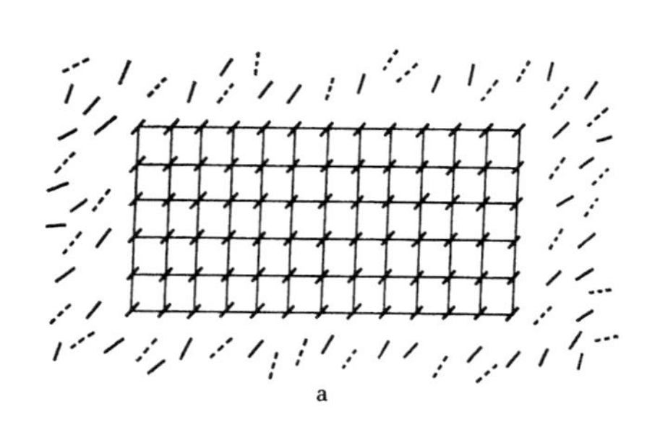

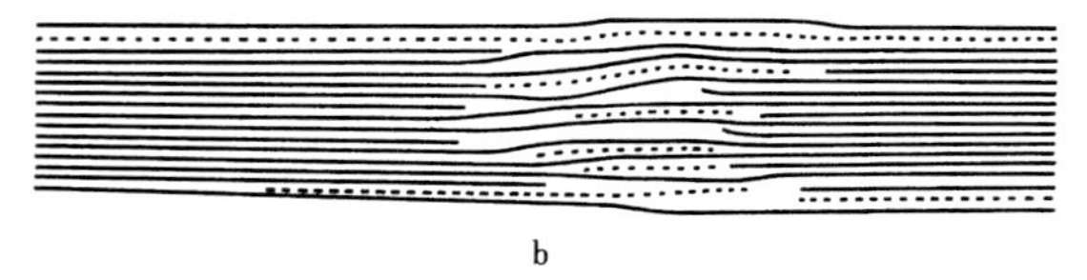

図 5.15　ミクロフィブリル構造のモデル（COWDREYら[48]）
a．横断面，b．縦断面
実線はセルロース分子，点線はヘミセルロース分子

WARDROPら[45]は，前述のバロニアの酵素処理の実験において，バロニアのミクロフィブリルがもとの状態ではネガティブ染色しても染め分けされた部分が見られなかったのに，セルラーゼ処理によってミクロフィブリルの横方向にも長さ方向にも染め分けされた部分が見られたことから，セルラーゼにアタックされやすい領域の存在を示唆した．またPÅNBYら[35]や小林ら[36]が，木綿や木材の加水分解処理から長さ平均500 Åまたは750 Åの単一な粒子を得ている（図5.16）ことはまたミクロフィブリルの長さ方向にパラクリスタリン領域の存在を示すものといえよう．後藤ら[24]は，アカマツのホロセルロースからのミクロフィブリルを加水分解およびセルラーゼ処理することによってその幅が変化することから，ミクロフィブリルの結晶芯のまわりのパラクリスタリン領域は加水分解の条件により，結晶化したり取り除かれたりすると考えている．

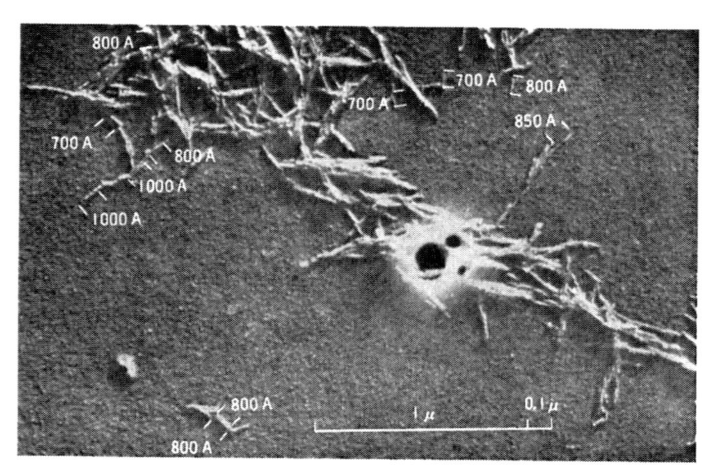

図 5.16　酸加水分解した木綿のセルロースの微結晶（30000×）（小林[36]）

第2は無処理状態のミクロフィブリルを電子顕微鏡下で見て，その形態から解釈したものである．MÜHLETHALER[49]は，タマネギの根端細胞壁から解体して得

たミクロフィブリルをネガティブ染色法で観察し次のように考えた．35 Å 程度の幅をもついわゆるエレメンタリーフィブリルが存在するが，そのネガティブ染色写真には長さ方向に染め分けされた部分が見られないことと，アスベストの繊維のように折れたところがあることから高い結晶性をもつことを推定した．一方，わん曲した部分の曲率半径を測定した結果，その曲りやすさからパラクリスタリン領域の存在をも考慮しなければならない．

第3は，合成高分子に見られるような分子の折りたたみ構造を勘案した考え方である．すなわち，ミクロフィブリルの中でセルロース分子は伸びた状態で結晶領域をつくっているのかどうかということを疑問とし，それに関連して考察したものである．DOLMETSCH ら[50]や MANLEY[51]はセルロースの折りたたみ構造を提案し，また MARX-FIGINI ら[52]は，木綿の細胞壁のミクロフィブリル中でセルロース分子が 700 Å の周期で折りたたまれていると述べた．MUGGLI ら[53]は，植物細胞壁の中でもセルロース分子が折りたたまれているかどうかを明らかにするために，次のように研究した．すなわち，まずラミーを繊維の状態でカルバミル化してセルロース トリカーバニレートに変化させたところ，その数平均重合度は 3,900 であったから，もしセルロース分子が伸び切った状態にあるならその長さは 20,000 Å(2μm)となると考えた．ついで，ラミー繊維を丹念に切って 2μm厚の横断切片を多数つくり，その重合度分布を GPC（ゲルパーメーション クロマトグラフィー)によって測定した．これは，もしセルロース分子が真直ぐであるなら，2μm厚に切断した試料の平均重合度は切断しないものの約$\frac{1}{2}$になるべきであり，これに反してもしセルロース分子が周期をもって折りたたまれているならば，2μm 厚に切断した試料の重合度はもとの試料とほとんど変らないという考えにもとづくものである．ところで，試料の切断前後の分子の平均重合度を比較すると，その比は 1：2.45 となるから，結論として少なくともラミーの細胞壁に関する限りセルロース分子は折りたたまれていないことになる．

さらに，細胞壁の結晶化度は，X線回折，赤外分光分析，化学反応など測定方法の違いによって異なる．例えば木綿についての測定例を見ると，X線回折法では 80 %，赤外分光分析の重水置換法では 56 %，加水分解法では 93 %となっている[54]．この事実はまた，ミクロフィブリル中のセルロース分子は，明確な結晶・パラクリスタリン領域に分かれて存在しているのではないことを示唆している．そして，STATTON[55]が合成高分子のX線回折的研究から得た考え方を植物細胞壁にも適用できるとして，いわゆるエレメンタリーフィブリルの内部構造について図 5.17 のモデルを提案した．このモデルを見ると，エレメンタリーフィブリルの全域を通じてセルロース分子の配列は極めて規則正しいが，一方全域を通じてディスロケーション (dislocation) が存在するから，結晶・パラクリスタリン両領域を明確には区別できない．

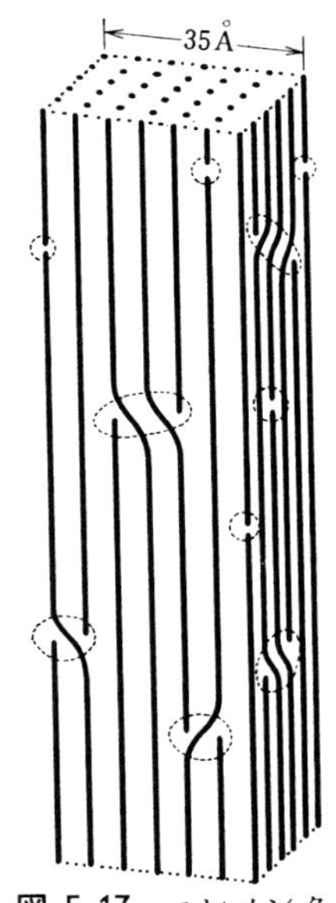

図 5.17 エレメンタリーフィブリルのモデル (MÜHLETHALER[56]) 点線で囲んだところは分子の末端およびディスロケーションの部分

5.1.4 細胞壁中におけるセルロース，ヘミセルロース，リグニンの関係

HODGE ら[57]は，ベイマツの仮道管壁の解体試料について，未処理のものと脱リグニン処理した

ものとを電子顕微鏡で比較観察し，リグニンがミクロフィブリル間を充填していることを報告した．WARDROP[58]は，マウンテン アッシュ（*Eucalyptus regnans*）の未処理材と脱リグニン処理材からX線回折図を得，その（002)面から結晶領域の幅を計算した結果，未処理材よりも脱リグニン処理材の方が約18％その幅が増加することを見い出した．そしてこのことは，結晶領域をとりまくパラクリスタリン領域のセルロース分子が処理によって結晶化したことを示すもので，細胞壁中のリグニンのあるものはパラクリスタリン領域のセルロース分子と結合していると考えている．COWDREY ら[48]は，そのミクロフィブリル構造のモデルにおいて，ヘミセルロースの分子はパラクリスタリン領域のセルロース分子と並んで存在すると述べている．

また MEIER[59]は，スウェディシュ バーチ（*Betula verrucosa*）の脱リグニン処理した柔細胞だけを集めてペーパークロマトグラフィにより分析したところ，グルコース35.7％に対してガラクトース3.6％，マンノース2.0％，アラビノース0.9％，キシロース57.8％の結果を得た．そしてこれを50％のエタノール中で超音波分散して電子顕微鏡で見たところ，ミクロフィブリルは非結晶性のヘミセルロースにおおわれていることが推定された．さらにこの試料を4％の水酸化ナトリウムまたは水酸化カリウムで抽出処理すると非結晶性の物質がなくなることから，ヘミセルロースはミクロフィブリルと強くは結合していないと考えている．

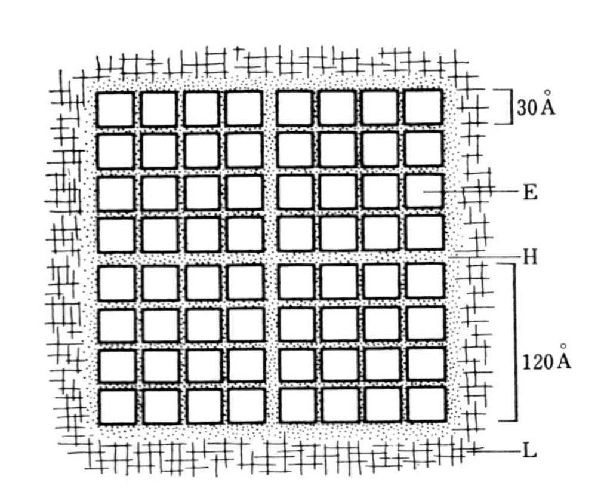

図 5.18　ミクロフィブリルのモデル（FENGEL[60]）
E：エレメンタリーフィブリル，H：ヘミセルロース，
L：リグニン

FENGEL[60]は，オウシュウ トウヒ（*Picea abies*）と，ヨーロピアン ビーチ(*Fagus sylvatica*)のセルロースとヘミセルロースについて電子顕微鏡観察と同時に化学的・物理的な方法で研究し，細胞壁中におけるセルロース，ヘミセルロース，リグニンの関係について図5.18のモデルを提案している．

5.2 壁層構成と化学成分分布

5.2.1 壁層構成とは

木材の細胞壁は，その形成の段階からいうと一次壁（primary wall）と二次壁（secondary wall）とに区別できる．細胞の表面生長（surface growth）の期間につくられた壁を一次壁といい，一次壁の内側に付加生長（apposition growth）によってつくられた壁を二次壁という．また細胞と細胞とを接着している両細胞間の部分を細胞間層（intercellular layer, middle lamella）という．細胞間層をI，一次壁をP，また二次壁をSの記号を用いて略記することが多い．

針葉樹材の仮道管や広葉樹材の繊維の横断切片を偏光顕微鏡の十字ニコル下で観察すると，ひとつの細胞壁は明暗の違いによって 3 つの部分に区別できる (図 5.19). KERR ら[61]は，この事実は二次壁中に細胞軸に対してミクロフィブリル配列 (microfibril orientation) を異にする層 (layer) が存在することを示すものであると結論し，これらの 3 層を外側から外層 (outer layer)，中層 (middle layer)，および内層 (inner layer) と名付けた．外，中，内各層はそれぞれ S_1，S_2，S_3 と略記して示される．なお一次壁は二次壁にくらべてかなり薄いので，偏光顕微鏡の十字ニコル下では，S_1 に影響されてその存在を確認することは困難である．木材を構成するすべての種類の細胞の細胞壁が，P，S_1，S_2，S_3 からできているのではないが，ひとつの細胞壁が P，S からなりまた S がいくつかの層からできていることをここでは細胞壁の壁層構成と定義する．細胞壁におけるミクロフィブリル配列を基盤として細胞壁の構造を論じる理由は，既述のようにミクロフィブリルは細胞壁中の骨格物質であるセルロース分子の集合体であるから，その配列のしかたは木材の物理的・化学的性質や利用上重要な役割

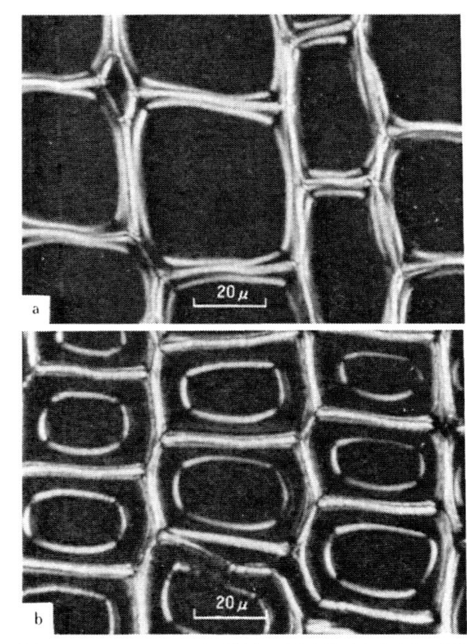

図 5.19 アカマツ仮道管の横断切片(偏光顕微鏡写真)
a. 早材 (460×)，b. 晩材 (460×)

表 5.6 細胞壁の壁層構成の用語[62]

DIPPEL (1893) Van ITERSON (1927) RITTER (1928)	KERR and BAILEY (1934)	WARDROP and DADSWELL (1950, 55)	BUCHER (1953) MEIER (1955, 57) and others.
Middle lamella	Middle lamella or intercellular substance	Intercellular layer	Intercellular layer
	Primary wall	P	Primary wall
Primary lamella (wall)	Secondary wall-outer layer	S_1	Transition lamella
Secondary lamella (wall)	Secondary wall-middle layer	S_2	Secondary wall
Tertiary lamella (wall)	Secondary wall-inner layer	S_3	Tertiary wall

を演ずることが予想されるからである．

一次壁（P），二次壁（S），同外層（S_1），中層（S_2），内層（S_3）の用語の用い方は研究者によって異なっている．これらをまとめて示すと表5.6のとおりである．したがって文献に記述してある用語が，ここに記述してあるP，S_1，S_2，S_3のどれに該当するかの判断を誤まらないようにすべきである．

Roelofsen[63]は，壁層構成について興味ある概説をしているが，それらのうちのいくつかをとりあげ，これに補足的な説明を加える．

(1)　一次壁と二次壁との違いは細胞の表面生長によってつくられたのか付加生長によってつくられたのかということであるが，成熟した細胞壁ではこれの判断が困難である．したがって，ミクロフィブリルが相互にランダム（random）に並んでいるかあるいはほぼ平行に整然と一定方向に並んでいるかということをもって一次壁と二次壁の違いとしている．

(2)　二次壁を3層に区別し外（S_1），中（S_2），内（S_3）各層の用語を用いるのは，ミクロフィブリル配列（傾角）が各層で異なっている場合という条件つきである．二次壁の各層が，ミクロフィブリルの付加生長によって形成されたものであるという点では S_1，S_2，S_3 各層はまったく同じである．

(3)　S_1，S_2，S_3 におけるミクロフィブリルは，細胞のまわりを回ってらせん状に配列しているから，ミクロフィブリルの配列については，(イ)　細胞軸に対する傾斜の程度（steepness）すなわちミクロフィブリル傾角（microfibril angle）と，(ロ)　ミクロフィブリルの回旋方向（direction of helix または spiral）とを併せて考慮しなければならない．回旋方向に関しては，英語で "spiral" という語と "helix" という語とがある．前者はラテン語から，また後者はギリシャ語からきたといわれるが，ミクロフィブリルの回旋方向の用語としては "helix" の方がよく用いられている．ついでにらせんの方向すなわち回旋方向にふれておく．らせんの方向をZ，Sで表わすことが多いが，これは円筒に描かれたらせんを最も近いところすなわち手前側から見て，図5.20のaのようにZの文字の中央の線に平行なものを "Zらせん"，またbのようにSの文字のそれに平行なものを "Sらせん" と呼ぶ．そしてこれらを記号で示すときは，前者を**Z**，後者を**S**のようにその方向を太い線で描くとわかりやすい．

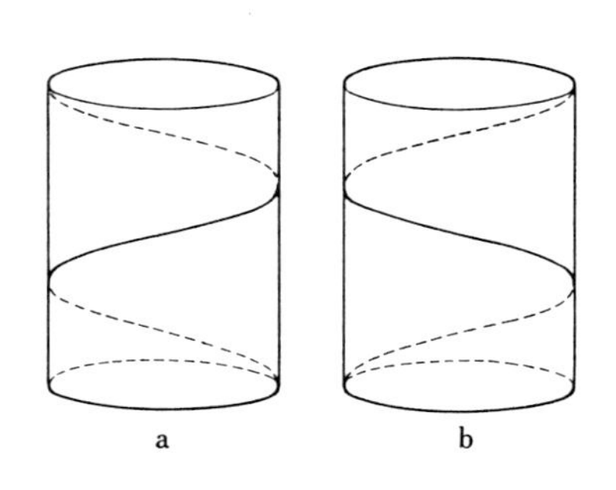

図 5.20　ミクロフィブリルの回旋方向
a：Zらせん，b：Sらせん

(4)　木材の細胞のうちで代表的な細胞とみられる正常材の仮道管や繊維の二次壁は，ミクロフィブリル傾角の相違から S_1，S_2，S_3 の3層に区別できるから，これをもって木材の細胞の二次壁の層構成の標準としている．しかしながら，二次壁は必ずしも S_1，S_2，S_3 の3層だけから構成されているとは限らない．したがって限定された S_1，S_2，S_3 の呼称の欠陥を補うために，S_1，S_2，S_3 の代りに S_1 を "S externa（Sの外層の意）"，S_2 を "S mediana（Sの中層の意）"，S_3 を "S interna(Sの内層の意)" と呼ぶのがよいと考えられる．そして二次壁が2層だけからなるときは外側の層を "S externa"，内側の層を "S interna" と呼び，また二次壁が3層以上の場合には

"S mediana" だけにナンバーを付して，例えば "S externa," "S mediana 1"，"S mediana 2"，…… "S interna" と呼ぶ提案がある．なお，引張あて材のゼラチン繊維のゼラチン層は，一般的な S_1，S_2，S_3 とはその化学成分やミクロフィブリルの平行度が著しく異なるから，Sと区別してGと呼ぶのが妥当であろう．

(5) S_1 は移行層(transition layer)と呼ばれることがあるが，その根拠は S_1 がミクロフィブリル配列においてもまた化学成分についてもPと S_2 との中間的な構造であることによる．しかし，ここでいう移行層は，原田ら[64]が提案している S_{12}，S_{23} 移行層 (intermediate layer) とは別のものである．

(6) 三次壁 (tertiary wall) という語が用いられることがある．これは S_3 に該当するもので，S_3 を S_2 と区別しなければならないとする考え方が MEIER[65]によって提案されている．これは，この層が染色，膨潤，腐朽などの性質において S_2 とは異なるという理由によるのである．しかしながら，いくつかの研究によると，S_3 の化学成分が S_1 や S_2 ととくに異なるという事実はないから，三次壁よりも S_3 と呼ぶ方が適切である．なお，S_3 をおおって存在する原形質の残渣様物質に対して，ターミナル層 (terminal layer) という語が用いられることがある．

(7) ラメラ (lamella) という語は，S_1，S_2，S_3 中のさらに薄い層に対して用いられる．そしてこの場合個々のラメラ内ではミクロフィブリルの配列（傾角）はまったく同じかほんの少し異なっているだけということが条件である．

なお，ミクロフィブリル配列という表現は，①ミクロフィブリルが相互にほぼ平行に並んでいるかあるいはランダムであるかということ，②ミクロフィブリル傾角，および，③ミクロフィブリルのらせんの方向，の3つの意味を含んでいるが，本書ではミクロフィブリル傾角を意味することが多い．

5.2.2 仮道管および繊維

木材を構成する細胞のうち，針葉樹材では仮道管が，また広葉樹材では繊維がその大部分を占めている．そしてこれらの細胞壁の壁層構成が木材の諸性質に最も大きな影響を及ぼすと考えられるから，ややくわしく述べる．偏光顕微鏡を用いた研究によって得られた仮道管や繊維の細胞壁がP，S_1，S_2，S_3 から構成されるという推定は，超薄切片法やレプリカ法を駆使した電子顕微鏡観察からも確かめられた（図5.21 a）．メタルシャドウイングを施して得た横断超薄切片の写真では，ひとつの細胞壁内に構造を異にしていると推定される層が見られるが，ミクロフィブリルの配列そのものの違いを直接識別することはできない．しかし，図5.21 bのようなネガティブ染色した超薄切片の写真やあるいは脱リグニン処理，脱多糖類処理した超薄切片の写真においては，ミクロフィブリルの配列状態の違いによる壁層構成を確認できる．したがって図5.21 aにおけるようにひとつの細胞壁内での構造差は壁層構成を示すことが明らかになった．

ひとつの仮道管壁および繊維壁の中に占めるP，S_1，S_2，S_3 の厚さおよび全厚さに対するそれぞれの割合について電子顕微鏡によって測定した結果の例を示すと表5.7のとおりである．表からわかるように，S_2 の厚さは全壁厚の約70％以上をも占めている．すなわち，S_2 はひとつの細胞壁中の最厚層であり主体であるといえる．

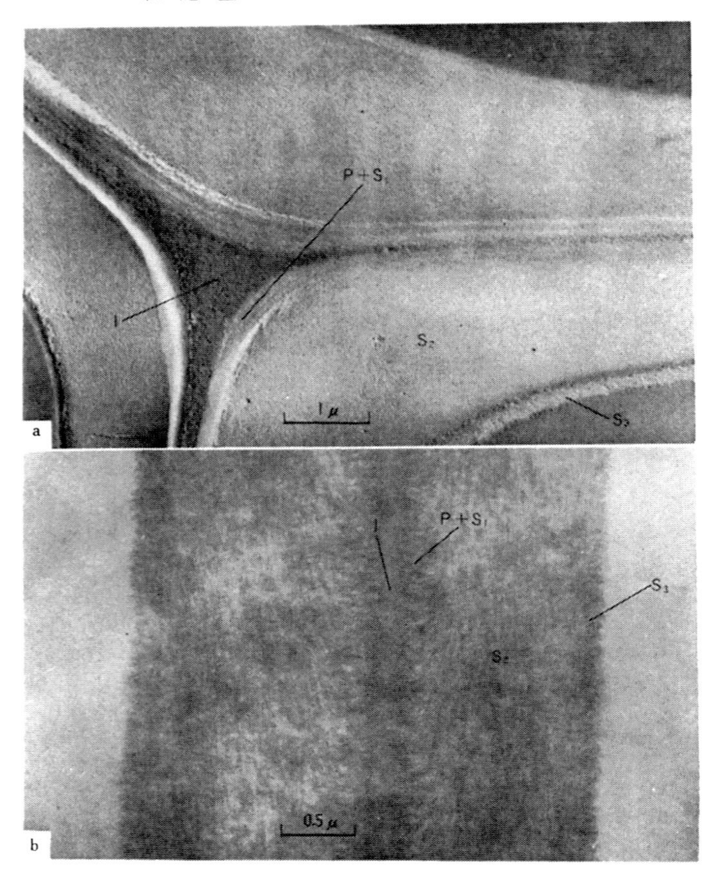

図 5.21
a．*Populus euramericana* の繊維の横断面（11000×）
b．*Picea abies* の仮道管の縦断面（19000×）
（奥村正悟氏(a)，後藤俊幸氏(b)提供）

a） 一 次 壁

仮道管や繊維の横断切片を偏光顕微鏡の十字ニコル下で観察しても，Pを識別できないが，これはPが極めて薄いことによる．しかし細胞壁の肥厚が著しく若い段階のものでは弱い複屈折を示すことから，Pの存在が明らかにされた．ミクロフィブリルの配列については，解体法によって分化中の細胞壁や成熟した細胞壁からPを分離したもの，また化学的に解繊したひとつの細胞の外表面がレプリカ法によって，それぞれ電子顕微

表 5.7 仮道管壁および繊維壁の各壁層の厚さ[66)67)]

樹　　種		壁　層	早材 厚さ(μm)	早材 %	晩材 厚さ(μm)	晩材 %
アカマツ[66)] (仮道管)	放射壁	I+P	0.20	8.9	0.38	4.7
		S_1	0.29	12.9	0.62	7.9
		S_2	1.66	73.8	6.94	85.9
		S_3	0.10	4.4	0.14	1.7
	接線壁	I+P	0.10	4.2	0.22	3.9
		S_1	0.30	12.7	0.46	8.2
		S_2	1.86	78.9	4.82	85.4
		S_3	0.10	4.2	0.14	2.5
スギ[66)] (仮道管)	放射壁	I+P	0.12	8.3	0.36	4.9
		S_1	0.14	9.7	0.53	7.2
		S_2	1.12	77.2	6.34	86.4
		S_3	0.07	4.8	0.11	1.5
	接線壁	I+P	0.08	5.0	0.10	2.1
		S_1	0.18	11.3	0.43	9.0
		S_2	1.25	78.7	4.14	86.8
		S_3	0.08	5.0	0.10	2.1
			厚さ(μm)		%	
ブナ[67)] (繊維)		P	0.07		1	
		S_1	0.51		10	
		S_2	4.32		87	
		S_3	0.10		2	

鏡を用いて調べられた[57)64)68)69)]．ミクロフィブリル配列はランダムで網目のように編まれた状態いわゆる網目状構造であることが明らかになった．WARDROP[70)]は，ラジアータマツ(*Pinus radiata*)の分化中の仮道管について調べ，Pは2つのたがいに異なったミクロフィブリル配列をもった部分からできていると述べた．すなわち，外側の部分（P_O）ではミクロフィブリル配列のランダムの状態が著しいが，内側の部分（P_I）ではミクロフィブリル配列はランダムではあるがその全体の配列方向は仮道管軸にほぼ直角である．なお成熟した仮道管のコーナーにミクロフィブリルが束になって仮道管軸の方向に配列し，しかも強度に木化した肥厚部が存在している（図5.27参照）．

WARDROP[4)]は，このようなPにおけるミクロフィブリル配列は，ROELOFSENらの提案にかかるマルティネット生長説（multinet growth hypothesis）でもって説明できると述べている．すなわち，P形成の初期にはミクロフィブリルは仮道管軸に対してほぼ直角方向に堆積するが，仮道管の表面生長の進行に伴って逐次その配列が変化してゆき，この変化は P_O で最も著しい．さらに，P_O ではミクロフィブリルが相互に離れて存在していることもこの変化をおこしやすくしている．一方，P_I は表面生長のほぼ最終段階のときにできるので，ミクロフィブリル配列の主方向は，仮道管軸にほぼ直角となる．

b）二　次　壁

二次壁は仮道管壁や繊維壁の主要部分を構成しているから，細胞壁構造の研究はこの二次壁に集中された．

光学顕微鏡（偏光顕微鏡を含む）による研究：Sにおける S_1，S_2，S_3 の区分がKERRら[61)]によって体系づけられたこと，また3層中 S_2 が最厚層であることも前述した．PRESTON[71)]は，1個の仮道管を縦断して得たシングルウォールについて偏光顕微鏡を用いてその消光角を調べ，これをもってシングルウォールの平均ミクロフィブリル（ミセル）傾角とした．これはシングルウォール中の最厚層である S_2 のミクロフィブリル傾角にほぼ一致するものである．したがって，シングルウォールの消光角から求めた平均ミクロフィブリル傾角は即 S_2 のミクロフィブリル傾角を示すとみてよく，また逆に S_2 のミクロフィブリル傾角をもってシングルウォールの平均ミクロフィブリル傾角に代えることも差支えない．このことは広葉樹材の仮道管や繊維にも適用できる．

光学顕微鏡によってはSのミクロフィブリルを直接観察することはできないが，光学顕微鏡で可視の細胞壁のある特徴を他の方法（例えば電子顕微鏡）で確認しておけば，光学顕微鏡観察によってもSのミクロフィブリルの配列状態を間接的に知ることができる．その例のいくつかをあげる．第1は，細胞壁を軽く脱リグニン処理して光学顕微鏡で見ると条線（stri-

表 5.8　針葉樹材仮道管の二次壁各層におけるミクロフィブリル傾角[77)]

樹　　種	早材			晩材		
	S_1	S_2	S_3	S_1	S_2	S_3
アカマツ（第45年輪）						
放射壁	71	26.5	83	77	8.0	79
接線壁	68	20	83	75	5.5	83
スギ（第55年輪）						
放射壁	68	14	81	83	3.5	85
接線壁	64	3.5	85	80	3.0	82
ヒノキ（第44,46年輪）						
放射壁	81	14	82	77	8.0	83
接線壁	68	5.5	79	66	4.5	81

ation)が見られる．これはミクロフィブリルの配列を示すもので，場合によっては S_1 と S_2 とを区別して見ることもできる．第2は，厚い壁をもつ針葉樹材の晩材仮道管壁や繊維壁に見られる裂目は，S_2のミクロフィブリルの配列を示す．第3は，仮道管や繊維の壁孔や放射柔細胞との間の分野壁孔の孔口の中で，長だ円形またはレンズ形のものの長径の方向は S_2 のミクロフィブリルの配列を示す．第4は，軟腐朽菌によってつくられた細胞壁中のいわゆる腐朽せん孔の方向はミクロフィブリルの配列を示す[72)73)74)]（図5.22）．第5は，細胞壁を脱リグニン処理したそのすき間にヨードの針状結晶をつくらせると，このヨードの結晶が並んでいる方向がミクロフィブリルの配列を示す[75)76)]．この方法を用いて針葉樹材仮道管の S_1，S_2，S_3 のミクロフィブリル傾角を測定した結果の一例を示すと表5.8のとおりである．ここでミクロフィブリルは細胞軸に対して，S_1，S_3 では緩やかな傾きとなっており，S_2では急な傾きとなっている．S_1, S_3 のような緩傾斜配列のものをフラットヘリックス (flat helix)，S_2 のように急傾斜配列のものをスティープヘリックス (steep helix) と呼んでいる．

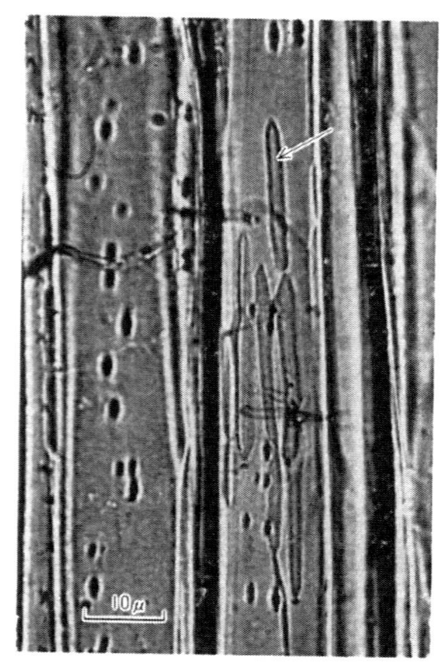

図 5.22 アンベロイ（*Pterocymbium beccarii*）の繊維壁に見られる腐朽せん孔（矢印）．（960×）（山中勝次氏提供）

X線回折法による研究：木材のX線回折図を見ると，(002) 面のパターンは赤道線をまたいでアーク状に広がっているが，これは仮道管壁や繊維壁（実際は他の種類の細胞も含まれているが，回折像はこの2種の細胞に支配されると考えてよい）の S_2 のミクロフィブリルが，それぞれの長軸に対してある角度でらせん状に配列していることを示している．したがって，回折図の中心とアークの広がりの末端を結ぶ線と赤道線とのなす角度が，その試料全体の細胞壁の平均ミクロフィブリル傾角を示すことになる．X線回折法によるミクロフィブリル傾角の測定法は，0.5mm^3 程度の木材試片全体の平均の S_2 のミクロフィブリル傾角を調べるのに最適である．したがって，非破壊のままで木材の物性とそのミクロフィブリル傾角との関連を研究する上で極めて有効な方法である．ところが実際のX線回折図では，(002) 面のアークがどこで終っているかを判断することが困難である．そこで Preston[78)]は，図5.23のように (002) 面のアークに沿って回折強度曲線を描かせ，そのピーク位置の高さの半分のところの幅の角度の半分をもってミクロフィブリル傾角とする考え方を提案している．

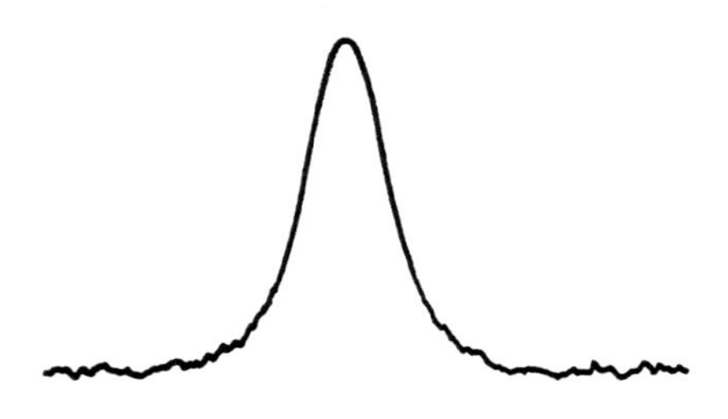

図 5.23 *Juniperus virginia* のX線回折強度曲線（Preston[78)]）
(002) 面のアークに沿って記録したもの

電子顕微鏡による研究：Sにおける壁層構成すなわち S_1，S_2，S_3の識別や各層のミクロフィブリル配列について，電子顕微鏡はいっそう大きな貢献をもたらした．すなわち，電子顕微鏡は，超薄切片法，解体法，レプリカ法などいろいろの試料作製法を駆使することによって，前述の光学顕微鏡やX線回折などによって間接的に推定されていた微細構造を確認し，さらに既往の研究ではまったく推定もされていなかったことを発見するという成果をもたらした．既往の光学顕微鏡の結果に対応する S_1，S_2，S_3 のミクロフィブリルの配列状態は，細胞壁の裂開面をレプリカ法で観察したり脱リグニン処理した細胞壁の解体試料の観察などから，直接確かめられた[64]．以下，電子顕微鏡を用いた研究から新しく明らかになった結果をいくつかとりまとめて述べる．

i）ミクロフィブリルの平行度[67)69)79] Sにおけるミクロフィブリル配列の特色は，Pにおけるようにランダムでなくて相互にほぼ平行に整然と一定方向に並んでいるという点である．そしてまた，S_1，S_2，S_3 の区分は，それぞれの層内ではそのミクロフィブリル傾角がほぼ一致していることが前提となっている．ところが各層内でもミクロフィブリルは相互にまったく平行であるというわけではない（このことを英語では angular dispersion をもつと表現している）．ミクロフィブリルが相互にどの程度平行に配列しているかを示すのに平行度という語を用いると，ミクロフィブリルの平行度は，S_2 で最も良く S_1 がこれにつぎ S_3 はかなり悪い．また最厚層である S_2 について針葉樹材の早材・晩材両仮道管を比較すると，晩材の方が良い．

ii）ラメラ 細胞壁のひとつの裂開面のレプリカをとって観察すると，ミクロフィブリルが一定の方向に並んだ層が見える．これは，S_1，S_2，S_3 の各層内に，ミクロフィブリルがほぼ同一方向に並んだいわゆるラメラが存在するためであると考えられる．Heyn[36] はネガティブ染色したカリビアンパイン（*Pinus caribaea*）の仮道管の超薄切片の観察から，S_1 と S_3 には彼のいうエレメンタリーフィブリル幅（約 40 Å）単位のラメラが存在するが，S_2 ではエレメンタリーフィブリルはラメラをつくらずランダムに存在すると述べている．一方，今村ら[80]は，二次壁形成中のアカマツ早材仮道管の最内壁をレプリカ法で観察し，Sにおいてはミクロフィブリルは個々に不規則に堆積するのではなく，同一方向に並んだミクロフィブリルからなるラメラとして堆積して行くと述べ，とくにこれらのミクロフィブリルが1個ずつ横に並んだものをミクロラメラ（micro lamella）と呼んでいる．しかしながら，S中でのラメラの存在は，X線回折法を用いてセルロースの結晶が面配向しているかどうか，およびミクロフィブリルの正確な横断面を電子顕微鏡で観察してミクロフィブリルが列をなして並んでいるかどうか，を確認してから結論づけるべきであると考える．

iii）交差構造（criss-crossed structure） 二次壁の各層のミクロフィブリルは，その回旋方向がSらせんであれZらせんであれ，それぞれ細胞軸に対して一定の傾角で配列しているものと考えられていた．このうち S_1 では，ミクロフィブリルは細胞軸に対して著しく大きい角度すなわちフラットヘリックスで配列しているとみられていた．ところが Wardrop[81]は，S_1についてこれと異なった見解を提出した．すなわち，ラジアータマツ（*Pinus radiata*）の分化中および成熟した仮道管壁の解体試料の観察から，S_1 はファイングリッド（fine grid），コースグリッド（coarse grid），コンプリートラメラ（complete lamella）と名付けられたミクロフィブリル配列を異にする3種の相互に交差したラメラからなるというものである．しかしながら，細胞壁の裂開面のレプリカ観察からは，S_1 におけるこのような交差構造を見ることはできなかった．

Dunning[82]は，細胞壁における複雑な壁層構成を観察するためにひとつの新しい試料作製法を開発し，この方法をロングリーフパイン(*Pinus palustris*)の晩材仮道管壁の観察に応用した．この方法は，まず凍結乾燥した個々の仮道管を切開してその内表面を出し，次にその内表面を特別に工夫したナイフエッジで引掻いて，壁内のいろいろな部分を露出してそのレプリカを調べるというものである．そして，S_1はミクロフィブリル傾角が順次移行するSおよびZらせんのいくつかのラメラからなると述べている．ミクロフィブリル傾角が順次移行するラメラを S_1 に所属するものと考えれば，S_1 は交差構造をもつといえる．しかしこれらの移行ラメラを S_1 と S_2 との間に存在する移行層（後述）と解釈すると，S_1を交差構造といってよいか疑問が残る．今村ら[80]は，分化中のアカマツの早材仮道管壁の観察から，S_1 の交差構造を次のように説明している．S_1 の最初のラメラは，Pの内側の部分(P_I)につづいて存在する仮道管軸に対して緩やかなミクロフィブリル傾角をもって配列しているミクロラメラである．このように一定のらせん方向と傾角をもったミクロラメラが何枚か堆積すると，それはフラットヘリックスとして観察される．このミクロラメラは最初からミクロフィブリルが相互に密に接してつくられるのではなく，最初はミクロフィブリルは1個ずつ一定の間隔をもって離れており，つづいてそのすき間が埋められるのである．図5.24は，フラットヘリックスのラメラの上にそのミクロフィブリル配列の方向と交差した方向をもつミクロフィブリルがつくられていることを示しており，ミクロフィブリル間のすき間から下側のフラットヘリックスのミクロフィブリルの配列をうかがい知ることができる．それゆえに，交差構造としてとらえることができるのである．ところが，この上側のラメラのミクロフィブリル間のすき間が埋められると，その表面観察からはもはや交差構造として見ることはできない．したがって，S_1に交差構造

図 5.24 分化中のアカマツ早材仮道管の S_1の交差構造（22000×）（今村ら[80]）

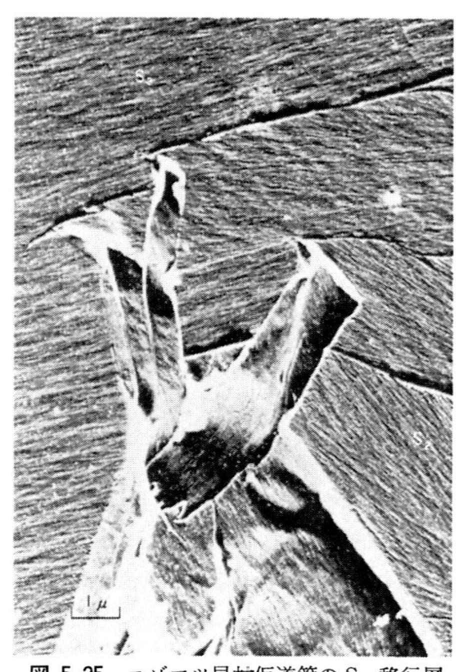

図 5.25 エゾマツ早材仮道管の S_{23} 移行層（6500×）（原田[67]）

は存在するが，成熟した仮道管壁ではこれを見ることは困難である．

iv） 移行層 二次壁は，交差構造を特徴とするS_1と，単一ならせん配列でしかも一定のミクロフィブリル傾角をもつ S_2 および S_3 のほかに，S_1 と S_2 の間ならびに S_2 と S_3 の間に，そのミクロフィブリル傾角が順次変化しついにはそのらせんの方向が逆転するようないくつかのラメラが存在することが見い出された[67]（図5.25）．S_1 と S_2 との間および S_2 と S_3 との間に存在するこのようないくつかのラメラを総括して移行層と呼び，これを S_{12} および S_{23} の記号で示すこととする．ところがここでいう S_{12}，S_{23} 両移行層は，S_1 の交差構造のように偶然に見られることが多く，一般的でないという批判がある[4]

Dunning[82]は前述の引掻き法による壁層構成の研究から，ロングリーフパイン（*Pinus palustris*）の S_2 のミクロフィブリル配列はZらせんで仮道管軸に対して極めて小さい傾角の多くのラメラからなること，また S_3 は12のラメラからなり最初の8ラメラはミクロフィブリルが順次時計方向に270°回転し残りの4ラメラは反時計方向に移行することを報告しているが，これは S_3 そのものが移行ラメラからできているということになる．今村ら[80]は，分化中のアカマツの早材仮道管壁の観察において，これらの S_{12}，S_{23} 両移行層についても研究し，次のように述べている．Sの肥厚過程の追跡から S_{12} および S_{23} の存在を確かめたが，さらに S_{12} 内の各ラメラ間ではミクロフィブリル傾角の移行は徐々におこなわれているのに対して，S_{23} 内ではこの移行が急であることを見い出した．しかし結論として，S_1 と S_{12} とまた S_2 と S_{23} との境界を決めることは困難で，S_{12} を S_1 に，また S_{23} を S_3 に所属させると，Dunning の提案に近づくことになる．移行層の存在はレプリカ法を用いると観察できるが，超薄切片では一般にその存在を識別することは困難である．これは，この移行層が S_1，S_2，S_3 各層とくらべてかなり薄く，またミクロフィブリル傾角が徐々に移行しているためひとつの層としてとらえにくいことによると考えられる．なお，このようなS_{12}，S_{23}各層は，広葉樹材の繊維壁については十分研究されていない．

なおらせん構造（helical structure）について付言する．S_1，S_2，S_3 では，ミクロフィブリルは仮道管や繊維を周回してらせん状に配列しているといわれている．このことを裏づけるとみられる2，3の結果を，S_2 を例にとって述べる．

(1) すでに述べたように，解離した1個の仮道管または繊維を光学顕微鏡で観察すると，だ円形またはレンズ形を呈する孔口の長径の方向は手前の壁と向い側の壁とで交差している．孔口の長径の方向が S_2 のミクロフィブリル配列の方向を示すことは電子顕微鏡観察から明らかにされている

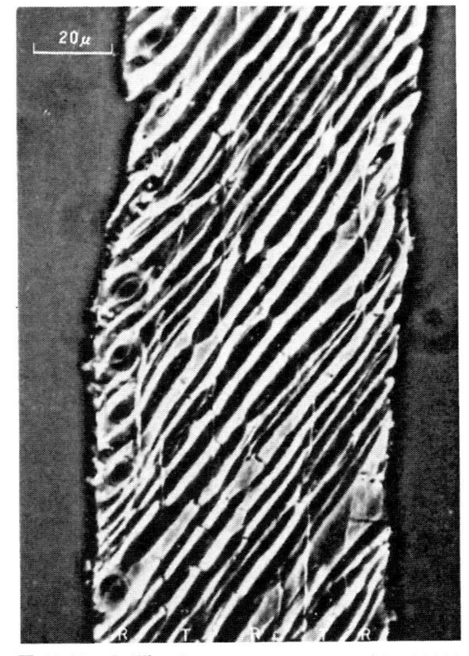

図 5.26 切開したコノテガシワの1個の早材仮道管（520×）（奥村ら[79]）
R：放射壁，T：接線壁

から相対する2つの細胞壁でその方向が交差することはミクロフィブリルがひとつの壁から隣の壁へと順次らせん状に配列していることを意味するものである．

(2) 軟腐朽菌によってつくられたS_2中の腐朽せん孔の観察からわかる．図5.26はS_2に腐朽せん孔ができている仮道管をまず解離しさらにそれを切開したものの光学顕微鏡（位相差）写真である．これを見ると，S_2のミクロフィブリル配列を示す腐朽せん孔は，ひとつの放射壁から順次それに隣接している接線壁，放射壁，接線壁へと，仮道管軸に対してほぼ同じ傾角で走っているのがわかる．このことは，S_2のミクロフィブリルが仮道管を周回してらせん状に配列していることを示すものである．

(3) X線回折図からの結果による．木材のX線回折図において，(002)面の赤道線上にまたがるアークは，細胞壁の最厚層であるS_2のミクロフィブリルがらせん状に配列していることを示すものであることはすでに述べた．なお，二次壁の各層におけるミクロフィブリルのらせん状配列がSらせんであるかZらせんであるかについて，S_1は交差構造であるからS，Z両らせんが共存するが，S_2はZらせんS_3はSらせんであるといわれている[83]．

5.2.3 壁層構成のモデル

Wardrop ら[69]は，仮道管および繊維の細胞壁の構成すなわち一次壁と二次壁各層におけるミクロフィブリル配列について，図5.27のモデルを提案しているので，これについて説明する．一次壁では，ミクロフィブリル配列はランダムであるが，外側の部分（P_O）ではそれが著しく内側の部分（P_I）ではランダムではあるが全体の配列方向は細胞軸にほぼ直角である．S_1はミクロフィブリルがSおよびZらせんで配列する交差構造であり，S_2ではミクロフィブリルはいわゆるスティープヘリックスで配列している．S_3のミクロフィブリルはいわゆるフラットヘリックスで配列しているが，ミクロフィブリルの平行度はS_1，S_2にくらべて悪い．S_{12}，S_{23}は，S_1とS_2との間およびS_2とS_3との間に存在する移行層を示している．

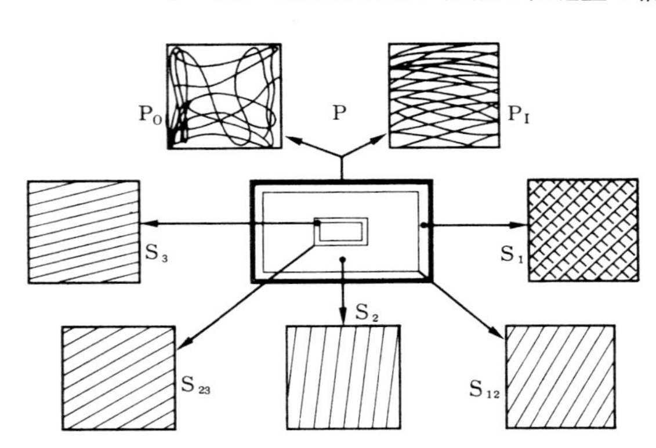

図 5.27　仮道管および繊維の壁層構成のモデル
（Wardrop ら[69]）

5.2.4 道　管　要　素

Preston[17][84]は，数種の環孔材の孔圏の道管要素壁をX線回折法や偏光顕微鏡を用いて調べた．そして解離した1個の道管要素のX線回折図およびシングルウォールの消光角と孔口の長径の方向の解析から，道管要素壁全体の平均として，ミクロフィブリルは道管要素軸に対してほぼ直角方向に配列していることを見い出した．また観察樹種のうちホワイトアッシュ（*Fraxinus americana*）では，その横断切片を偏光顕微鏡の十字ニコル下で見たときミクロフィブリル配列を異にする典型的な3層が識別できるが，他のホワイトオーク（*Quercus alba*），アメリカンチェストナッ

ト (*Castanea dentata*), ハックベリー (*Celtis occidentalis*) などでは壁全体が一様な複屈折を示し3層を区別できなかった.

WARDROP[4]は, PRESTON の得た結果のうち道管要素の横断切片が偏光顕微鏡下で壁全体にわたって一様な複屈折を示すことについて考察した. そしてこの原因として,

① これらの道管要素壁には本来3層構造は存在しない,

② 3層構造は存在するが, 各層間のミクロフィブリル傾角差がかなり小さいので偏光顕微鏡下では識別できない,

③ 道管要素壁に多数存在する壁孔のために各層のミクロフィブリルの並びが著しく乱され, 各層を区別することができない,

の3点をあげた. そして, 横断切片の偏光顕微鏡下の観察で3層構造を示さないものの例として *Eugenia kuranda* と *Papuodendron lepidotum* を取り上げ, それらの横断超薄切片と細胞壁の裂開面のレプリカとを電子顕微鏡で観察し, 両者とも二次壁で3層が区別できることを認めた. そして, 前者の樹種では各層間におけるミクロフィブリル傾角差が極めて小さいこと, また後者の樹種では多数存在する壁孔のためにミクロフィブリルの配列が変異していることを見い出し, 前述の3原因のうち②および③が該当することを明らかにした.

HARADA[67][85]は, ブナの道管要素壁を超薄切片法とレプリカ法で調べ, P, S_1, S_2, S_3から構成されること, P+S_1, S_2, S_3の厚さの比はほぼ1:2:1であること, およびミクロフィブリルはPではランダムに, S_1 と S_3 ではフラットヘリックスで, S_2 では道管軸に対して約40° の傾角でそれぞれ配列していることを明らかにしている. しかしながら, 道管要素壁には多様な配列形式の多数の壁孔が存在することによって二次壁各層におけるミクロフィブリルの配列は著しい変異をうけるばかりでなく, また二次壁は仮道管や繊維のそれに見られるような典型的な3層を必ず示すとは限らない[86]から, 道管要素の壁層構成についての詳細な研究が期待される.

5.2.5 柔 細 胞

軸方向柔細胞および放射柔細胞は木材を構成する重要な要素であるにもかかわらず, その壁層構成についての研究は仮道管や繊維にくらべて著しく立ちおくれている. WARDROP ら[87]はブラックパイン (*Podocarpus amarus*), イースタンヘムロック (*Tsuga canadensis*), アメリカンビーチ (*Fagus grandifolia*) 3樹種の放射柔細胞, *Hodgkinsonia ovatiflora* の放射・軸方向両柔細胞などについて, 偏光顕微鏡による複屈折と軟腐朽菌によってつくられた腐朽せん孔の観察から, 二次壁はミクロフィブリル配列を異にする3層からなること, またこれらを S_1, S_2, S_3 と名付けるなら S_1 と S_3 とは厚く S_2 はこれより薄いことを見い出した. 電子顕微鏡を用いた研究からは, スギ, ヒノキ, アカマツの放射柔細胞壁について, Pのミクロフィブリル配列はランダムであり二次壁ではミクロフィブリル傾角が約30～60°の S_1, S_3 とほぼ0° の S_2 および S_3 の内側に再びランダムな配列の S_4 が存在すること, さらに二次壁には明瞭なラメラが超薄切片写真で見られることが明らかになった[64][88]. 一方, ブナやマウンテンアッシュ(*Eucalyptus regnans*)の放射柔細胞では, ミクロフィブリルはPでランダムに S_3 でフラットヘリックスで配列しているが, S_3 の内側にはスギ, ヒノキなどに見られるような S_4 は存在しないことが示された[89][90]. また HARADA[67][85]

はブナの放射柔細胞と軸方向柔細胞の超薄切片法による観察から，P，S_1，S_2，S_3の壁層を区別しかつ P+S_1，S_2，S_3 の厚さの比がともにほぼ1：2：1であることを見い出した．ミクロフィブリル傾角は，放射柔細胞壁では S_1，S_3 は約60～80°，S_2 はほぼ0°であると述べている．

最近針葉樹材および広葉樹材の柔細胞の壁層構成が壁孔壁の構造と関連させて研究されている．まだ結論を得られている段階ではないが，前述の結果を大きく訂正しなければならない新知見が得られているので，それらについて若干ふれておく．今村ら[91]や藤川[92]は針葉樹材の放射・軸方向柔細胞壁についてくわしく研究している．このうち今村ら[91]は，針葉樹材の放射柔細胞のうち，薄壁をもつスギ，ヒノキ，アカマツと厚壁をもつモミとについて，放射柔細胞壁の肥厚過程をレプリカ法で観察して次の結果を得た．すなわち，薄壁をもつ樹種の細胞壁では図5.28に示すように，ミクロフィブリル配列が外側から順次細胞軸方向に主方向をもつが乱れている層，次にランダムな層，さらに細胞軸に対して30～45°でラメラ相互間で交差している比較的平行度のよいミクロフィブリル配列をもつ7～8ラメラからなる層，そして最内側にまたランダムな配列のミクロフィブリルをもつ層から構成されている．

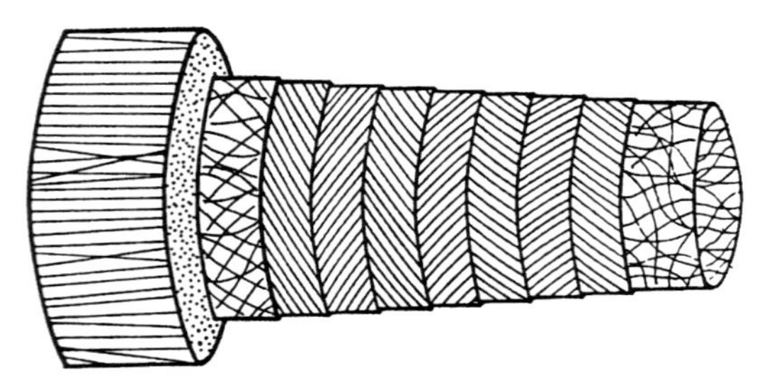

図 5.28　薄壁をもつ針葉樹材の放射柔細胞壁の構造のモデル（今村ら[91]）

また軸方向柔細胞壁では，最外側のミクロフィブリル配列の主方向が細胞軸にほぼ直角である点以外は，放射柔細胞壁と同じである．ところが，厚壁の放射柔細胞では，薄壁のものについて前述した各層に加えてその内側にさらに3層が堆積しているが，これらの層におけるミクロフィブリルの平行度は良く，またその傾角はそれぞれほぼ90°，45～60°，ほぼ90°である．なお，広葉樹材については，ブナとコナラの放射柔細胞壁について調べられたが，Pは細胞軸方向に主方向をもつ乱れたミクロフィブリル配列をもち，S_1，S_2，S_3 はそれぞれ60～87°，40～70°，70～87°のミクロフィブリル傾角をもつという結果が報告されている[93][94]（図5.29）．

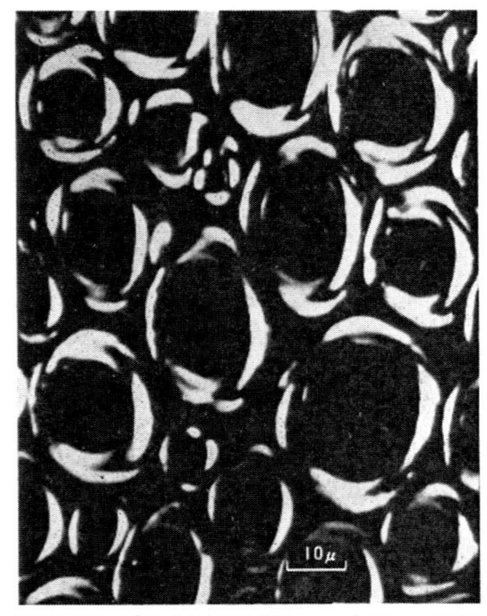

図 5.29　ブナの放射柔細胞の二次壁の3層構造（偏光顕微鏡写真）（700×）（中村ら[93]）
細胞軸に対して約45°傾けて切った切片

5.2.6　細胞壁中の化学成分分布

木材の細胞壁を構成する主要な化学成分がセルロース，ヘミセルロースおよびリグニンであることはすでに述べたが，これらの化学成分は細胞壁の中で量的にもまた存在位置の点においても一様に分布して存在しているのではない．木材の化学分析の方法は，均一物質を取り扱う化学部門において発達してきたものであり，木材の各種細胞を粉末にして分析しているので，全体としての各種化学成分は明らかとなるが，それぞれの細胞についてやまた細胞壁内での分布などについては知ることができない．細胞壁内で，その壁層ごとに主化学成分の種類および量を知ることは，対象物の寸法が小さくかつその量が少ないため，すこぶる困難である．そこで，ここではこのような困難を克服するためになされた研究結果のうち，(1) リグニンの分布については，細胞壁中から化学的に多糖類を除去した残渣を電子顕微鏡で観察する方法および紫外線顕微鏡を用いる顕微分光分析法によるもの，また (2) 多糖類の分布については，細胞壁が肥厚過程にある各種段階の細胞を集めこれをペーパークロマトグラフィーによって求めたものについて述べる．

a） リグニン分布

CLARK[95]は，フッ化水素酸を用いるリグニンの定量法を提案し，さらに木材チップを試料としてリグニンの溶解度が最小になる条件を検討する実験をおこなった．そして細胞壁は少しは膨潤するが硫酸を用いた場合ほど著しくないことを認め，細胞壁の構造の研究にも利用できることを示唆した．ついで，SACHS ら[96]はフッ化水素酸処理の方法を細胞壁中のリグニン分布の研究に応用した．すなわちロブロリーパイン（*Pinus taeda*），ホワイトスプルース（*Picea glauca*），シュガーメープル(*Acer saccharum*)の各材から，30μm～2mm 厚の切片をつくりフッ化水素酸処理によって炭水化物を溶解し，それによってできた細胞壁のリグニンスケルトン（lignin skelton）を，仮道管や繊維の横断面について電子顕微鏡で観察した．そして，リグニン分布をそれらの壁層構成と対応し，リグニン濃度は細胞間層とPで最も高く，S_1，S_3 がこれにつぎ S_2 はかなり低いことを見い出した．

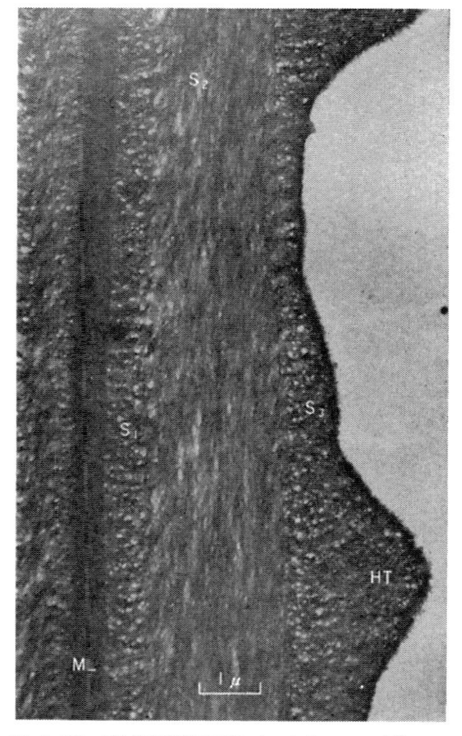

図 5.30 脱多糖類処理したベイマツ（*Pseudotsuga menziesii*）仮道管の縦断面（8000×）（CÔTÉ[97]）
HT：らせん肥厚

CÔTÉ[97] および CÔTÉ らの一連の研究[98][99] においては，多糖類を細胞壁から溶出させるために SACHS ら[96]の方法を改良しておこない，細胞壁中のリグニン分布を調べた．針葉樹材については，レッドスプルース（*Picea rubens*），バルサムファー（*Abies balsamea*），ダグラスファー（*Pseudotsuga menziesii*）の各樹種の仮道管を調べた．図 5.30 はその一例で，この写真からリグニンはIとPではSよりも高濃度で存在していること，またSではほぼ一様に分布していることがわかる．なお，Sの各層におけるミクロフィブリル配列の差を直接電子顕微鏡で観察することは，ネガティブ染色法を用いる以外仮道管や繊維の超薄切片では不可能であったが，この写真からミクロフィブリル配列が S_1 と S_3 とでフラットヘリックス，S_2 でスティープヘリックスであることが推定され，壁層構成の研究上からもこの方法は有益である．また，広葉樹材ではレッドメープル（*Acer rubrum*），アメリカンビーチ（*Fagus grandifolia*），クェイギングアスペン（*Populus tremuloides*），アメリカンホワイトエルム（*Ulmus americana*）各樹種の繊維壁と道管要素壁とについて調べた．いずれの樹種においても，両壁ともリグニンはI+PにおいてSよりも高濃度で存在していること，またSについては道管要素の方が繊維よりも濃度は高く針葉樹材仮道管のSにほぼ等しい．柔細胞壁については明らかでない．本法は脱多糖類処理によって細胞壁がもとの状態から変形することをまぬがれえないこと，またリグニンの濃度について相対的な情報しか得られず，したがって定量的な研究ができないということが欠点である．

Fergus ら[100)101)]は，細胞壁の木化過程の研究[4)]やリグニン分布の研究[102)]に用いられた紫外線顕微鏡を分光分析的に用いて，細胞壁中のリグニン分布の定量化をおこなった．とくに広葉樹材のペーパーバーチ（*Betula papyrifera*）については，その紫外線吸収特性の差異から，細胞壁中のリグニンをグアヤシル型とシリンギル型に区別した．彼らの得た結果をまとめて表5.9に示す．この表から次のことがわかる．ブラックスプルース（*Picea mariana*）では，早材・晩材両仮道管ともIに存在するリグニン濃度はSにくらべて2～5倍と著しく高いが，リグニン分布の割合はSには早材で72%，晩材で81%，またIには早材で15%（放射・接線各壁），12%（細胞コーナー），晩材で9%（放射・接線各壁），8%（細胞コーナー）である．また，ペーパーバーチ（*Betula papyrifera*）の場合，繊維，道管，放射柔細胞の各細胞で，Sにはリグニンは80%またIには19%存在している．ところがリグニンの濃度（g/g）は，繊維の I では0.34～0.40 g/g（放射・

表 5.9　細胞壁中のリグニン分布[100)101)]

a．*Picea mariana* の仮道管壁中のリグニン分布

試　料	壁 の 部 分	部分の占める率（%）	全リグニンパーセント（%）	リグニン濃度
早　材	S	87.4	72.1	0.225
	I (r), (t)	8.7	15.8	0.497
	I (cc)	3.9	12.1	0.848
晩　材	S	93.7	81.7	0.222
	I (r), (t)	4.1	9.7	0.60
	I (cc)	2.2	8.6	1.00

b．*Betula papyrifera* の各種細胞壁中のリグニン分布

細　胞	壁 の 部 分	リグニンの型	部分の占める率（%）	全リグニンパーセント（%）	リグニン濃度
繊　維	S	SL	73.4	59.9	0.16～0.19
	I (r), (t)	SL—GL (1：1)	5.2	8.9	0.34～0.40
	I (cc)	SL—GL (1：1)	2.4	8.8	0.72～0.85
道　管	S	GL	8.2	9.4	0.22～0.27
	I	GL	0.8	1.5	0.35～0.42
放射柔細胞	S	SL	10.0	11.4	0.22～0.27

注）r：放射壁，t：接線壁，cc：細胞コーナー，SL：シリンギルリグニン，GL：グアヤシルリグニン

接線各壁）および $0.72{\sim}0.85$ g/g（細胞のコーナー）となり，Sの $0.16{\sim}0.19$ g/g とくらべて著しく高い．このように，細胞壁中のリグニン分布については，その濃度（g/g）と分布の割合とを区別して考えなくてはならない．Sに多くのリグニンが存在するのは，Sが細胞壁中に占める割合が大きいことによる．つぎに，道管壁ではIにおけるスペクトルの最大吸収位置が279mμm で主としてグアヤシルリグニンからなること，一方繊維のIにおける最大吸収は275〜276 mμm の位置にありグアヤシルリグニンとシリンギルリグニンからなると推定している．

b）　セルロースおよびヘミセルロースの分布

Meier ら[103]は，細胞壁中の多糖類分布を研究するには，細胞壁中のP，S_1，S_2，S_3 をそれぞれ分別して直接に分析する方法を採用することが適切であると考えた．このため細胞壁が肥厚過程にある細胞を分別して，それぞれの細胞群をペーパークロマトグラフィーによって顕微分析する方法を考案した．ただしこの場合ひとつの仮定を置かなければならない，すなわち細胞壁の肥厚の過程で一度形成された多糖類は細胞分化の進行に伴って増減しないということである．したがってリグニンのように，細胞の分化の進行に伴ってその量が逐次増加していくことが明らかな成分はこの方法では調べられない．

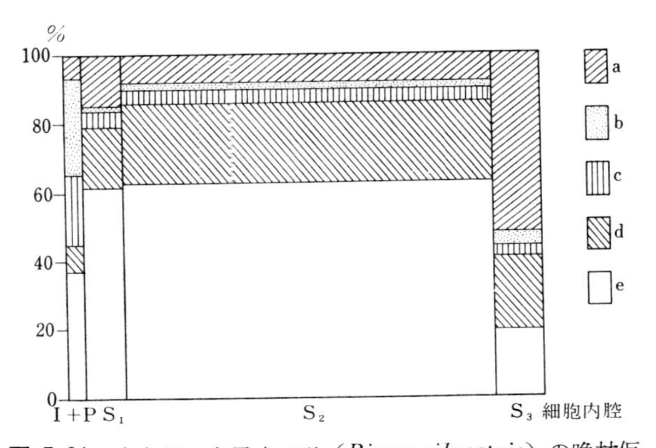

図 5.31　オウシュウアカマツ（*Pinus silvestris*）の晩材仮道管壁中の多糖類成分分布（Meier ら[103]）
a：アラビノグルクロノキシラン，b：アラビナン（アラバン），c：ガラクタン，d：グルコマンナン，e：セルロース

彼らはオウシュウアカマツ（*Pinus silvestris*）の晩材仮道管について，分化中の放射切片を偏光顕微鏡下で観察し，その複屈折率の違いから I+P，I+P+S_1，I+P+S_1+S_2，I+P+S_1+S_2+S_3 の4つに区別のうえ，それぞれをミクロマニプレーターで切り離し，加水分解によって得た糖をペーパークロマトグラフィーにより分析して，図 5.31 に示す結果を得ている．

c）　細胞壁中の主化学成分分布図

Panshin ら[104]は，細胞壁中におけるセルロース，ヘミセルロースおよびリグニンの3成分の分布に関する既往の結果を分析して，図 5.32 にまとめ上げている．これは，仮道管壁や繊維

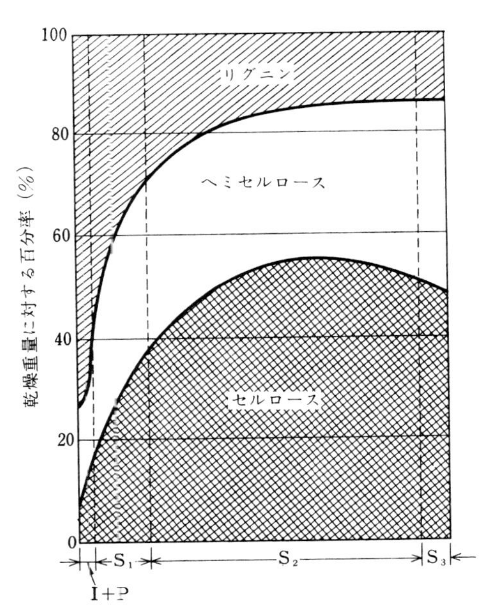

図 5.32　針葉樹材仮道管壁中の主化学成分分布（Panshin ら[104]）

壁における量的分布の一般的な傾向とみてよいであろう．

5.3 細胞壁の変異

木材を構成する各種細胞の細胞壁は一般的には5.2節で述べたような壁層構成をもっているが，これはミクロフィブリルの配列様式を根拠としている．ところが，木材の細胞壁には，壁孔のような模様といってもよい特徴が存在するし，またいぼ状層やチロースのような特異な構造が現れることもある．このような細胞壁の特徴的な構造を一括してここでは細胞壁の変異と呼ぶことにする．

5.3.1 壁　　孔

a） 壁孔とは[105)106)]

木材を構成する細胞はその種類を問わず，隣接する細胞との連絡のために細胞壁の二次壁形成が欠如した部分が存在する．この二次壁の欠如した小孔を壁孔（pit）と呼ぶ．詳細にいうと，壁孔とは二次壁が欠如した小孔とその小孔を細胞の外側で仕切っている壁すなわち壁孔壁または壁孔膜（pit membrane）の総称である．壁孔壁から細胞内腔に至るまでの全空間を壁孔腔（pit cavity）という．壁孔はその形から図5.33に示すように，有縁壁孔（bordered pit）と単壁孔（simple pit）の2種類に区分されている．前者は壁孔壁が二次壁によってアーチ状におおわれているものであり，また後者は壁孔腔が細胞内腔に向ってしだいに広がるかまたはほとんどその大きさを変えないものである．原則として有縁壁孔は道管要素や仮道管のような水分通導や機械的強度を受けもつ細胞に，一方単壁孔は柔細胞（軸方向柔細胞，放射柔細胞の別を問わない）のような貯蔵機能を果たす細胞にそれぞれ存在する．

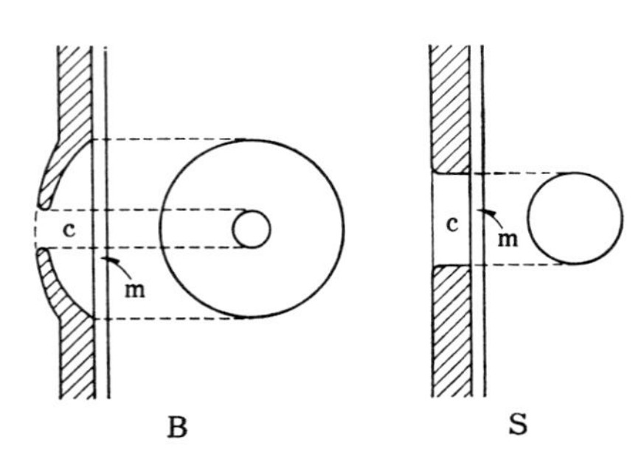

図 5.33　有縁壁孔(B)と単壁孔(S)の略図（貴島[106)]）

c：壁孔腔，m：壁孔壁

有縁壁孔の各部の名称を，針葉樹材の早材仮道管と広葉樹材の繊維状仮道管を例にあげ図によって説明する（図5.34）．二次壁がアーチ状におおいかぶさった部分を壁孔縁（pit border），壁孔壁と壁孔縁との間の空間を壁孔室（pit chamber），また壁孔の開口を孔口（pit aperture）という．針葉樹材の晩材仮道管や広葉樹材の繊維状仮道管に見られるように壁孔縁が厚いときは，壁孔室に向って開くものを外孔口（outer pit aperture），細胞内腔に開くものを内孔口（inner pit aperture），また細胞内腔から壁孔室にいたる通路を壁孔道（pit canal）という．なお内孔口を正面から見たときその輪郭が壁孔縁の内側に囲まれているかあるいはその輪郭がはみ出しているかによって，前者を輪内孔口（included pit aperture），後者を輪出孔口（extended pit aperture）という．ついでながら，正面から見たときの孔口の形が凸レンズ形のものをレンズ状孔口（lenticular pit aperture），小さい壁孔が多数存在する道管要素壁の内表面で見られるようにスリット状の孔口

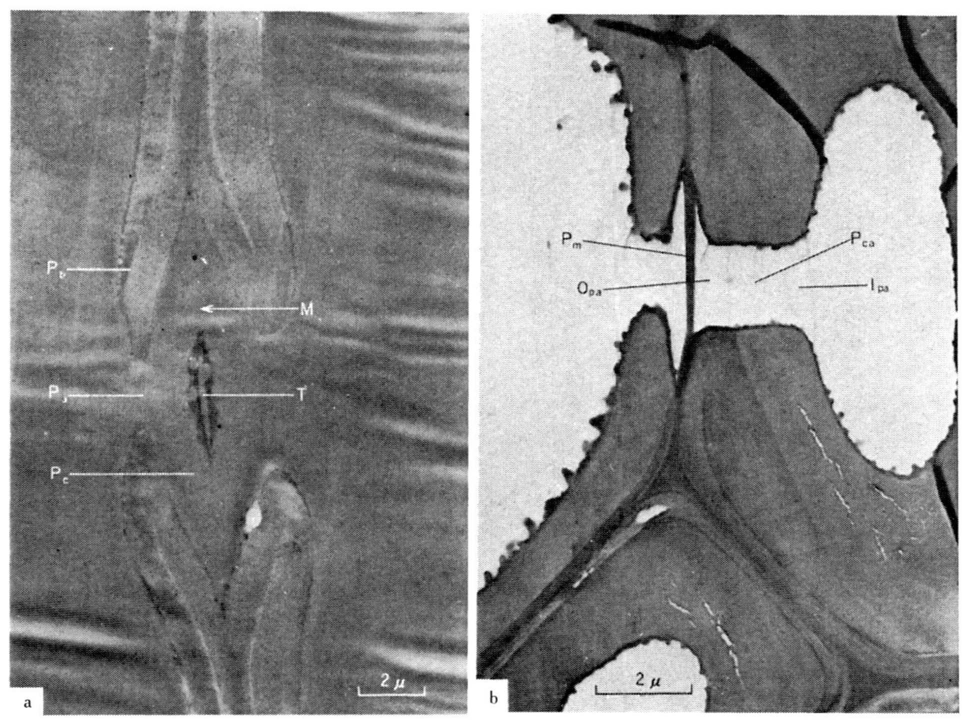

図 5.34 スギの早材仮道管の縦断面(a)(4700×)，ブナの横断面(b)(6200×)
有縁壁孔対を示す．
P_b：壁孔縁，P_a：孔口，P_c：壁孔室，M：マルゴ，T：トールス，P_m：壁孔壁，
O_{pa}：外孔口，P_{ca}：壁孔道，I_{pa}：内孔口

が癒合して長い溝状になったものを結合孔口（coalescent pit aperture），細長く幅の変化がほとんどない孔口をもつものを線形壁孔（linear pit），石細胞に見られるように細い管状の壁孔腔が接合した単壁孔を分岐壁孔（ramiform pit）という．

分化中の細胞で細胞間層および一次壁が薄くなった部分を一次壁孔域（primary pit field）というが，壁孔壁はこの一次壁孔域が発達してできたもので，壁層構成からみると細胞間層と一次壁とから構成されていると考えなければならない．針葉樹材の仮道管の有縁壁孔対に見られるように，壁孔壁の中央部の厚くなった部分をトールス（torus），またこれを取り囲む部分をマルゴ（margo）という．壁孔は一般に隣接する2つの細胞の間で相対応して対をなしているがこれを壁孔対（pit pair）という．壁孔対は，有縁壁孔と単壁孔両者の組合わせによって図5.35に示すように3つの種類がある．第1は有縁壁孔対（bordered pit-pair）といい有縁壁孔どうしが対をなしたもので，仮道管，繊維状仮道管，道管要素，放射仮道管のような有縁壁孔をもつ細胞相互間に存在する．第2は半縁壁孔対（half-bordered pit-pair）といい有縁壁

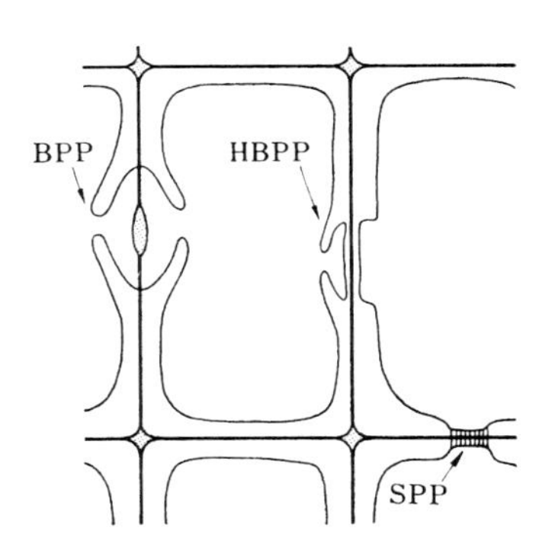

図 5.35 壁孔対の略図
BPP：有縁壁孔対，HBPP：半縁壁孔対，SPP：単壁孔対

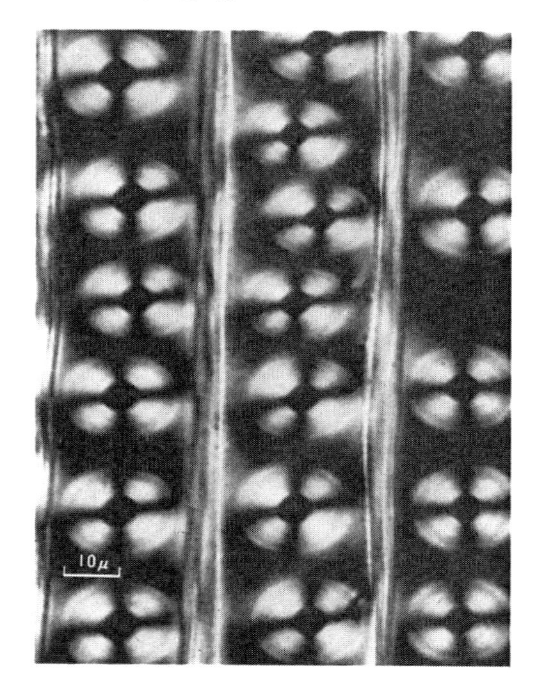

図 5.36 *Pinus resinosa* の放射断面（偏光顕微鏡写真）（700×）（原田）

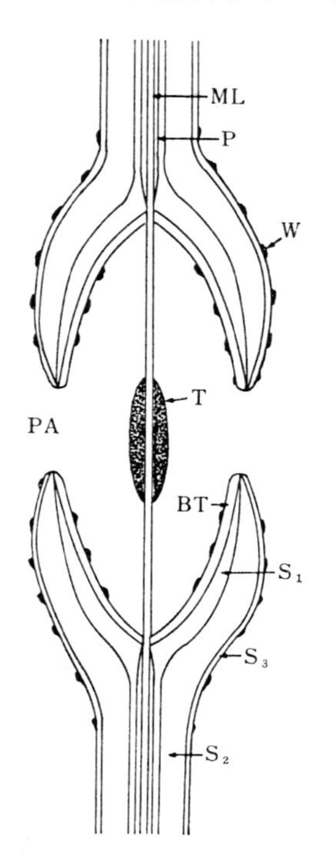

図 5.37 針葉樹材仮道管の有縁壁孔対の断面の略図
（HARADA ら[108]）
ML：細胞間層
P：一次壁
S_1, S_2, S_3：二次壁の外，中，内各層
BT：ボーダーシックニング
T：トールス
PA：孔口
W：いぼ

孔と単壁孔とが対をなしたもので，有縁壁孔をもっている細胞と軸方向柔細胞や放射柔細胞のような単壁孔のある細胞との間に存在する．第3は単壁孔対（simple pit-pair）といい単壁孔をもつ細胞相互間に存在する．なお，針葉樹の心材の早材仮道管の有縁壁孔対によく見られるように，壁孔壁のトールスが側方に片寄って一方の孔口を閉じた状態になっているものを閉そく壁孔対（aspirated pit-pair）という．

b）針葉樹材の有縁壁孔対

壁孔周辺部：早材仮道管の有縁壁孔の壁孔縁については古くからよく研究されている．すなわちダブルウォール（double wall）を偏光顕微鏡の十字ニコル下で観察すると図 5.36 が得られ，これをさらに鋭敏色検板の挿入によって調べると，ミクロフィブリルは壁孔縁のダブルウォール全体として円状に配列していることがわかった[17]．ところが BAILEY ら[75]は，ヨードの結晶を細胞壁に沈着させる方法を用いてミクロフィブリル配列を光学顕微鏡で調べ，円状配列しているのは壁孔縁の S_1 の部分であり壁孔縁の S_2 や S_3 の部分では壁孔縁以外の S_2 や S_3 のミクロフィブリル配列，いいかえれば S_2 のスティープヘリックスおよび S_3 のフラットヘリックスがその部分でそれぞれの傾角を保持しながら孔口を周回して配列していると述べた．一方 WARDROP[4] は脱リグニン処理した仮道管に機械的な解体処理をほどこすとドーナツ形の部分が壁孔縁からはがれてくることを示し，このドーナツ形の部分は壁孔縁の S_1 とは別個のものであると考えた．

原田ら[64]や LIESE ら[107]は，その一連の電子顕微鏡による研究から壁孔縁に円状のミクロフィブリル配列をもつ層の存在を認めた．しかしこの層が S_1 に所属するのかそれとも S_1 とは別のものであるかは明確でなかった．HARADA ら[108] はアカマツをはじめマツ属の5樹種，トガサワラ，ツガ，モミの各属それぞれ1樹種について壁孔縁の壁層構成をくわしく研究し図5.37を提案した．すなわち円状のミクロフィブリル配列をもつのはボーダーシックニング（border thickening）（BTの記号で示すが，この語はWARDROPら[109]によって提案された）の部分であって，フラットヘリックスをもっているS$_1$とは明確に区別できるだけでなく，S$_1$の厚さは壁孔縁以外の部分のS$_1$とくらべて厚い．

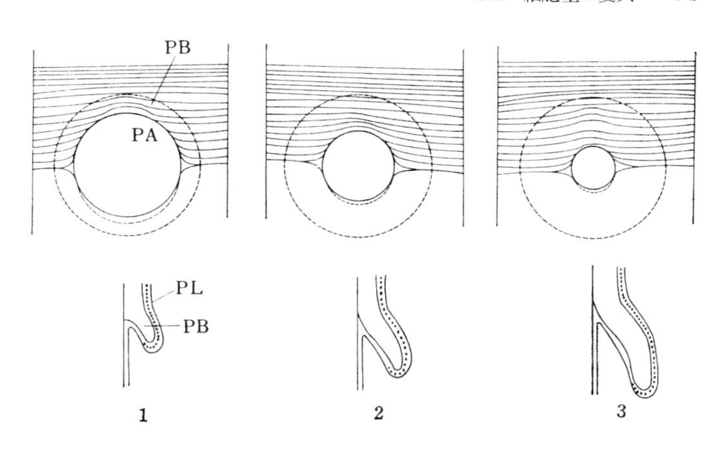

図 5.38　針葉樹早材仮道管の壁孔縁における S$_1$ 堆積の経過（1～3）の略図（IMAMURA ら[111]）
PA：孔口，PB：壁孔縁，PL：原形質膜

OKUMURA ら[110]はシングルウォールの壁孔縁を偏光顕微鏡で観察し，その消光角は壁孔縁以外の部分の消光角と一致しないことを見い出した．その根拠を明らかにするために，アカマツの早材仮道管のシングルウォールや二次壁が肥厚中の早材仮道管のシングルウォールについて検板を用いて調べた．そしてS$_1$のフラッ

図 5.39　アカマツ早材仮道管の壁孔壁（11000×）（IMAMURA ら[111]）
T：トールス，M：マルゴ

図 5.40　スギの早材仮道管の壁孔壁（12000×）（IMAMURA ら[112]）
T：トールス，M：マルゴ

トヘリックスのミクロフィブリル配列が壁孔縁で変異し，しかも厚い壁孔縁の S_1 と円状配列のBTとによってこのような結果をもたらしたものと考えている．

IMAMURA ら[111]はアカマツの早材・晩材両仮道管の壁孔縁の形成過程をレプリカ法を用いて研究し次のように考えた．壁孔縁の S_1 は図5.38のような順序でミクロフィブリルを堆積し逐次その孔口を小さくして完成する．この場合，孔口が成熟仮道管に見られるような最終的な大きさになるまでは孔の部分をまたぐはずのミクロフィブリルは形成中の壁孔縁の外側へ回りこんで堆積する．S_1 の完成によって壁孔縁の輪郭がまずつくられ，この上に S_2 と S_3 が堆積して壁孔縁の肥厚は完了する．一方BTは S_1 の形成につづいて S_1 を補強するようにつくられる．ところが晩材仮道管では S_1 ばかりでなく S_2 のミクロフィブリルもまた孔口に沿って回りこみ壁孔縁の輪郭決定に寄与している．

壁孔壁（壁孔膜）：アカマツの早材仮道管の壁孔壁を電子顕微鏡で見ると，トールスはランダムに並んだミクロフィブリルの上にかなり整然と配列したミクロフィブリルが堆積しアモルファス物

表 5.10　針葉樹早材仮道管の壁孔壁のトールスのタイプ[113]

属	樹種		トールス	
			アカマツタイプ	スギタイプ
Ginkgo	イチョウ	*Ginkgo biloba*		○
Taxus	イチイ	*Taxus cuspidata*		○
Torreya	カヤ	*Torreya nucifera*		○
Cephalotaxus	イヌガヤ	*Cephalotaxus harringtonia*		○
Podocarpus	ナギ	*Podocarpus nagi*		○
Araucaria	ナンヨウスギ	*Araucaria excelsa*		○
Agathis	カウリコパール	*Agathis australis*		○
Abies	モミ	*Abies firma*	○	
Pseudotsuga	トガサワラ	*Pseudotsuga japonica*	○	
Tsuga	ツガ	*Tsuga sieboldii*	○	
Picea	エゾマツ	*Picea jezoensis*	○	
〃	ヤツガタケトウヒ	*P. koyamae*	○	
Larix	カラマツ	*Larix leptolepis*	○	
Pinus	アカマツ	*Pinus densiflora*	○	
Cedrus	ヒマラヤスギ	*Cedrus deodara*	○	
Sciadopitys	コウヤマキ	*Sciadopitys verticillata*	○	
Cryptomeria	スギ	*Cryptomeria japonica*		○
Cunninghamia	コウヨウザン	*Cunninghamia lanceolata*		○
Taxodium	ボールドサイプレス	*Taxodium distichum*		○
Sequoia	セコイア	*Sequoia sempervirens*		○
Chamaecyparis	ヒノキ	*Chamaecyparis obtusa*		○
〃	ベニヒ	*C. formosensis*		○
Thuja	コノテガシワ	*Thuja orientalis*		○
〃	ウェスタンレッドシーダー	*T. plicata*		○
Thujopsis	アスナロ	*Thujopsis dolabrata*		○
Sabina	ビャクシン	*Sabina chinensis*		○
Libocedrus	オニヒバ	*Libocedrus decurrens*		○

質によって充填されており，またマルゴはトールスを吊り上げるように放射状に並んだミクロフィブリルの束と細胞間層側にあってランダムに並んでいるミクロフィブリルとから構成されている．そしてこれらのミクロフィブリル束とランダム配列のミクロフィブリルとはすき間をつくっていて，隣接する仮道管相互間で液体が流動できるようになっている（図5.39）．

仮道管の壁層構成の原則からいうとトールスはＩとその両側にある２つのＰとから構成されていることになるが，Ｉについてくわしく報告したものは見当らない．ところが，図5.40に示すようにスギの早材仮道管の壁孔壁では，トールスはランダムに並んだミクロフィブリルの部分だけからできており，アカマツのトールスに見られるようなかなり整然と配列したミクロフィブリルをもった堆積部分は見られない．早材仮道管の放射壁にある壁孔壁のトールスが，アカマツのようなタイプであるかそれともスギのようなタイプであるかを，日本産の主要な針葉樹材について調べた結果は表5.10のとおりである．マルゴにはすき間があるからＩは存在しないことは明らかである．

LIESE[114]は無機物の粒子を水に懸濁してマルゴを通過させる実験の結果，オウシュウアカマツ（*Pinus silvestris*），オウシュウトウヒ（*Picea abies*），ヨーロピアンシルバーファー（*Abies alba*），ヨーロピアンラーチ（*Larix decidua*），ダグラスファー（*Pseudotsuga menziesii*）の辺材部の早材仮道管では，直径約2,000 Åまでの粒子は通過すると述べている．原田ら[64]は，マルゴを構成するミクロフィブリルが量的に多くマルゴの領域を密につめている，すなわちすき間が小さいことをマルゴにおけるミクロフィブリルが密であると表現し，これと逆にミクロフィブリルが少なくすき間が大きい場合を疎であると表現した．そしてマルゴにおけるミクロフィブリルの疎密を表5.10に示した樹種について調べた．その結果，アカマツタイプのトールスをもつ樹種の早材仮道管ではかなり疎であること，またスギタイプのものの早材仮道管では密であること，さらにいずれのタイプの晩材仮道管でもまた仮道管と放射仮道管および放射仮道管相互間のマルゴではいずれも極めて密であると述べている（図5.41）．FUJIKAWAら[115]は，日本産のマツ科の６属16種についてマルゴの部分におけるアモルファス物質の沈着を調べ，早材仮道管にはないが晩材仮道管には存在すると述べている．また晩材仮道管の接線壁のマルゴではミクロフィブリルは密である[116]．

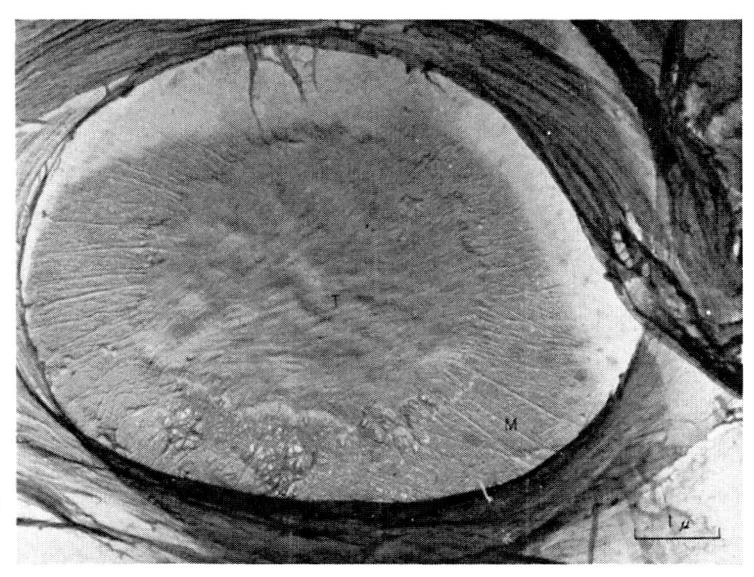

図 5.41 アカマツの放射仮道管の壁孔壁（11000×）（今村祐嗣氏提供）
Ｔ：トールス，Ｍ：マルゴ

IMAMURAら[111]はアカマツの早材仮道管の分化過程の観察から次の２つの点を指摘している．ひとつは，壁孔壁はＰ形成の段階ですでに完成しているから，トールス表面にあるかなり整然と配列したミクロフィブリルからなる部分は二次壁ではない．他のひとつは，マルゴのミクロフィブリルはその形成の当初から分化中を通じアモルファス物質で包埋されているが，S_3（いぼ状層のある場合はいぼ状層）がつくられた後，この物質は急速に分解除去されるから，成熟仮道管には存在しない．

c） 針葉樹材の半縁壁孔対および単壁孔対

半縁壁孔対の壁孔壁は１つのＩと２つのＰとから構成されトールスとマルゴの別がないことは，光学顕微鏡の観察結果として木材組織の教科書に図示されている．電子顕微鏡による研究は，当初は壁孔壁はランダムに配列したミクロフィブリルが一様に密につまっておりトールスとマルゴの区別がないこと，およびミクロフィブリルはアモルファス物質で充填されていることが示された[64]．最近，アカマツ，スギ，ヒノキ，モミおよびツガの壁孔壁の構成について詳細に研究され次の結果が得られている[91)92]．

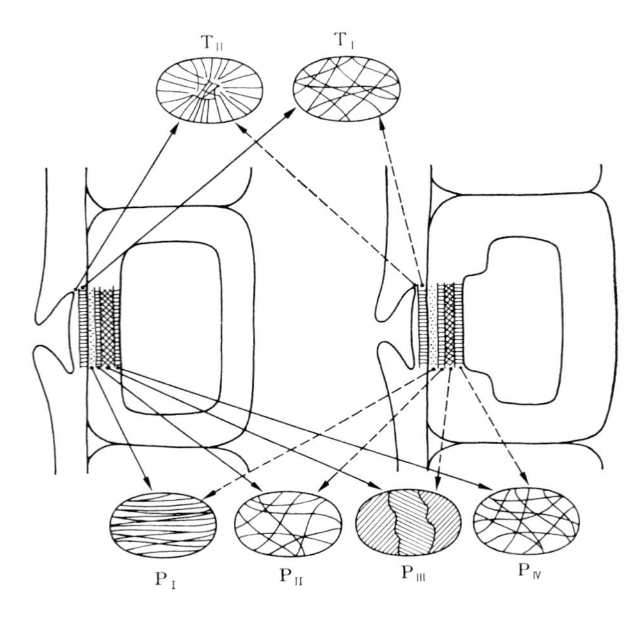

図 5.42　半縁壁孔対（仮道管と放射柔細胞間）の壁孔壁の構造モデル（今村祐嗣氏提供）
左：スギ，ヒノキなどの場合
右：モミ，ツガなどの場合

(1)　仮道管と放射柔細胞との間に存在する壁孔壁は図5.42に示す構成をもっている．すなわち，Ｉの存在は必ずしも明確ではないが，Ｉをはさんで仮道管側にはT_{I}とT_{II}が，また放射柔細胞側にはP_{I}，P_{II}，P_{III}，P_{IV}の各層が存する．各層におけるミクロフィブリル配列は図に示したとおりである．T_{I}，P_{II}，P_{IV}ではいずれもランダム配列を呈するが，T_{II}では放射状配列を，またP_{I}ではランダム配列ではあるが主方向は放射柔細胞軸に平行であること，さらにP_{III}はかなり整然と並んだミクロフィブリル配列をもつ７～８のラメラが相互に交差していることが注意をひく点である．

(2)　仮道管と軸方向柔細胞との間の壁孔壁の構成は，P_{I}のミクロフィブリル配列の主方向が軸方向柔細胞軸に直角であること以外は (1) と同じである．一方各種柔細胞間に見られる単壁孔対の壁孔壁の構成もまた，前述の樹種については半縁壁孔対のそれとほぼ同じである．異なる点は，壁孔壁に原形質糸の跡が小孔として存在していることである．以上からわかるように，半縁壁孔対や単壁孔対の壁孔壁の構造は有縁壁孔対のそれにくらべて著しく複雑である．

d） 広葉樹材の壁孔対[64)85)90]

有縁壁孔をもつ仮道管，繊維状仮道管および道管要素の場合，壁孔縁の壁層構成は$BT+S_1+S_2+S_3$である．広葉樹材の各種細胞間の壁孔対には有縁壁孔対，半縁壁孔対および単壁孔対の３種類があるが，いずれの場合にも壁孔壁は P＋I＋P から構成されており，トールスとマルゴの区別のない単一な壁である．Ｐではミクロフィブリルがランダムに配列しているが電子顕微鏡で小孔と認

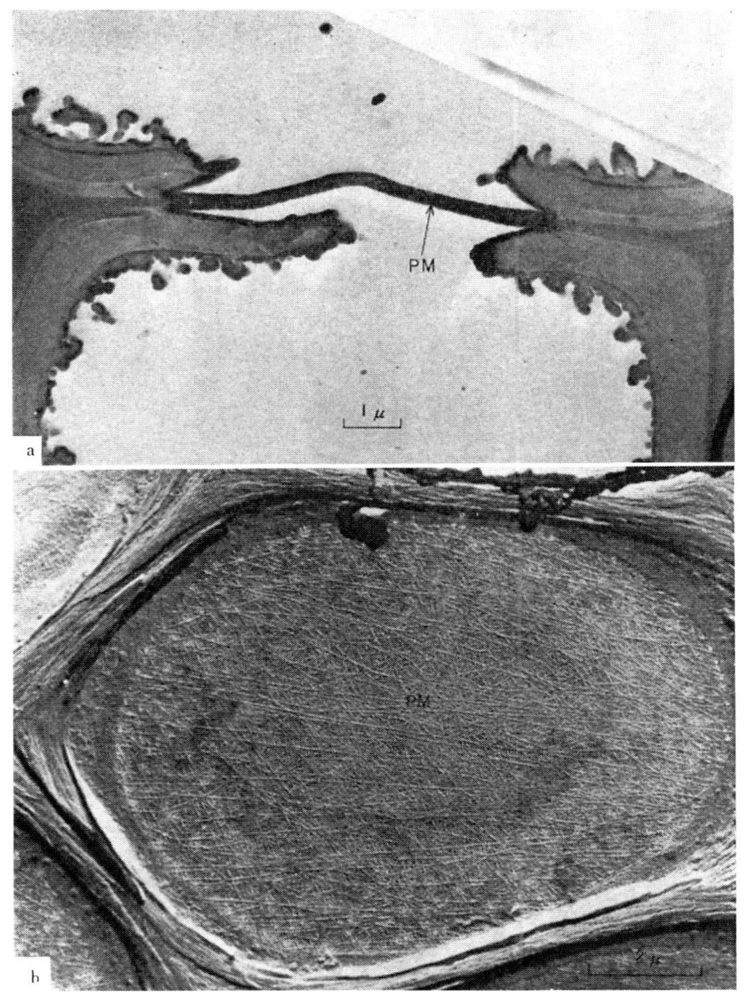

図 5.43 a．ブナの横断面（7400×）（HARADA[85]）
b．*Populus euramericana* の道管の壁孔壁(7500×)(芦田譲二氏提供)
PM：壁孔壁

識できるようなすき間は存在しない（図 5.43）．ただし単壁孔対の場合は，壁孔壁に原形質糸の跡が小孔として存在している点で有縁，半縁両壁孔対の壁孔壁の構造と異なっている（図 5.44）．

最近 BONNER ら[117]はユリノキ（*Liriodendron tulipifera*）の道管要素相互間の壁孔壁の構造をその分化過程の追跡研究から明らかにした．すなわち壁孔壁を溶剤処理して充填物質を除去すると，壁孔壁に電子顕微鏡で可視のすき間が存在することを指摘した．この結果は，広葉樹材の壁孔壁の構造の研究にひとつの問題を投じたものと考える．

5.3.2 いぼ状層（いぼ状構造）

針葉樹材仮道管の二次壁の肥厚はミクロフィブリルがフラットヘリックスに配列した S_3 の形成

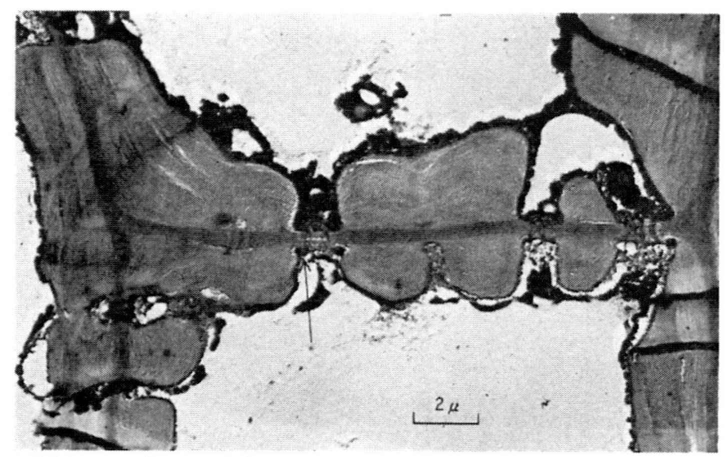

図 5.44　ブナの軸方向柔細胞の縦断面．単壁孔対の壁孔壁（4200×）（HARADA[85]）
矢印は原形質糸の通っていた孔

をもって完了するのが普通であるが，マツ属のいくつかの樹種の仮道管には S_3 をおおって小さな突起をもった特異な構造物が存在することが電子顕微鏡による観察から発見された[37)118)]．その後このような構造物は広葉樹材の仮道管，道管要素，繊維にも存在することがわかった[119)]．これらの細胞の細胞壁内表面に存在する突起物およびこれをおおう非ミクロフィブリル状の薄層とを含めていぼ状層（warty layer）あるいはいぼ状構造（wart structure）という（図 5.45）．いぼ状層は細胞壁の内表面だけでなく有縁壁孔の壁孔縁の外表面にも存在する．

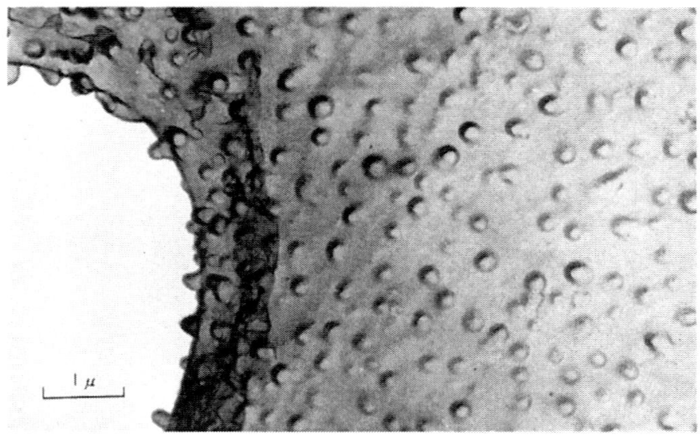

図 5.45　アカマツ早材仮道管壁の内表面のいぼ状層（10000×）
（今村祐嗣氏提供）

LIESE[120)]によると，針葉樹材仮道管ではいぼの直径は 0.1〜0.25 μm，高さは 0.5〜1.0μm である．OHTANI ら[121)]は，針葉樹 16 種について 1 生長輪内の早材から晩材への分布密度を調べ分布密度差によって 5 つのタイプがあること，またいぼの直径は早材仮道管では 0.05〜0.45μm，晩材仮道管では 0.05〜0.85μm であること，さらにいぼの形が樹種識別の根拠になると述べている．なおいぼ状層は軸方向柔細胞や放射柔細胞には認められていない．

いぼ状層がどのような化学成分からできているかについてはまだ結論が得られていない．WARDROP[4)] は，いぼ状層は単離する際に細胞壁の P や S の部分よりもいっそう容易に加水分解される傾向にあることから，種々の多糖類を含んでいると推定した．また彼は，S_3 にグルクロノアラビノキシランが多いという MEIER ら[122)]の報告から，S_3 といぼ状層とが分析上厳密に区別できないことをも考えあわせてこの成分がいぼ状層にも多いと考えている．

いぼ状層がどのようにして形成されるかについて，SCHMID[123)]はいぼ状層は原形質膜とトノプラストとの間の原形質の残渣が堆積したものであると述べている．これに対して CRONSHAW[124)]は，

表 5.11 針葉樹材の仮道管におけるいぼ状層の有無[64]

属	樹	種	いぼ状層
Ginkgo	イチョウ	*Ginkgo biloba*	+
Taxus	イチイ	*Taxus cuspidata*	−
〃	アメリカイチイ	*T. floridana*	−
Torreya	カヤ	*Torreya nucifera*	−
Cephalotaxus	イヌガヤ	*Cephalotaxus drupacea*	−
Podocarpus	イヌマキ	*Podocarpus macrophyllus*	−
〃	ナギ	*P. nagi*	−
Araucaria	チリアラウカリア	*Araucaria araucana*	+
Agathis	カウリコパール	*Agathis australis*	+
Abies	モミ	*Abies firma*	+
〃	グランドファー	*A. grandis*	+
〃	ウラジロモミ	*A. homolepis*	+
〃	トドマツ	*A. sachalinensis*	+
Pseudotsuga	トガサワラ	*Pseudotsuga japonica*	−
〃	ダグラスファー	*P. menziesii*	−
Tsuga	イースタンヘムロック	*Tsuga canadensis*	+
〃	ツガ	*T. sieboldii*	+
Picea	アカエゾマツ	*Picea glehnii*	−
〃	エゾマツ	*P. jezoensis*	−
〃	トウヒ	*P. jezoensis* var. *hondoensis*	−
〃	ヤツガダケトウヒ	*P. koyamae*	−
〃	ヒメバラモミ	*P. maximowiczii*	−
〃	モリンダトウヒ	*P. morinda*	−
Larix	カラマツ	*Larix leptolepis*	−
Pinus	アカマツ	*Pinus densiflora*	+
〃	クロマツ	*P. thunbergii*	+
〃	ゴヨウマツ	*P. pentaphylla* var. *himekomatsu*	−
〃	ヒメコマツ	*P. pentaphylla*	−
Cedrus	ヒマラヤスギ	*Cedrus deodara*	+
Pseudolarix	イヌカラマツ	*Pseudolarix fortunei*	−
Keteleeria	ユサン	*Keteleeria davidiana*	+
Sciadopitys	コウヤマキ	*Sciadopitys verticillata*	+
Cryptomeria	スギ	*Cryptomeria japonica*	+
Cunninghamia	コウヨウザン	*Cunninghamia lanceolata*	+
〃	ランダイスギ	*C. lanceolata* var. *konishii*	+
Taxodium	ボールドサイプレス	*Taxodium distichum*	+
〃	モンテズマボールドサイプレス	*T. mucronatum*	+
Sequoia	セコイア	*Sequoia sempervirens*	+
Glyptostrobus	スイショウ	*Glyptostrobus heterophylla*	+
Taiwania	タイワンスギ	*Taiwania cryptomerioides*	+
Chamaecyparis	ヒノキ	*Chamaecyparis obtusa*	+
〃	ベニヒ	*C. formosensis*	+
〃	ピーオーシーダー	*C. lawsoniana*	+
〃	サワラ	*C. pisifera*	+
Thuja	ニオイヒバ	*Thuja occidentalis*	+
〃	コノテガシワ	*T. orientalis*	+
〃	ウェスタンレッドシーダー	*T. plicata*	+
〃	ネズコ	*T. standishii*	+
Thujopsis	アスナロ	*Thujopsis dolabrata*	+
Juniperus	ビャクシン	*Juniperus chinensis*	+
〃	ネズ	*J. rigida*	+
〃	ミヤマビャクシン	*J. sargentii*	+
〃	エンピツビャクシン	*J. virginiana*	+
Libocedrus	オニヒバ	*Libocedrus decurrens*	+
Cupressus	シダレイトスギ	*Cupressus funebris*	+

ラジアータマツ(*Pinus radiata*)の若木について分化中の仮道管を細胞学的に研究し，分化の終期の仮道管において原形質膜の外側でしかも S_3 の上にいぼ状層が形成されていることを観察した．このことからいぼ状層は P，S_1，S_2，S_3 と同じく原形質の働きによってつくられたものであると述べている．しかし後述するように，同じ針葉樹材の仮道管でありながら樹種によっていぼ状層があったりなかったりする事実を説明する根拠はまだ明らかでない．

上村[125]は，ヒノキの仮道管にはいぼ状層があるがエゾマツにはないと報告したので，原田[126]，原田ら[64]は針葉樹材の仮道管にいぼ状層が存在するかしないかは樹種の特徴となるかも知れないと考え，日本産の主要な針葉樹材の仮道管についていぼ状層の存否を調べその分類表を作成した．これを表5.11に示す．その後，同様なことが FREY-WYSSLINGら[127]，LIESE[128]によって研究された．表5.11からわかるように，仮道管にいぼ状層が存在するかしないかということは，針葉樹の樹種の特徴である．またマツ属を除いていぼ状層が存在するか否かは属の特徴であり，マツ属内では亜属の特徴となっている．広葉樹材におけるいぼ状層の存在について，大谷[129]は49科101属185種について調べた．その結果，ブナ，シイノキ，ヤマグルマ，ユリノキ，サクラなど9科12属19樹種の繊維や道管要素に存在することを認めたが，同一樹種内でも繊維にはあるが道管要素にはないという不一致があり，いぼ状層の存在が属の特徴とはならないことを示している．広葉樹材の道管要素には，いぼ状の突起が先端で分岐したタイプのものが見られるが，これは後述のベスチャード壁孔の突起に似た形態を示すもので，いぼ状層の形成なり構造を明らかにする上で手掛りとなるのではないかと考える．

上述したところから，いぼ状層の化学成分，形成，樹種によって存在したりしなかったりする理由など，まだ明らかでない点が多い．またいぼ状層が細胞壁の内表面をおおって存在することは，水分，防腐薬剤，パルプ蒸解液などの細胞内腔から細胞壁中への浸透に影響を及ぼすであろうといわれているが，このような実用上の意義についてもなお明らかでない．

5.3.3 ベスチャード壁孔

ベスチャード壁孔（vestured pit）とは，壁孔腔の全面または一部が二次壁からの突起物でおおわれている有縁壁孔と定義されているが，道管要素に見られるベスチャード壁孔の一例を図5.46に示す．図からわかるように，道管要素の有縁壁孔の壁孔縁から出た突起物が枝分かれしている．この突起物をここではベスチャーと呼ぶこととする．ベスチャーは壁孔縁部の二次壁と連結しているから，細胞壁の構成上からは二次壁に属するものとみられる．フタバガキ科のいくつかの樹種について調べた結果，樹種によってはベスチャーは壁孔縁だけでなく道管要素壁の内表面にも存在することがある．またベスチャーは道管要素だけでなく，仮道管や繊維状仮道管にも存在することが見い出されている[86]．CÔTÉ ら[130]は，

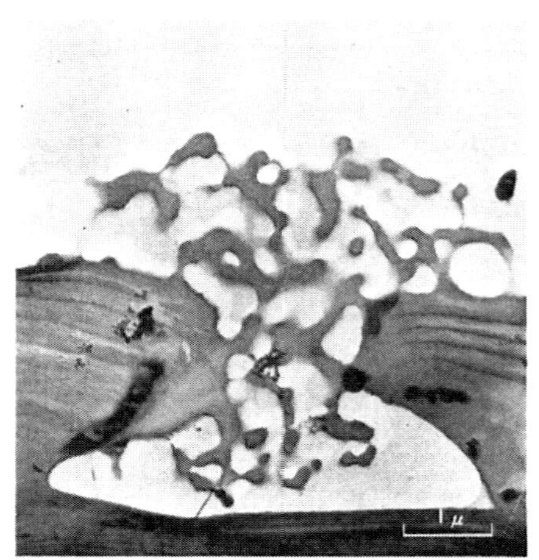

図 5.46 ホワイトラワン（*Pentacme contorta*）の道管に見られるベスチャード壁孔（9400×）（山中ら[86]）

Leguminosae（マメ科），Dipterocarpaceae（フタバガキ科），Myrtaceae（フトモモ科）など8科の代表的な樹種についてベスチャード壁孔の形態を調べ，ベスチャーの特徴から枝分かれするタイプと枝分かれしないタイプに分けている．

Côté ら[130]や Wardrop ら[131]は，ベスチャード壁孔をもつ道管要素にはいぼ状層が認められることを指摘し，ベスチャーといぼ状層とは同性質のものであろうと述べている．これに対して，Schmid[123]は，ベスチャーの形成について研究し次のように述べている．すなわち，道管要素の分化の最終段階で，道管要素の原形質中にある多数の小胞が原形質膜を通って細胞内壁，主として有縁壁孔の壁孔縁上に堆積してベスチャーをつくる．ついで原形質膜とトノプラストとの間のオルガネラが変化して道管要素壁の内表面上およびベスチャーの上にいぼ状層を形成する．ベスチャーといぼ状層との違いは，前者が原形質の働きによってつくられるのに対して，後者は原形質の残渣であるということである．しかしいぼ状層とベスチャーとの関係についてはなお研究が必要である．

5.3.4 チ ロ ー ス

チロース（tylosis）の壁層構成について，Koranら[132]は，ホワイトアッシュ（*Fraxinus americana*），アメリカンビーチ（*Fagus grandifolia*），ホワイトオーク（*Quercus alba*）など5樹種の材について調べ，チロース壁はPとSからなること，Pは普通の細胞壁のようにランダムに並んだミクロフィブリルからできていること（図5.47），またSは平行度のよいミクロフィブリルからなることを明らかにした．さらにひとつの道管要素内に2つ以上のチロースが形成され，それらが互いに接しているときには単壁孔対が存在することを認めている．図5.48は，タンギール材の道管要素壁の内表面に接してできたチロース壁の断面を示す．PとSを識別できないが，道管要素壁のSに見られるのと同様なラメラが見られる．

図 5.47 レッドラワン（*Shorea negrosensis*）に形成されたチロース外表面のレプリカ（5500×）
（山中ら[86]）

チロース壁の化学成分について，Sachsら[133]は，ホワイトオーク材にできたチロースを道管内腔からかき集めて化学分析し，表5.12を得ているが，その化学成分は他の細胞壁のものとほぼ同じであるとみなしてよい．

チロースがどのようにして形成されるかということは興味がある．それは，形成層から分化の過程を経てすでに肥厚を完了した道管要素の内腔に，新たにひとつの細胞壁が形成されるということであるから，木材の細胞壁

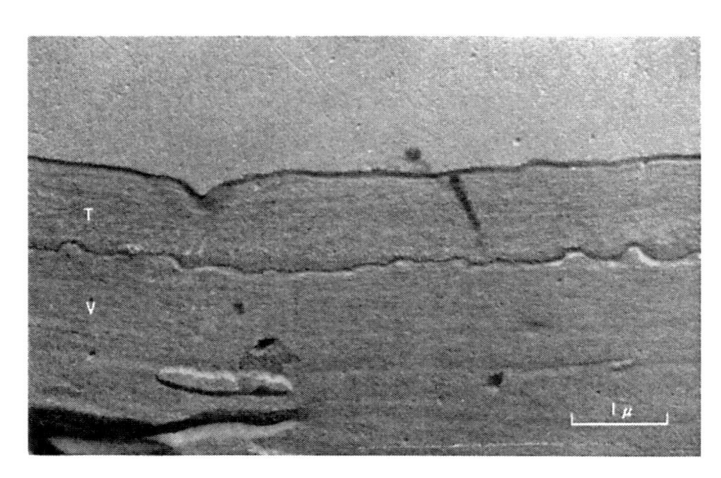

図 5.48 タンギール (*Shorea polysperma*) の道管の横断面 (12000×) (山中ら[86])
T：チロース壁，V：道管壁

形成のからくりを知る手掛りとなるであろうと考えるからである．この点で，FOSTER[134]とMEYER[135]の研究は意義深いものである．FOSTER[134]は彼の詳細な研究を次のようにまとめている．

(1) まずある条件が樹木中の放射柔細胞に与えられる．この条件というのは，CHATTAWAYによると辺材がまさに心材に移行しようとするとき，すなわち放射柔細胞が死ぬ前にその代謝機能が増加するということであり，またZYCHAによると樹木の木部中の含水率が60％以下に下がったときなどを意味するが，この条件はまだ明らかでない．

表 5.12 *Quercus alba* のチロースと他の細胞壁の化学成分[133]

	抽出物	リグニン	全糖類	全糖類：グルコース	ガラクトース	マンノース	アラビノース	キシロース
チロース	——	30.50	50.10	55.70	3.50	2.60	3.50	34.70
その他の細胞壁	7.43	24.99	64.34	62.17	1.87	2.96	1.40	31.60

(2) このような条件が与えられると，道管に接している放射柔細胞の原形質の活動が活発となり，道管との間の壁孔壁の放射柔細胞側と放射柔細胞の内壁に沿ってひとつの新しい層すなわちチロース フォーミング層 (tylosis forming layer) が形成される．

(3) ついで放射柔細胞の原形質から酵素が分泌され，この酵素が壁孔壁を侵食して弱体化する．この弱体化された壁孔壁は，放射柔細胞からのチロース フォーミング層の圧力によって破壊する．

(4) チロース フォーミング層は道管内腔に進入し，原形質体の膨張によってチロースを形成してゆく．

MEYER[135]の研究は，ホワイトオークの立木から，内樹皮と形成層に近い数生長輪の辺材を含む小片を採取してこれを湿った紙で内側をおおった瓶中に入れ，約23°Cの条件に保つことによって人工的にチロースを形成し，その経過を電子顕微鏡的に観察したものである．人工的なチロース形成のメカニズムが天然にできるチロースのそれとまったく同じであるかどうかには疑問があるが，チロース形成のメカニズムおよびそれを通じてチロース壁の構造を解明する上ですぐれた方法である．彼はこの研究で次の2点を指摘している．

第1は FOSTER のいうチロース フォーミング層に相当するものをプロテクティブ層(protective layer) と称していることである．その理由として，この層はすでに SCHMID[123]が，生きている放射柔細胞がこれと接する死んだ道管に対して自らを保護する役目を果たすために存在すると報告した層と同じであるいう点をあげている．

第2は，壁孔壁はチロース形成に先立って分解を始め破壊しやすくなるという点に関連して，広葉樹材の壁孔壁の木化度に言及している．広葉樹材の壁孔壁は，柔細胞相互間にあるものはよく木化しているが，道管や仮道管のような通導組織の細胞間および道管と柔細胞との間の壁はあまり木化していないから，壁孔壁を構成するミクロフィブリル間の結合は主としてヘミセルロースに依存しており，このような壁孔壁の性質が分解しやすい理由であろうとしている．コナラにおける人工チロース形成中の状態を示す電子顕微鏡写真の一例を，図5.49にかかげる．

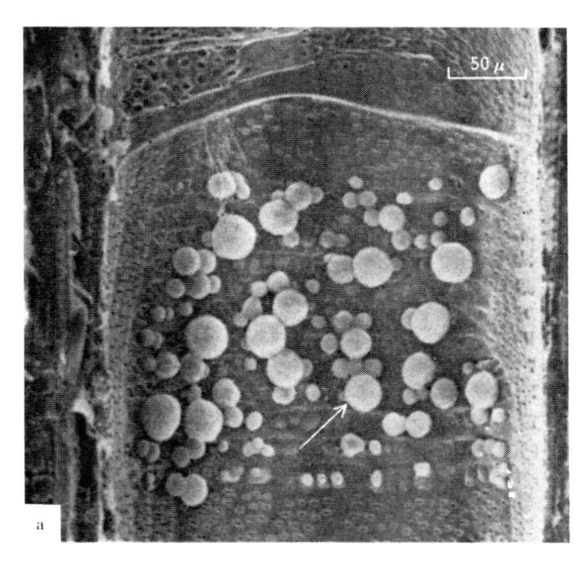

図 5.49 コナラの道管内に形成中の人工チロースの芽(加藤ら[136])

a．走査電子顕微鏡写真（矢印はチロース芽），(20C ×)　b．横断面（4800 ×）
V：道管内腔，R：放射柔細胞，TB：チロース芽

5.4 細胞壁の形成

前述したように，細胞壁はセルロース，ヘミセルロース，リグニンの3主成分を主体として構成されており，とくに骨格物質といわれるセルロースはミクロフィブリルの形態をとって細胞壁中で配列している．細胞壁は樹木の細胞内で原形質の働きによって形成されるのであるから，細胞壁の各成分が細胞内のどのような小器官によって合成されそしてどのようなメカニズムでもって細胞壁を構築して行くかは，細胞壁の構造を理解する上からも極めて注目されるところである．しかしながらこのことについてはなお不明な点が多く今後の研究に待たれる．ここでは電子顕微鏡レベルの細胞学の面から，骨格構造となっているミクロフィブリルの形成およびその配列と，充填物とみられるヘミセルロースやリグニンの充填について述べる．

植物の細胞内の諸器官の略図および樹木の細胞の電子顕微鏡写真の例を図5.50と図5.51に示

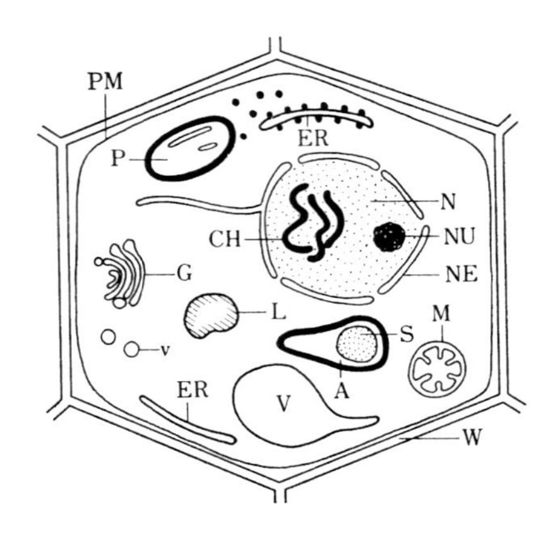

図 5.50　植物の細胞内諸器官の略図
（野渕正氏提供）

A：アミロプラスト (amyloplast)
CH：染色体 (chromosome)
ER：小胞体 (endoplasmic reticulum)
G：ゴルジ体 (Golgi body)
L：脂質 (lipid)
M：ミトコンドリア (mitochondrion)
N：核 (nucleus)
NU：仁 (nucleolus)
NE：核膜 (nuclear envelope)
P：プラスチド (plastid)
PM：原形質膜 (plasma membrane)
S：澱粉粒 (starch grain)
V：液胞 (vacuole)
v：小胞 (vesicle)
W：細胞壁 (cell wall)

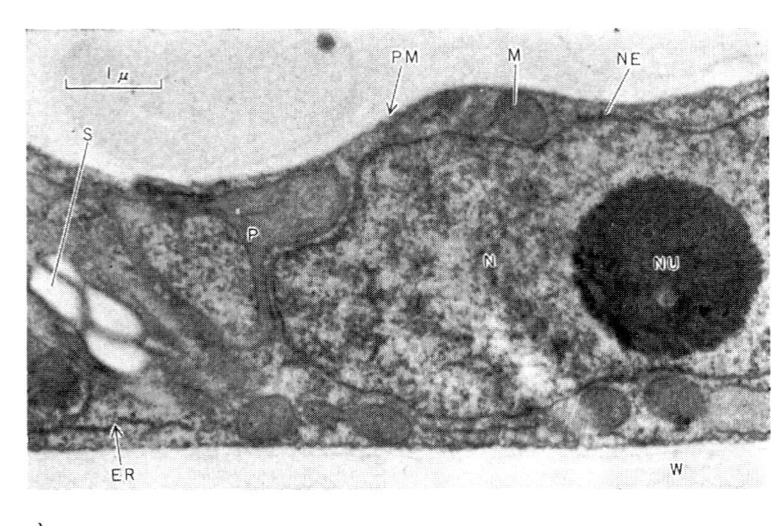

図 5.51　コナラの放射柔細胞内の諸器官（藤田稔氏提供）(12000×)

ER：小胞体
M：ミトコンドリア
N：核
NE：核膜
NU：仁
P：プラスチド
PM：原形質膜
S：澱粉粒
W：細胞壁

す.

5.4.1　ミクロフィブリルの形成と配列

Preston[137]は，ジュズ藻 (*Chaetomorpha melagonium*) の細胞に原形質分離をおこさせ，レプリカ法を用いて細胞壁内表面に直径約 500 Å の顆粒があることおよびこの顆粒に既成のミクロフィブリルの一端が接していることを見い出した（図 5.52). そしてこの顆粒は原形質膜の外表面においてセルロース分子を合成するとともにこれらを集合してミクロフィブリルを形成する機能をもつと考えた.

Mühlethaler[138]はフリーズエッチング (freeze-etching) 法を用いて酵母菌やタマネギの根の細胞の原形質膜の外表面に約 150Å 径の顆粒を認めた. そしてこの顆粒が 20～50 個集合して六角形に並んでいるところでは既成の細胞壁と連結した幅約 50Å のミクロフィブリルが見られること，一方粒子が散乱しているところではミクロフィブリルが見られないことを発見した. この結果から，この粒子がセルロースを合成する器官であること，および粒子が六角形に集合している所では結晶領域が，また粒子が散乱している所では非結晶領域がそれぞれ形成されると考えた．なおこの顆粒は細胞質中でつくられ原形質膜の外表面に移動すると考えられている．これらはともに，原形質膜の外表面でミクロフィブリルが合成されると同時にその配列も決定されるという見解である．

このような見解に対して，ミクロフィブリルの合成とその配列の決定とは当然細胞質がになうべきものとする考え方がある．WARDROP[139]は *Acacia longifolia* やロングリーフトボックス（*Eucalyptus elaeophora*）の細胞において見られる原形質膜の3層構造が細胞壁のラメラの形状によく一致することから，原形質膜中でミクロフィブリルが形成され，その後その原形質膜が細胞壁に沈着してラメラとなり，その内側には次の新しい原形質膜が形成されると考えた．また LEDBETTER ら[140]は，新しい固定法を用いてビャクシン（*Juniperus chinensis*）などの根端細胞の原形質膜付近に直径 230～270 Å，長さ不定の細長い管状の器官を発見しこれをミクロチュービュール（微細小管，microtubule）と名付けた．そして，ミクロチュービュールが原形質膜付近に多く存在することやその配列の方向が既成の細胞壁中のミクロフィブリルの配列方向とほぼ平行であることから，ミクロチュービュールはミクロフィブリルの合成とその配列の決定に関与している器官と考えた．

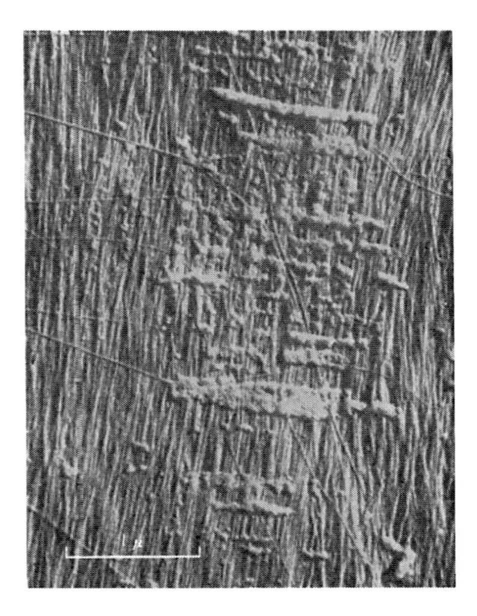

図 5.52 ジュズ藻の細胞壁内表面の顆粒（17000×）（PRESTON [137]）

CHAFE ら[141]は，細胞壁中のミクロフィブリル配列に関与するのは細胞中のミクロチュービュールであるのかそれとも原形質膜の外表面にある顆粒であるかについて，セロリー（*Apium graveolens*）の葉柄の厚角細胞（collenchyma）や分化中のスポッティッドガム（*Eucalyptus maculata*）の繊維などを用いて研究した．原形質膜の外表面のためにはフリーズエッチング法を，またミクロチュービュールは超薄切片法をそれぞれ用いて観察した．その結果，原形質膜の外表面には直径 120～130 Å の多くの顆粒が存在するが，MÜHLETHALER が酵母菌やタマネギの細胞に観察したような規則正しい並びを見い出すことができなかったことから，これらの顆粒がミクロフィブリルの配列に関与している可能性は少ないと考えた．一方細胞質中のミクロチュービュールがミクロフィブリルの配列に無関係であることを意味するのではなく新しいラメラの形成に先立ってミクロチュービュールが再配列した状態を示すものと解すべきであり．それゆえにミクロチュービュールは細胞壁のミクロフィブリル配列を決定するのに最も可能性のある器官であると考えている．

FUJITA ら[142]は，ホプラ（*Populus euramericana*）の引張あて材繊維の S_1，S_2 およびゼラチン層（G）の形成時におけるミクロチュービュールと形成直後の細胞壁のミクロフィブリルとの関連性を調べ，(1) S_1，S_2，G形成時にミクロチュービュールは原形質膜 1μm長あたり 20 本にも達するほど多量に存在し，原形質膜の内側に約 80 Å の一定距離を保って1列に並びかつ原形質膜と

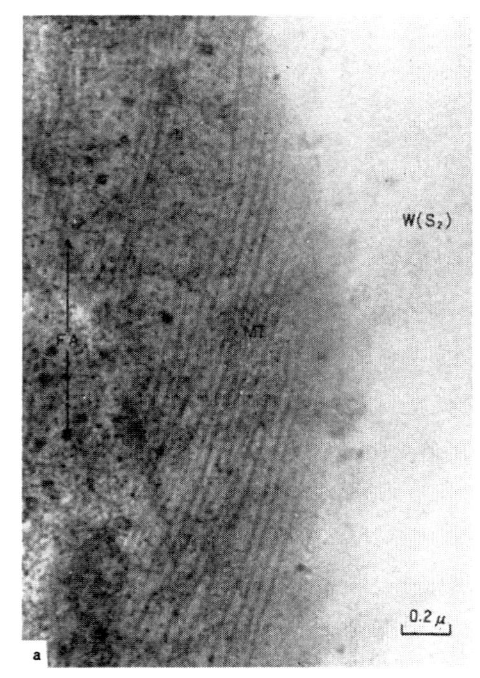

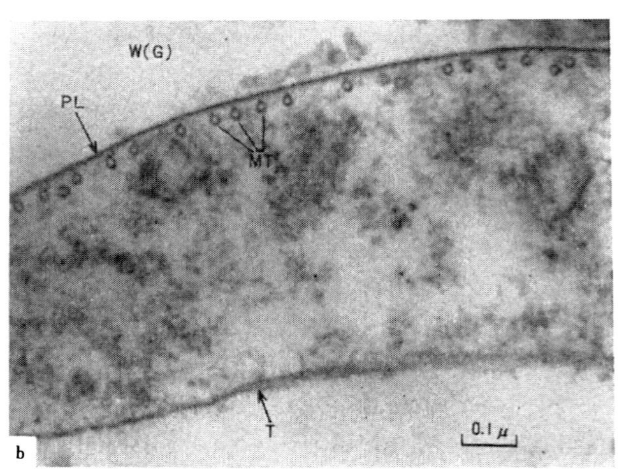

図 5.53　分化中のポプラ(*Populus euramericana*)の引張あて材繊維の横断面(a)(30000×)と縦断面(b)(70000×)
FUJITA ら[142)]
W(G)：細胞壁（ゼラチン層），PL：原形質膜
T：トノプラスト，W(S_2)：細胞壁（二次壁中層）
FA：繊維の軸方向，MT：ミクロチュービール

の間に架橋していること（図 5.53），(2)　S_2 からGへの移行の際ミクロチュービュールの配列変化がミクロフィブリルのそれに先行していることを見い出し，CHAFE ら[141)]の考えを支持している．しかしながら，ミクロフィブリルのような巨大な構造物が原形質膜の内側で合成されてから膜の外側へ放出されるとは考えられないので，ミクロフィブリルの直接の合成にはやはり原形質膜外の微小な顆粒が関与していると考えるのがもっとも妥当であり，その合成とくに配列についてはミクロチュービュールが原形質膜の内側からコントロールしているのではなかろうか．

5.4.2　ヘミセルロースおよびリグニンの形成と細胞壁の充填

細胞壁は，ミクロフィブリルによって骨格がつくられた後，ヘミセルロースやリグニンによって骨格の間げきが充填されてはじめて成熟した細胞壁となる．MOLLENHAUER ら[143)]は，トウモロコシの根端細胞内で細胞壁構成物質の前駆体と思われる物質がゴルジ体に蓄積され，それがゴルジ小胞によって原形質膜外へ放出され細胞壁に吸収される一連のプロセスを観察した．その後 PICKETT-HEAPS[144)]はコムギの芽ばえで組織化学的方法からこのゴルジ体に蓄積される物質が多糖類であることを確めた．また彼[145)]はトリチウムラベルしたリグニンの前駆物質をコムギの芽ばえに与え，それがゴルジ体，小胞体に取り込まれることをオートラジオグラフィーにより観察した．このように充填物質の合成はゴルジ体や小胞体によるものと推定されるが，ゴルジ体，小胞体相互の関係，また細胞壁に供給されるまでにそれら充填物質の重合がどの程度まで進行しているのかなどまだ明らかでない点が多い．

〔引 用 文 献〕

1) 中戸莞二：木材の空隙構造．材料．**22**，903（1973）

2) 越島哲夫，杉原彦一，浜田良三，福山万治郎，布施五郎：基礎木材工学．19．フタバ書店（1973）

3) 右田伸彦：木材の組成．右田伸彦，米沢保正，近藤民雄編．木材化学．上．65．共立出版（1968）

4) WARDROP, A. B.：The structure and formation of the cell wall in xylem. In ZIMMERMANN, M. H. (ed.) The Formation of Wood in Forest Trees. Academic Press (1964)

5) COWLING, E. B.：Structural features of cellulose that influence its susceptibility to enzymatic hydrolysis. In REESE, E. T. (ed.) Advances in Enzymic Hydrolysis of Cellulose and Related Materials. Pergamon Press (1963)

6) 松崎啓，万木正，千手諒一，宮田徹：セルロース．右田伸彦，米沢保正，近藤民雄編．木材化学．上．81．共立出版（1968）

7) CLOWES, F. A. L. and JUNIPER, B. E.：Plant Cells. 208. Black-well Scientific Publications (1968)

8) 越島哲夫：(private communication)

9) 樋口隆昌：広葉樹リグニンの化学．木材研究資料．No.7，1（1973）

10) 樋口隆昌：植物の進化を探るリグニンの化学．化学．**28**，226（1973）

11) 原田浩：木材の組織構造．右田伸彦，米沢保正，近藤民雄編．木材化学．上．1．共立出版（1968）

12) 原田浩，谷口髞：針葉樹の春材と夏材における仮道管膜構造についての一考察．京大演報．No.42，205（1971）

13) FREY-WYSSLING, A.：The ultrastructure and biogenesis of native cellulose. In ZECHMEISTER, L. (ed.) Progress in the Chemistry of Organic Natural Products. XXVII. 1. Springer-Verlag (1969)

14) PRESTON, R. D. and RIPLEY, G. W.：Electron diffraction diagrams of cellulose microfibrils in *Valonia macrophysa*. Nature. **174**, 76 (1954)

15) 岡野健：木材細胞壁中におけるミセルの面配向の可能性について．木材誌．**18**，583（1972）

16) 温品恭彦：X線的研究よりみたセルロースの構造について．繊維学会誌．**16**，884（1960）

17) PRESTON, R. D.：The Molecular Architecture of Plant Cell Walls. 49. Chapman and Hall (1952)

18) HENGSTENBERG, J. and MARK, H.：Röntgenuntersuchungen über den Bau der C-Ketten in Kohlenwasserstoffen. Z. Krist. **67**, 583 (1928)

19) 長沢武雄：木材繊維ミセルの大きさ．日林誌．**19**，260（1937）

20) 原田浩：未発表

21) 原田浩，谷口髞，古野毅：未発表

22) 鈴木正治：スギのヤング率と細胞膜構造の関係．木材誌．**7**，273（1969）

23) 祖父江信夫，平井信之，浅野猪久夫：X線による木材構造の研究．スギの樹幹内における結晶状態の変化について．木材誌．**16**，262（1970）

24) 後藤俊幸，原田浩，佐伯浩：標準セルロース粉末と木材のミクロフィブリルの構造．京大演報．No.44，176（1972）

25) NOMURA, T., YAMADA, T. and SUMIYA, K.：Structural observation on wood and bamboo by X-ray. Wood Research. No. 52, 1 (1972)

26) NIEDUSZYNSKI, I. and PRESTON, R. D.：Crystal size in natural cellulose. Nature. **225**, 273 (1970)

27) 岡野健：木材の微細構造と弾性率・収縮率に関する研究．学位論文（1972）

28) HERMANS, P. H. and WEIDINGER, A. : Quantitative X-ray investigation on the crystallinity of cellulose fibers. A back ground analysis. J. Applied phys. **19**, 491 (1948)

29) SEGAL, L., GREELY, J. J., MARTIN, A. E. JR. and CONRAD, C. M. : An empirical method for estimating the degree of crystallinity of native cellulose using the X-ray diffractometer Text. Res. J. **29**, 786 (1959)

30) 岡野健：X線による木材の相対結晶化度の測定——配向試料を用いて——. 木材誌. **16**, 257 (1970)

31) FREY-WYSSLING, A. : Röntgenometrische Vermessung der submikroskopischen Räume in Gerüstsubstanzen. Protoplasma. **27**, 372 (1937)

32) KINSINGER, W. G. and HOCK, C. W. : Electron microscopical studies of natural cellulose fibers. Ind. Eng. Chem. **40**, 1711 (1948)

33) PRESTON, R. D., NICOLAI, E., REED, R. and MILLARD, A. : An electron microscope study of cellulose in the wall of *Valonia ventricosa*. Nature. **162**, 665 (1948)

34) FREY-WYSSLING, A. und MÜHLETHALER, K. : Mikroskopie. **4**, 257 (1949)

35) RÅNBY, B. G. und RIBI, E. : Über den Feinbau der Zellulose. Experientia. **6**, 12 (1950)

36) 小林恵之助, 内海暢生：繊維素ミセル及びミクロフィブリルの再形成について. 京大化繊研. 第12回講演集. 159 (1955)

37) HEYN, N. J. : The elementary fibril and supermolecular structure of cellulose in soft wood fiber. J. Ultrastructure Res. **26**, 52 (1969)

38) HEYN, A. N. J. : The microcrystalline structure of cellulose in cell walls of cotton, ramie, and jute fibers as revealed by negative staining of sections. J. Cell Bio. **29**, 181 (1966)

39) FREY-WYSSLING, A. : The fine structure of cellulose microfibrils. Science. **119**, No. 3081, 80 (1954)

40) BALASHOV, V. and PRESTON, R. D. : Fine structure of cellulose and other microfibrillar substances. Nature. **176**, 64 (1955)

41) PRESTON, R. D. : Negative staining and cellulose microfibril size. J. Microscopy. **93**, 7 (1971)

42) GOTO, T., HARADA, H. and SAIKI, H. : Cross-sectional view of microfibrils in Valonia (*Valonia macrophysa*). Mokuzai Gakkaishi. **19**, 463—468 (1973)

43) 後藤俊幸, 原田浩, 佐伯浩：未発表.

44) PRESTON, R. D. : Fibrillar unit in the structure of native cellulose. Disc. Faraday. Soc., No. 11. 165 (1951)

45) WARDROP, A. B. and JUTTE, S. M. : The enzymatic degradation of cellulose from *Valonia ventricosa*. Wood Sci. & Tech., **2**, 105—114 (1968)

46) 吉見哲：木材のミクロフィブリルの構造に関する電子顕微鏡的研究. 京都大学農学研究科修士論文 (1970)

47) PRESTON, R. D. : The electron microscopy and electron diffraction analysis of natural cellulose. Symposia of International Soci. for Cell Biology. **1**, 325 (1965)

48) COWDREY, D. R. and PRESTON, R. D. : Cellular ultrastructure of woody plants. In CÔTÉ, W. A. JR. (ed.) Syracuse Univ. Press (1965)

49) MÜHLETHALER, K. : Die Feinstruktur der Zellulosemikrofibrillen. Beiheft Zeitschrift. Schweiz. Forstvereins. No. 30, 55 (1960)

50) DOLMETSCH, H. und DOLMETSCH, H. : Anzeichen für eine Kettenfaltung des Cellulosemoleküls. Kolloid Z. **185**, 106 (1962)

51) MANLEY, R. ST. J. : Fine structure of native cellulose microfibrils. Nature. **204**, 1155 (1964)

52) MARX-FIGINI, M. and SCHULZ, G. V. : Über die Kinetik und den Mechanismus der Biosynthese

der Cellulose in der höheren Pflanzen (Nach versuchen an den Samenhaaren der Baumwolle). Biochim. Phys. Acta. **112**, 81 (1966)

53) Muggli, R., Elias, H. G. und Mühlethaler, K. : Zum Feinbau der Elementarfibrillen der Cellulose. Makromol. Chem. **121**, 290 (1969)

54) Howsmon, J. A. and Sisson, W. A. : Cellulose and cellulose derivatives. In Ott, E. and Spurlin, H. M. (ed.). Interscience Pub. (1954)

55) Statton, W. O. : The meaning of crystallinity when judged by X-rays. J. Polymer Sci. C. No. 18, 33 (1967)

56) Mühlethaler, K. : The structure of natural polysaccharide systems. J. Polymer Sci. C. No. 28, 305 (1969)

57) Hodge, A. J. and Wardrop, A. B. : An electron microscopic investigation of the cell wall organization of conifer tracheids and conifer cambium. Aust. J. Sci. Res. Series B. Bio. Sci. 3, 265 (1950)

58) Wardrop, A. B. : The phase of lignification in the differentiation of wood fibers. Tappi. **40**, 225 (1957)

59) Meier, H. and Welck, A. : Über den Ordnungszustand der Hemicellulosen in Zellwänden. Svensk Papperstidning. **68**, 878 (1965)

60) Fengel, D. : Ultrastructural behavior of cell wall polysaccharides. Tappi. **53**, 497 (1970)

61) Kerr, T. and Bailey, I. W. : The cambium and its derivative tissues. No. X. Structure, optical properties and chemical composition of the so-called middle lamella. J. Arnold Arboretum. **15**, 327 (1934)

62) Dadswell, H. E. and Wardrop, A. B. : Recent progress in research on cell wall structure. Proceeding of Fifth World Forestry Congress (1960)

63) Roelofsen, P. A. : The Plant Cell-Wall. Gebrüder Borntraeger (1959)

64) 原田浩，宮崎幸男，若島妙子：木材の細胞膜構造の電子顕微鏡的研究．林試報告．No. 104, 1 (1958)

65) Meier, H. : Über den Zellwandbau durch Holzvermorschungspilze und die submikroskopische Struktur von Fichtentracheiden und Birkenholzfasern. Holz als Roh- und Werkstoff. **13**, 323 (1955)

66) 佐伯浩：針葉樹材の早材および晩材における仮道管膜の膜層構成割合．木材誌．**16**, 244 (1970)

67) Harada, H. : Ultrastructure of Angiosperm vessels and ray parenchyma. In Côté, W. A. Jr. (ed.). Cellular Ultrastructure of Woody Plants. 237. Syracuse Univ. Press (1965)

68) Wardrop, A. B. and Dadswell, H. E. : The development and structure of wood fibers. Aust. Pulp Paper Ind. Tech. Associat. Proceedings **8**, 6 (1954)

69) Wardrop, A. B. and Harada, H. : The formation and structure of the cell wall in fibers and tracheids. J. Exp. Bot. **16**, 356 (1965)

70) Wardrop, A. B. : The organization of the primary wall in differentiating conifer tracheids. Aust. J. Bot. **6**, 299 (1958)

71) Preston, R. D. : The organization of the cell wall of the conifer tracheid. Phil. Trans. Roy. Soc. B 224, 131 (1934)

72) Bailey, I. W. and Vestal, M. R. : The significance of certain wood-destroying fungi in the study of the enzymatic hydrolysis of cellulose. J. Arnold Arboretum. **18**, 196 (1937)

73) 尾中文彦：古墳其他古代の遺構より出土せる材片について．日林誌．**18**, 588 (1936)

74) 尾中文彦，原田浩：針葉樹仮道管細胞膜のミセル配列．日林誌．**33**, 60 (1951)

75) Bailey, I. W. and Vestal, M. R. : The orientation of cellulose in the secondary wall of

tracheary cells. J. Arnold Arboretum. **18**, 185 (1937)

76) 原田浩, 貴島恒夫, 梶田茂：針葉樹仮道管第二次膜のミセル排列（其の２）. 木材研究. No. 6, 34 (1951)

77) Saiki, H.：Influence of wood structure on radial variations in some physical properties within an annual ring of conifers. Memories College Agri. Kyoto Univ. No. 96, 47 (1970)

78) Preston, R. D.：Interdisciplinary approaches to wood structure. In Côté, W. A. Jr. (ed.) Cellular Ultrastructure of Woody Plants. 1. Syracuse Univ. Press (1965)

79) 奥村正悟, 原田浩, 佐伯浩：仮道管切開法による細胞壁構造の研究. 京大演報. No. 45, 171 (1973)

80) 今村祐嗣, 原田浩, 佐伯浩：針葉樹仮道管膜の形成と構造. 二次膜の交差移行構造. 京大演報. No. 44, 183 (1972)

81) Wardrop, A. B.：The organization and properties of the outer layer of the secondary wall in conifer tracheids. Holzforschung. **11**, 102 (1957)

82) Dunning, C. E.：The structure of longleaf-pine latewood. 1. Cell wall morphology and the effect of alkaline extraction. **52**, 1326 (1969)

83) Jane, F. W., Wilson, K. and White, D. J. B.：The Structure of Wood. 180. Adam and Charles Black (1970)

84) Preston, R. D.：Wall structure and growth. 1. Spring vessels in some ring-porous Dicotyledons. Annals of Bot. New Series. **3**, 507 (1939)

85) Harada, H.：Electron microscopy of ultrathin sections of beech wood (*Fagus crenata* Blume). Mokuzai Gakkaishi. **8**, 252 (1962)

86) 山中勝次, 原田浩：数種の南洋材の道管膜の構造. 京大演報. No. 40, 293 (1968)

87) Wardrop, A. B. and Dadswell, H. E.：The cell wall structure of xylem parenchyma. Aust. J. Sci. Res. Series B. 5, 223 (1952)

88) Harada, H. and Wardrop, A. B.：Cell wall structure of ray parenchyma cells of a softwood (*Cryptomeria japonica*). Mokuzai Gakkaishi. **6**, 34 (1960)

89) 右田伸彦, 細井駿雄：繊維の膨潤に関する研究（第２報）広葉樹材パルプ中の各要素の膨潤性と細胞膜の微細構造. 東大演報. No. 52, 119 (1956)

90) Cronshaw, J.：The fine structure of the pits of *Eucalyptus regnans* and their relation to the movement of liquids into the wood. Aust. J. Bot. **8**, 51 (1960)

91) 今村祐嗣, 原田浩, 佐伯浩：針葉樹材柔細胞の膜孔の形成と構造. 第24回日本木材学会大会研究発表要旨. 48 (1974)

92) 藤川清三：針葉樹の放射柔細胞ならびに樹脂道組織の観察. 第24回日本木材学会大会研究発表要旨. 50 (1974)

93) 中村吉紀, 藤田稔, 佐伯浩, 原田浩：ブナの放射柔細胞膜の構造. 第22回日本木材学会大会研究発表要旨. 57 (1972)

94) 原田浩, 藤田稔, 日下信義, 佐伯浩：ブナおよびコナラの放射柔細胞壁の構造. 第23回日本木材学会大会研究発表要旨. 157 (1973)

95) Clark, I. T.：Determination of lignin by hydrofluoric acid. Tappi. **45**, 310 (1962)

96) Sachs, I. B., Clark, I. T. and Pew, J. C.：Investigation of lignin distribution in the cell wall of certain woods. J. Polymer Sci. Part C. No. 2, 203 (1963)

97) Côté, W. A. Jr.：Wood Ultrastructure. An Atlas of Electron Micrographs. Univ. Washington Press (1967)

98) Côté, W. A. Jr., Timell, T. E. and Zabel, R. A.：Studies on compression wood. Part I. Distribution of lignin in compression wood of red spruce (*Picea rubens*). Holz als Roh- und

Werkstoff. **24**, 432 (1966)

99) Bentum, A. L. K., Côté, W. A. Jr. and Timell, T. E. : Distribution of lignin in normal and tension wood. Wood Sci. and Tech. **3**, 218 (1969)

100) Fergus, B. J., Procter, A. R., Scott, J. A. N. and Goring, D. A. I. : The distribution of lignin in spruce wood as determined by ultraviolet microscopy. Wood Sci. and Tech. **3**, 117 (1969)

101) Fergus, B. J. and Goring, D. A. I. : The distribution of lignin in birch wood as determined by ultraviolet microscopy. Holzforschung. **24**, 118 (1970)

102) Lange, P. W. : The distribution of lignin in the cell wall of normal and reaction wood from spruce and a few hardwoods. Svensk Papperstidning. **57** 525 (1954)

103) Meier, H. and Wilkie, K. C. B. : The distribution of polysaccharides in the cell wall of tracheids of pine (*Pinus silvestris* L.). Holzforschung. **13**, 177 (1959)

104) Panshin, A. J. and de Zeeuw, C. : Textbook of Wood Technology. 90. McGraw-Hill Book Co. (1964)

105) 島地謙：木材解剖図説. 11. 地球出版 (1964)

106) 貴島恒夫：木材の構造. 梶田茂編. 木材工学. 19. 養賢堂 (1961)

107) Liese, W. und Fahnenbrock, M. : Elektronenmikroskopische Untersuchungen über den Bau der Hoftüpfel. Holz als Roh- und Werkstoff. **10**, 197 (1952)

108) Harada, H. and Côté, W. A. Jr. : Cell wall organization in the pit border region of softwood tracheids. Holzforshung. **21**, 81 (1967)

109) Wardrop, A. B. and Dadswell, H. E. : The organization and properties of the outer layer of the secondary wall in conifer tracheids. Holzforschung. **11**, 102 (1957)

110) Okumura, S., Saiki, H. and Harada, H. : Polarizing microscopic study on the concentric orientation of nγ in the pit border region of softwood tracheids. Holzforschung. **27**, 12 (1973)

111) Imamura, Y. and Harada, H. : Electron microscopic study on the development of the bordered pit in coniferous tracheids. Wood Sci. and Tech. **7**, 189 (1973)

112) Imamura, Y., Harada, H. and Saiki, H. : Further study on the development of the bordered pit in coniferous tracheids. Mokuzai Gakkaishi. **20**, 157 (1974)

113) 原田浩：木材の膜孔構造について. 木材誌. **10**, 221 (1964)

114) Liese, W. : Experimentelle Untersuchungen über die Fein-struktur der Hoftüpfel bei den Koniferen. Naturwissenschaften. **24**, 579 (1954)

115) Fujikawa, S. and Ishida, S. : Study on the pit of wood cells using scanning electron microscopy. Ⅲ Structural variation of bordered pit membrane on the radial wall between tracheids in Pinaceae species. Mokuzai Gakkaishi. **18**, 477 (1972)

116) Fujikawa, S. and Ishida, S. : Membrane structure of bordered pit on the tangential wall of tracheid in coniferae species. Mokuzai Gakkaishi. **20**, 103 (1974)

117) Bonner, L. D. and Thomas, R. J. : The ultrastructure of intercellular passageways in vessels of yellow poplar (*Liriodendron tulipifera* L.). Part I : Vessel pitting. Wood Sci. and Tech. **6**, 196 (1973)

118) Liese, W. : Demonstration elektronenmikroskopischer Aufnahmen von Nadelholztüpfeln. Ber. Deutsch. Bot. Ges. **64**, 31 (1951)

119) Liese, W. : Zür Struktur der Tertiärwand bei den Laubhölzern. Naturwissenschaft. **44**, 240 (1957)

120) LIESE, W. : The warty layer. In CÔTÉ, W. A. JR. (ed.) Cellular Ultrastructure of Woody Plants. 251. Syracuse Univ. Press (1965)

121) OHTANI, J. and FUJIKAWA, S. : Study of warty layer by the scanning electron microscopy. I. Variation of warts on the tracheid wall within an annual ring of coniferous woods. Mokuzai Gakkaishi. **17**, 89 (1973)

122) MEIER, H. und YLLNER, S. : Die Tertiärwand in Fichtenzellstoff-Tracheiden. Svensk Papper-stidning. **59**, 395 (1956)

123) SCHMID, R. : The fine structure of pits in hardwoods. In COTÉ, W. A. JR. (ed). Cellular Ultrastructure of Woody Plants. 291. Syracuse Univ. Press (1965)

124) CRONSHAW, J. : The formation of the wart structure in tracheids of *Pinus radiata*. Protoplasm. **60**, 233 (1965)

125) 上村武：2，3の木材電子顕微鏡像について．九大農学芸誌．**13**，225（1951）

126) 原田浩：針葉樹材仮道管のイボ状構造に関する電子顕微鏡的研究．日林誌．**35**，393（1953）

127) FREY-WYSSLING, A., MÜHLETHALER, K. und BOSSHARD, H. H. : Das Elektronenmikroskop in Dienste der Bestimmung von Pinusarten. Holz als Roh- und Werkstoff. **13**, 245, **14**, 161 (1955, 1956)

128) LIESE, W. : Zur systematischen Bedeutung der submikroskopischen Warzenstruktur bei der Gattung *Pinus* L. Holz als Roh- und Werkstoff. **14**, 417 (1956)

129) 大谷醇：走査電子顕微鏡によるイボ状層の研究（第2報）広葉樹材のイボ状突起について．第12回日本木材学会大会研究発表要旨．44（1971）

130) CÔTÉ, W. A. JR. and DAY, A. C. : Vestured pits. Fine structure and apparent relationship with warts. Tappi. **45**, 906 (1962)

131) WARDROP, A. B., INGLE, H. D. and DAVIES, G. W. : Nature of vestured pits in Angiosperms. Nature. **197**, 202 (1963)

132) KORAN, Z. and CÔTÉ, W. A. JR. : The ultrastructure of tyloses. In CÔTÉ, W. A. JR. (ed.). Cellular Ultrastructure of Woody Plants. 371. Syracuse Univ. Press (1965)

133) SACHS, I., KUNTZ, J., WARD, G., NAIR, G. and SCHULTZ, N. : Tyloses structure. Wood and Fiber. **2**, 259 (1970)

134) FOSTER, R. C. : Fine structure of tyloses in three species of the Myrtaceae. Aust. J. Bot. **15**, 25 (1967)

135) MEYER, R. W. : Tyloses development in white oak. Forest Products J. **17**, 50 (1967)

136) 加藤正明，藤田稔，佐伯浩，原田浩：コナラの人工チロース形成に関する一観察．第24回日本木材学会大会研究発表要旨．38（1974）

137) PRESTON, R. D. : Structural and mechanical aspects of plant cell walls with particular reference to synthesis and growth. In ZIMMERMANN, M. H. (ed.) The Formation of Wood in Forest Trees. 169. Academic Press (1964)

138) MÜHLETHALER, K. : Growth theories and development of the cell wall. In CÔTÉ, W. A. JR. (ed.) Cellular Ultrastructure of Woody Plants. 51. Syracuse Univ. Press (1965)

139) WARDROP, A. B. : Cellular differentiation in Xylem. In CÔTÉ, W. A. JR. (ed.) Cellular Ultrastructure of Woody Plants. 61. Syracuse Univ. Press (1965)

140) LEDBETTER, M. C. and PORTER, K. P. : A "microtubule" in plant cell fine structure. J. Cell Biology. **19**, 239 (1963)

141) CHAFE, S. C. and WARDROP, A. B. : Microfibril orientation in plant cell wall. Planta. **92**, 13 (1970)

142) FUJITA, M., SAIKI, H. and HARADA, H.: Electron microscopy of microtubules and cellulose microfibrils in secondary wall formation of poplar tenicn wood fibers. Mokuzai Gakkaishi. **20**, 147 (1974)

143) MOLLENHAUER, H. H., WHALEY, W. G. and LEECH, J. H.: A function of the Golgi apparatus in outer rootcap cell. J. Ultrastruct. Res. **5**, 193 (1961)

144) PICKETT-HEAPS. J. D.: Further ultrastructural observations on polysaccharide localization in plant cells. J. Cell Sci. **3**, 55 (1968)

145) PICKETT-HEAPS, J. D.: Xylem wall deposition. Radioautographic investigations using lignin precursors. Protoplasma. **65**, 181 (1968)

6 木材の外観

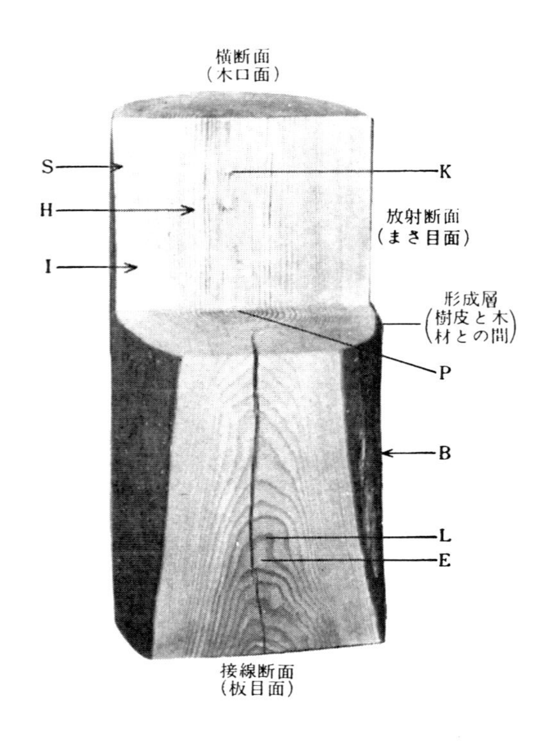

図 6.1 木材の断面：スギ (*Cryptomeria japonica*)
B：樹皮，C：形成層（樹皮と材の間），E：早材（淡色の部分）
H：心材，I：移行材（心材と辺材の間の白い部分），K：節，
L：晩材（濃色の部分），P：髄，S：辺材

われわれが一般に木材の一片を手にしたとき，最初に注意することは，多分色とか，年輪とか，あるいはいわゆる目が粗いとか細かいとかいう"目"であろう．このような状態で認められる（肉眼，ときにはハンドレンズで）いくつかの性質について述べてみよう．樹幹の横断面を見ると中心部に髄があり，外側へ向って心材，辺材，形成層，樹皮の順になっている（図 6.1）．

6.1 髄

髄の形，大きさなどは，種，属，科などの差異によってかなり違いがあり，ときに木材を見分けるためのよりどころになることがある．樹種によってはニワトコのように髄が利用されることがある．

6.2 心材・辺材・移行材

6.2.1 心　　材

心材の形成についてはすでに 3 章（p.24）で述べた．一般には心材(heartwood)（商業的には赤味と呼ぶこともある）があるというときには，辺材(sapwood)との色調差がはっきりとしている場合が多い．すべての樹種で，ある一定の樹令に達すれば辺材との色調差が明らかでなくとも必ず心材は形成される．したがって一般に心材があるというようにいわれている樹種には有色心材，あるいは濃色心材があり，心材がないとされているものには淡色心材があるというべきであろう（かつて熟材という言葉が後者に対して用いられていたが，成熟材・未成熟材などと混同しやすいので用いない方がよい）．心材と辺材の間には含水率の差があり[1]，それぞれ乾燥心材，多湿心材，含水率に差のない心材などに区別することがある．辺・心材別の生材含水率を表 6.1 に示した．

表 6.1 辺・心材別の生材含水率（北海道産）（%）

樹種	学名	辺材	心材
エゾマツ	*Picea jezoensis* (SIEB. & ZUCC.) CARR.	197	51
オウシュウトウヒ	*Picea abies* KARST.	130	55
カラマツ	*Larix leptolepis* (SIEB. & ZUCC.) GORDON	83	41
グイマツ	*Larix gmelinii* GORDON	104	57
ストローブマツ	*Pinus strobus* LINN.	195	110
トドマツ	*Abies sachalinensis* FR. SCHM.	175	59
ドロノキ	*Populus maximowiczii* A. HENRY	79	205
ヤチダモ	*Fraxinus mandshurica* RUPR.	53	71

心材の発現が樹幹の中で，いつ，どこから，どのようにして始まるか，札幌産のカラマツについて検討した例がある[2)]．これによると樹令5～6年で地上高0.3mの所での樹幹直径約1cmのカラマツで，地上高0.2～0.5m付近で髄を中心として心材化が始まり，すでに形成されている移行材部（後述）に広がっていく．移行材部は幹の基部では大きく，心材化はこの部分に広がっていくので，一般に知られるように成熟した幹では円錐形を示すようになる．

淡色心材と辺材との色調差のほとんどない，あるいは少ない樹種のいくつかをあげると，シラベ(***Abies***)，ブナ(***Fagus***)，シナノキ(***Tilia***)，ホワイトシリス(***Ailanthus***)，アンベロイ(***Pterocymbium***)，ホワイトラワン(***Pentacme***)，ラミン(***Gonystylus***)，カランパヤン(***Anthocephalus***)，プライ(***Alstonia***)などがある．

心材の色調はしばしば樹種による特徴を示すことが多い．また色調が単一でなく，縞状に着色しているものも少なくない．特徴的なものをいくつかあげてみよう．

黒色：コクタン(*Diospyros*)，ブルーマホー(*Hibiscus*)．

紫色：ムラサキタガヤサン(*Millettia*)，ローズウッド(*Dalbergia*)，マサウッド(*Platymiscium*)，ブラックウォールナット(*Juglans*)．

赤色：ブラッドウッド(*Brosimum*)，タンギール，レッドラワン，ダークレッドメランチ(*Shorea*)，アカガシ，イチイガシ(*Quercus*)，マホガニー(*Swietenia*)，ウダイカンバ(*Betula*)，アサダ(*Ostrya*)，ナトー(*Palaquium*)，ビンタンゴール(*Calophyllum*)，ゲロンガン(*Cratoxylon*)．

橙色：レンガス(*Melanorrhoea*)，ペルナンブコ(*Guilandina*)，イチイ(*Taxus*)，カラマンサナイ(*Neonauclea*)，バロウストレ(*Centrolobium*)．

緑色：ホオノキ(*Magnolia*)，グリーンハート(*Ocotea*)，アパニット(*Mastixia*)．

金褐色：チーク(*Tectona*)，イピール(*Intsia*)，イロコ(*Chlorophora*)，ムシジ(*Maesopsis*)．

黄色：オペペ(*Sarcocephalus*)，ブラジリアンサテンウッド(*Euxylophora*)，ツゲ(*Buxus*)，クワオ(*Adina*)，モビンギ(*Dismonanthus*)，ユクノキ(*Cladrastis*)，カラスザンショウ(*Fagara*)，ウルシ(*Rhus*)．

濃褐色：チーク(*Tectona*)，イピール(*Intsia*)，ウリン(*Eusideroxylon*)．

黄褐色：ヤマグワ(*Morus*)，キハダ(*Phellodendron*)，ノグルミ(*Platycarya*)，ニセアカシア(*Robinia*)．

黒色ないし黒紫色の縞：シマコクタン(*Diospyros*)，チーク(*Tectona*)，ブビンガ(*Guibourtia*)，ゼブラウッド(*Microberlinia*)，ダオ(*Dracontomelon*)，クィンスランドウォールナット(*Endiandra*)，コーア(*Acacia*)．

一方，樹種によって伐採時に金褐色であるものが，時間の経過とともに紫色になる（ムラサキタガヤサン：*Millettia*）ようなものがある．このほかにも材色が時間の経過とともに明らかに変化するものが少なくない．

心材の色調は，同一樹種の中でつねに完全に一定とはいえず，樹種により多かれ少なかれ差異が認められる．一般にスギの心材の色は赤色～桃色を帯びているが，ときに黒心と呼ばれる黒色を帯びた心材をもつものがあり，商品としては低く評価されている．この生成の原因としては立地あるいは傷が考えられている．一方，このような特殊な条件でなくて，土壌条件の違いと心材の色調との間の関連をブラックウォールナット（*Juglans nigra*）について求めて，両者の間に関係があることを示している報告がある[3)4)]．このようなことからも，心材の色調が生育条件にかなり関係があるといえよう．

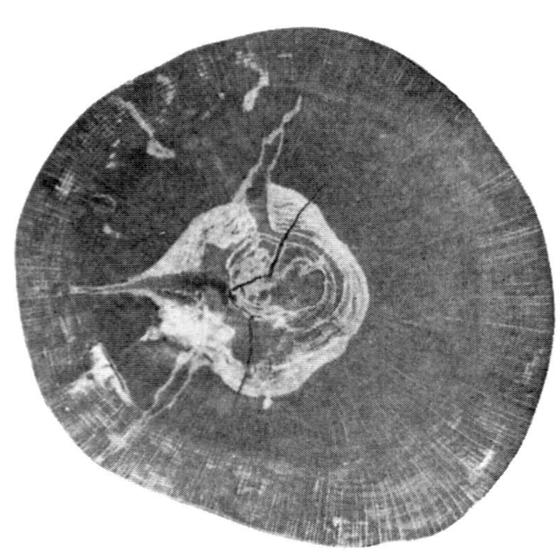

図 6.2　ブナ（*Fagus crenata*）に認められる偽心材

偽心材：　通常濃色の心材をもたない樹種でも外傷などによって有色の心材をもつようになることがある．ブナ（*Fagus*）については，これがよく知られている．このような正常でない有色心材を偽心材 (false heartwood)と呼ぶ．偽心材の場合には，正常の有色心材のように輪郭は整った円形でなく，むしろ不規則な形を示す．ブナの場合には，しばしばさらに濃色の部分が模様を形づくり（図 6.2），菊の花のようになることもある．

人工心材：　辺材部分にせん孔をしたり，あるいはさらに処理を加えると辺材の部分に正常の心材によく似た色調の部分が形成される[5)]．このようなものを人工心材（artificial heartwood）と呼ぶ．同じようなことが虫害によってもおこる．人工心材の形成は正常の心材形成の機構を解明するための有力な手段であろう．

6.2.2　辺　　材

白太と呼ばれることがある．樹令が低い樹木では心材が認められず辺材だけからなりたっていることもある．辺材の色は淡色であるが，樹種によってはかなり明らかに何らかの着色が認められるものが少なくない．淡色の心材をもつ樹種で，辺材と心材との境の不明のようなものが，丸太あるいは板の状態で放置されると，材に青変菌の被害をうけることが多いが，このような場合，最初に被害をうけるのは辺材部である．一般に辺材部分の軸方向柔細胞あるいは放射柔細胞には澱粉が充填されていることが多く，これが菌のための養分となるから上述のようになると考えられる．肥大生長がさかんな場合とそうでない場合には辺材の幅に差が出てくる．生長がさかんでない場合には辺材幅がより狭いことが知られている[6)]．また同一樹種の中でも産地による違いがあり，さらに樹種の違いによって丸太の直径と辺材の幅（%）との間の関係に差があることも知られている[6)]．

6.2.3 移 行 材

伐採直後あるいは比較的時間の経過の短かい丸太の横断面（とくに濃色の心材をもつ樹種で明らかに認めやすい）を見ると，心材と辺材の中間に環状の淡色ではあるが辺材とは異なった色調を示す部分が認められる．この部分を辺材かから心材へ移行している部分であるので移行材（intermediate wood）と呼んでいる．スギのように辺材よりはっきりと白色を示して区別される場合には白線帯とも呼ばれる．

6.3 年輪および生長輪

形成層から細胞が分裂されて樹木が肥大していく際に何らかの周期があると考えてよいであろう．その周期がなんであれ，その間に形成された部分を生長輪（growth ring）という．その周期が1年であれば，そのひとつの周期の間に形成された環状の部分（横断面）を年輪（annual ring）と呼ぶ．

一般に日本のような主として温帯に属する国であれば，ほとんどの樹木は年輪をもっているといってよい．しかし，熱帯地域に生育する樹木では，その周期が明らかでなく，生長の周期が何らかの原因で存在することが想像できても，一般にはそれを確認することは容易ではない．だからといってまったく何の周期もなく肥大が終始続いていると考えるのは疑問である．

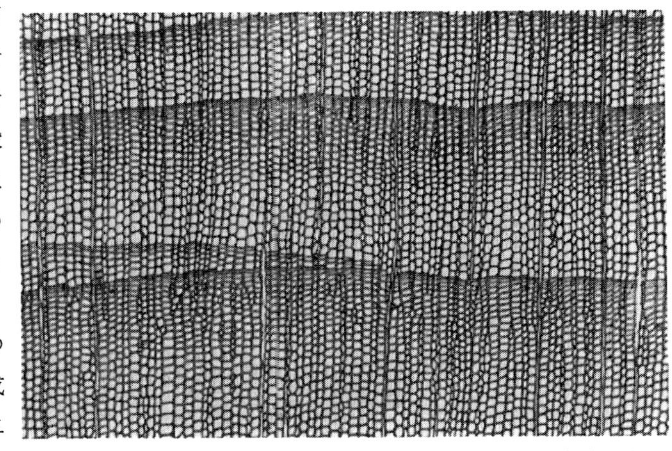

図 6.3 カヤ（*Torreya nucifera*）に認められる不連続年輪

正常な状態であれば年輪が樹幹の全周にわたってほぼ同じように形成されるのが普通であるが，部分的にまったく，あるいはほとんど細胞分裂がおこなわれないために，形成された年輪（生長輪）が完全な円周にならないで断続していることがある．これを不連続年輪（生長輪）と呼ぶ．日本産の針葉樹を例にすると，*Podocarpus* 属および *Torreya* 属の木材にしばしば認められる（図6.3）．

すでに述べたように年輪は1年間にひとつだけ形成されるものであるが，何らかの原因——一般には肥大生長が極端に良い場合，あるいは生長期間内で肥大生長が一時不活発になり，その後また肥大生長が活発におこなわれた場合——で，1年間にひとつ以上の生長輪が形成されることがある．このような場合に重年輪（double or multiple ring）と呼び，正常な年輪以外のものを偽年輪（false annual ring）と呼んでいる．これは年輪幅の広いスギなどによく見られる．また虫害を受けて生長が一時休止したり，気候条件などのために大量に落葉したりした後に生長が再開された立木などによく認められる．この偽年輪の境界は，正常の年輪界にくらべて不明瞭である．

6.4 早材および晩材

肉眼で木材を見たときに，例えばそれが温帯産のごく一般的な針葉樹材の横断面であれば，色調の濃淡，あるいは典型的な樹種での硬・軟の周期的な繰返しが認められる．われわれはこのことから年輪の存在を知ることができる．一般に早材（early wood）とは生長輪の中で，生長期の始めに形成された密度が低く細胞が大きい部分をいい，晩材（late wood）とは生長期の後半に形成され，密度が高く細胞が小さい部分をいうとされている．したがってこれが年輪であれば，早材の部分は春，樹木の肥大生長が旺盛な時期に形成され，晩材の部分は夏の終期，肥大生長の衰えた時期に形成されたものである．そのため温帯産などの年輪の明らかな木材については早材を春材（spring wood），晩材を夏材（summer wood）（秋材と呼ぶのは不適当とされている）とも呼ぶ．さてこの早材と晩材の境界を1生長輪の中で厳密に決めることは，肉眼的にその違いの明らかでない樹種ではもちろん，それの明らかな樹種でも容易ではない．この境界を決めることは，とくに針葉樹材の場合，早材および晩材の年輪内に占める割合が，木材の比重をはじめとして多くの性質に関連をもつので，多くの研究者によって試みられている．

これらのうちで，最も古くから知られているものとしてMork[7]の定義がある．これはオウシュウトウヒ（*Picea abies*）について決めたものである．これによると仮道管の放射方向の内腔の直径（L）と接線壁の厚さ（M）との比（L/M）の値が2に達した所を両者の境としている．さらに樹種が異なるなど，この算定のしかただけでは不十分な場合にこれに対して修正をする試みがされている[8)9)10)]．また佐伯[12)]は細胞壁率を計算し，その年輪内における変動を求め，その経過から早晩材の境界をMorkの定義との関連で求めている．

一方，広葉樹材の場合には，針葉樹材の場合と異なり，多くの樹種で，主要な要素である繊維細胞の壁厚，直径などの年輪内の変動が一定の傾向をもたないことが多い．またそのことを反映してか，それについての検討もあまりされていない．主として温帯産の広葉樹材の場合には針葉樹材と異なり，主要な要素のひとつである道管の直径は，樹種により著しいかそれほどでないかの差はあっても，一般に早材部から晩材部へ向って減少している．しかし早材部と晩材部における道管の直径に明瞭な差がある場合を除いて，年輪の中を何らかの形で明らかに区分することは容易ではない．環孔材のような場合であっても，道管の直径の差によって針葉樹材の場合と同じ意味での早晩材の区分ができるかとなると疑問であることが多い．針葉樹の場合，すでに述べた佐伯[11)]によると，早材から晩材への変動の主因が直径の減少によるもの（イヌマキ，ヒバ，コノテガシワ），壁の肥厚によるもの（モミ，カラマツ，アカマツ，トガサワラ，ツガ，スギ），さらに両者の中間的なもの（トドマツ，トウヒ，ヒノキ）に区分できる．

6.5 木理・はだ目・もく

6.5.1 木　　理*)

木理には次のようなものがある．

通直木理（streight grain）：木理が樹軸あるいは材の軸方向に平行である場合をいう．

交走木理（cross grain）：木理が樹軸あるいは材の軸方向に平行でない場合を総称した用語である．この中には斜走木理，らせん木理，交錯木理，波状木理などが含まれる．

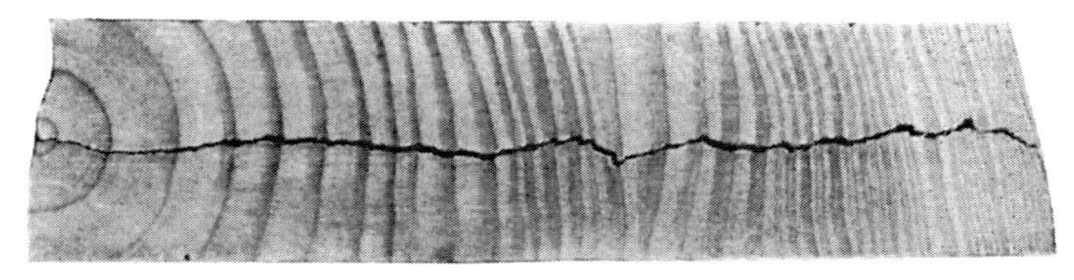

図 6.4 カラマツ（*Larix leptolepis*）のらせん木理
裏面で放射(図の左右)方向に真直ぐな割れ目を入れてある．木理が通直であれば割裂した面の線は一直線になるはずであるが，上下にずれている．この面では見られないので髄から真直ぐにいちばん外側の割れ目の点まで線を引いてみると，割裂面の線にはじめにその線から下にずれ（S旋回），後に上にずれる（Z旋回）ようになることがわかる．なおS旋回，Z旋回という場合には樹皮側から見て呼ぶことになっている．

図 6.5 メランチ（*Shorea* sp.）の木材を放射方向に割裂したときに認められる材面の凹凸（交錯木理のためにおこる）

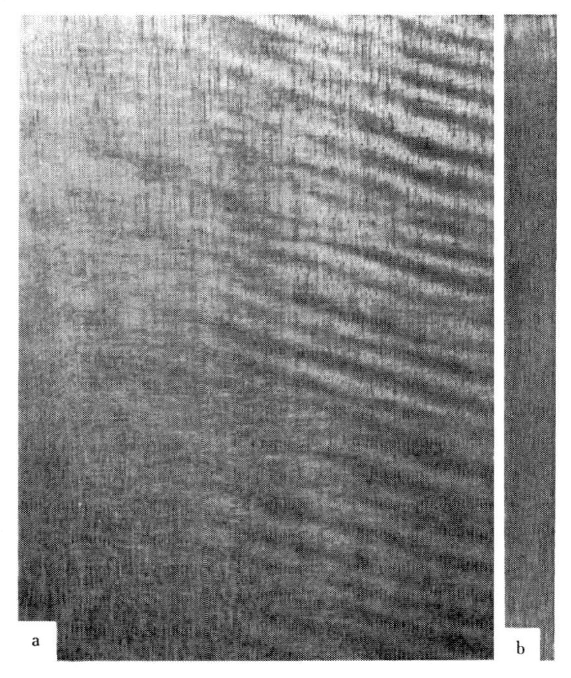

図 6.6 波状木理の材を仕上げた例
ゲロンガン（*Cratoxylon arborescens*）
a．放射断面　b．接線断面

*) 材面（あるいは材の中で）木材を構成する細胞（とくに軸方向に配列する）がどのような配列をし，どのような方向をとっているかを示すための言葉である．

らせん木理（spiral grain）：　旋回木理あるいはねじれ木理などともいう．木理が樹軸に対してらせん状に走っている．樹種によっては，樹皮にまで同様の傾向がはっきりと認められるものがある．らせん木理の著しい例はカラマツ（*Larix leptolepis*），アスナロ（*Thujopsis dolabrata*）などに見られる（図6.4）．

交錯木理（interlocked grain）：　上述のらせん木理の方向が，周期的に（樹種によって周期はかなり一定しているようである）反対方向になり，木理は交錯するようになる．これを交錯木理と呼ぶ．主として熱帯産の樹種に見られる．著しい例はラワン，メランチ類（*Shorea*，*Parashorea*，*Pentacme* など），アフリカンマホガニー（*Khaya*）などに見られ，日本産のものではクスノキ科の樹種に軽度のものが見られる（図6.5）．

波状木理（wavy grain）：　木理が波状を示す場合をいう．木材を割ると材面は波状の凹凸を示す（図6.6）．

6.5.2　はだ目

材面における構成要素の相対的な大きさ，あるいは性質をいう．はだ目（texture）は粗（構成要素とくに道管の直径が大きい場合，あるいは年輪幅の広い場合など），あるいははだ目は精（道管の直径が小さい場合，あるいは年輪幅の狭い場合など），あるいははだ目は中庸などのように表現する．ときには均一，不均一，平滑，粗，均斉，不斉などという表現がされることもある．

6.5.3　もく（杢）

通直な木理をもっているよりも，むしろそれ以外の木理をもっていたり（波状木理，交錯木理など），根際であったり，こぶがあったりするために木理が異常になった場合に工芸的な価値をもった独特な模様を形成するようになるが，これをもく（figure）と呼ぶ．また，とくに異常でなくともそれが工芸的な意味をもつ場合には，もくと呼ばれることがある．さらにこれらに，市場では種々の名をつけて，いわゆる銘木として取り扱うことが多い．おもなものをあげると，玉もく（ケヤキ，ヤチダモ，クワ，クスノキなど），牡丹（ぼたん）もく（ケヤキ，ヤチダモ，クワ，ケンポナシなど），鶉（うずら）もく（屋久スギ，ネズコなど），鳥眼もく（bird's-eye figure）（メープル），葡萄（ぶどう）もく（クスノキ，ヤチダモなど），如輪（にょりん）もく（ケヤキ，ヤチダモ，タブノキ），笹（ささ）もく（スギ），リボンもく（ラワン類，アフリカンマホガニー；図6.9），波状もくなどがあるが，なかには経験がないと名称だけでは理解できないようなものがある．*Picea* 属の木材の一部あるいは米国産の *Pinus* 属の一部にディンプルグレイン（dimple grain）が認められることがあり（図6.7），これが木材を識別するための拠点ともなる．

一方，とくに異常ではないが，大きな放射組織をもっている樹種の放射断面には，この放射組織が不斉形の帯として認められ，これが，その他の部分と対照的になり工芸的な価値があるとされている．一般にはこれをシルバーグレイン（silver grain：銀もくと訳すことがある）と呼んでいる（ヤマモガシ，ブナ，スズカケ，ナラ類）．ミズナラの虎斑（とらふ）（図6.8）も同じものと考えてよい．また熱帯産材に多く認められる交錯木理は，それがあると放射断面にはリボンもくとして認められる（図6.9）．

図 6.7 シトカトウヒ（*Picea sitchensis*）に認められるディンプルグレイン（点々と光って見える）

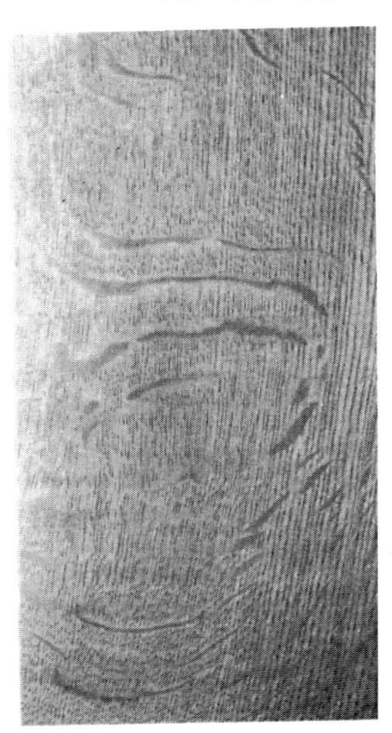

図 6.8 ミズナラ（*Quercus crispula*）の虎斑

図 6.9 リボンもくの例．タンギール（*Shorea polysperma*）

〔引 用 文 献〕

1)　蕪木自輔：木材材質の森林生物学的研究（第12報）北海道野幌地方における造林木の容積収縮率のあらわれかた．林試研報．**90**，77（1956）．

2)　平井左門：落葉松樹幹における心材化の始期とその位置について．北大演報．**15**，239（1952）．

3)　Maeglin, R. R. & Nelson, N. D. : Surface soil properties of black walnut sites in relation to wood color. Soil Sci. Society of America Proceedings. **34**, 142 (1970).

4)　Nelson, N. D., Maeglin, R. R. and Wahlgren, H. E.: Relationship of black walnut wood color to soil properties and site. Wood and Fiber. **1**, 29 (1969).

5)　矢沢亀吉，石田茂雄，大谷諄：心材の人工形成に関する研究．北大演報．**25**，9（1967）．

6)　Lassen, L. E. & Okkonen, E. A.: Sapwood thickness of douglas-fir & five other western softwoods. U. S. D. A. Forest Service Research Paper, FPL. **124** (1969).

7)　Mork, E.: Die Qualität des Fichtenholzes unter besonderer Rucksichtnahame auf Schleif-und Papierhelz, Papier Fabrikant. **26**, 741 (1928).

8)　Wiksten, A.: Metodik vid mätning av årsringens varved och höstved. Meddellananden fran Statens Skogsförsöks-anstanlt. **34**, 45 (1944～1945).

9)　Kraus, J. F. & Spurr, S. H.: Relaitonships of soil moisture to the springwood-summerwood transition in southern Michigan red pine. Jour. For., **59**, 510 (1961).

10)　加納孟：木材材質の森林生物学的研究（第9報）北海道厚田産トドマツ材の年輪の構造について．林試研報．**71**，15（1954）．

11)　佐伯浩：針葉樹材における構造の年輪内変移（1968）．

7　木材の細胞構成

木材の細胞構成は後に述べるように，針葉樹材と広葉樹材とによって大きな違いがある．したがって，両者を分けて説明していく方が理解されやすいと考える．

7.1　針葉樹材の細胞構成

代表的な針葉樹材の3断面を図7.1に示してある．科，属あるいは種によって細胞構成にいくつかの差があるが，最も特徴的なことは，道管を欠いていることである．このために針葉樹材（coniferous wood，softwood*)）をときに無孔材（non-pored wood）と呼ぶことがある．

7.1.1　針葉樹材の細胞のあらまし

☆　軸方向に配列する細胞（axial elements）

● 軸方向仮道管（axial tracheids）

表 7.1　日本産主要針葉樹の要素比率[1)]

樹種	学名	仮道管（%）	柔組織（%）	放射組織（%）	軸方向細胞間道（%）
アカマツ	*Pinus densiflora* Sieb. & Zucc.	95.87		3.43	0.70
イチイ	*Taxus cuspidata* Sieb. & Zucc.	96.98		3.02	
イチョウ	*Ginkgo biloba* Linn.	92.74	0.25	7.01	
イヌマキ	*Podocarpus macrophyllus* (Thunb.) D. Don	89.06	4.85	6.09	
エゾマツ	*Picea jezoensis* (Sieb. & Zucc.) Carr.	95.22		4.25	0.53
カヤ	*Torreya nucifera* (L.) Sieb. & Zucc.	95.32		4.68	
カラマツ	*Larix leptolepis* (Sieb. & Zucc.) Gordon	95.16		4.58	0.26
クロマツ	*Pinus thunbergii* Parl.	97.03		1.89	1.08
コウヤマキ	*Sciadopitys verticillata* (Thunb.) Sieb. & Zucc.	98.61		1.39	
サワラ	*Chamaecyparis pisifera* (Sieb. & Zucc.) Endl.	96.52	0.39	3.09	
スギ	*Cryptomeria japonica* (L.f.) D. Don	97.20	0.80	2.00	
ツガ	*Tsuga sieboldii* Carr.	93.96	0.34	5.70	
トガサワラ	*Pseudotsuga japonica* (Shirasawa) Beissn.	94.71		4.73	0.56
トドマツ	*Abies sachalinensis* Fr. Schm.	95.80		4.20	
ネズコ	*Thuja standishii* (Gord.) Carr.	97.44		2.56	
ヒノキ	*Chamaecyparis obtusa* (Sieb. & Zucc.) Endl.	97.09	0.58	2.33	
ヒバ	*Thujopsis dolabrata* (L.f.) Sieb. & Zucc. var. *hondae* Makino	96.61	0.18	3.21	
ヒメコマツ	*Pinus pentaphylla* Mayr	96.22		2.18	1.60
モミ	*Abies firma* Sieb. & Zucc.	93.86	0.29	5.85	

*)　主として商業上，英語で針葉樹材を呼ぶ言葉として softwood，広葉樹材を呼ぶ言葉として hardwood が用いられることが多い．しばしばこれらを和訳の際，それぞれを軟材および硬材とすることがある．しかし，実際には重硬な針葉樹材および軽軟な広葉樹材があるので，むしろ軟材および硬材という和訳はしない方が望ましい．

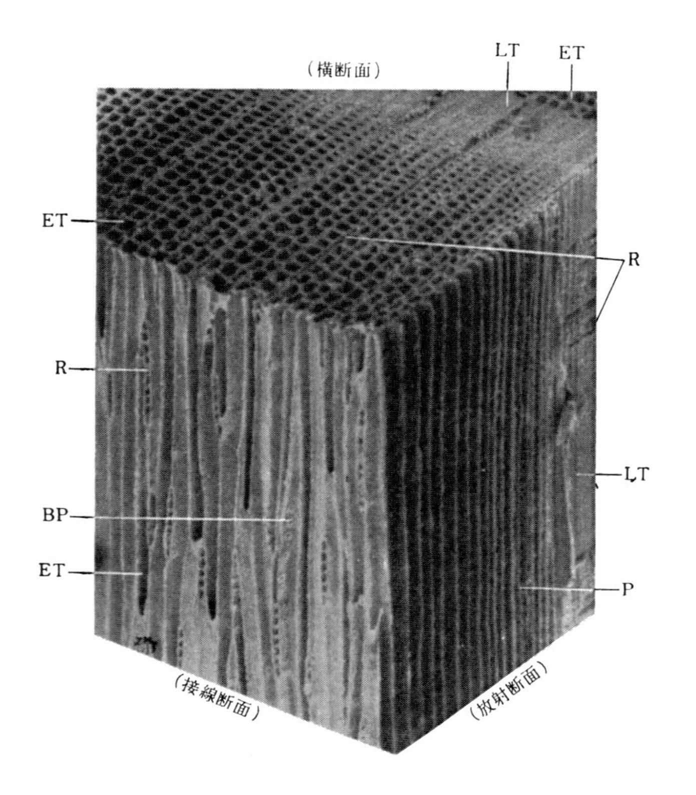

図 7.1　針葉樹材の３断面．スギ (*Cryptomeria japonica*) (180×) (佐伯浩氏提供)
BP：有縁壁孔，ET：早材部仮道管，LT：晩材部仮道管，P：柔組織，R：放射組織

仮道管 (tracheids)
ストランド仮道管 (strand tracheids)
- 軸方向柔組織 (axial parenchyma の細胞 (柔細胞)
　樹脂細胞 (resin cells)
　異形細胞 (idioblasts)
　エピセリウム細胞 (epithelial cells)

☆　水平方向に配列する細胞 (radial or horizontal elements)
放射組織 (ray) の細胞
- 仮道管
　放射仮道管 (ray tracheids)
- 柔組織 (parenchyma) の細胞 (柔細胞)
　放射柔細胞 (ray parenchyma cells)
　エピセリウム細胞 (epithelial cells)

これらの要素のうち，おもなものの木材中に占める割合を表 7.1 に示してある．おもな要素の配列の例を図 7.1 に示した．

7.1.2　軸方向に配列する組織および細胞

a)　軸方向仮道管

i)　仮道管　前述したように針葉樹材を構成する要素のうち，圧倒的な比率を占めるもので，最も主要な要素である (表 7.1 参照)．したがって，針葉樹材の材質を考えるということは，仮道管の性質およびその変動を考えるといっても過言ではない．"有縁壁孔をもち，かつ，せん孔をもたない木部の細胞" で形成層から分裂後，壁が肥厚し，木化した後に原形質を失う．辺材部では水分の通導作用をおこなう．さらに樹体を保つための機械的な支持を受けもっている．しばしばパルプ工業などで針葉樹材からのパルプについても，便宜上繊維と呼ぶことがあるが，正しくは仮道管と呼ぶべきである．

一般にその形は接線断面では中央部が太く，両端に向って漸尖しているが，放射断面ではむしろ鈍頭である．その横断面は早材部では放射方向に長い長方形，長六角形などを示し，晩材部では扁平となっていることが多い．しかし，少数ではあるが，樹種によってはむしろ円形に近い横断面をもち，しかも早晩材における差の少ないものもある (図 7.2)．

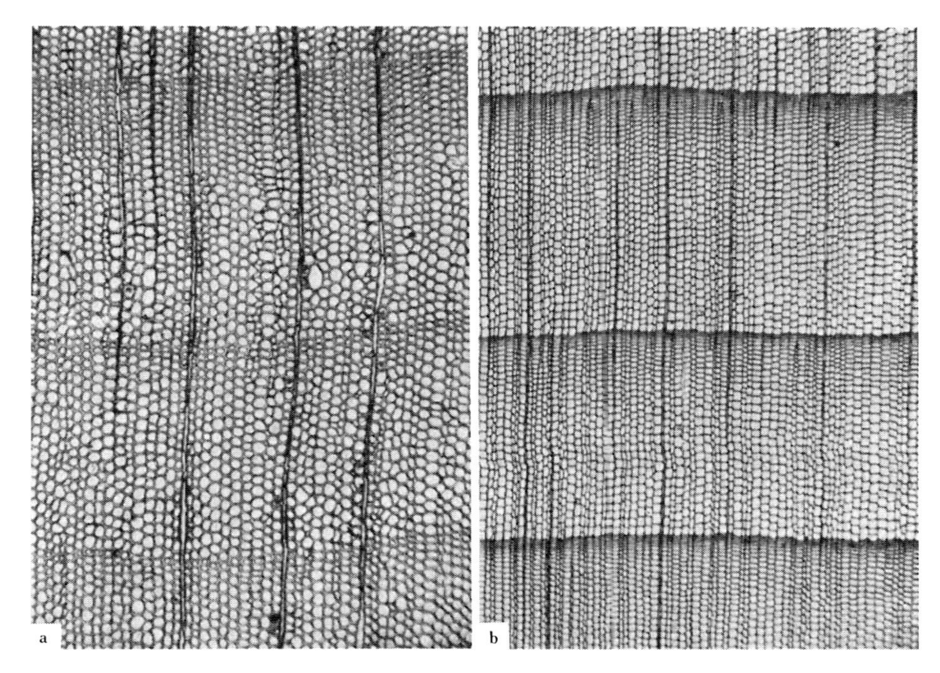

図 7.2

a. アガチス (*Agathis* sp.) (36×)
年輪がやや明らかでなく仮道管の断面は角ばっていない.
b. ヒノキアスナロ (*Thujopsis dolabrata*) (36×)
年輪は明らかで仮道管の断面は角ばっている.

(1) 仮道管の長さ: 仮道管の長さは広葉樹材の繊維に比較して長く，ごく一般的にいえば，後者の2～3倍あるといいきっても大きな誤りでないことが多い. 後に述べるように，仮道管(繊維)の長さは種々の因子によって変動するものなので，そのことを留意しないと厳密な長さの比較がむずかしいことが少なくない. 代表的な樹種の仮道管長を表7.2および表7.3に示した.

(2) 仮道管の壁厚: 種によって，あるいは属によって，早材部と晩材部の間に差があるものと，それほどでないものがある (表7.2および表7.3). 両者の間に差が大きければ，当然目やせ (weathering) の現象がおきる. 逆に差の少ないカヤ，イチョウなどはこの現象がおきにくいからこのことをとくに嫌う用途に用いられる.

(3) 壁孔: 有縁壁孔である；早材部は大きく，晩材部は小さい. 最近トールスや壁孔壁については電子顕微鏡的に研究が進み多くの新しい知見が出されている. 壁孔の構造については5.3.1 (p.78) に述べた.

大きさ――早材部で大きく，晩材部では小さい.

分布――早材部で放射壁に多いが，晩材部では非常に少ない. 年輪の最後の数列の晩材部は接線壁に小さい壁孔をもつ.

配列――一般には1列で，ときに2列に配列することもある. しかし，樹種によっては(*Sequoia sempervirens*, *Taxodium distichum*) 3～4列に配列することがある. また *Larix* (図7.3) や *Podocarpus* (図7.4) では，しばしば2列に配列することがあり，スギの老令部でも2列で認め

表 7.2　日本産主要針葉樹の仮道管[2)]

樹　種	学　名	長さ (mm)	直径*) (μm) R 早材	R 晩材	T	壁厚 (μm) 早材	晩材
アカマツ	*Pinus densiflora* Sieb. & Zucc.	1.5〜4.0〜6.0	40〜60	8〜25	30〜55	2.5〜3.0	3.0〜8.0
イチイ	*Taxus cuspidata* Sieb. & Zucc.	1.5〜2.2〜3.5	20〜50	7〜25	20〜40	1.5〜3.5	3.0〜6.0
イヌマキ	*Podocarpus macrophyllus*(Thunb.) D. Don	1.3〜2.7〜4.0	15〜40	8〜20	20〜35	2.0〜3.0	3.0〜4.0
エゾマツ	*Picea jezoensis* (Sieb.& Zucc.)Carr.	2.0〜4.2〜5.5	20〜45	4〜25	20〜35	1.0〜2.0	2.0〜4.7
カヤ	*Torreya nucifera*(L.) Sieb.& Zucc.	1.3〜3.1〜4.5	20〜60	10〜20	15〜50	2.0〜3.0	3.0〜5.0
カラマツ	*Larix leptolepis* (Sieb. & Zucc.) Gordon	1.2〜3.5〜6.7	30〜90	7〜45	30〜60	1.5〜3.0	2.5〜6.0
クロマツ	*Pinus thunbergii* Parl.	1.1〜3.5〜5.0	20〜60	8〜25	20〜55	2.0〜3.0	4.0〜8.0
コウヤマキ	*Sciadopitys verticillata* (Thunb.) Sieb. & Zucc.	1.7〜2.8〜4.2	30〜55	5〜20	20〜50	2.0〜3.0	3.0〜5.0
サワラ	*Chamaecyparis pisifera* (Sieb. & Zucc.) Endl.	1.5〜3.0〜4.0	20〜60	5〜20	15〜30	1.0〜2.0	2.0〜4.0
スギ	*Cryptomeria japonica*(L.f.)D. Don	1.0〜3.0〜6.0	30〜50	10〜20	30〜45	1.0〜3.0	3.0〜7.0
ツガ	*Tsuga sieboldii* Carr.	1.5〜3.1〜5.3	20〜55	6〜25	15〜40		
トガサワラ	*Pseudotsuga japonica* (Shirasawa) Beissn.	2.0〜3.5〜5.5	25〜70	15〜30	20〜60	1.5〜2.0	3.0〜7.0
トドマツ	*Abies sachalinensis* Fr. Schm.	1.5〜3.8〜5.5	30〜60	6〜25	20〜45	1.5〜3.0	4.0〜6.0
ネズコ	*Thuja standishii* (Gord.) Carr.	2.0〜3.1	15〜40	4〜25	15〜25	1.5〜2.0	2.0〜3.0
ヒノキ	*Chamaecyparis obtusa*(Sieb.& Zucc.) Endl.	2.0〜3.5〜6.0	30〜50	5〜15	25〜35	約 2.0	3.0〜4.0
ヒバ	*Thujopsis dolabrata* (L.f.)Sieb. & Zucc. var. *hondae* Makino	1.5〜2.7〜4.1	15〜40	6〜20	20〜40	1.5〜3.0	3.0〜4.0
ヒメコマツ	*Pinus pentaphylla* Mayr	2.0〜3.5〜5.0	25〜60	5〜30	20〜45	1.5〜3.0	3.0〜5.0
モミ	*Abies firma* Sieb. & Zucc.	1.5〜3.5〜6.0	35〜70	10〜35	30〜55	2.0〜3.0	4.0〜8.0

*)　R：放射方向，T：接線方向

表 7.3　主要な東南アジアなどに産する針葉樹の仮道管[3)]

樹　種	学　名	長さ(mm)	直径(mm)	壁厚(mm)
アルマシガ	*Agathis philippinensis* Warb.	5.31	0.044	0.0070
イゲム	*Podocarpus imbricatus* R. Br.	3.36	0.042	0.0050
ダルン	*Phyllocladus hypophyllus* Hook. f.	2.53	0.041	0.0070
ブンヤパイン	*Araucaria bidwillii* Hook.	3.79	0.044	0.0065
ベンゲットパイン	*Pinus insularis* Endl.	4.38	0.051	0.0070

られる．さらに *Agathis*, *Araucaria* などでは単列のことが少なく２列以上が交互状に配列する（図 7.5）．

(4)　クラスレー：　（サニオバー；bars of Sanio, rims of Sanio などと呼ばれた．）

一次壁孔域相互の間にある細胞間層および一次壁の肥厚部をクラスレー（crassula(e)）と呼ぶ．*Agathis* と *Araucaria* を除いてほとんどの針葉樹に認められる（図 7.3 および 7.4）．

(5)　らせん肥厚：　二次壁の内側に部分的に肥厚した部分が認められる（図 7.6〜7.9）ことがあ

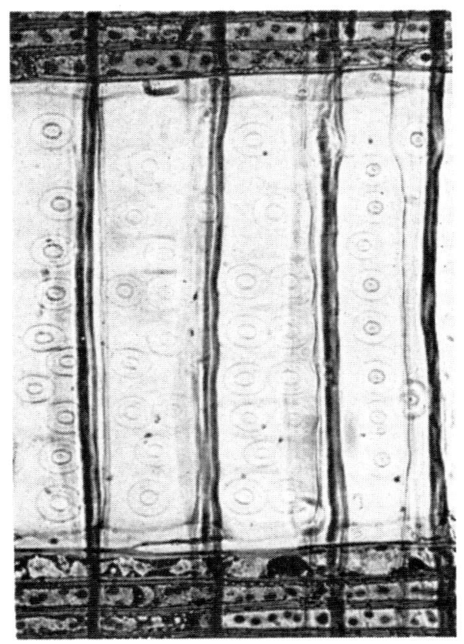

図 7.3 カラマツ (*Larix leptolepis*) (180×)

壁孔が部分的に2列に並ぶ. クラスレー(上下の壁孔と壁孔の間に見える濃色の条の部分)が壁孔の間に認められる.

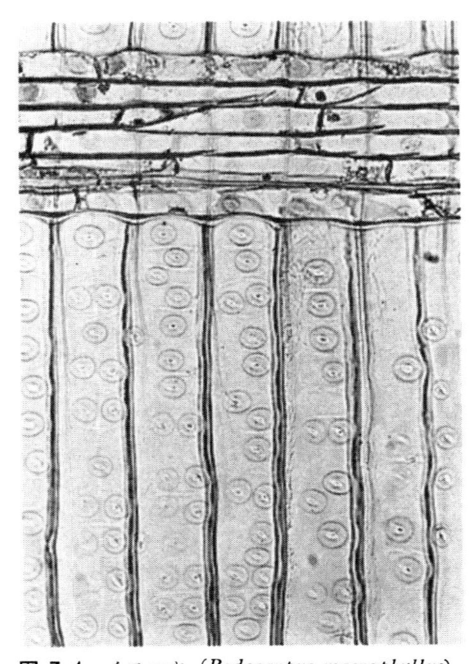

図 7.4 イヌマキ (*Podocarpus macrophyllus*) (180×)

壁孔が部分的に2列に並ぶ. クラスレーが認められる.

る. これをらせん肥厚 (spiral thickening) という. ***Taxus*** (イチイ), ***Torreya*** (カヤ), ***Cephalotaxus*** (イヌガヤ), ***Pseudotsuga***, ***Picea*** (***P. maximowiczii*** などの一部) などに認められる. ***Larix***, ***Picea*** などでは幼令部の晩材部にだけこれが認められる. カヤ (***Torreya***) では2(〜3)本ずつが対になって平行に配列するのが特徴である (図7.9). 等間隔のもの(***Taxus, Pseudotsuga, Picea***) およびチョウセンイヌガヤのように配列が不規則なものとがある[4]. カリトリス型肥厚 (callitrisoid or callitroid thickening) は ***Callitris*** に認められるもので, らせん状にはなっていないが同じような二次壁の内側の肥厚である (図7.10 a, b). 接線断面で見られるような, 麦ののぎのようになっている状態をオーン (awn) と呼ぶことがある.

(6) 細胞壁の裂目: 一般に圧縮あて材において認められるような"二次壁の裂目"を細胞壁の裂目(cell wall check) と呼ぶ. その形状は一定でない (詳細に

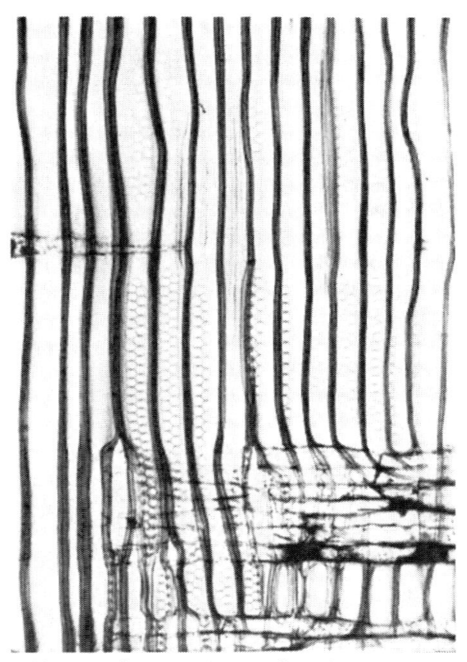

図 7.5 *Araucaria* sp. (90×)

壁孔は交互に配列する. クラスレーは認められない.

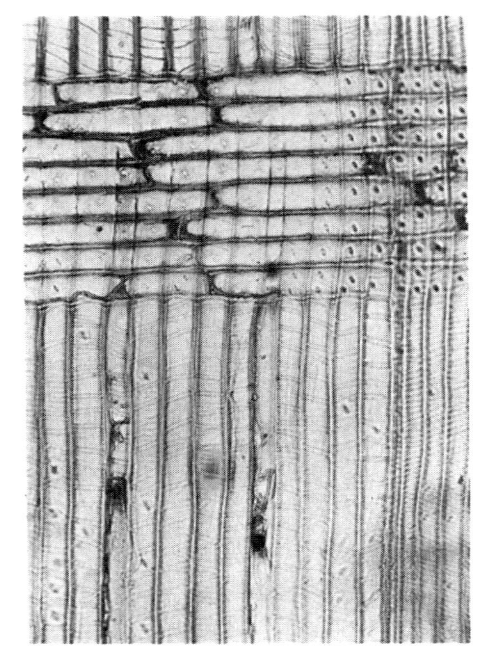

図 7.6　イヌガヤ (*Cephalotaxus harringtonia*) (R. 180×)
らせん肥厚．分野壁孔はトウヒ型

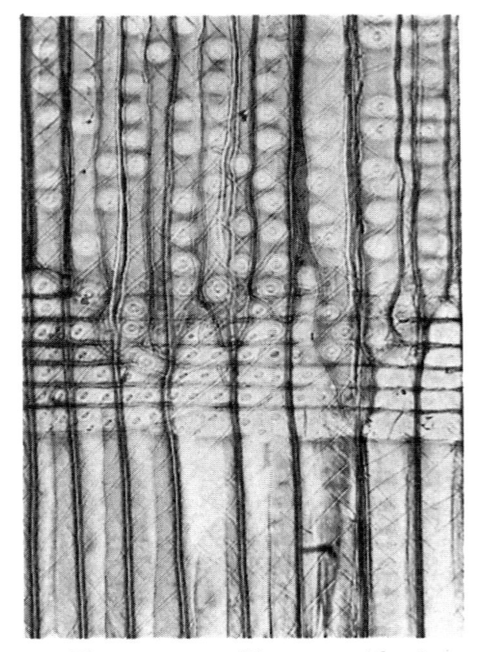

図 7.7　イチイ (*Taxus cuspidata*) (R. 350×)
らせん肥厚．分野壁孔はヒノキ型

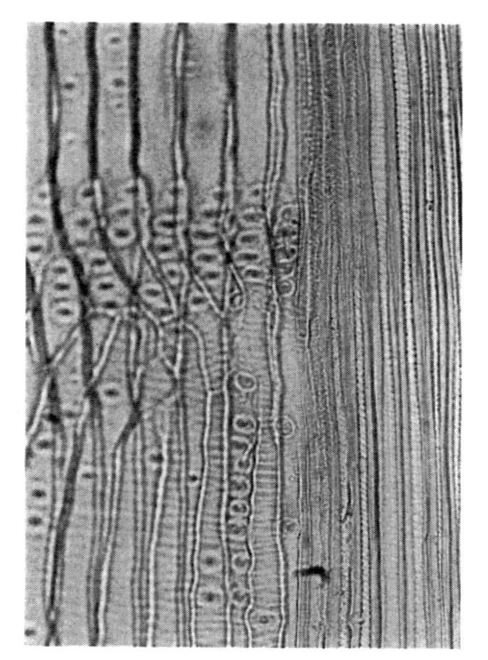

図 7.8　トガサワラ (*Pseudotsuga japonica*) (R. 180×)
らせん肥厚．早材部だけでなく晩材部にも著しい．

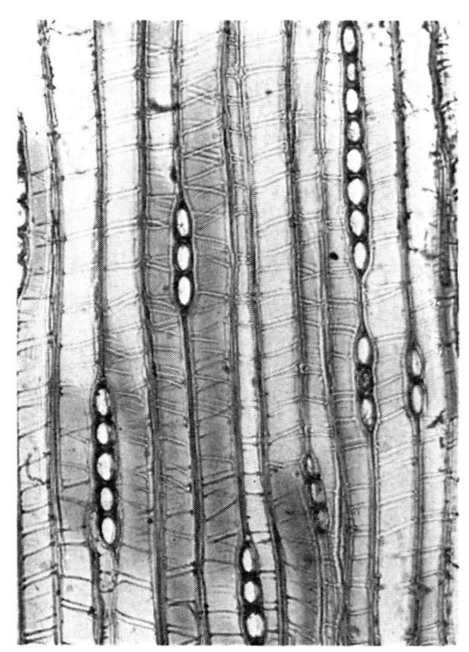

図 7.9　カヤ (*Torreya nucifera*) (T. 180×)
らせん肥厚は2本1組になっている．

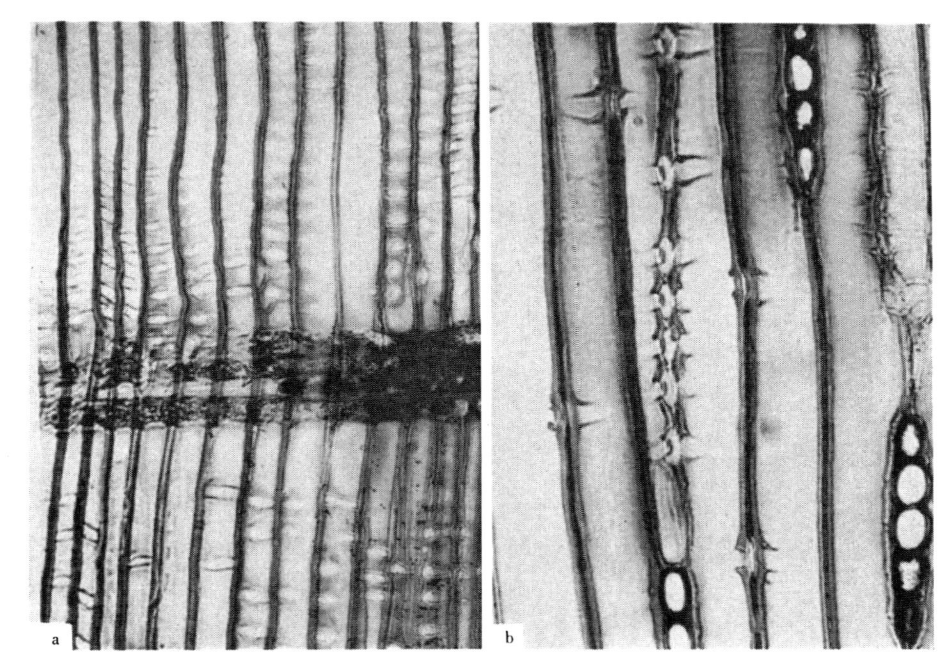

図 7.10 カリトリス型肥厚．カリトリス（*Callitris glauca*）
a．放射断面（180×）　　b．接線断面（350×）

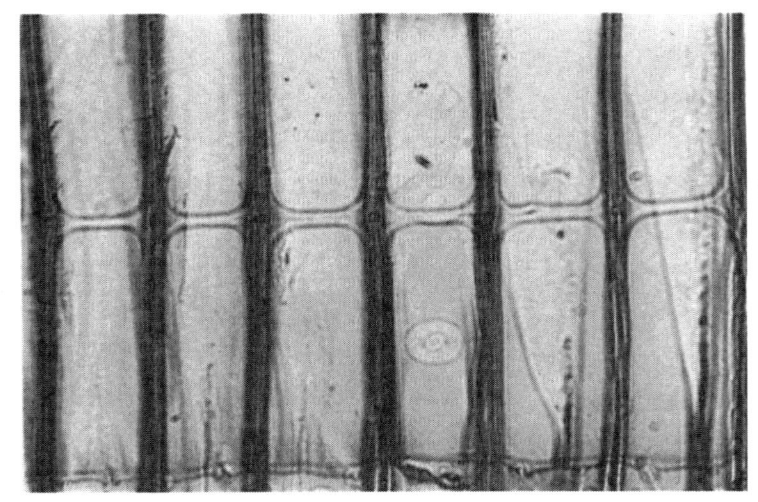

図 7.11 トラベキュレー．レッドスプルース（*Picea rubra*）（R.350×）

ついては 10.1 参照）．注意すれば，一見似ているらせん肥厚にくらべて，その部分の壁が薄くなっているので，逆にその部分が厚くなっている肥厚とは容易に区別できる．spiral check とも呼ぶ．

(7) トラベキュレー： 円筒形の構造をもち，細胞のひとつの接線壁から他の接線壁を結んでいる部分をトラベキュレー（trabecula(e)）と呼ぶ（図 7.11）．これは形成層に菌糸の影響があったときにおこるとされている．この管は形成層において菌糸（fungus filament）のまわりに細胞壁物質が沈澱することででき[5]，その結果，その形成層細胞からできる一連の細胞の中を貫通している．

(8) 仮道管の内容物： 樹脂を含む仮道管（樹脂仮道管：resinous tracheid）が認められるこ

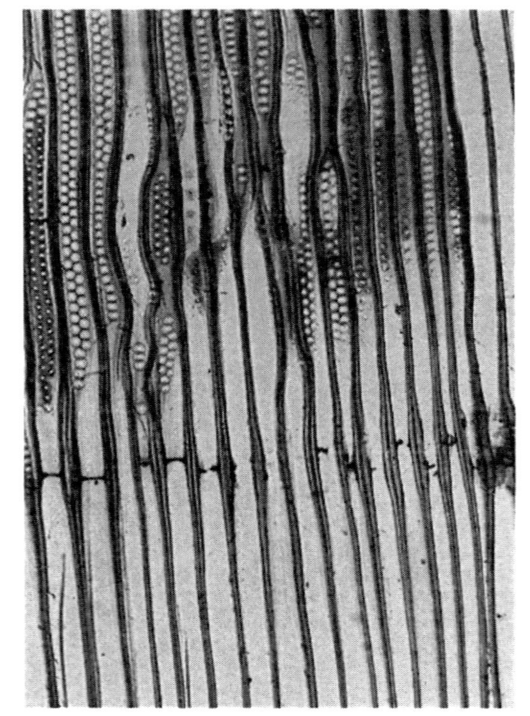

図 7.12　樹脂を含む仮道管． アガチス（*Agathis* sp.）（R. 100×）

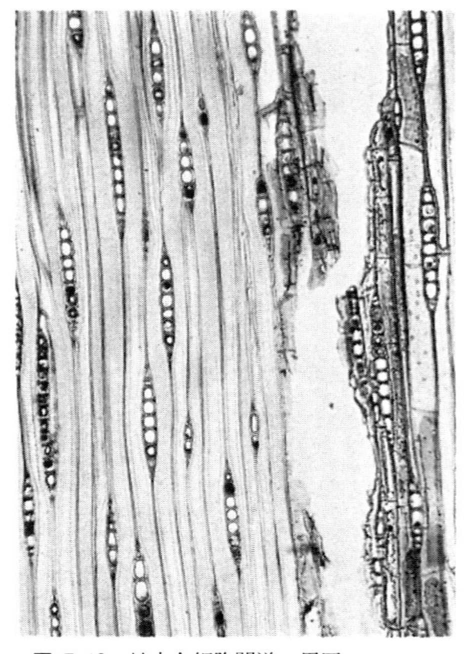

図 7.13　軸方向細胞間道の周囲． トガサワラ（*Pseudotsuga japonica*）（T. 180×）
エピセリウム細胞とストランド仮道管（らせん肥厚がある）が混在している（右端）．

とがある（図7.12），***Agathis*** や ***Araucaria*** に多いとされている．傷害ををうけた個所がある場合に，しばしば仮道管に樹脂様の物質を含むことがある．***Tsuga*** 属の木材にはしゅう酸石灰（Ca C_2O_4）の結晶が存在するとされ，このことがこの木材がネズミの害に強い理由とされてきていたが，これは誤りで，肉眼で結晶のように認められる物質は NaOH や KOH に溶ける有機物であり，フロコソイド（flocosoids）と呼ばれている[6]．

ii）ストランド仮道管　軸方向の連なり（ストランド）を形成している短小な個々の仮道管をストランド仮道管（strand tracheids）と呼び，全体をストランドと呼ぶ．通常の仮道管とは，長さが短かく末端壁をもつことで区別される．いわば仮道管とエピセリウム細胞，あるいは軸方向の柔細胞との中間型とでもいえるものであり，ひとつの紡錘形始原細胞から分裂されたものである．

一般に軸方向細胞間道のエピセリウム細胞と通常の仮道管との移行部に，または傷害部の付近に現れる．すべてが仮道管のこともあるが，柔細胞が同一ストランドに混在していることもある．ストランド仮道管は柔細胞とよく似ているが，末端壁に有縁壁孔があることによって柔細胞から区別される（図7.13）．

b）軸方向柔組織およびその細胞

i）樹脂細胞　木材の横断面を観察したとき，樹種によっては周囲の仮道管の細胞よりも壁が薄く，濃色の物質を含んでいる細胞を発見することがある．これは軸方向柔細胞で，針葉樹材の場合，これを樹脂細胞（resin cell）と呼ぶ．この細胞の形は短冊型（軸方向へ長い）を示し，軸方向へ数個連続し，その両端にある細胞だけがとがっている．したがってストランド全体の輪郭は

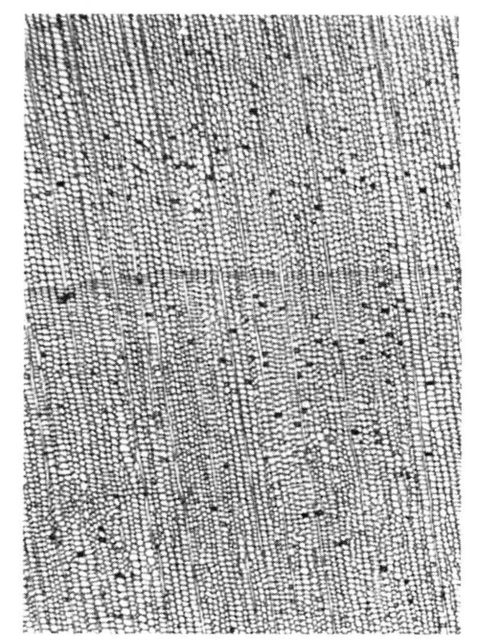

図 7.14　イヌマキ（*Podocarpus macrophyllus*）の樹脂細胞の現れ方（36×）

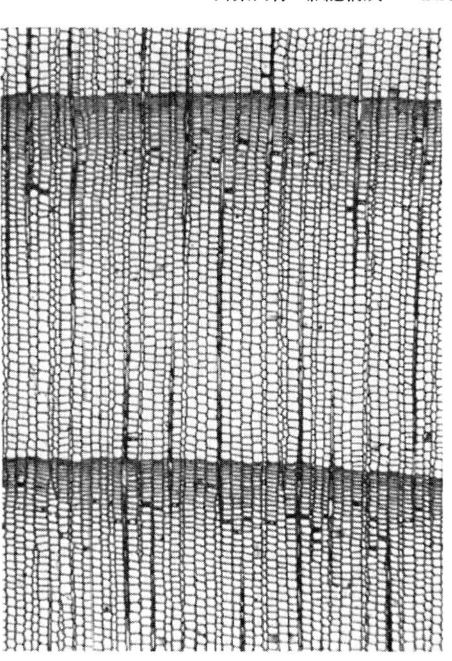

図 7.15　インセンスシーダー（*Libocedrus decurrens*）の樹脂細胞の現れ方（36×）

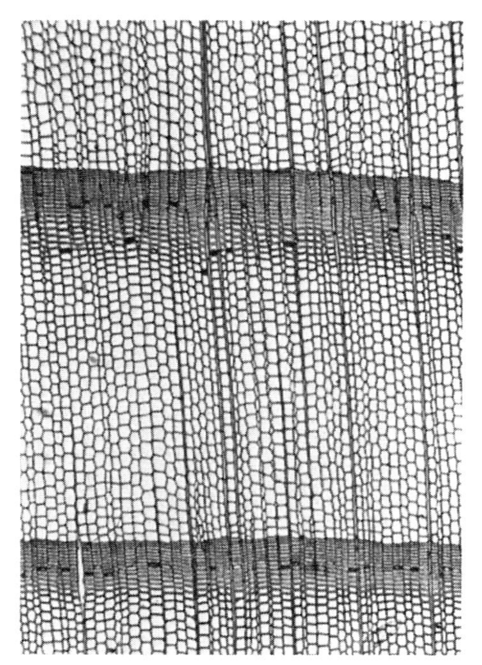

図 7.16　スギ（*Cryptomeria japonica*）の樹脂細胞の現れ方（36×）

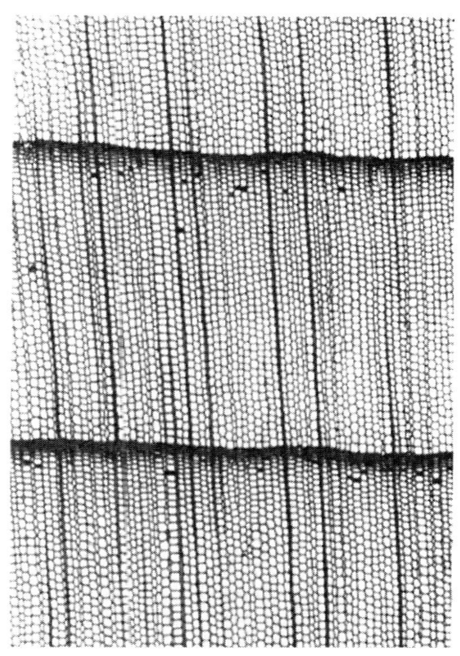

図 7.17　ヒノキ（*Chamaecyparis obtusa*）の樹脂細胞の現れ方（36×）

ちょうどひとつの仮道管のそれを思わせる．このように数個の細胞が連続してつくった紡錘形の輪郭をもった単位をストランドと呼ぶ（p. 118，ストランド仮道管 参照）．これは形成層のひとつの紡錘形始原細胞から生じたもので，それが後に上下に数個に分割したものである．そのために輪郭が紡錘形を示している．仮道管との区別点は，単壁孔をもち，主として煉瓦状の形をもつことである．

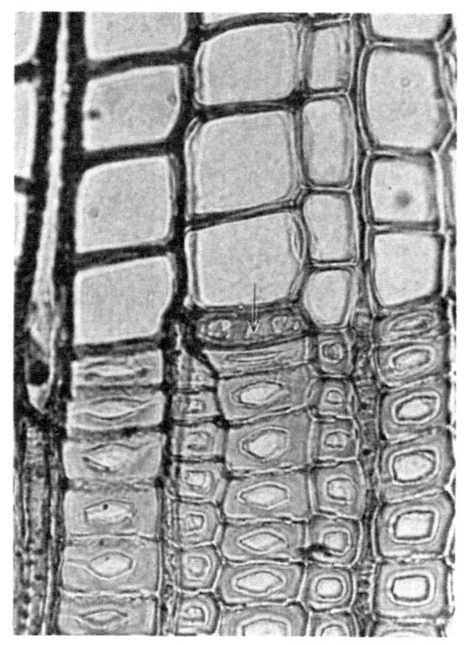

図 7.18　トガサワラ（*Pseudotsuga japonica*）（350×）
年輪界にときに認められる樹脂細胞（矢印）

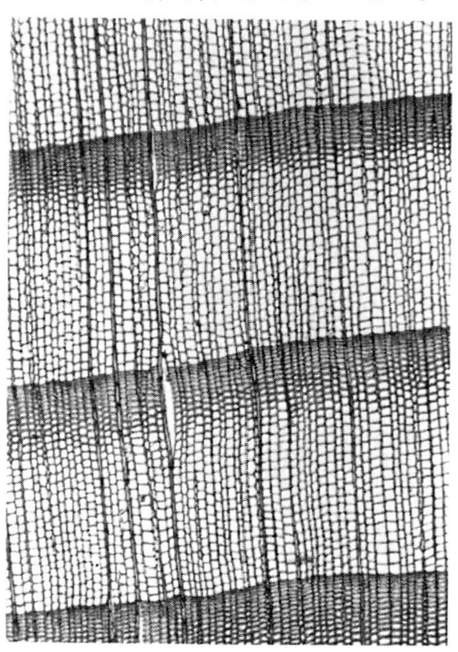

図 7.19　ツガ（*Tsuga sieboldii*）（36×）
樹脂細胞は認められない．

この樹脂細胞は本邦産の樹種ではイヌガヤ（***Cephalotaxus***），ネズコ（***Thuja***），スギ（***Cryptomeria***），イヌマキ（***Podocarpus***），ヒノキ（***Chamaecyparis***），ビャクシン（***Juniperus***），ヒバ（***Thujopsis***）などに顕著である．熱帯産のものでは ***Podocarpus*** 属，***Dacrydium*** 属などに認められる．これを欠く属としては ***Taxus*** 属，***Torreya*** 属，***Sciadopitys*** 属，***Pinus*** 属（まれにはあるともされる）などがあげられ，熱帯産のものでは ***Agathis*** 属および ***Araucaria*** 属などがある．***Larix***，***Pseudotsuga***，***Tsuga***，***Abies***，***Picea*** などの各属ではその出現はむしろ偶発的である．その出現の型式としては（図 7.14～7.19），

接線方向に配列する傾向の強いもの――スギ，サワラ，ヒノキ，アスナロ，ビャクシンなど
散在状に配列するもの――ヒノキ，ビャクシン，イヌガヤ，ナギ，イヌマキ
年輪界に認められるもの――トガサワラ，（カラマツ），コノテガシワ，エゾマツ

などに区別されることがあるが，前2者のグループ間でははっきりした区別がむずかしいこともある．また同属であっても配列のしかたが，材の産地（吉野あるいは秋田などで）によって異なるともいわれている．末端壁が平滑の場合とじゅず状末端壁（nodular end wall）になっている場合とがある（図 7.20～7.23）．これの有無あるいは発達の度合により属や種の区別ができることがある．

ii）異形細胞　形と内容物が同一組織の他の構成要素から明らかに異なる細胞を異形細胞

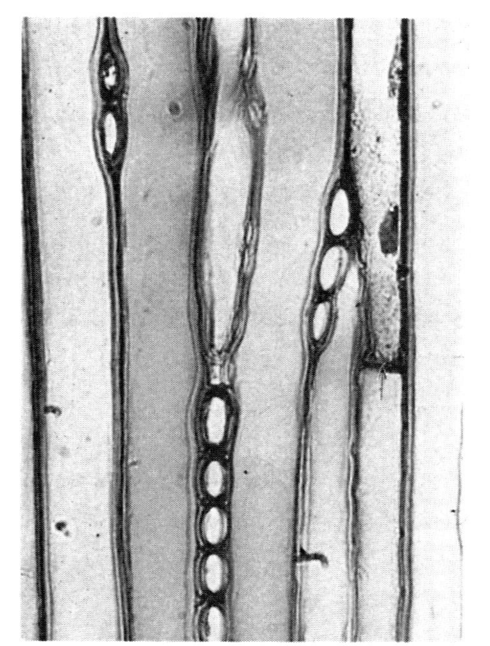

図 7.20 イヌマキ (*Podocarpus macrophyllus*)
(T. 350×)
樹脂細胞の水平壁は平滑 (矢印)

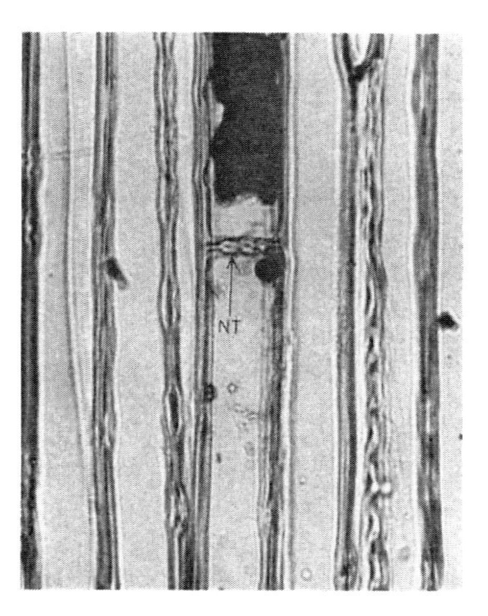

図 7.22 ヒノキ (*Chamaecyparis obtusa*)
(T. 440×)
樹脂細胞の水平壁はじゅず状末端壁 (NT) である.

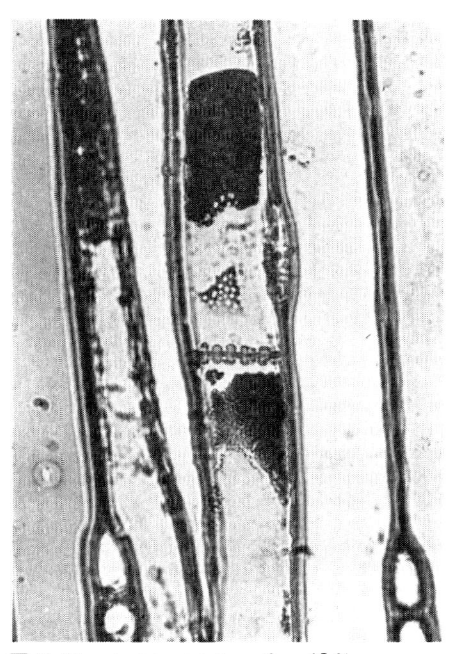

図 7.21 インセンスシーダー (*Libocedrus decurrens*) (T. 350×)
樹脂細胞の水平壁は著しいじゅず状末端壁(NT)である.

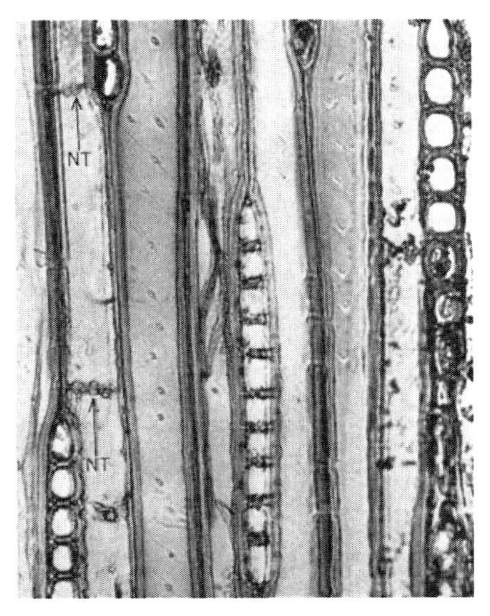

図 7.23 ボルドサイプレス (*Taxodium distichum*) (T. 180×)
樹脂細胞の水平壁は著しいじゅず状末端壁 (NT) である.

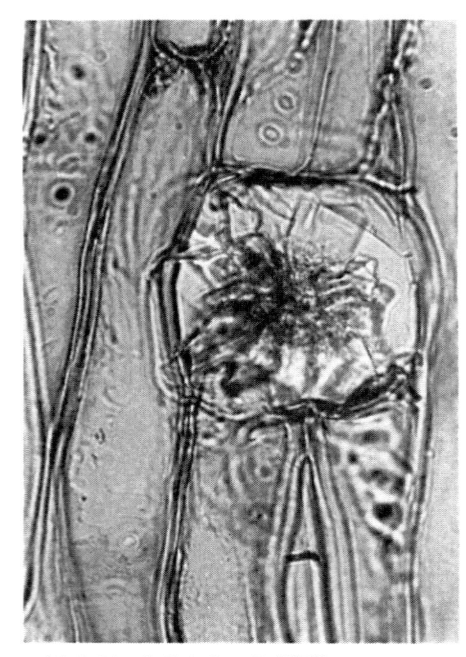

図 7.24　集晶をもつ異形細胞．イチョウ（*Ginkgo biloba*）(350×)

(idioblast) という．裸子植物の場合にはイチョウ（*Ginkgo biloba*）にその例があり，その場合には金米糖(こんぺいとう)状の結晶（集晶）を含む異形細胞である（図 7.24)．針葉樹材に認められることはない．

iii）エピセリウム細胞　これについては細胞間道の項（7.3）で述べる．

7.1.3　水平方向に配列する組織および細胞

水平方向の組織としては放射組織がある．この組織は木部(および師部)の中を放射方向に伸びたリボン状の細胞群である．かつて髄線，射出髄，木部線，射出線などと呼ばれていた．とくに前者の2つは不適（髄と必ずしもつねに連絡があるわけではないから）とされる．この放射組織は貯蔵組織であり，放射組織始原細胞（ray initial）から分裂して形成される．

発生の上から一次組織中に発生し，内方にたどってゆくと髄につながっているもの（一次放射組織：primary

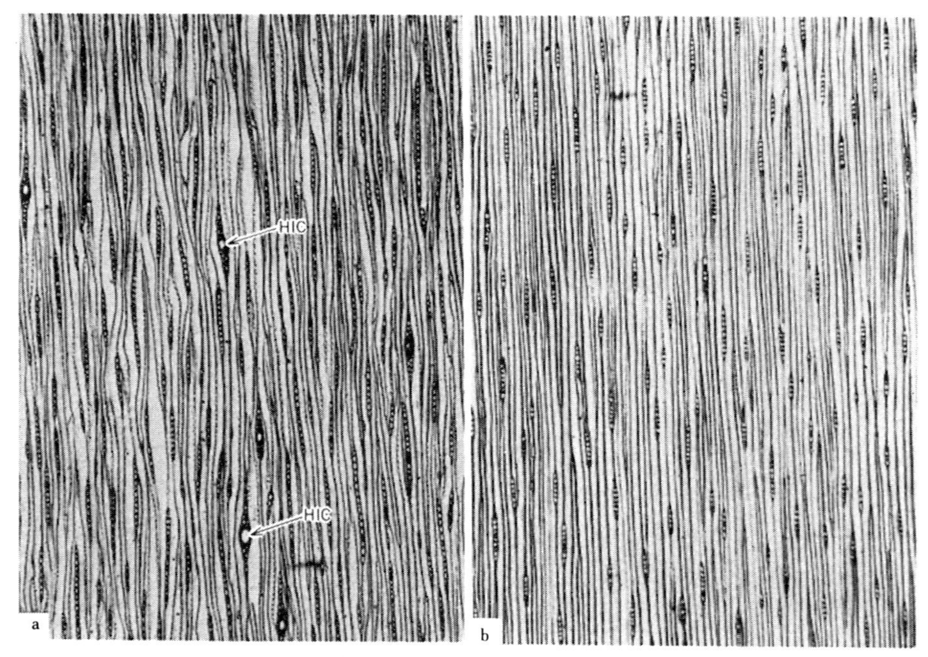

図 7.25　接線断面での放射組織．

a．カラマツ（*Larix leptolepis*）(36×)

単列と紡錘形の放射組織をもつ場合．後者は水平細胞間道(HIC)を含む．

b．モミ（*Abies firma*）(36×)

単列放射組織だけをもつ場合．

ray）——前述の pith ray などという言葉は，皮層と髄とを結ぶ柔組織だけに用いられるもの——と，形成層の活動によって発生し（二次木部の出現後に発生），髄につながっていないもの(二次放射組織：secondary ray）とに2大別される．

以上のことは針葉樹材および広葉樹材の両者についていえることである．

針葉樹材の放射組織を形の上から大別すると次の2つになる（図7.25 a, b）．

単列放射組織（uniseriate ray)および紡錘形放射組織（fusiform ray）

針葉樹材の場合でも一部の樹種では広狭2種の放射組織をもっている．広い方は注意すれば肉眼でも認められる．狭い放射組織はふつう単列である．まれには局部的に2列（複列）に配列する傾向があることが属や種によって知られている（*Sequoia sempervirens*, *Cupressus macronata*, *Fitzroya*, *Thujopsis*, *Libocedrus*)[7]が，その他の属，種などにも同様のことが偶発的には必ずしも認められないわけではないので，このことをそれらの属あるいは種の識別のための決定的な特徴として扱うときには十分その点を注意する必要がある．

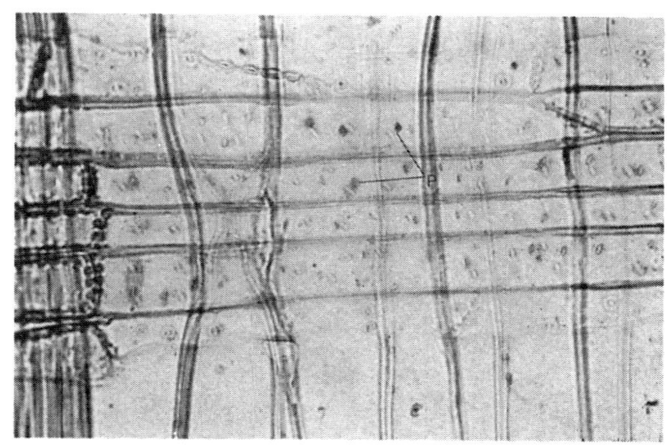

図 7.26　エゾマツ（*Picea jezoensis*）（R. 350×）
放射仮道管をもつ．分野壁孔はトウヒ型（P）：孔口の幅は狭く，わずかにはみ出した輪出孔口である．柔細胞の壁は厚い．

紡錘形放射組織は水平細胞間道をその中に含む．上述の広い放射組織はこれである．

高さは最も低いものが1細胞高で，一般に髄に近い部分では低く，徐々に樹令の増加とともに20～30年程度まで高さを増し，それ以後（外側へ向って）安定した高さを示すようになる．この高さは属や種によって一定のものであるといえる．一般には20～30胞細高とされている．40～60細胞高に達するものもある（*Sequoia*, *Taxodium* など)[7]．接線断面で認められる細胞相互の軸方向の接触の形が，属あるいは種によって異なることがある（接触部分が平面であるか，またはほとんど点であるか）．また細胞の形も長方形，長卵形を示す場合，かなり方形ないし円形に近い形を示す場合がある．

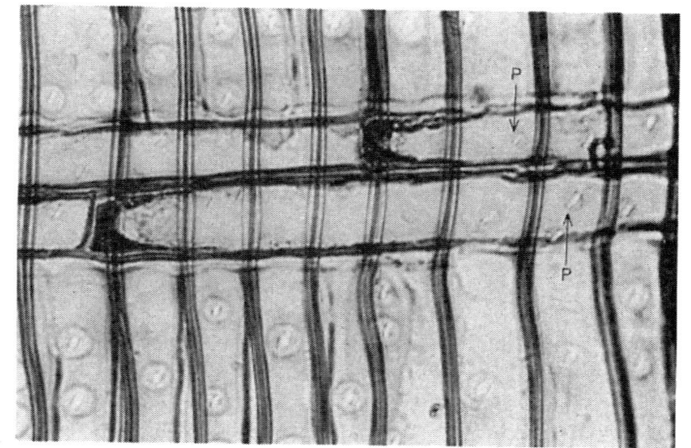

図 7.27　イヌマキ（*Podocarpus macrophyllus*）（R. 350×）
放射仮道管はない．分野壁孔はトウヒ型（P）．放射柔細胞の壁は平滑．

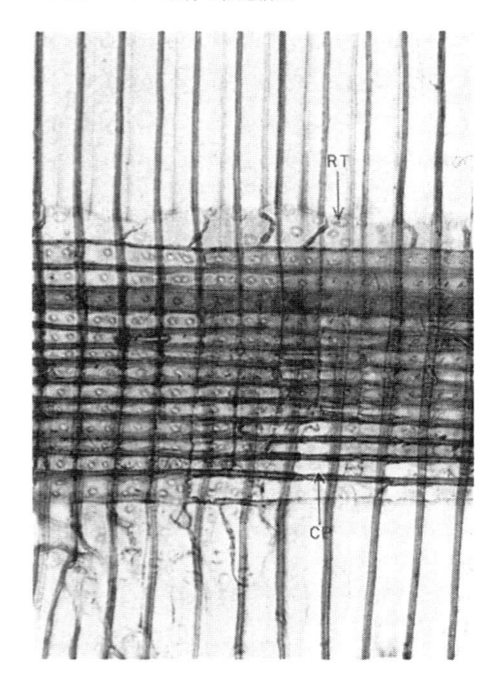

図 7.28　アラスカシーダー（*Chamaecyparis nootkatenis*）（R. 180×）
ヒノキ属でありながら放射仮道管をもつ（放射組織の上下両端にある）（RT）．分野壁孔はヒノキ型（CP）：卵円形の輪内孔口をもち，孔口の両側における孔口と壁孔縁までの距離は孔口の幅より大きい．

a）仮道管（放射仮道管）

放射仮道管は *Cedrus*, *Larix*, *Picea*, *Pinus*, *Pseudotsuga*, *Tsuga*（*Tsuga* の場合には，他の属にくらべてやや認めにくいことが多い）などには常在する．偶発的なものとしては *Abies*, *Chamaecyparis*（ベイヒバ：*C. nootkatensis* ではかなり著しい），*Juniperus*, *Libocedrus*, *Sequoia*, *Thuja*, *Taxodium* に認められることが知られている．

一般に放射組織の上下両端にあるが，中央部やその他に認められることもある．一般に長さは軸方向の仮道管よりはるかに短かい．輪郭は放射柔細胞にくらべると不規則である．らせん肥厚をもつものがあり，*Pseudotsuga* 属で最も著しい．*Picea* 属では種によりかなり明らかなものがある．一般に *Picea*, *Larix* などの属ではむしろ細かい鋸歯状の肥厚（dentate thickening）があるといえる．しかし後者では非常に認めにくい．不顕著な場合には，主として細胞の隅の部分に認められる（放射断面）．*Pinus* 属の中には顕著な鋸歯をもつものがある．ロングリーフパイン（*Pinus palustris*）などは最も著しい例である（図 7.29）．日本産のマツ類のうちアカマツ（*Pinus densiflora*）などの二葉松は，これによって平滑な細胞壁をもつヒメコマツ（*Pinus pentaphylla*）などの五葉松類と区別できる（図 7.36；図 7.37）．

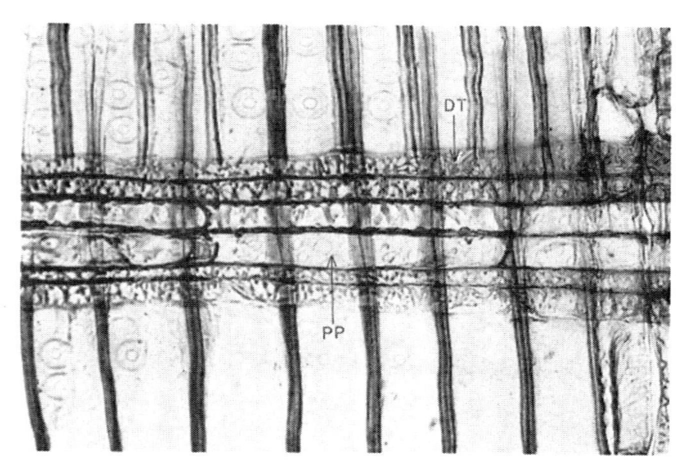

図 7.29　ロングリーフパイン（*Pinus palustris*）（R. 180×）
分野壁孔はマツ型(PP)：マツ属の一部に認められるもので窓状壁孔より小型で，大きさ，形は変化に富む．放射仮道管の壁には鋸歯状の肥厚が著しい(DT)．

b）放射柔組織およびその細胞

上述した放射仮道管をもつ各属では，放射仮道管と放射柔細胞とからなるが，それ以外では，放射組織は放射柔細胞だけによって構成されている．細胞相互は単壁孔で連なっている．

i）分野壁孔　軸方向仮道管と接して形づくられている矩形の部分を分野*）（cross field；ray crossing と呼ぶことあり）と呼ぶ．この

*）針葉樹材の場合だけで，広葉樹材では分野という考え方はない．

分野に認められる壁孔の形，大きさ，数は，属（ときにはさらに細かいグループ）によって異なる．

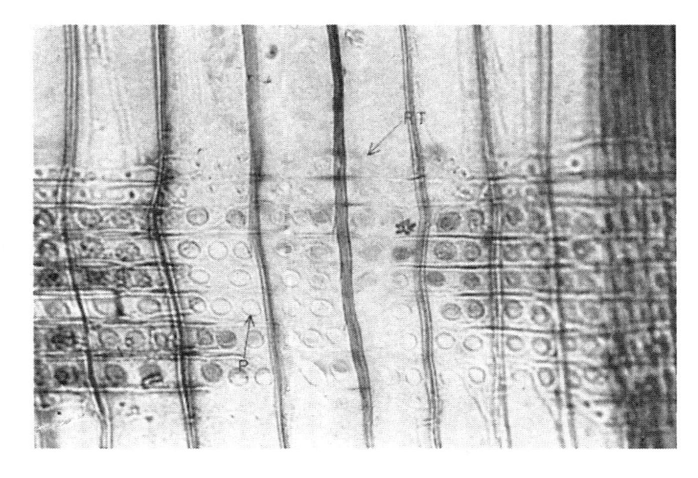

図 7.30 シュガーパイン（*Pinus lambertiana*）（R. 180×）
分野壁孔は卵形など（P）：窓状とマツ型壁孔の中間的な形であるが，通常前者に含まれる．放射仮道管の壁は平滑(RT)．

一般に次のように分類されている．

ヒノキ型壁孔（cupressoid pit）：
Chamaecyparis, *Thujopsis*, *Juniperus*, *Torreya*, *Tsuga*, *Podocarpus* の一部（図 7.28）．

マツ型壁孔（pinoid pit）：
Pinus（日本産にはない）：レッドパイン（*P. resinosa*）以外の硬松類（米国）（図 7.29；図 7.30）．

スギ型壁孔（taxodioid pit）：
Cryptomeria, *Abies*, *Thuja*（図 7.33；図 7.34）．

トウヒ型壁孔（piceoid pit）：
Picea, *Larix*, *Pseudotsuga*（図 7.26；図 7.27；図 7.31；図 7.32）．

窓状壁孔（window-like pit）：
Pinus（二葉松），*Sciadopitys*, *Podocarpus* の一部，*Dacrydium*の一部（図 7.35；図 7.36；図 7.37）．

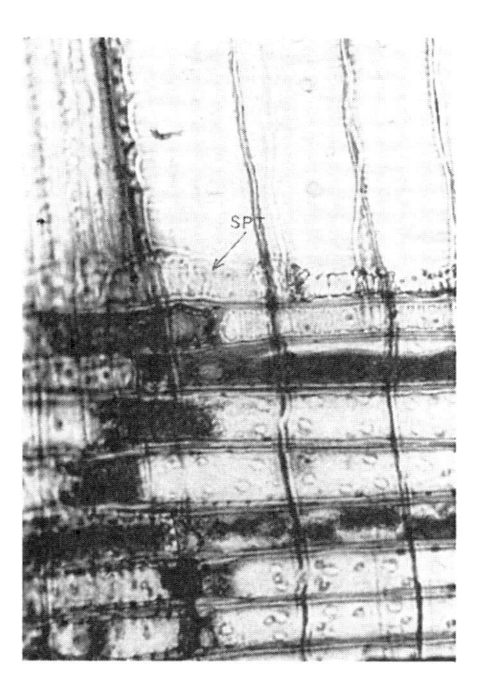

図 7.31 トガサワラ（*Pseudotsuga japonica*）（R. 350×）
放射仮道管のらせん肥厚（SPT）は著しい．柔細胞の壁は厚い．

なお，これらの壁孔は，存在する部分がどこであるか，すなわち早材部か晩材部かによって形に変化があるので，記載する際，あるいは記載を参考にする際などには注意しなければならない．特別のことがない限り，分野の壁孔の記載は早材部についておこなうのが一般的である．

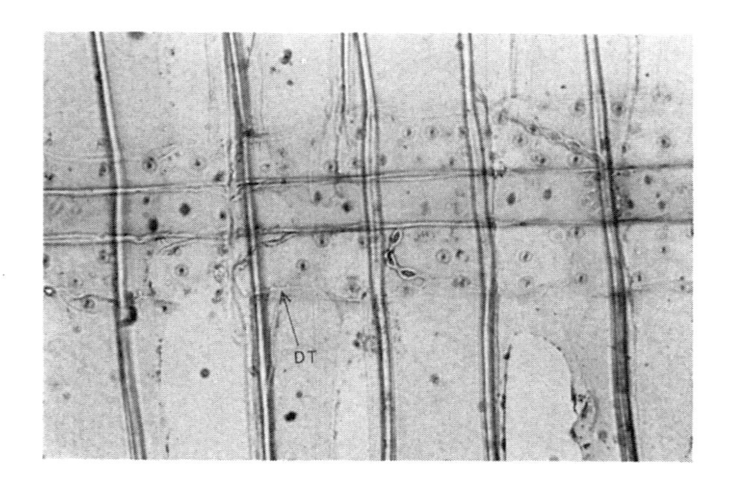

図 7.32　エゾマツ(*Picea jezoensis*)（R. 350×）
放射仮道管に細かい鋸歯状肥厚（DT）.

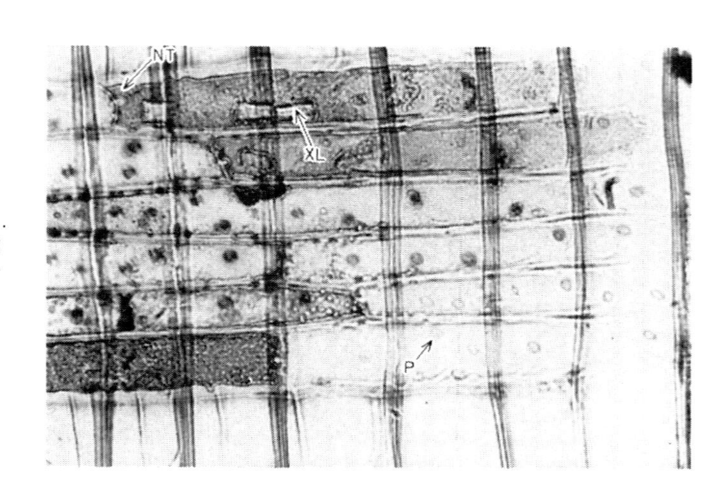

図 7.33　モミ（*Abies firma*）（R. 350×）
放射仮道管はなく分野壁孔はスギ型（P）. しゅう酸石灰の結晶（XL）を含む. 柔細胞の壁は厚い. じゅず状末端壁（NT）である.

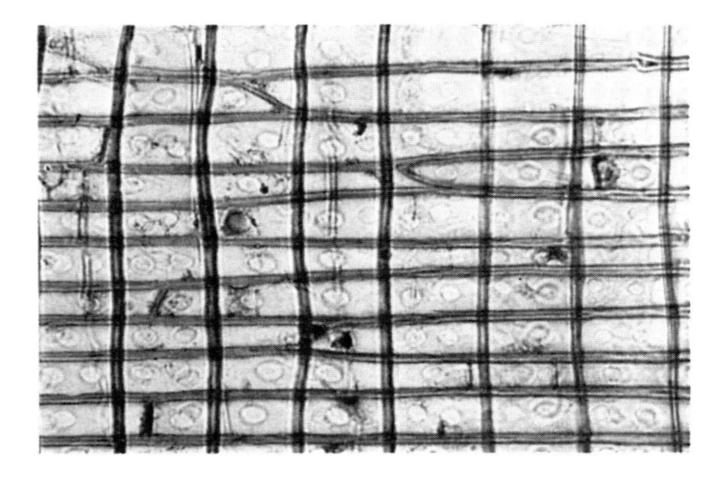

図 7.34　スギ（*Cryptomeria japonica*）（R. 350×）
分野壁孔はスギ型：大型の卵円形または円形の輪内孔口をもち，孔口の両側における孔口と壁孔縁までの距離は孔口の幅よりも小さい.

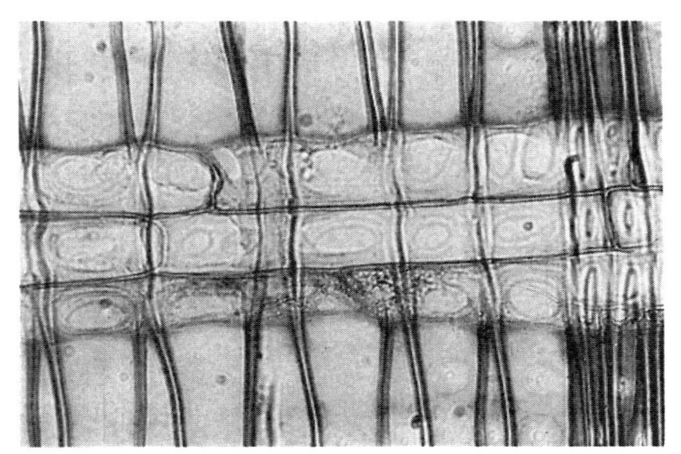

図 7.35 コウヤマキ (*Sciadopitys verticillata*) (R.350 ×)
窓状壁孔をもつ．柔細胞の壁は平滑．放射仮道管はない．

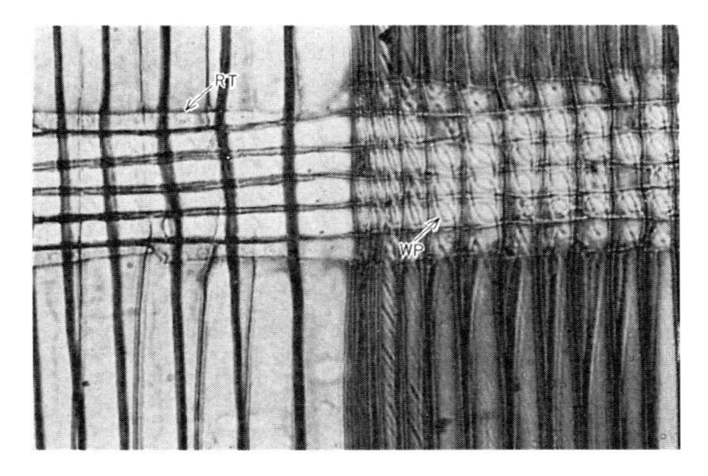

図 7.36 ヒメコマツ (*Pinus pentaphylla*) (R.180×)
窓状壁孔をもつ (WP)：分野の中に文字通り窓のように大型の壁孔が通常1～2．放射仮道管の壁は平滑 (RT)．

ii) 細胞壁 属によっては接線壁がじゅず状末端壁 (nodular end wall) (図7.26；図7.33)になっているものがあり，他との区別点になることがある (マツ科のモミ亜科とマツ属の中の軟松類に認められる)．Araucariaceae，大部分の Podocarpaceae，*Sciadopitys*，Cupressaceae の数属，*Pinus* などでは水平壁は薄い．またこれらでは水平壁に壁孔が認められない．多くの属にインデンチャー (indenture) がある (図7.39)．これは水平壁と接線壁 (末端壁) との接ぎ目に沿って現れる狭い溝で，放射断面では接線壁が水平壁と接する部分での水平壁の凹みとして現れる．

iii) 結　晶 属あるいは種によってしゅう酸石灰の結晶をもつことがある (図7.33および図7.38)．*Abies* (モミ)，*Picea* (ハリモミ，ヒメバラモミ，ヒマラヤトウヒなど)，*Pseudolarix*，*Cedrus* (ヒマラヤスギ)，*Keteleeria* などがその例である．

iv) 内容物の色 属あるいは種によって内容物の色が異たる(米国西海岸産の *Picea* 類のうちでシトカトウヒ：*P. sitchensis* とエンゲルマントウヒ：*P. engelmannii* の区別は，前者では

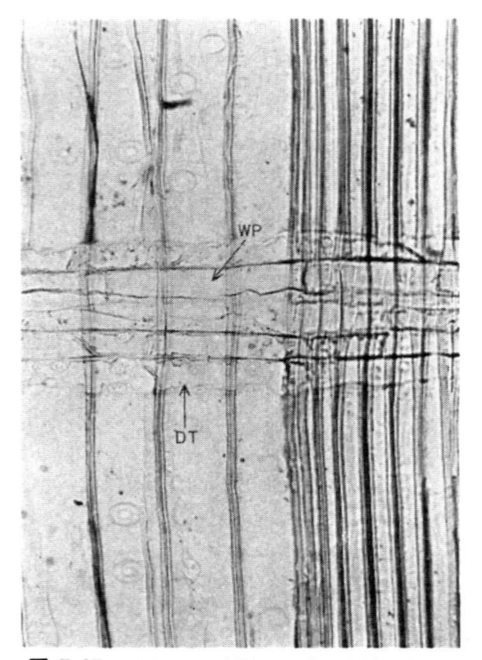

図 7.37　アカマツ（*Pinus densiflora*）（R. 180×）
窓状壁孔をもつ（WP）．放射仮道管には鋸歯状肥厚（DT）あり．

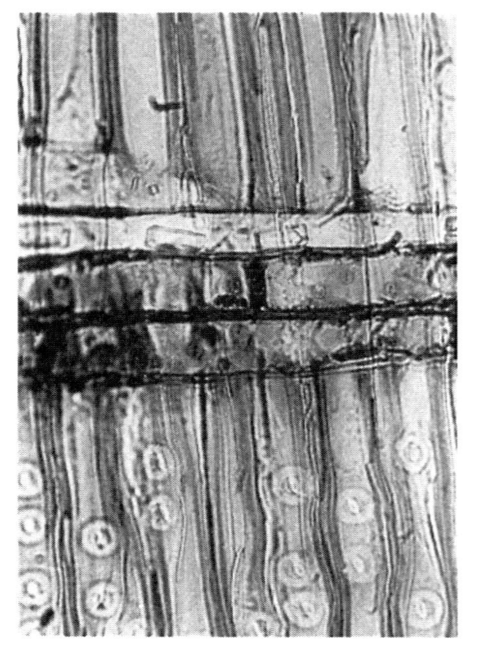

図 7.38　ヒマラヤスギ（*Cedrus deodara*）（R. 350×）
しゅ酸石灰の結晶が放射柔細胞にある．

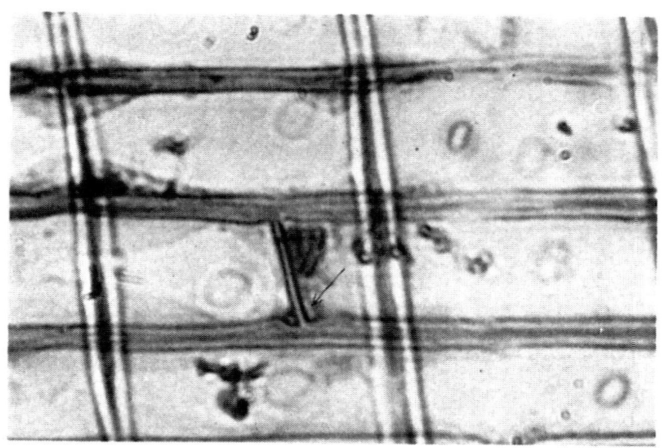

図 7.39　スギ（*Cryptomeria japonica*）（R. 880×）
放射柔細胞にあるインデンチャー（矢印）

内容物が赤色，後者では黄褐色であることによりできる）．

7.2 広葉樹材の細胞構成

代表的な広葉樹材の3断面を図7.40に示した．針葉樹材にくらべると広葉樹材においては，その構成細胞の種類も多く，またそれらの組合わせも変化が多い．科，属および種などによって，それぞれ特徴的であることが多い．最も典型的な特徴は道管をもつことである．このために広葉樹材(hardwood*))を有孔材（pored wood）と呼ぶことがある．

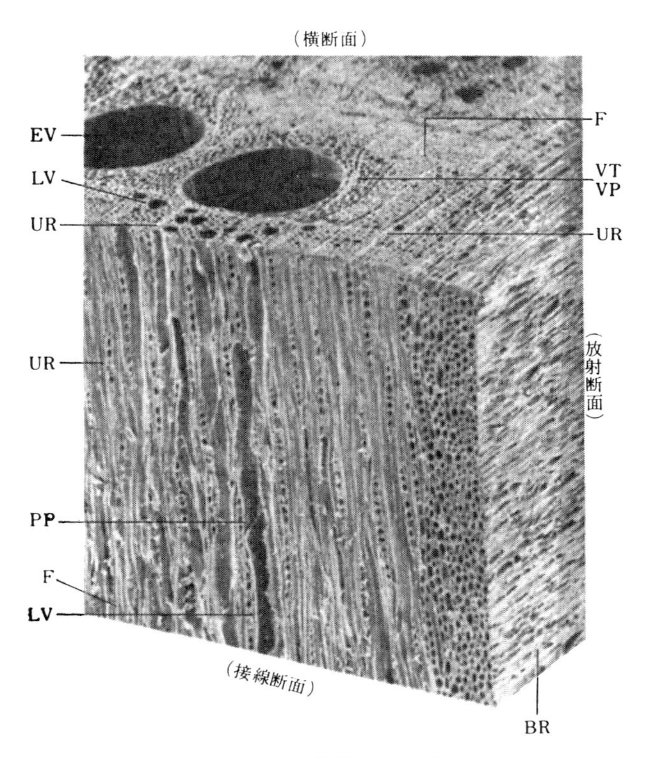

図 7.40 広葉樹材の3断面

ミズナラ（*Quercus crispula*）(180×)（佐伯浩氏提供）

BR：広放射組織（複合放射組織）
EV：早材部道管
F：繊維細胞
LV：晩材部道管
PP：道管のせん孔板
UR：単列放射組織
VP：周囲柔組織
VT：周囲仮道管

7.2.1 広葉樹材の細胞のあらまし

☆ 軸方向に配列する細胞（axial elements）

---

*） p.111 の脚注参照

- 道管要素（vessel elements）
- 仮道管　（tracheids）
  - 周囲仮道管　（vasicentric tracheids）
  - 道管状仮道管（vascular tracheids）
- 繊維*)(fibers)
  - 繊維状仮道管（fiber-tracheids）

表 7.4　日本産主要広葉樹における要素比率[1)]

樹　種	学　名	道管（%）	繊維（%）	柔組織（%）	放射組織（%）
アオダモ	*Fraxinus lanuginosa* Koidz.	4.74	83.23	6.17	5.86
アサダ	*Ostrya japonica* Sarg.	17.52	63.13*	6.06	13.65
イスノキ	*Distylium racemosum* Sieb. & Zucc.	24.56	43.61	14.42	17.41
イタヤカエデ	*Acer mono* Maxim.	14.16	65.86	3.49	15.49
イヌエンジュ	*Maackia amurensis* Rupr. & Maxim. var. *buergeri* Schm.	21.19	60.15	11.38	7.28
イヌブナ	*Fagus japonica* Maxim.	49.10	33.79	4.58	12.53
オオバボダイジュ	*Tilia maximowicziana* Shirasawa	31.99	56.49	6.87	4.65
オニグルミ	*Juglans sieboldiana* Maxim.	19.44	67.91	6.38	6.25
カツラ	*Cercidiphyllum japonicum* Sieb. & Zucc.	51.97	39.47	0.57	7.99
キリ	*Paulownia tomentosa* Steud.	17.85	41.21	36.88	4.06
クスノキ	*Cinnamomum camphora* (L.) Sieb.	12.20	66.87	12.49**	8.44
クリ	*Castanea crenata* Sieb. & Zucc.	21.74	58.67	13.35*	6.24
ケヤキ	*Zelkova serrata* (Thunb.) Makino	14.31	58.48	16.73	10.48
サワグルミ	*Pterocarya rhoifolia* Sieb. & Zucc.	10.43	82.02	2.92	4.63
シオジ	*Fraxinus spaethiana* Lingelsh.	11.67	65.09	10.08	13.16
シナノキ	*Tilia japonica* (Miq.) Simk.	28.30	62.37	5.24	3.73
タブノキ	*Machilus thunbergii* Sieb. & Zucc.	11.02	62.75	13.36	12.87
トチノキ	*Aesculus turbinata* Bl.	32.89	55.17	2.05	9.88
ドロノキ	*Populus maximowiczii* A. Henry	36.63	59.54	0.17	3.66
ハリギリ	*Kalopanax pictus* Nakai	30.74*	53.98	2.04	13.24
ハルニレ	*Ulmus davidiana* Planch. var. *japonica* (Rehd.) Nakai	32.30*	46.21	4.75	16.74
ハンノキ	*Alnus japonica* Steud.	28.30	48.72*	5.68	17.30
ヒロハノキハダ	*Phellodendron sachalinense* Fr. Schm.	25.57*	54.28	11.32	8.83
ブナ	*Fagus crenata* Bl.	41.22	32.09*	9.23	17.46
ホオノキ	*Magnolia obovata* Thunb.	30.85	59.03	0.55	9.57
マカンバ	*Betula maximowicziana* Regel	18.27	71.81*	1.56	8.36
ミズナラ	*Quercus crispula* Bl.	12.64	65.54	6.78*	15.04
ミズメ	*Betula grossa* Sieb. & Zucc.	16.51	67.45	3.47	12.57
ヤチダモ	*Fraxinus mandshurica* Rupr.	5.61	72.93	2.88	18.58
ヤマグワ	*Morus bombycis* Koidz.	28.62	55.22	4.41	11.75
ヤマザクラ	*Prunus jamasakura* Sieb.	20.25	57.01	3.24	19.50

*　仮道管を含む.　　**　分泌細胞を含む.

*)　本書では広葉樹材の繊維状の細胞，すなわち真正木繊維および繊維状仮道管を，とくに区別せずに一括するための用語として繊維を用いる.

表 7.5 主な熱帯産広葉樹材の要素比率[8)]

樹種	学名	道管(%)	繊維(%)	柔組織(%)	放射組織(%)	軸方向細胞間道(%)
アピトン	*Dipterocarpus grandiflorus* Blco.	23.0	44.9	10.6	16.6	4.9
アルモン	*Shorea almon* Foxw.	30.55	38.43	13.12	16.95	0.95
イピール	*Intsia bijuga* (Colebr.) O. Kuntze	10.71	51.22	23.74	14.33	
カランタス	*Toona calantas* Merr. & Rolfe	12.00*	63.86	9.58	14.56	
カランパヤン	*Anthocephalus cadamba* (Roxb.) Miq	12.5	74.8	1.7	11.0	
ケンパス	*Koompassia malaccensis* Maing.	5.1	71.4	10.7	12.8	
ジェルトン	*Dyera costulata* Hook. f.	7.36	62.04	6.57	24.03	
ジョンコン	*Dactylocladus stenostachys* Oliv.	11.2	67.0	5.7	16.1	
セプター	*Sindora coriacea* Prain	9.98	67.20	9.79	12.00	1.03
ダークレッドメランチ	*Shorea pauciflora* King	26.11	46.0*	8.46	18.44	0.99
ダオ	*Dracontomelon dao*(Blco.) Merr. & Rolfe	7.36	67.51	6.40	18.73	
タンギール	*Shorea polysperma* (Blco.) Merr.	34.64	37.94	8.36	18.91	0.15
チーク	*Tectona grandis* Linn. f.	35.60	30.30	18.50*	15.60	
ナーラ	*Pterocarpus indicus* Willd.	7.08	67.48	16.18	9.26	
ナトー	*Palaquium* sp.	13.61	57.04	4.63	24.72	
バルサ	*Ochroma lagopus* Sw.	5.0	～75.0～		20.0	
ビヌアン	*Octomeles sumatrana* Miq.	13.1	72.8	5.9	8.2	
ビンタンゴール	*Calophyllum blancoi* Pl. & Tr.	14.12	72.01*	3.83	10.04	
ホワイトメランチ	*Shorea bracteolata* Dyer	26.7	45.46	12.60*	14.90	0.30
マトア	*Pometia pinnata* Forster	23.60	50.20	3.90	22.30	
マホガニー	*Swietenia macrophylla* King	16.90	66.20*	1.70	15.20	
マヤピス	*Shorea squamata* (Turcz.) Dyer	19.24	60.87	9.52	9.78	0.59
マンガチャプイ	*Hopea acuminata* Merr.	28.56	46.97	12.38	10.98	0.26
リグナムバイタ	*Guaiacum officinale* L.	13.60	75.04	1.84	9.52	
レッドラワン	*Shorea negrosensis* Foxw.	25.46	54.09	8.11	12.22	0.12

* 仮道管を含む.

真正木繊維 (libriform wood fibers)

隔壁木繊維 (septate wood fibers)

隔壁繊維状仮道管 (septate fiber tracheids)

● 軸方向柔組織 (axial parenchyma) の細胞 (柔細胞)

軸方向柔組織の細胞 (cells of axial parenchyma)

紡錘形柔細胞 (fusiform parenchyma cells)

エピセリウム細胞 (epithelial cells) (日本産材にはない)

☆ 水平方向に配列する細胞 (radial or horizontal elements)

(針葉樹材の放射仮道管に相当するものはないと考えてよい)

● 柔組織 (parenchyma) の細胞 (柔細胞)

放射柔組織の細胞 (cells of ray parenchyma)

平伏細胞 (procumbent cells)

直立細胞 (upright cells, 方形細胞 : square cells を含む)

エピセリウム細胞 (epithelial cells)

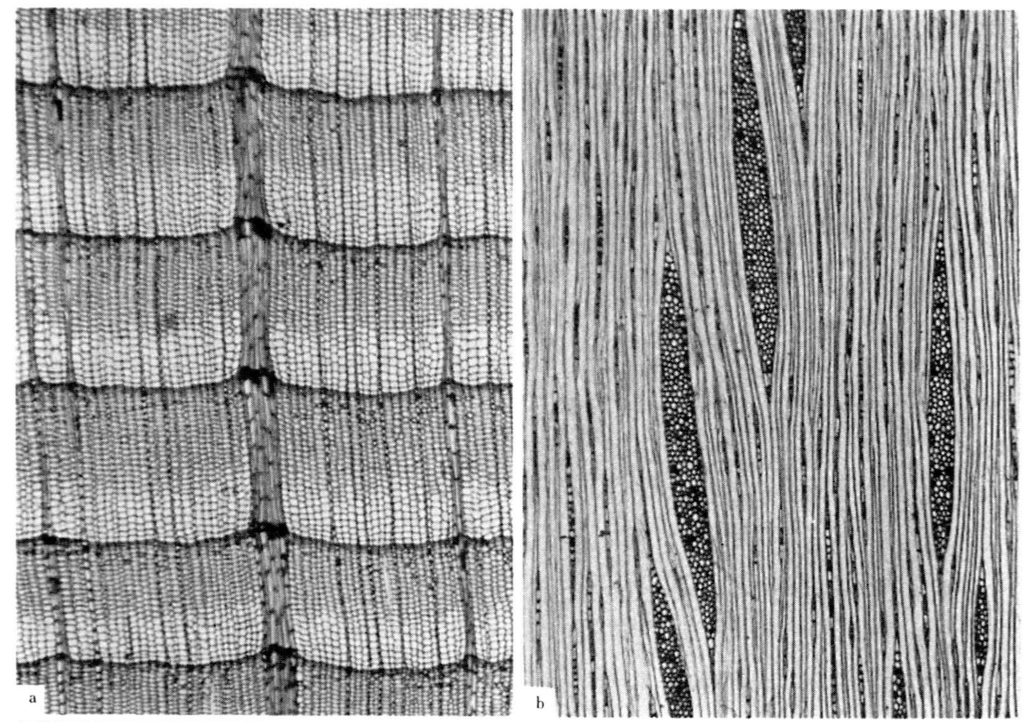

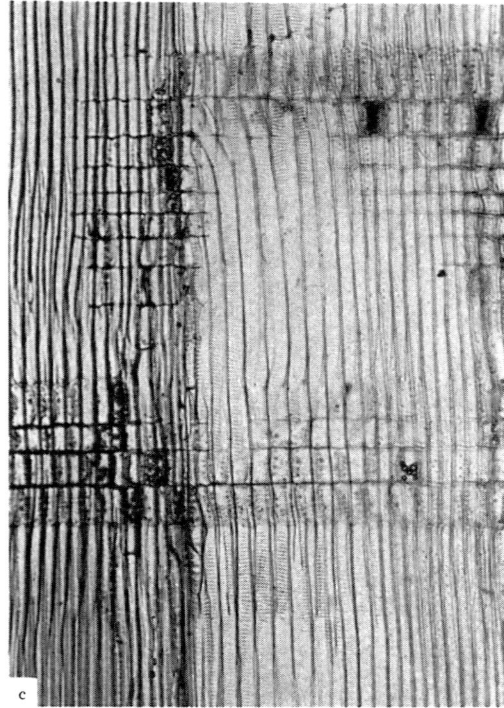

図 7.41　ヤマグルマ（*Trochodendron aralioides*）（40×）
広葉樹でありながら道管をもたない.
a．横断面，b．接線断面，c．放射断面
放射組織は大きく，異性型で，仮道管の壁孔は階段状であるなど，はっきりと針葉樹とは異なっていることがわかる.

• その他

☆ 材内師部（included phloem）の細胞

これらの要素のうち，おもなものの木材中に占める割合の例を表7.4および表7.5に示した．

7.2.2 軸方向に配列する組織および細胞

a）道管および道管要素

すでに述べたように道管が二次木部に認められることは，広葉樹材の特徴のうち最も重要なものである．道管は水分の通導作用をつかさどる細胞群である．しばしば，道管という言葉は細胞の合体した管状の構造および細胞のおのおのを示す場合の両者に用いられることがある．後者をとくに示すためには，道管要素(vessel element, vessel member)という言葉が用いられる．さらに道管要素の中には繊維状道管要素（fibriform vessel element or member）と呼ばれるものがあり他から区別されることがある．これは直径が小さく，しかも長さが長く，したがって繊維状仮道管に似た形態をもつものをいう．しかし，これは本質的には道管要素である．なお広葉樹材のうちには例外的に厳密な意味での道管をもたないものある．例えば *Drimys*（南米，ニュージーランドなどに産する），*Tetracentron* および *Trochodendron*（アジアに産する）などがよく知られている．とくに日本ではヤマグルマ（*Trochodendron aralioides*）がある（図7.41 a,b,c）．これらの道管のない木材が針葉樹材と異なる点は，いずれも明らかに針葉樹材と比較して幅の広い放射組織をもっていることである．

注） 裸子植物の中（Gnetales マオウ目）には逆に道管をもつものがある．
Ephedraceae：*Ephedra* 欧亜，南北アメリカ．
Gnetaceae：*Gnetum* 熱帯
Welwitschiaceae：*Welwitschia mirabilis*（日本の園芸家が“奇想天外”と名付けている）．被子植物と裸子植物を連絡する植物群であるとされている[9]．

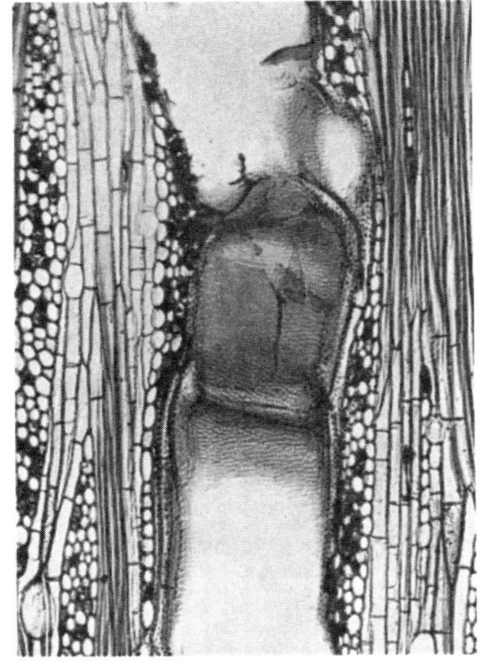

図 7.42 単せん孔の例
アルモン（*Shorea almon*）（T.95×）
道管の壁孔がやや小ないし中庸で交互配列をする例．部分的に孔口が連続して結合孔口となっている．中央に2個所隔壁のように認められるものがあるが，これらはせん孔板がそのように認められるのである．大型の道管の単せん孔板は一般にこのように認められる．

i）形　状　道管とは典型的には多数の円筒ないしはそれに近い形をした細胞（道管要素）（図7.42)が，軸方向に連続して合体し，分節をもった不確定の長さの管状の構造を形成しているものである．直径の小さい道管をもつ場合には，その形はすでに述べたように仮道管に近くなる（図7.60参照）．いずれにしても最も特徴的な点は，軸方向の（上下の）各細胞の接合部の壁のほとんど全部，または一部が消失していることである．その部分をせん孔板と呼び，消失してできた孔の部分をせん孔と呼ぶ．また，隣接する同類の要素との間は有縁壁孔でつながっている．なお，横断面では放射方向に長いだ円形を示すことが多く，完全な円

表 7.6　日本産主要樹種の道管，

樹種	学名	道管 直径*(μm) R	T	分布数 /mm²
アオダモ	*Fraxinus lanuginosa* Koidz.	100〜270	80〜210	
アカガシ	*Quercus acuta* Thunb.	40〜160		3〜18
アサダ	*Ostrya japonica* Sarg.	30〜200	20〜120	15〜40
イスノキ	*Distylium racemosum* Sieb. & Zucc.	20〜80		70〜100
イタヤカエデ	*Acer mono* Maxim.	30〜100	20〜60	30〜45
イヌエンジュ	*Maackia amurensis* Rupr. & Maxim. var. *buergeri* Schm.	50〜280	35〜220	7〜15
オニグルミ	*Juglans sieboldiana* Maxim.	50〜300	40〜200	3〜8
カツラ	*Cercidiphyllum japonicum* Sieb. & Zucc.	20〜100		100〜120
キリ	*Paulownia tomentosa* Steud.	150〜350	140〜260	
クスノキ	*Cinnamomum camphora* (L.) Sieb.	40〜200	30〜160	10〜25
クリ	*Castanea crenata* Sieb. & Zucc.	100〜400 (500)	80〜250	
ケヤキ	*Zelkova serrata* (Thunb.) Makino	100〜250		
サワグルミ	*Pterocarya rhoifolia* Sieb. & Zucc.	40〜260	40〜180	4〜12
スダジイ(シイノキ)	*Castanopsis cuspidata* (Thunb.) Schottky	100〜320		3〜6
シオジ	*Fraxinus spaethiana* Lingelsh.	150〜300(400)		
シナノキ	*Tilia japonica* (Miq.) Simk.	60〜130		35〜50
シラカシ	*Quercus myrsinaefolia* Bl.	50〜160		3〜15
タブノキ	*Machilus thunbergii* Sieb. & Zucc.	50〜130	40〜100	15〜35
トチノキ	*Aesculus turbinata* Bl.	30〜110	25〜60	70〜95
ドロノキ	*Populus maximowiczii* A. Henry	30〜150	20〜100	70〜120
ハリギリ	*Kalopanax pictus* Nakai	200〜400		
ハルニレ	*Ulmus davidiana* Planch. var. *japonica* (Rehd.) Nakai	100〜300	60〜250	
ハンノキ	*Alnus japonica* Steud.	30〜100	30〜70	70〜120
ヒロハノキハダ	*Phellodendron sachalinense* Fr. Schm.	150〜300	100〜250	
ブナ	*Fagus crenata* Bl.	20〜110		100〜170
ホオノキ	*Magnolia obovata* Thunb.	20〜100		130〜150
マカンバ	*Betula maximowicziana* Regel	50〜200	50〜200	18〜28
ミズナラ	*Quercus crispula* Bl.	100〜300		4〜9
ミズメ	*Betula grossa* Sieb. & Zucc.	30〜150	20〜100	18〜60
ヤチダモ	*Fraxinus mandshurica* Rupr.	100〜400		
ヤマグワ	*Morus bombycis* Koidz.	60〜180	40〜200	12〜18
ヤマザクラ	*Prunus jamasakura* Sieb.	20〜90	15〜80	45〜150

注)*　R：放射方向，T：接線方向

形のものは少ない．横断面での形あるいは配列を示すときには道管と呼ばないで管孔（pore）と呼ぶことが多い．

(1)　直径：　道管の直径は種類により，また同一種であっても部分により差が認められたり，同一年輪内であっても早材部と晩材部では大きな差があることがある．しかし，いずれにせよかなり種または属の特徴を示すことが多い．おもな樹種の道管の直径を表7.6および表7.7に示した．

繊維および放射組織の大きさ[2)]

管			繊	維		放射組織		備考
せん孔	長さ (mm)	壁厚 (μm)	直径 (μm)	長さ (mm)	壁厚 (μm)	細胞幅	細胞高	
単	0.1~0.3	2~4	10~30	0.4~1.2~1.5	1~2	1~3	~35	
〃	0.2~0.6	4~8	15~20	0.8~1.2~1.5	5~7	複合	~≧10 (mm)	
〃	0.4~1.0	2~4	10~20	0.6~1.5~2.1	2~4	1~4	~80	道管にらせん肥厚
階	0.65~1.7	1~1.5	10~40	1.0~1.9~2.5	5~10	1~2(3)	~30	
単	0.1~0.3	1~1.5	10~23	0.4~0.7~1.0	2~3	1~5	~30	道管にらせん肥厚
〃	0.08~0.2	1.5~3	10~25	0.5~1.0~1.3	1.5~2	(1)~7	~70	小道管にらせん肥厚
〃	0.2~0.6	1.5~3	20~30	0.6~1.1~1.7	2~4	1~5	~60	
階	0.5~1.8	2~3	15~25	0.6~1.5~2.2	2.5~4	1~2(3)	~30(60)	
単	0.15~0.2	2~5	25~45	0.4~0.9~1.2	1.5~2.5	(1)~4	~25	
〃	0.15~0.5	1.5~3	10~30	0.6~1.1~1.5	1.5~3	1~3	~25	油細胞
単（小道管階）	0.2~0.4	2~2.5	15~20	0.6~1.1~1.5	3~5	単	~21	
単	0.12~0.16	3~6	10~20	0.8~1.2~2.0	3~5	1~8	~50	小道管にらせん肥厚
〃	~0.75	1~2.5	20~60	0.7~1.2~1.9	1.5~2.5	1~2(3)	~25	
単（小道管階）	0.3~0.6	3~5	10~25	0.7~1.2~1.6	3~5	単(集合)	~23	
単	0.1~0.25	2~5	15~35	0.9~1.4~1.7	1.5~3	1~2(3)	~24	
〃	0.55~0.75	2~3	20~30	0.6~1.5~2.2	2~3	1~5	~106	道管にらせん肥厚
〃	0.3~0.6	3.5~7	10~20	0.8~1.1~1.4	4~6	複合		
単(階)	0.2~0.7	3~6	10~25	0.5~1.1~1.5	2~3	1~4	~26	油細胞
単	0.36~0.7	1~2	10~30	0.4~0.8~1.1	1.5~2	単	~15	道管にらせん肥厚，要素層階配列
〃	0.4~0.7	1.5~2.5	20~30	0.5~1.3~2.0	1.5~2	〃	~36	
〃	0.2~0.3	2~3	15~20	0.6~1.1~1.6	2~4	(1)~5	~40	
〃	0.1~0.3	1.5~3	10~20	0.4~1.2~1.8	2~3	1~6	~55	小道管にらせん肥厚
階	0.5~0.85	1.3~2	10~50	0.6~1.3~1.9	2~5	集合		
単	0.1~0.3	2~4	15~30	0.5~1.1~1.6	2~3.5	1~5	~30	小道管にらせん肥厚
単(階)	0.4~0.8	1.5~2	13~25	0.5~1.1~1.8	2.5~6	~20	~25	
階	0.4~1	1.5~2	15~35	0.7~1.3~2.0	2~4	1~2	~57	
〃	0.6~1.2	2~4	15~35	0.8~1.5~2.3	3~4	1~5	~40	
単	0.3~0.5	2.5~4	15~25	0.5~1.1~1.6	3.5~5	複合	~≧20 (mm)	
階	0.6~1.2	2~3	15~30	0.5~1.5~2.1	3~4	1~3(4)	~38	
単	0.1~0.25	2~5	15~40	0.5~1.3~1.8	1.5~5	1~4	~15	
〃	0.1~0.4	1.5~2	10~25	0.6~1.1~1.7	1.5~2.5	1~7	~65	小道管にらせん肥厚
〃	0.15~0.9	1.5~2	10~30	0.3~0.9~1.4	1.5~2	1~5	~47	道管にらせん肥厚

なお，識別拠点として道管の直径を記載する際，接線径の平均値を級分けすることが多い．道管の直径は木材の識別拠点としては，最も重要なもののひとつであるので，記載の際には見逃がしてはならない．おのおのの級の範囲は，それをどのように利用するかによって，広くもなり，狭くもなる．次に述べる例[25)]はかなり広い範囲にわたる樹種に適用できるものといえる．

表 7.7　主要南洋材の道管，繊維，

樹種	学名	道管 直径* (μm) R	道管 直径* (μm) T	道管 分布数/mm²	道管 せん孔
アピトン	*Dipterocarpus grandiflorus* Blco.	70～300	50～250	4～8	単
アルモン	*Shorea almon* Foxw.	130～460	100～370	3～9	〃
イエロウメランチ	*Shorea* sp.	160～300	100～240	3～6	〃
イピール	*Intsia bijuga* (Colebr.) O. Kuntze	170～380	160～260	～5	〃
カプール	*Dryobalanops* sp.	110～280	90～230	7～12	〃
カメレレ	*Eucalyptus deglupta* Bl. ***		142～234	5～11	〃
カランタス	*Toona calantas* Merr. & Rolfe	90～280	85～230	2～6	〃
カランパヤン	*Anthocephalus cadamba* (Roxb.) Miq.	160～300	120～200	2～7	〃
ケンパス	*Koompassia malaccensis* Maing.	110～270	100～250	0～5	〃
ジェルトン	*Dyera costulata* Hook. f.	120～220	120～180	～8	〃
ジョンコン	*Dactylocladus stenostachys* Oliv.	60～230	60～170	4～12	〃
セプター	*Sindora coriacea* Prain	100～220	90～160	4～11	〃
ダークレッドメランチ	*Shorea pauciflora* King	110～420	100～360	3～8	〃
ダオ	*Dracontomelon dao* (Blco.) Merr. & Rolfe	150～330	150～280	1～4	〃
タスマニアンオーク	*Eucalyptus obliqua* L. Hérit		115～186	4～8	〃
タンギール	*Shorea polysperma* (Blco.) Merr.	80～500	70～350	3～9	〃
チーク	*Tectona grandis* Linn. f.	330～450	240～380		〃
ナーラ	*Pterocarpus indicus* Willd.	240～380	230～290	1～3	〃
ナトー	*Palaquium* sp.	150～250	120～200	5～10	〃
バクチカン	*Parashorea plicata* Brandis	140～400	110～320	1～8	〃
バルサ	*Ochroma lagopus* Sw.	180～350	130～230	～8	〃
ビヌアン	*Octomeles sumatrana* Miq.	150～360	150～290	2～5	〃
ビンタンゴール	*Calophyllum blancoi* Pl. & Tr.	125～260	115～215	3～8	〃
ホワイトメランチ	*Shorea bracteolata* Dyer	150～370	140～290	4～9	〃
ホワイトラワン	*Pentacme contorta* Merr. & Rolfe	80～430	80～360	1～4	〃
マトア	*Pometia pinnata* Forster	195～390	125～260	2～6	〃
マホガニー	*Swietenia macrophylla* King	160～300	130～250	3～9	〃
マヤピス	*Shorea squamata* (Turcz.) Dyer	100～330	80～300	3～5	〃
マンガシノロ	*Shorea philippinensis* Brandis	110～350	70～280	4～10	〃
マンガチャプイ	*Hopea acuminata* Merr.	70～270	70～240	7～18	〃
モルッカンソウ	*Albizia falcataria* Fosb.	220～350	165～340		〃
ラミン	*Gonystylus bancanus* (Miq.) Kurz	120～230	90～180	4～9	〃
リグナムバイタ	*Guaiacum officinale* L.	30～140	25～110	～8	〃
レッドラワン	*Shorea negrosensis* Foxw.	210～480	210～360	2～5	〃

注)*　R：放射方向，T：接線方向
**　AIC：軸方向細胞間道（樹脂道），HIC：水平細胞間道（樹脂道）
***　Dadswell, H.E：The anatomy of eucalypt woods. Div. Ap. Chem. Tech. Paper No. 66, C.S.I.R.O. (1972)

級		平均接線径
小さい	極めて小さい	～ 25μm
	非常に小さい	25～ 50μm
	やや小さい	50～100μm

および放射組織の大きさ[8)]

管		繊	維		放射組織		備考**
長さ (μm)	壁厚 (μm)	直径 (μm)	長さ (mm)	壁厚 (μm)	細胞幅	細胞高	
100〜500	1.5〜2.5	20〜30	1.4〜2.4	6〜10	1〜5	〜40	AIC 短接線状
200〜700	2〜3	15〜40	1.1〜2.3	2.5〜6	1〜5(6)	〜81	AIC 同心円状
200〜600	4〜6	15〜25	0.9〜1.8	2〜2.5	1〜6	〜50	AIC 同心円状，HIC
150〜500	5〜6	20〜40	1.2〜2.85	2〜3	1〜3	〜38	
200〜800	3〜4	15〜25	0.3〜2.1	5〜7	1〜3(4)	〜87	AIC 同心円状
410〜730		13〜18	1.01〜1.40		1〜2(3)	〜11	放射孔材
300〜850		18〜30	0.7〜1.46	1.5〜2.5	1〜5(6)	〜20	環孔材
400〜900	1.5〜3	25〜50	1.2〜2.1	1.5〜2.5	1〜3	〜22	
200〜600	3〜5	15〜25	0.95〜2.0	4〜5	1〜4	〜33	材内師部同心円状．リップルマーク
440〜990	4〜6	25〜55	1.1〜2.1	2〜2.5	1〜4	〜40	乳管，乳跡
300〜750	2.5〜3	15〜35	0.48〜1.33	2〜3	1	〜47	放射方向に走る材内師部が放射組織に
150〜500	3〜4	15〜25	0.73〜1.57	2〜3	1〜2(3)	〜41	AIC 同心円状
200〜600	5〜6	30〜50	1.1〜1.8	3〜4	1〜4	〜80	AIC 同心円状
200〜550	3〜4	16〜32	0.81〜1.8	2.5〜5.5	1〜3	〜45	
420〜650		14〜19	1.04〜1.27		1〜3	〜11	放射孔材
150〜660	2〜3	15〜30	1.2〜2.08	2〜3	1〜6	〜79	AIC 同心円状
210〜375		20〜40	0.93〜1.76	3〜5	1〜5	〜40	環孔材
135〜340	1.5〜3	20〜40	0.78〜1.4	1.5〜2.5	1 (2)	〜12	環孔状の傾向強し．リップルマーク
480〜600	3〜4	25〜38	1.3〜2.6	2〜2.5	1〜3	〜45	
80〜630	2〜3	20〜45	1.3〜2.38	2.5〜3.5	1〜5(6)	〜67	AIC 同心円状
250〜750	2	40〜80	1.3〜2.7	1.5〜2	〜6	〜97	
360〜680		35〜70	1.2〜2.3	2.5〜5.0	1〜4	〜50	
390〜800	1.5〜2.5	20〜35	1.1〜2.1	2.5〜3.5	1	〜25	放射孔材
200〜600	2〜3	25〜45	1.1〜2.0	3〜5	1〜6	〜68	AIC 同心円状
200〜710	2〜3	15〜45	1.26〜1.92	1.5〜2.5	1〜6(7)	〜75	AIC 同心円状
150〜450	2〜3	20〜30	0.84〜1.34	3〜4	1〜2	〜50	
300〜540	4〜8	20〜30	0.94〜1.87	2.5〜3.5	(1)〜9	〜26	リップルマーク
250〜700	1.5〜2.0	20〜45	1.0〜2.08	2.5〜3	1〜4(5)	〜65	AIC 同心円状
200〜650	2〜3	20〜40	0.96〜1.7	2〜2.5	1〜4	〜45	AIC 同心円状
200〜550		20〜30	0.88〜1.96	3〜5	1〜4(5)	〜32	AIC 同心円状
		20	1.84		1	〜25	
250〜600	4〜6	30〜50	1.2〜1.9	3〜5	1〜(2)	〜42	
80〜110	2.5〜5	8〜13	0.33〜0.76	3〜5	単	〜7	リップルマーク
350〜2100	2.5〜3	20〜40	0.93〜1.98	2〜2.5	1〜4	〜81	AIC 同心円状

中　庸　　100〜200μm

大きい
- やや大きい　200〜300μm
- 非常に大きい　300〜400μm
- 極めて大きい　400μm〜

(2) 長さ：　ほぼ形成層の始原細胞の長さと同じであるとされている．仮道管あるいは繊維のように整った紡錘形あるいは針形をしていないので，長さを測定するについて測点の位置が問題になることが多い．一般にはどのような形をしていても軸方向の両先端の間で測ることがより変動を少なくできるとされている．また，このようにして測定した道管要素の長さは紡錘形始原細胞の長さを示すとされている点でも，それを知るためには最も意義があるといえる．おもな樹種の道管要素の長さを表7.6および表7.7に示した．道管要素の長さの級分けの一例を次に示した[26)27)]．

級		平均長の範囲
短かい	極めて短かい	～175μm
	非常に短かい	175～250μm
	やや短かい	250～350μm
中　庸		350～800μm
長　い	やや長い	800～1100μm
	非常に長い	1100～1900μm
	極めて長い	1900μm～

(3)　せん孔（perforation）：　ひとつの道管要素から他の道管要素へと軸方向へ連絡する孔．道管要素が上下に接する細胞壁の部分は細胞分裂直後には全面に壁をもつが，4章でも述べたように，後に一部分あるいはほとんど全部が消失してせん孔ができるようになり，上下に通ずるのであるが，この部分をせん孔板（perforation plate）と呼ぶ．

せん孔の型式は木材識別には重要な特徴となる．とくにパルプのように他によりどころの少ない場合にとくにこのことがいえる．このせん孔は典型的には次のように分類される．

- 単せん孔　(simple perforation)
- 多孔せん孔（multiple perforation)
  - 階段せん孔（scalariform perforation)
  - 網状せん孔（reticulate perforation)
  - マオウ型せん孔（ephedroid perforation)

ときには一方に単，他方に階段の，それぞれ別のせん孔板をもつことがあり，このような場合せん孔は単～階段状であると呼ぶ．それぞれを説明してみよう．

単せん孔：　最も多くの市場材に認められる．せん孔板に単一の孔が認められるもので，円形，だ円形を示す（図7.42；図7.51；図7.52)．せん孔板に残っている縁の部分をせん孔縁（perforation rim）と呼ぶ．上下両端に単せん孔をもつ道管要素を単せん孔をもつ道管要素と呼ぶ．したがって一方に階段せん孔をもつものは，すでに述べたように単～階段せん孔をもつ道管要素と呼ばれる．道管の直径が大きいと縦断面でちょうど竹を縦割りにしたような節がハンドレンズによっても認められる．しかし，顕微鏡下で薄い切片によって観察するととくに直径の大きい道管の場合にはまったくせん孔が認められないように感ぜられることも少なくない．いちばん確かな確認の方法は解繊した試料を観察することである．

単せん孔を有する樹種には，カエデ（*Acer*），ケンポナシ（*Hovenia*），セン（*Kalopanax*），センダン（*Melia*），ヤマグワ（*Morus*），キリ（*Paulownia*），キハダ（*Phellodendron*），ドロノキ（*Populus*），チーク（*Tectona*），ミズナラ（*Quercus*），ヤマハゼ（*Rhus*），ニセアカシア

(*Robinia*), ヤナギ (*Salix*), シナノキ (*Tilia*), ケヤキ (*Zelkova*), ニガキ (*Picrasma*), カキ (*Diospyros*), シオジ (*Fraxinus*), サクラ (*Prunus*), オニグルミ (*Juglans*), サワグルミ (*Pterocarya*), エノキ (*Celtis*), ネム (*Albizia*), ラワン・メランチ類 (*Shorea*, *Parashorea*, *Pentacme*), アピトン・クルイン類 (*Dipterocarpus*), カプール (*Dryobalanops*), ラミン (*Gonystylus*), ジョンコン (*Dactylocladus*), セプター (*Sindora*) などがある. 熱帯産の有用樹種には, この単せん孔をもつ道管だけをもつものが温帯産材にくらべて非常に多い.

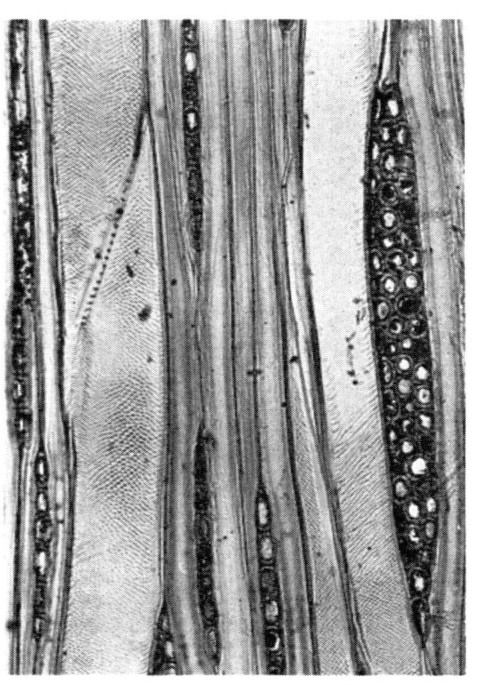

図 7.43 階段せん孔を接線断面で見た場合（左側の道管に階段の断面が斜めに点々と見える）道管壁の有縁壁孔が非常に小さくしかも交互配列をする例.
ミズメ (*Betula grossa*) (T.190×)

階段せん孔： せん孔板のだ円形の長軸方向に直角に, 階段（あるいは梯子（はしご））のように壁が消失している部分がある. したがってせん孔板には細長い孔が平行に並んでいる（図 7.43；図 7.47；図 7.49). これは多孔せん孔の一種である. 残った部分を階段 (bar(s)) と呼ぶ. 種によって, 階段の数が少なく幅の広いものから, 細く非常に多数で数十に及ぶものがある. 数, 幅はしばしば種・属の特徴となる. 一般的に環孔材の孔圏の道管要素には単せん孔が認められ, また散孔材のうち, 道管要素の直径の小さいものには階段せん孔が認められるなどの傾向が強い. ハンドレンズにより階段が認められることもある.

階段せん孔を有する樹種には, ハンノキ (*Alnus*), ヤマモモ (*Myrica*), マカンバ (*Betula*), フサザクラ (*Euptelea*), カツラ (*Cercidiphyllum*), ミズキ (*Cornus*), ユズリハ (*Daphniphyllum*), イスノキ (*Distylium*), ホオノキ (*Magnolia*), アワブキ (*Meliosma*), エゴノキ (*Styrax*), ハイノキ (*Symplocos*), ナツツバキ (*Stewartia*), ゴマキ (*Viburnum*), ペナラハン (*Myristica*, *Knema*), バイロラ (*Dialyanthra*), テパ (*Laurelia*), チャンパカ (*Michelia*) などがある. 熱帯産材には例が少ない. さらにこれらの階段が癒合したようになり, 部分的に網状を示すようなこともある（図 7.56). これを網状－階段せん孔と呼ぶことがある.

単と階段の2種のせん孔が同一の木材中に認められることがあり, 単せん孔を主として有する材の晩材部に少数の階段をもつものが認められることもある. また階段数の少ない階段せん孔をもつ場合に単せん孔が認められることがある. ニクズク科 (Myristicaceae) には複合階段 (compound scalariform) せん孔と呼ばれるものが認められる[11].

網状せん孔*)： 網目状の多孔せん孔をもつものがある. 小さい孔が多数あるということから foraminate perforation*) とも呼ぶ. また場合によっては階段せん孔から網状への移行形とみられ

---

*) 網状せん孔, 階段せん孔, マオウ型せん孔などに関係して分類の方法について最近新しい提案が出されている[10].

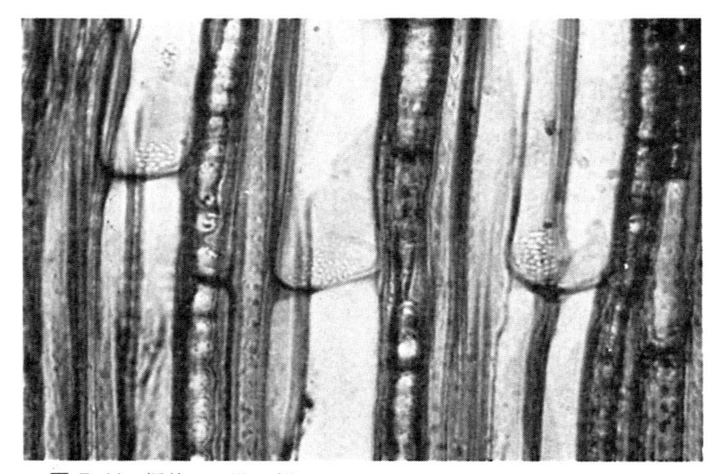

図 7.44　網状せん孔の例
チチブドウダン（*Tritomodon cernuus* var. *matsudae*）
（R. 375×）

るものを網状といい（図 7.44），小孔が多数あるが，全体としては一般に考えられる網の形とは異なっているものを狭義の多孔せん孔（foraminate perforation）とすることがあるようである．ノウゼンカツラ科（Bignoniaceae）の *Oroxylon* sp. に知られている．典型的なものは主要な日本産材では知られていないようである．チチブドウダン（*Tritomodon*）に認められた例を図 7.44 に示した．

マオウ型せん孔*)：　円形の孔が小さい群を形づくっているせん孔で，*Ephedra*（マオウ属）に認められる．（注*：前頁脚注）

以上，述べてきたせん孔は，一般に道管要素の上下 2 個所にあるのであるが，長さの長い道管要素では，はっきりとした竹の節を思わせるような位置にはなく，しばしばその位置が先端より中央に寄っている．さらに特殊な場合には上下の 2 個のほかに側壁にもせん孔が認められることがある．エゴノキ（*Styrax*），サクダラ（*Meliosma*）などに例がある．

(4)　壁の有縁壁孔：　隣接する道管要素どうしの間の接続は有縁壁孔でおこなわれる．しかし針葉樹材の仮道管の場合と異なりトールスをもたない．この有縁壁孔は隣接の細胞の種類により形，大きさなどが異なる．道管どうしが接する場合の有縁壁孔の型式は，しばしばその樹種（属・科）の特徴を示すことが多い．また有縁壁孔の直径の大小も樹種（さらに属・科など）の特徴を示すことが多い．そのいくつかの型式を示してみよう．

対列壁孔（opposite pitting）：　水平方向に列をつくって 2〜数個ずつ並ぶ壁孔の配列で，密集している場合には壁孔縁の輪郭は正面から見ると四角形に近くなる．例は図 7.45，図 7.47 に示した．日本産材には典型的な例は少ない．後に述べる階段壁孔が見られる場合に同時に見られることが多い．

交互壁孔（alternate pitting）：　斜方向の列をつくって何列も並んだ壁孔の配列で，壁孔が密集している場合には壁孔縁の輪郭は正面から見ると六角形になる傾向がある（図 7.42；図 7.43；図 7.46；図 7.52）．比較的疎に配列する場合あるいは密に配列する場合など樹種により特徴を示す．交互配列の壁孔をもつ樹種が最も多いといえよう．

ふるい状壁孔（sieve pitting）：　小型の壁孔がふるいの目のように群をなして集まった配列で，一般の広葉樹材には認められる例を経験していない．

階段壁孔（scalariform pitting）：　細長いあるいは線型の壁孔が梯子状に連続して配列した状態をいう．図 7.47，図 7.54 が例である．最も典型的な例はホオノキ（*Magnolia*），オガタマノキ（*Michelia*）などのホオノキ科（Magnoliaceae），テパ（*Laurelia*），*Doryphora* などの樹種に

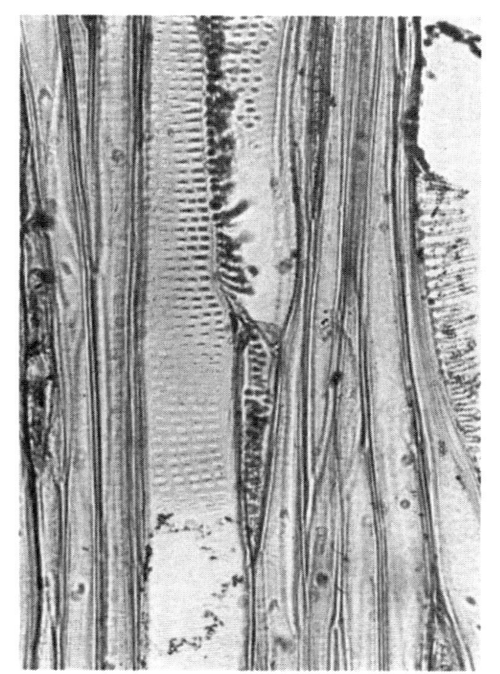

図 7.45　アオハダ（*Ilex macropoda*）（T.375×）　中央の道管に対列壁孔が認められる．道管壁にらせん肥厚がある．

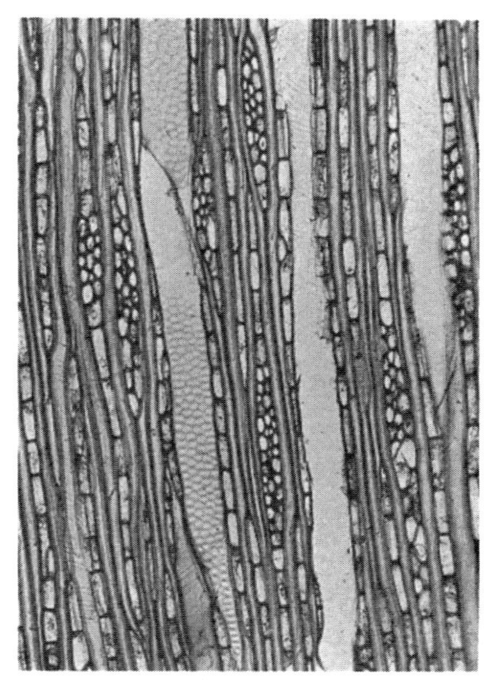

図 7.46　ホルトノキ（*Elaeocarpus sylvestris*）（T.95×）　直径の大きい壁孔が交互配列をする．単せん孔．

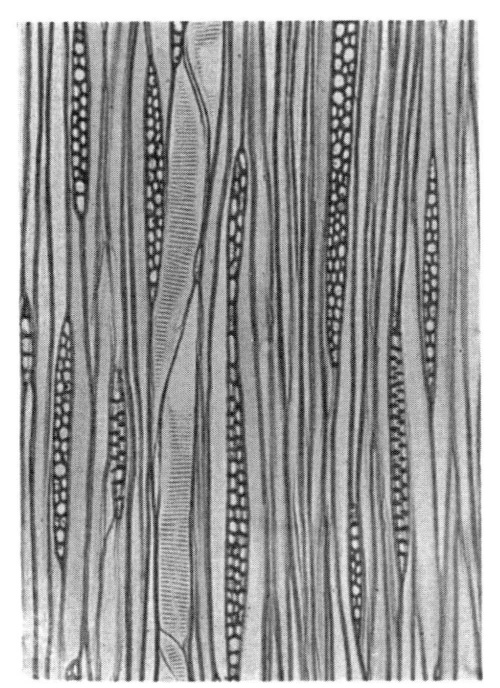

図 7.47　ホオノキ（*Magnolia obovata*）（T.95×）階段壁孔と，部分的には対列壁孔が認められる．せん孔は階段状．

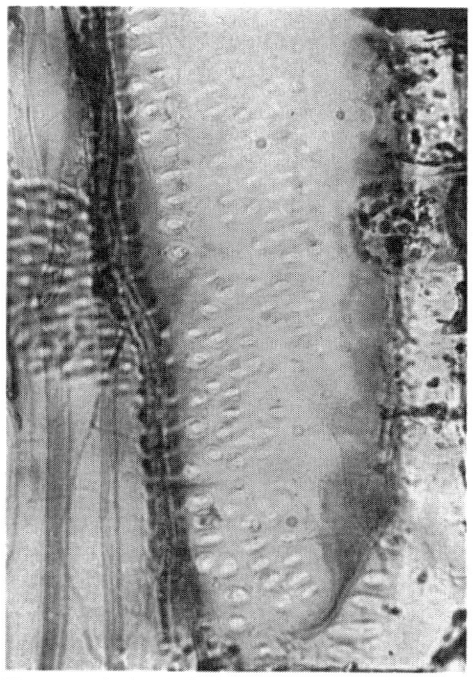

図 7.48　光学顕微鏡下のベスチャード壁孔．ジョンコン（*Dactylocladus stenostachys*）（T.375×）道管の壁孔の配列がとくに傾向をもたないことがある例

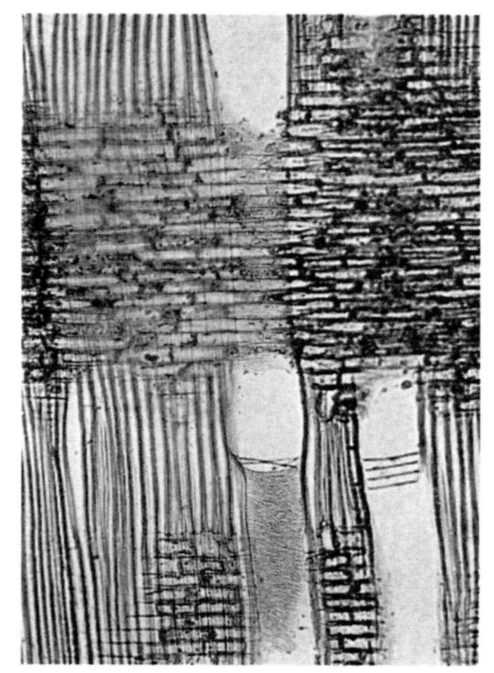

図 7.49　ミズメ（*Betula grossa*）（R.95×）
壁孔は細かく，しかも道管と放射組織間の壁孔も細かい．

図 7.50　アルモン（*Shorea almon*）（R.95×）
道管と放射組織間の壁孔は大きい（VR）．I は結晶を含む異形細胞．

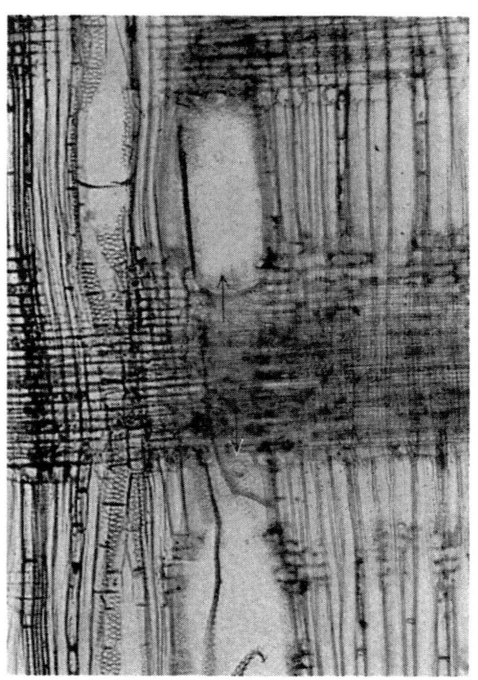

図 7.51　オニグルミ（*Juglans sieboldiana*）（R.95×）壁孔は中庸で，道管と放射組織間の壁孔は不定形を示しやや大きい（矢印）．

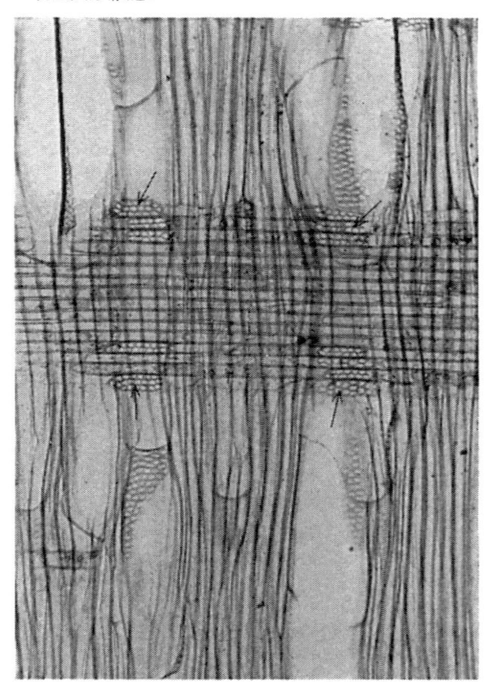

図 7.52　ドロノキ（*Populus maximowiczii*）（R.95×）壁孔は中庸で，道管と放射組織間の壁孔は大きく網目状（矢印）．

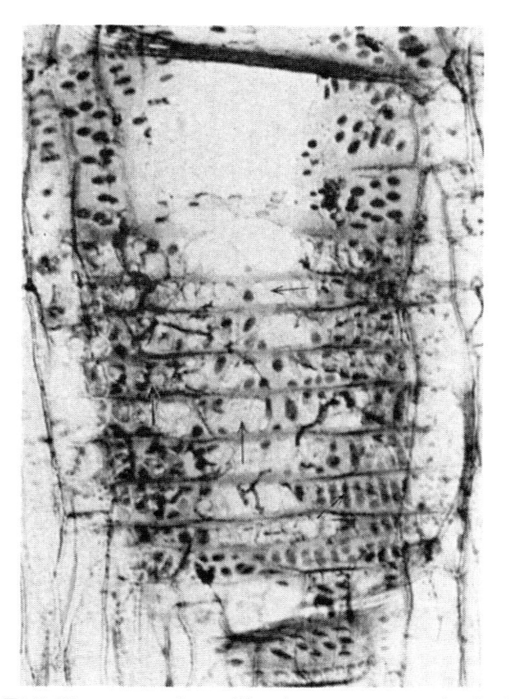

図 7.53 ドウアバンガ(*Duabanga sonneratioides*)(R. 190×) 道管と放射組織の間の壁孔は大きく円形～部分的には柵状になる(矢印).

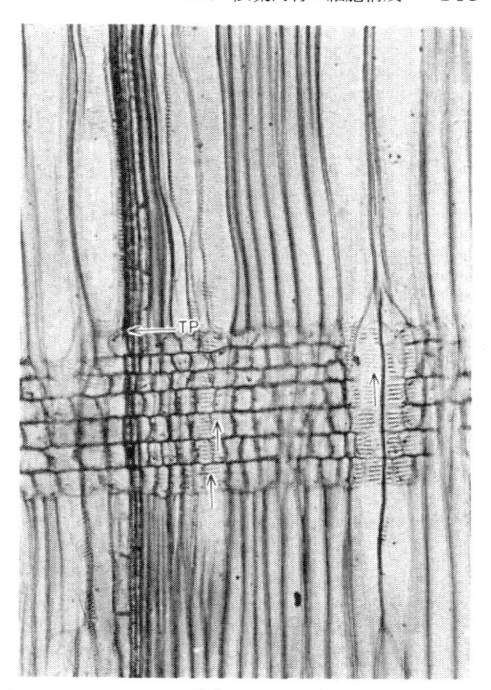

図 7.54 ホオノキ(*Magnolia obovata*)(R. 95×) 壁孔および道管と放射組織間の壁孔は対列～階段状(矢印). 年輪界にターミナル柔組織(TP).

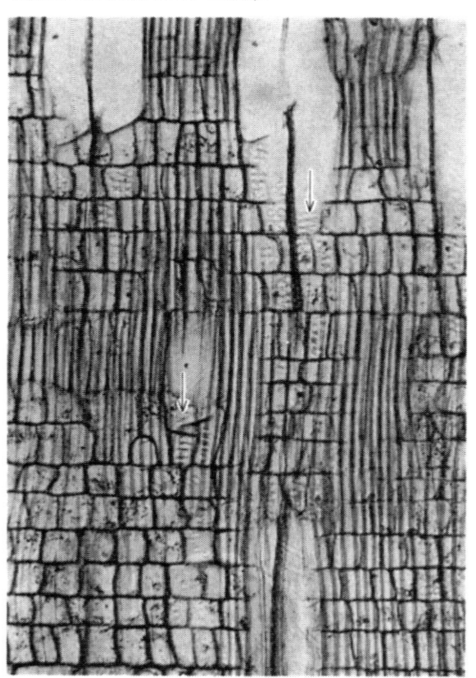

図 7.55 ホルトノキ(*Elaeocarpus sylvestris*)(R. 95×) 道管と放射組織の間の壁孔は大きい(矢印). 道管壁にらせん肥厚がある.

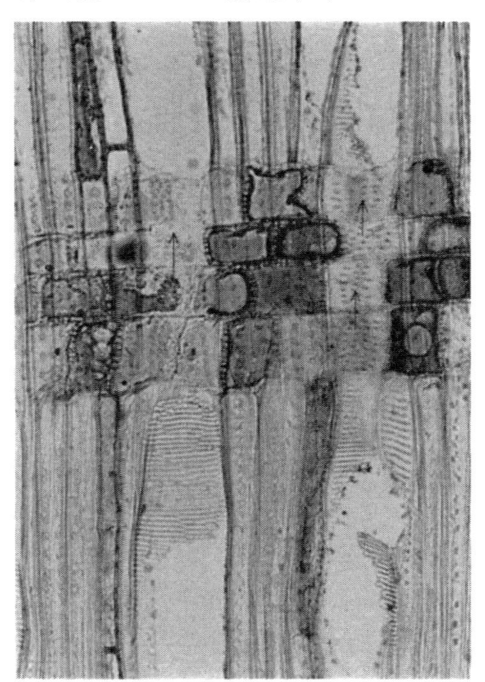

図 7.56 ヒサカキ(*Eurya japonica*)(R. 190×) 道管と放射組織の間の壁孔は小(矢印). せん孔は階段～網状. 繊維の壁孔が明らか.

見られる．

ヒメユズリハ（*Daphniphyllum*），ノリウツギ（*Hydrangea*），ハイノキ（*Symplocos*），ゴマキ（*Viburnum*）などにも見られる．

ベスチャード壁孔（Vestured pit）：　壁孔の構造の特殊なものである．その形態については5.3.3項で述べた．Dipterocarpaceae，Leguminosae，Melastomataceae およびその他の科に認められる．

(5)　道管放射組織間壁孔（ray-vessel pitting）：　道管と放射組織の細胞との間の壁孔対は半縁壁孔対であるが，樹種によってはほとんど単壁孔対に近いものもあり，またその配列，大きさなどに差があり，樹種（さらには属・科）の特徴を示すことが多い．

典型的な形と，いくつかの代表的な例を次に述べる．もちろんこれらの典型的なものの間に中間的なものも多く認められる．

道管相互の壁孔対とほとんど同じ場合（図7.49）：　カバ類（*Betula*），ハンノキ類（*Alnus*），アオギリ科（Sterculiaceae），マメ科（Leguminosae），アカネ科（Rubiaceae）などが例である．

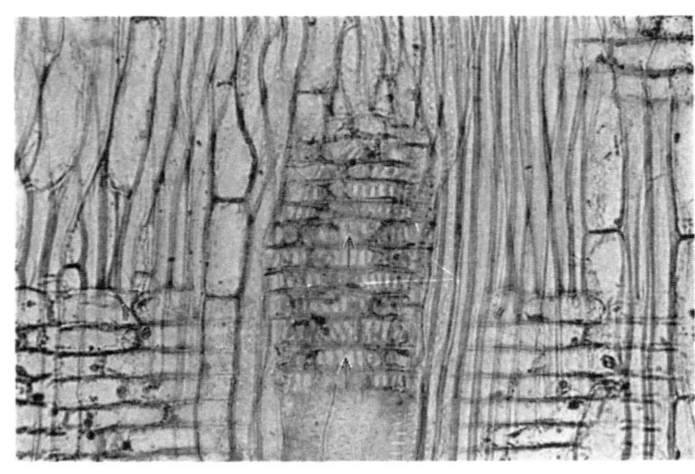

図 7.57　イチイガシ（*Quercus gilva*）（R. 190×）
道管と放射組織の間に典型的な柵状の壁孔がある（矢印）

階段状を示す場合（図7.54）：　ホオノキ（*Magnolia*），シキミ（*Illicum*），オガタマ（*Michelia*），ゴマキ（*Viburnum*）などが例である．

柵状を示す場合（図7.57）：　カシ類（*Quercus*）などブナ科（Fagaceae）に多く認められる．

大きく円形～長だ円形を示す場合（図7.53）：　クワ科（Moraceae），マヤプシキ科（Sonneratiaceae）などが例である．

その他：　道管相互の壁孔対とは，形あるいは大きさが異なり，しかも上述の分類には含まれないような不規則なものもある（図7.50；図7.51；図7.52）．

(6)　道管と軸方向柔細胞との間の壁孔：　一般的に道管と放射柔細胞のそれに同じかほとんど同じである．

(7)　らせん肥厚：　壁の内側にらせん状の肥厚の帯が認められる．針葉樹材の仮道管に認められるものと同じである（図7.55および図7.58）．樹種によって道管要素のすべての部分に明らかである場合，あるいはほとんど尾部に限られる場合などがある．その出現のしかたは樹種の特徴となることが多い．カエデ（*Acer*），マユミ（*Euonymus*），ヤマモガシ（*Helicia*），アオハダ（*Ilex*），ヒイラギ（*Osmanthus*），アサダ（*Ostrya*），ヤマザクラ（*Prunus*），ナナカマド（*Sorbus*），ハイノキ（*Symplocos*），シナノキ（*Tilia*），クスドイゲ（*Xylosma*）などではすべての道管に存在

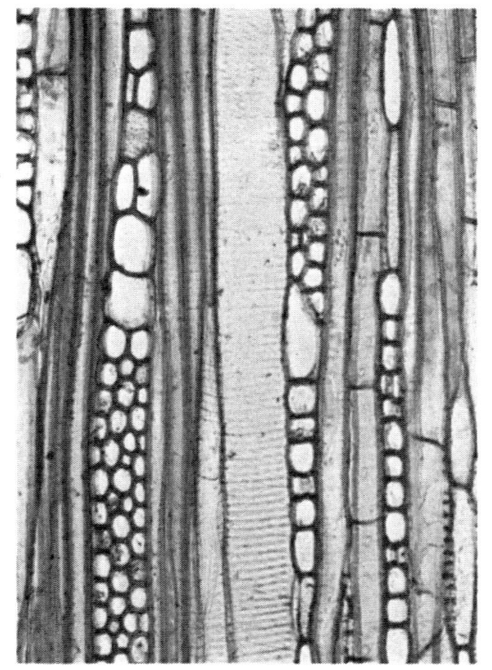

図 7.58 クロガネモチ（*Ilex rotunda*）（T.190×）
道管壁にらせん肥厚

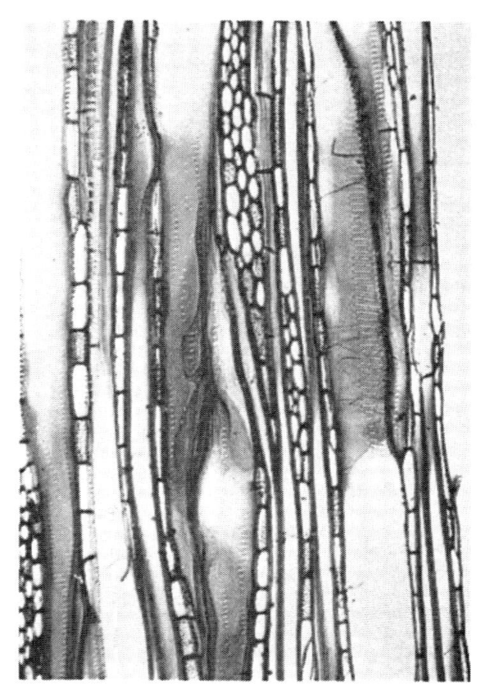

図 7.59 熱帯産の *Ilex* sp.（T.190×）
左と同属でありながららせん肥厚がない．

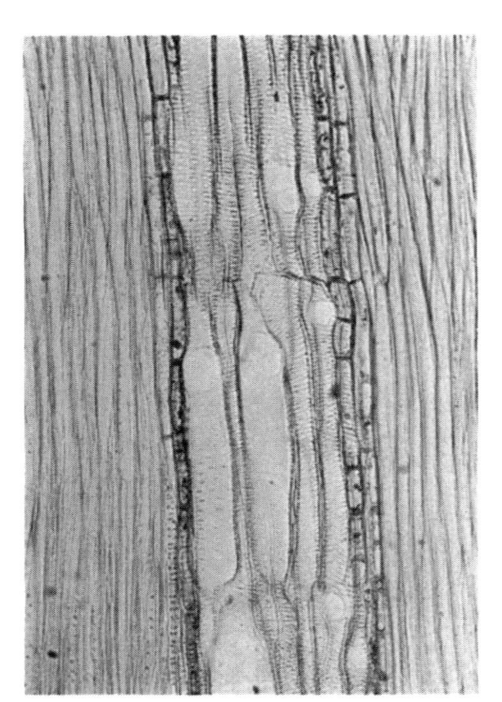

図 7.60 エゾエノキ（*Celtis jessoensis*）
（R.190×） 晩材部小道管にらせん肥厚．柔細胞も混在している．

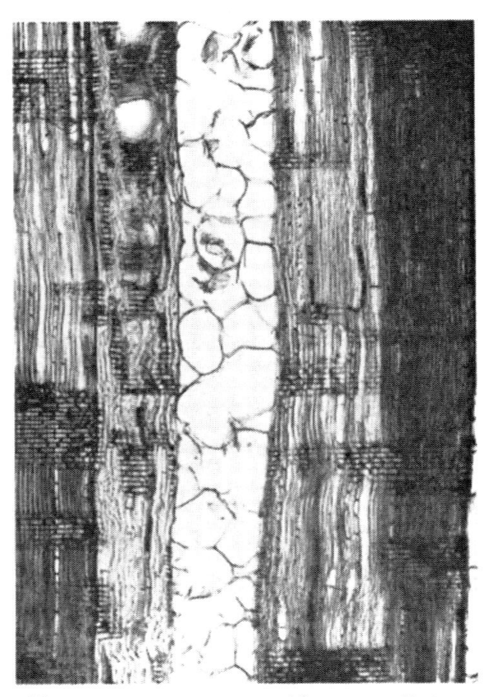

図 7.61 ホワイトオーク（*Quercus alba*）
（R.38×） 道管の中をチロースが埋めている．

することが知られている．

同一の属でありながら，温帯あるいは暖帯産の樹種であればらせん肥厚が認められるのに，熱帯産のものではそれが認められないことがある．例としては *Ilex* 属（図7.58；図7.59に示した），*Elaeocarpus* 属などがある．

環孔材で晩材部の小道管にだけ認められるものとしては，シンジュ（*Ailanthus*），メギ（*Berberis*），カジノキ（*Broussonetia*），キササゲ（*Catalpa*），サイカチ（*Gleditsia*），ヤマグワ（*Morus*），キハダ（*Phellodendron*），ムクロジ（*Sapindus*），ニレ（*Ulmus*），ケヤキ（*Zelkova*），エノキ（*Celtis*）などが知られている（図7.60）．

(8) トラベキュレー(trabecula(e))：　道管要素に針葉樹の仮道管に認められるものと同じようにトラベキュレーが少数の樹種（*Knightia* 属，*Fuchsia* 属）に認められることがある[12]．

(9) 道管中の結晶：　ニレ科（Ulmaceae）の *Phyllostylon*，*Holoptelea* などの属では道管中に炭酸石灰の白色の粉末が認められる．

(10) シリカ：　少数の熱帯産の樹種の道管の内腔にシリカをもつものがある（表7.11）[13]．

(11) 道管中の充填物：　イピール（*Intsia*），チーク（*Tectona grandis*）などの道管の中にはそれぞれ黄白色ないし白色の物質を含むことがある．これは鉱物質と有機物質との混合したものである．またラパチョ（*Tabebuia*）の道管中には黄色のラパコール（lapachol）が含まれて，肉眼でも黄色の条として容易に認められる．これはアルカリに溶けて赤色になる．

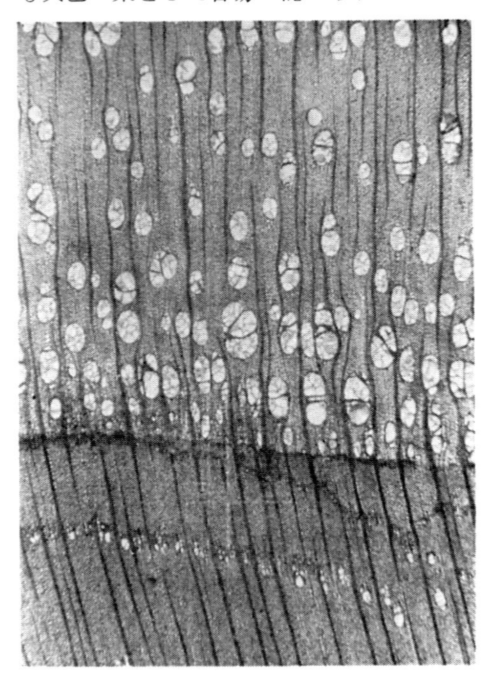

図 7.62　横断面で認められているチロース．キササゲ（*Catalpa ovata*）(16×)

(12) チロース*)：　ニセアカシア（*Robinia*）やダオ（*Dracontomelon*）その他の木材の心材の横断面を見たときに，道管中にキラキラと光る物質がつまっているのが認められる．これがチロース（tylosis）である．これらほど著しくなくてもチロースが認められる樹種は少なくない（図7.61；図7.62）．樹種によっては，良く発達していても肉眼（あるいはハンドレンズ）では認め難いことも多い．チロースは充填体，あるいは填充物と呼ばれていたことがあり，そのために樹脂あるいは結晶などのような物質がつまっているように誤解される点もあったが，これは一種の細胞が道管の中にあると考えるべきである．チロースの形成については5.3.4項に述べた．

Chattaway[15]は，チロースは道管と放射組織の間の壁孔の大きさが10μm以上のものだけに発生し，それ以外のものでは道管中に樹脂様物質がつまるようになるだけであるとしている．そのチロースの泡状のものが少数ないし多数認められる場合（マメ科など）と，ブナ（*Fagus*）などの場合のように縦断面で見た場合，平板状になっているため，チロースをもつ

*) 繊維状仮道管にもチロースが認められることがある[14]．

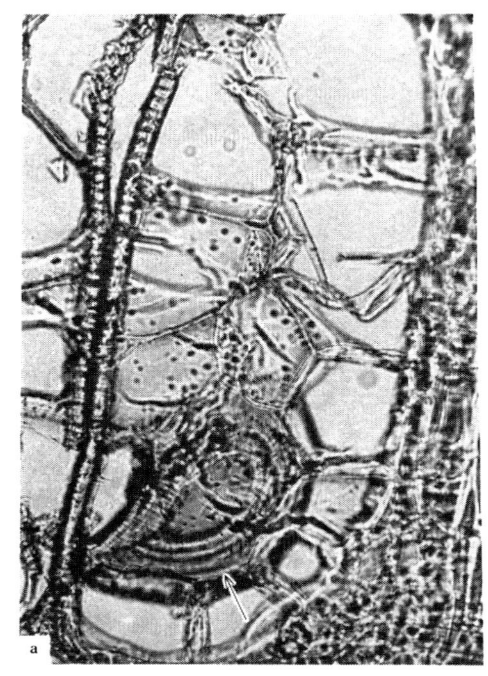

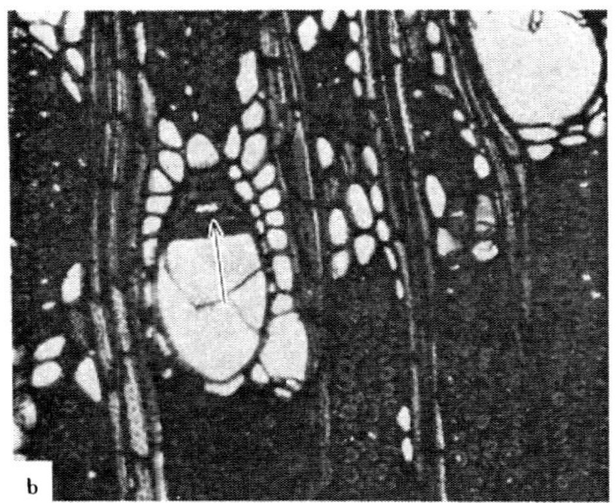

図 7.63 ウリン (*Eusideroxylon zwageri*) に出現する厚壁のチロース（矢印）
a. 放射断面（200×）
b. 横断面（100×）

道管の断面の形が梯子状を示しているように認められることもある.（図7.107参照）. 後者の場合は大きいチロースが比較的少数存在するためにこのように認められる. 樹種によって壁が薄いものあるいは厚いもの, 壁孔のあるものあるいはないもがあり, 澱粉, 結晶, 樹脂, ゴム質なども含むものがある.

厚壁チロース (sclerotic tylosis) は壁が極端に厚くて, 層をなし, かつ木化した細胞壁と分岐壁孔をもったチロースである. 石細胞の一種で（図7.63 a, b), ウリン (*Eusideroxylon zwageri*, アジア産), グリーンハート(*Ocotea rodiaei*, 熱帯アメリカ産) などのクスノキ科 (Lauraceae), スロエシア (*Sloetia*, 熱帯アジア産), スネークウッド (*Piratinera guianensis*, 熱帯アメリカ産) などのクワ科 (Moraceae) の木材に認められるのが良い例である.

同じオークの類であってもホワイトオーク類（図7.61）ではチロースが良く発達しているために洋酒だるに賞用されるが, レッドオーク類では発達していないので用いられない. また, ラワン類の一種のホワイトラワン (*Pentacme*) は, 他のラワン類にくらべてチロースの発達が著しいとされ, そのために液槽によく用いられる.

クリ (*Castanea*), ヤマグワ (*Morus*), ブナ (*Fagus*), キリ (*Paulownia*), キハダ (*Phellodendron*), ミズナラ (*Quercus*), ニセアカシア (*Robinia*), ニレ (*Ulmus*), キササゲ (*Catalpa*), ラワンおよびメランチ類 (*Shorea*, *Pentacme*, *Parashorea*), ダオ (*Dracontomelon*) などはチロースが良く認められる例である.

ii) 道管の配列　道管の配列型式は細かく分類すれば非常に多くなる[4]. また細かくすればするほど中間的なものの取扱いがわずらわしいものになる. ここでは最も基本的なものを取り上げ,

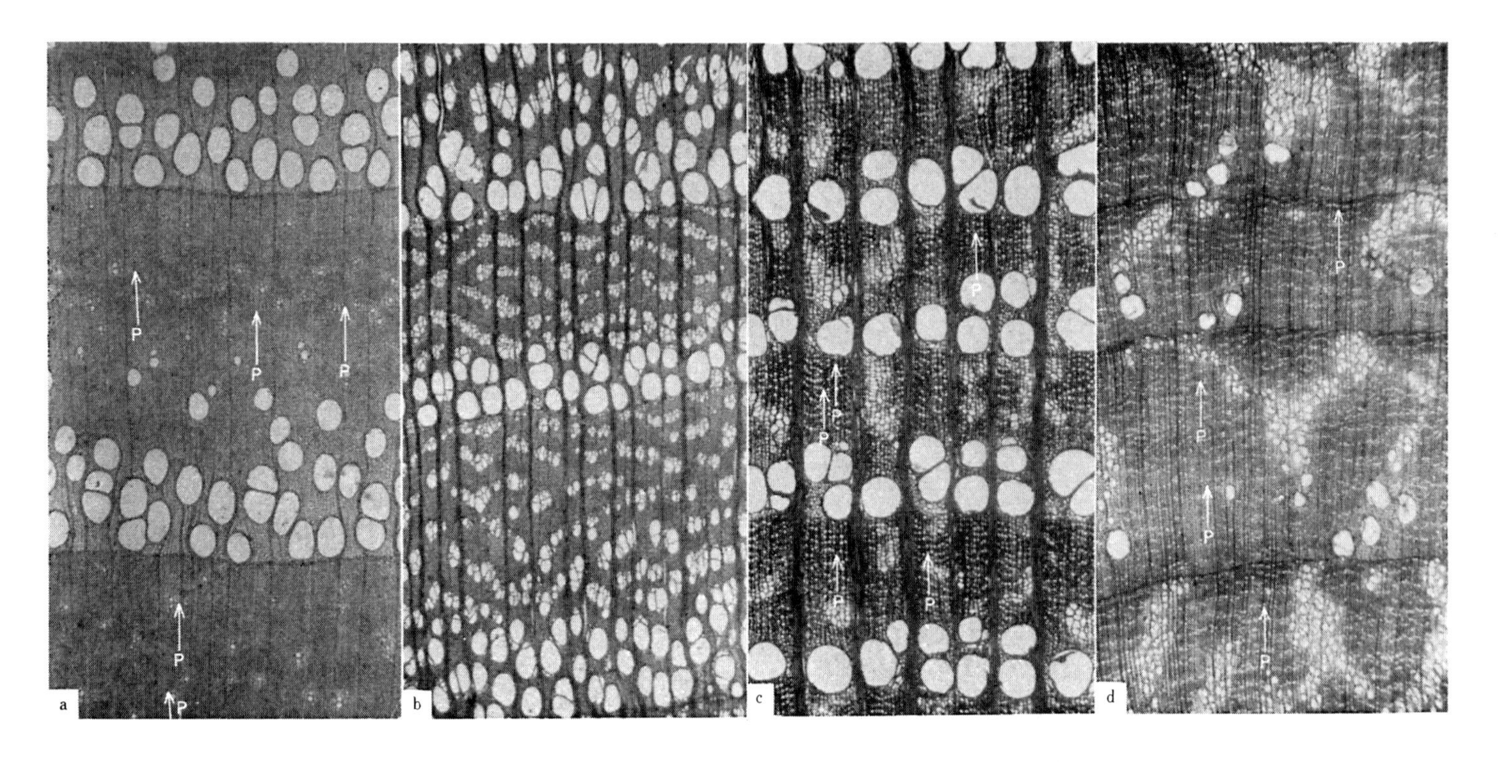

図 7.64　環孔状配列の例（16×）

a．ヤチダモ（*Fraxinus mandshurica*）孔圏外の道管は散在（P：翼～連合翼状の柔組織）．

b．ハルニレ（*Ulmus propinqua*）孔圏外の道管は群状，斜状ないし接線状の帯．

c．チシャノキ（*Ehretia ovalifolia*）孔圏外の道管は主として群状ないし斜状（P：階段柔組織）．

d．スダジイ（*Castanopsis caspidata*）孔圏の道管の配列は疎．孔圏外では紋様状，火焔状（P：網状柔組織）．

多くの中間的なものは，おのおのこの典型的なものに含めるものとして考える．

環孔状 (ring arrangement)： このような配列をする材を環孔材 (ring-porous wood) という．

半環孔状 (semi-ring arrangement)： このような配列をする材を半環孔材 (semi-ring-porous wood) という．

散孔状 (diffused arrangement)： このような配列をする材を散孔材 (diffuse porous wood) という．

放射孔状（鎖状）(radial arrangement) (pore chain, pore in chain)： このような配列をする材を放射孔材*)という．

接線状 (tangential arrangement)： このような配列をする材を接線状孔材*)という．

紋様状 (flame-like arrangement)： このような配列をする材を紋様孔材*)という．

(1) 環孔状配列： 直径が他にくらべて著しく大きい道管が，早材部の年輪界に沿って密ないしやや疎に配列し，他の部分の道管配列と明らかに区別される場合をいう．この直径の大きい道管の帯の部分を孔圏 (pore zone) と呼ぶ．樹種によりこの部分の道管の配列が単列（セン：*Kalopanax*），単～(複)列（ケヤキ：*Zelkova*），複～多列（ニレ類：*Ulmus*，クリ：*Castanea*，シオジ：

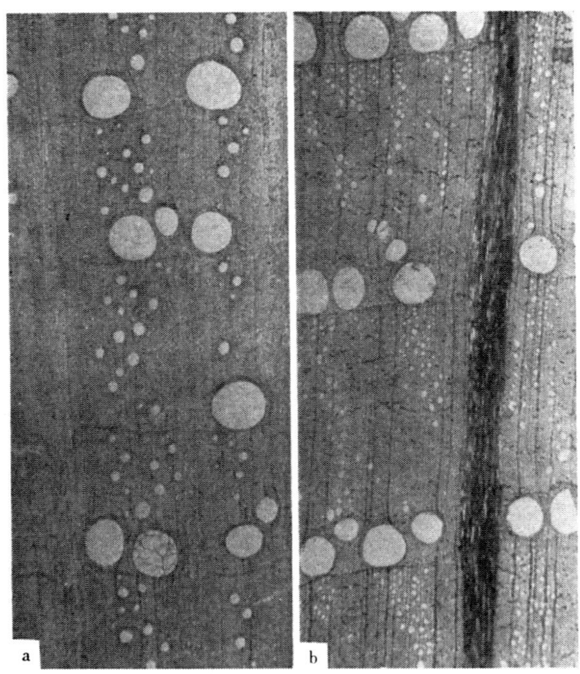

図 7.65 *Quercus* の中の環孔材の中に見られる孔圏外道管の違い（15×）
a．クヌギ (*Quercus acutissima*)
孔圏外の道管は丸くやや大きい．
b．ミズナラ (*Quercus crispula*)
孔圏外の道管はやや角ばり小さい．

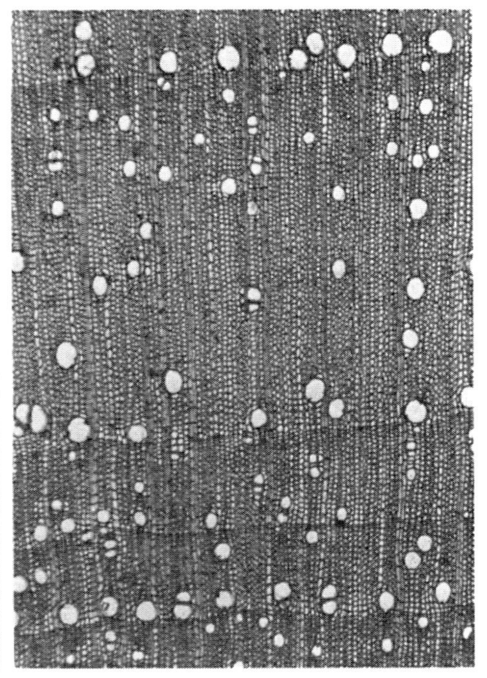

図 7.66 年輪幅が狭いと環孔性を帯び，広いとより散孔材状になる例．
ハマクサギ (*Premna japonica*)（38×）

*) 英語などの場合，とくにこれらに対する確立された言葉はないようである．

Fraxinus）などの差がある．この孔圏以外の部分での道管の配列には，樹種により次のような種類がある．

散孔状（図7.64 a）：　コシアブラ（*Acanthopanax*），ネム（*Albizia*），チャンチン（*Cedrela*），クサギ（*Clerodendron*），ミツマタ（*Edgeworthia*），グミ類（*Elaeagnus*），シオジ（*Fraxinus*），サイカチ（*Gleditsia*），イボタノキ（*Ligustrum*），アカメガシワ（*Mallotus*），キリ（*Paulownia*），ニガキ（*Picrasma*），ウルシ（*Rhus*），エンジュ（*Sophora*），カランタス（*Toona*），チーク（*Tectona*），ローズウッド（*Dalbergia*），ナーラ（*Pterocarpus*）．このグループの木材では一般に年輪幅が非常に広い場合には，材面が散孔材に近い感じを与えるものが多い．チーク（*Tectona*），ハマクサギ（*Premna*）などがよい例である（図7.66）．

紋様状・放射状配列（図7.64 d；図7.65）：　クリ（*Castanea*），スダジイ（*Castanopsis*），ミズナラ，アベマキ（*Quercus*）などが例である．

接線状・波状（＝花綵（さい）状）・斜状配列（図7.64 b, c）：エノキ（*Celtis*），ハリギリ（*Kalopanax*），キハダ（*Phellodendron*），ノグルミ（*Platycarya*），アキニレ（*Ulmus*），ケヤキ（*Zelkova*）などが例である．*Celtis* 属のうち温帯産のものはこの配列を示すが，熱帯産のそれは明らかな散孔材となっている．

(2)　半環孔状配列：　よく例にあげられるものとしてクルミ類（*Juglans*）がある（図7.66）．ハマクサギ（*Premna*），ローズウッド（*Dalbergia*），ナーラ（*Pterocarpus*），熱帯産のサルスベリ類（*Lagerstoroemia*）などがある．(1)および(3)との中間とでもいえる．

(3)　散孔状配列（図7.67 Ⅰおよび Ⅱ）：　とくに特徴的な配列型式をもたないで道管が散在している場合をいう．この配列形式をもつものは最も多い．

カエデ類（*Acer*），トチノキ（*Aesculus*），ハンノキ（*Alnus*），ツバキ（*Camellia*），カツラ（*Cercidiphyllum*），クスノキ（*Cinnamomum*），ユクノキ（*Cladrastis*），リョウブ（*Clethra*），ミズキ（*Cornus*），ハシバミ（*Corylus*），カキ類（*Diospyros*），イスノキ（*Distylium*），マユミ（*Euonymus*），ブナ(*Fagus*)，アコウ(*Ficus*)，ノリウツギ(*Hydrangea*)，イイギリ(*Idesia*)，モチノキ（*Ilex*），オニグルミ（*Juglans*），ホオノキ（*Magnolia*），アサダ（*Ostrya*），バクチカン（*Parashorea*），ホワイトラワン（*Pentacme*），サクラ類（*Prunus*），ドロノキ（*Populus*），タイミンタチバナ（*Ropanaea*），ヤマハゼ(*Rhus*)，ヤナギ類(*Salix*)，ニワトコ(*Sambucus*)，ラワン，メランチ，バンキライなど（*Shorea*），ハイノキ（*Symplocos*），シナノキ類（*Tilia*），クスドイゲ（*Xylosma*）などが例である．

道管が長く放射方向へ複合する傾向が強いために，全体の配列の傾向として(4)のようになるものも少なくない（図7.67 g）．また散孔材であっても，道管の配列の傾向が放射状（図7.67 h），斜線状，接線状（図7.68 a）などを示すことが少なくない．比較的知られている樹種としてハンノキ類（*Alnus*），ミズキ（*Cornus*），ハシバミ(*Corylus*)，アサダ（*Ostrya*），バクチノキ(*Prunus*)，モチノキ類（*Ilex*），ホルトノキ（*Elaeocarpus*），プランチョネラ（*Planchonella*），ニヤトー類（*Mimusops*, *Palaquium*）などが例である．

(4)　放射状配列（＝鎖状配列）：　単独の道管が放射方向へ斜めに配列している場合をいう（図7.68 b）．

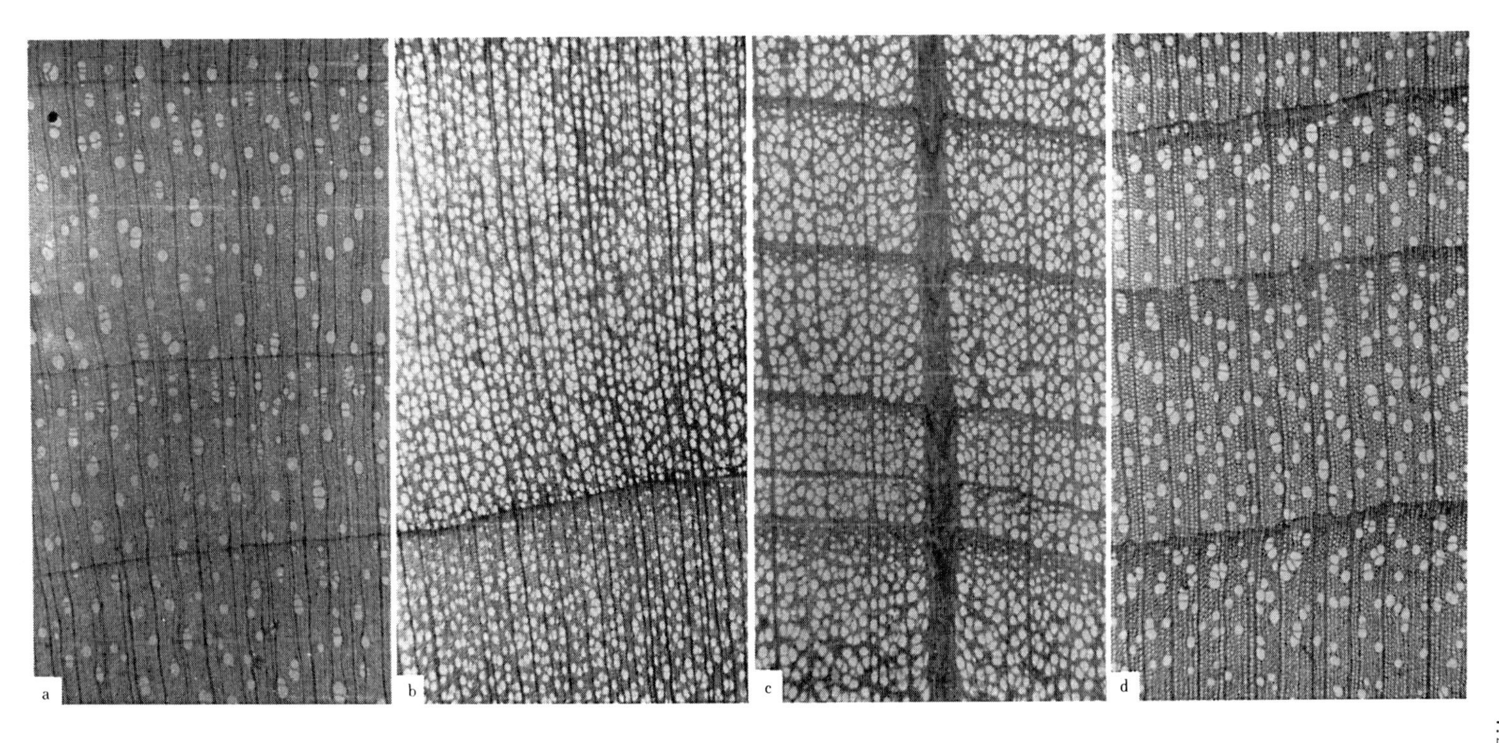

図 7.67 散孔材での道管配列の例 I（16×）

a．ミズメ（*Betula grossa*） 道管の輪郭はかなり円形．放射方向へ 2～3 個複合するものが多い．

b．カツラ（*Cercidiphyllum japonicum*） 一見斜め方向に複合しているように見えるのは，孤立道管の上下の接合部分がそのように見えることが多いためである．

c．ブナ（*Fagus japonica*） 年輪界で道管の直径が急激に小さくなる．

d．ホオノキ（*Magnolia obovata*） 道管の大きさ・分布はかなり均一である．

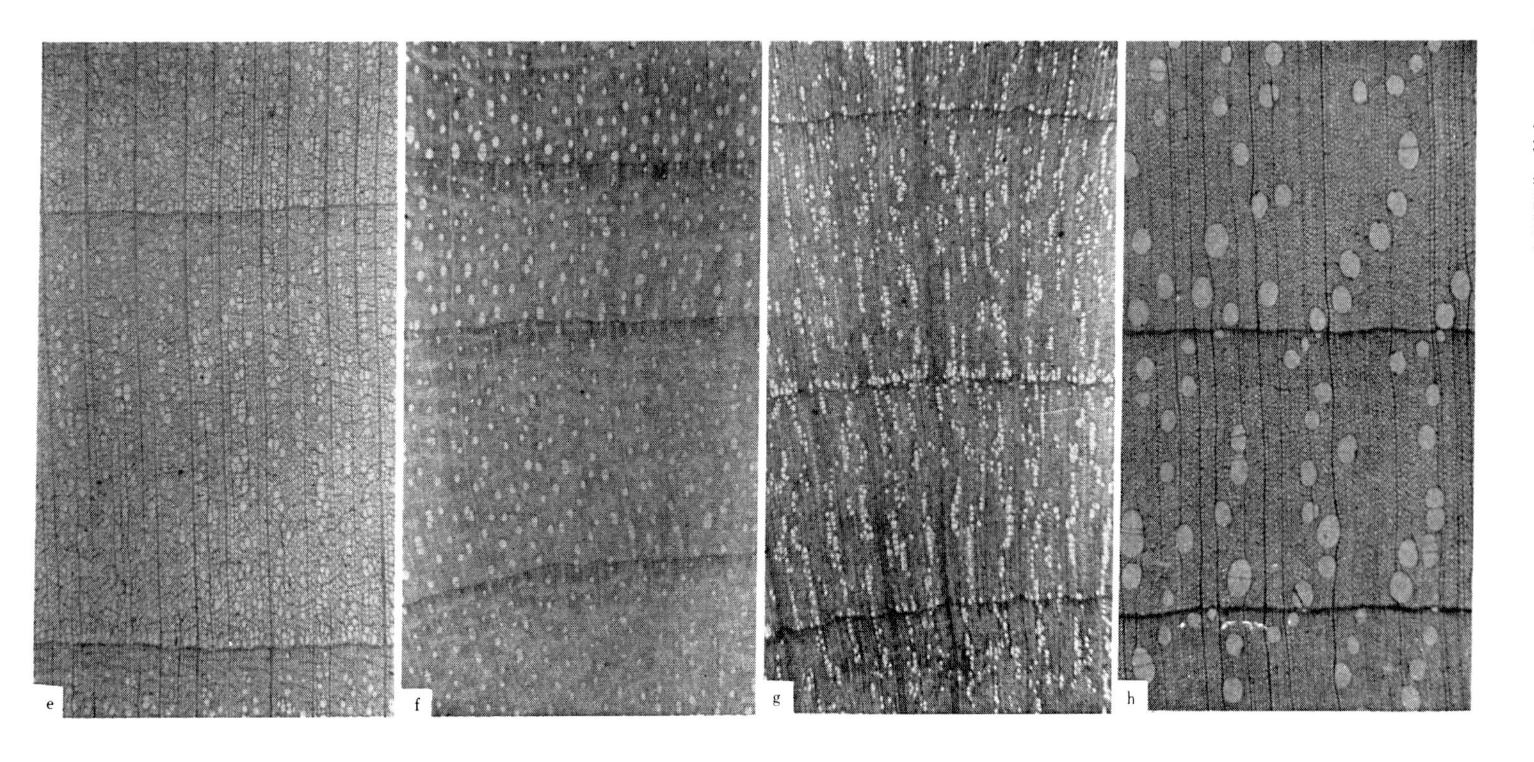

図 7.67　散孔材での道管配列の例 II（16×）

e．シナノキ（*Tilia japonica*）　道管の複合のしかたは種々である．柔組織は短接線状．

f．イロハモミジ（*Acer palmatum*）　道管は放射方向へ2～3個複合することが多い．繊維の部分が濃淡2通り見られるが，濃色の部分が澱粉を含むものである．

g．イヌツゲ（*Ilex crenata*）　道管は放射方向への複合が著しい．

h．サワグルミ（*Pterocarya rhoifolia*）　道管の配列が斜線状・放射状になる傾向がある．道管の輪郭は円形で放射方向へ2～3個複合することが多い．柔組織が粗い網状になる．

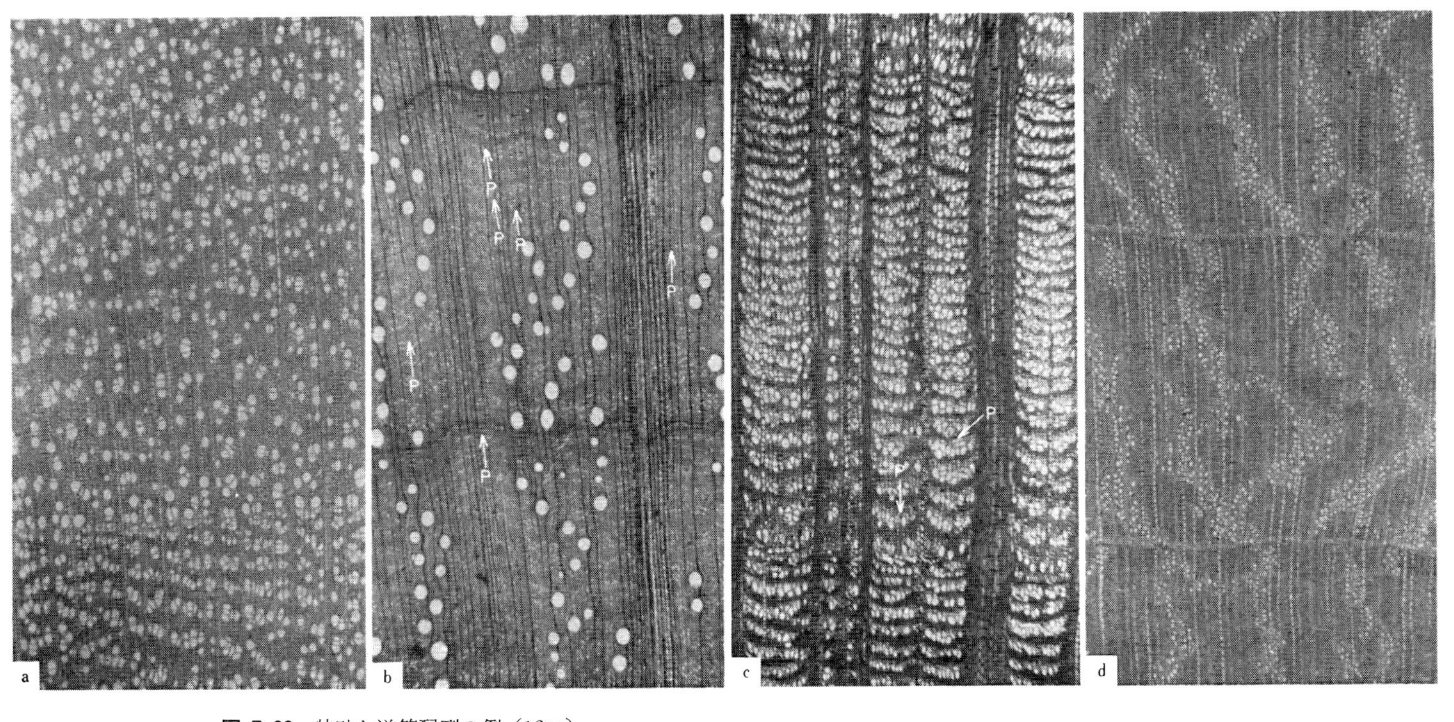

図 7.68 特殊な道管配列の例（16×）

a．ニワトコ（*Sambucus sieboldiana*） 道管の配列はかなり接線状になる傾向が強い．道管が群状に複合することが多い．

b．マテバシイ（*Pasania edulis*） すべての道管は孤立，鎖状に配列する（P：柔組織は網状）．

c．ヤマモガシ（*Helicia cochinchinensis*） 接線状に配列する道管．その外側に見られるのは柔組織の帯である（P）：帯状の外側帽状柔組織．

d．ヒイラギ（*Osmanthus heterophyllus*） 紋様状に配列する道管．

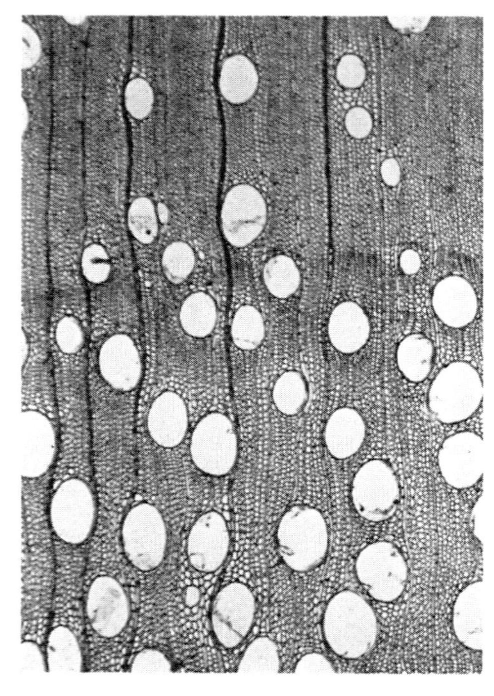

図 7.69　タスマニアンオーク（*Eucalyptus obliqua*）（38×）．孤立管孔が鎖状に配列している．

アカガシ（*Quercus*），マテバシイ（*Pasania*），外国産のものではビンタンゴール（*Calophyllum*），ユーカリ（*Eucalyptus*），モクマオウ（*Casuarina*）などが例である．

(5)　接線状配列：　道管が接線方向へ帯状に配列する場合をいう（図7.68 c）．とくに著しいものはヤマモガシ（*Helicia*）に認められる．環孔状配列と異なる点は，同一年輪内に2つ以上の道管の帯が認められることである．これはヤマモガシ科（Proteaceae）の特徴的な性質のひとつである．良い例はチチブドウダン（*Tritomodon*）にも認められる（図7.71）．

(6)　紋様状配列：　小道管の配列が焰状・X字形などを示している場合をいう（図7.68 d）．ヒイラギ（*Osmanthus*），クロウメモドキ（*Rhamnus*），コクサギ（*Orixa*）などが例である．

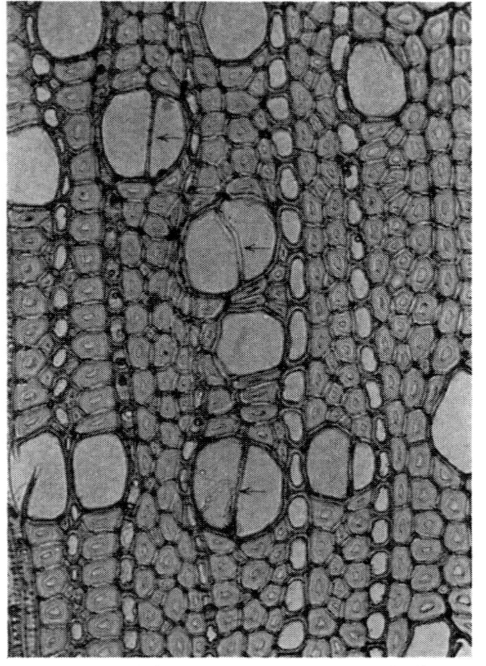

図 7.70　孤立管孔でありながら接合部分（矢印）が複合管孔のように見える例（接線方向に複合しているように見える）
タニウツギ（*Weigela hortensis*）（190×）

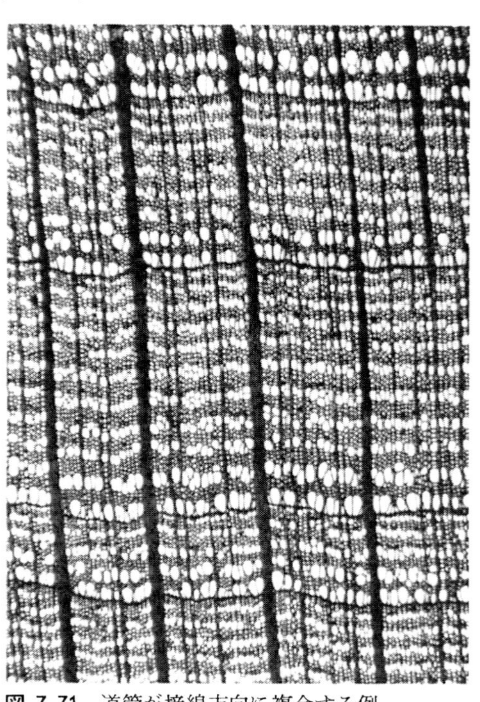

図 7.71　道管が接線方向に複合する例．
チチブドウダン（*Toritomodon cernuus* var. *matsudae*）（38×）

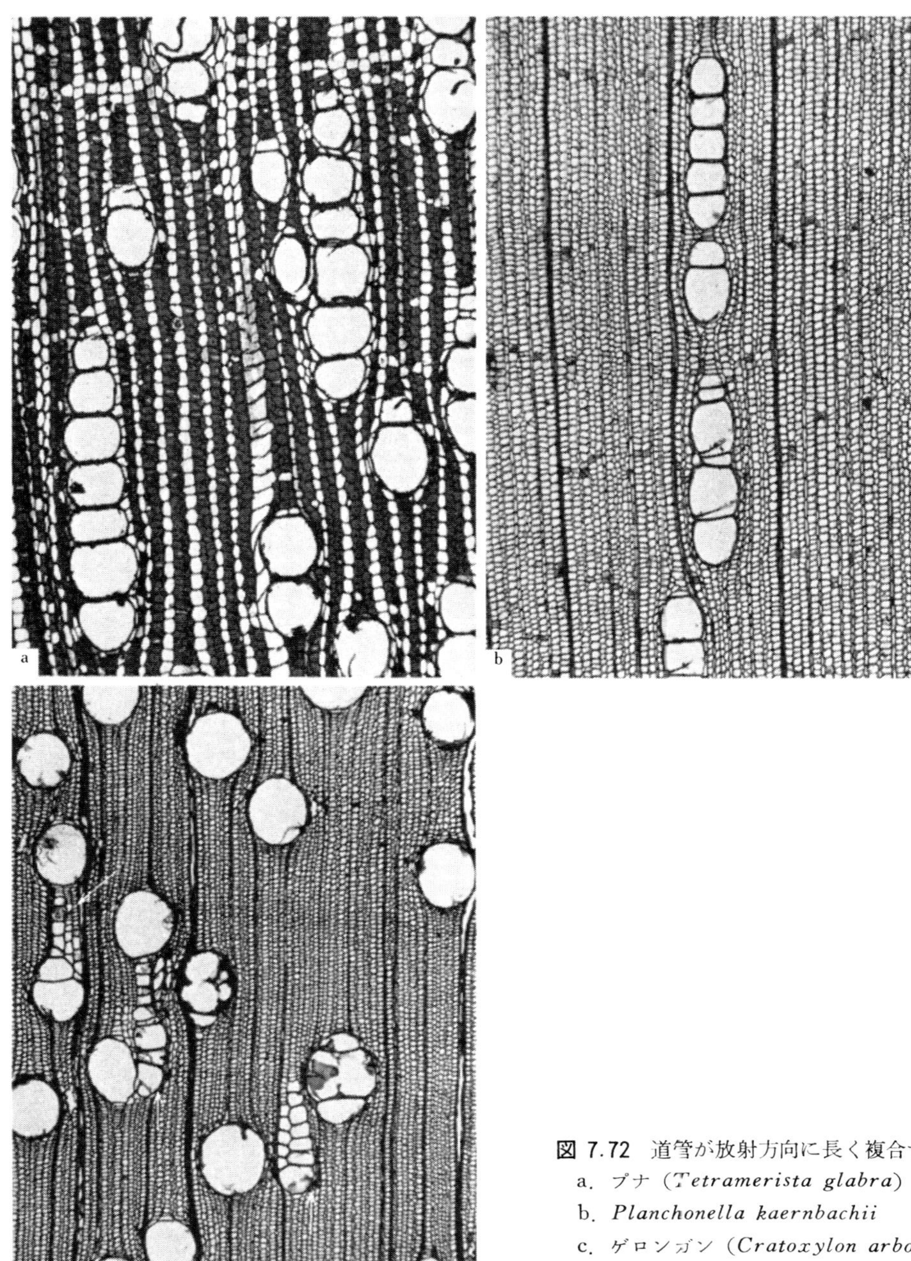

図 7.72 道管が放射方向に長く複合する例（38×）

a．ブナ（*Tetramerista glabra*）

b．*Planchonella kaernbachii*

c．ゲロンガン（*Cratoxylon arborescens*）に認められるちょうちん状に複合する道管（矢印）

iii）管孔*）の複合

●孤立管孔（solitary pore）：　1個の道管が他の組織によって完全にとり囲まれた場合，その横断面での状態をいう．一般には孤立管孔と複合管孔が混在することが多いが，樹種（属・科）によってはまったく孤立管孔だけからなるものがある（図7.68 b；図7.69）．

典型的なものはビンタンゴール（*Calophyllum*），ユーカリ類（*Eucalyptus*），カシ類（*Quercus*），マテバシイ（*Pasania*），モクマオウ（*Casuarina*）などに認められる．これらのほかに，一見横断面で複合しているように見えるが（とくに接線方向に），それは軸方向に（上下）に接合している道管要素の接合部分がそのように見え，本来は孤立管孔であると考えてよいことがある．ハイノキ（*Symplocos*），ガマズミ（*Viburnum*），アセビ（*Pieris*），リョウブ（*Clethra*），タニウツギ（*Weigela*）などでこの良い例が認められる（図7.70）．

●複合管孔（pore multiple）：　2個以上の管孔の集まりで，密集し，かつ相互の接触面に沿って平たくなっているため，あたかも1個の管孔が分割したように見える．おもなものとして次のようなものがある．

放射複合管孔（radial pore multiple）：　一般的には2～3個放射方向に複合するが，ときには数個以上になるものがある．モチノキ類（*Ilex*），アカテツ科（Sapotaceae）の木材などが良い例である（図7.72 a,b,c）．

集団管孔（pore cluster）：　エノキ（*Celtis*），ニワトコ（*Sambucus*）などが例で，複合の方向が不規則になっている場合で，典型的な場合には蜂の巣のようになる（図7.68 a）．

接線複合管孔：　道管が接線方向に複合する（図7.71）．例は多くない．

一般的には孤立管孔と2～3個放射方向に複合するものが混在することが多い．これらの複合の形式，あるいはその存在比率などが科・属・種の特徴を示すことがあり，それにより樹種を区別することができる例がカバ類について示されている[16)17)]．

iv）管孔の分布数　管孔の分布数は，管孔の配列型式および直径とともに，木材の横断面の外観的特徴を示す因子のひとつである．分布数は一般に1 mm^2に存在する管孔の数によって表現される．表7.6および表7.7に管孔の分布数の例を示した．識別のための記載をおこなう際に，しばしば管孔の分布数の級分けをするが，その一例を次に示した[27)]．

級	分布数/mm^2	級	分布数/mm^2
非常に少ない	～ 2	やや多い	10～20
少ない	2～ 5	多い	20～40
やや少ない	5～10	非常に多い	40～

b）仮　道　管

仮道管は針葉樹材の場合と異なり，木材の基礎組織を形づくる要素とはいえず，その存在比率は少ない．また一般に針葉樹材の仮道管にくらべると長さは短かい．すでに述べたように周囲仮道管（vascular tracheid）と道管状仮道管（vasicentric tracheid）がある．

i）周囲仮道管　一般に環孔状配列の孔圏の道管の付近に多く認められる．軸方向の定まった連なりをもたない（図7.73）．例えばミズナラ（*Quercus*），クリ（*Castanea*）などのような場合，

---

*）p.134参照

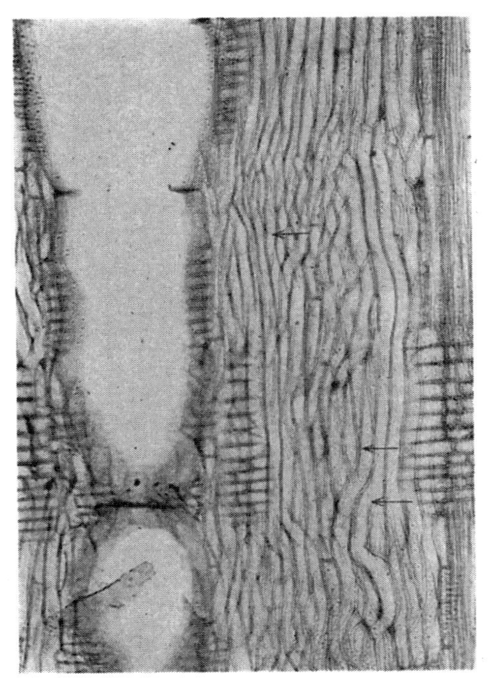

図 7.73 周囲仮道管（有縁壁孔をもつ．形は典型的な紡錘形でなく，くねくねと曲っていることが多い(矢印)．柔細胞（末端壁あり）と入りまじっているのがわかる.）クリ（*Castanea crenata*）(R.95×)

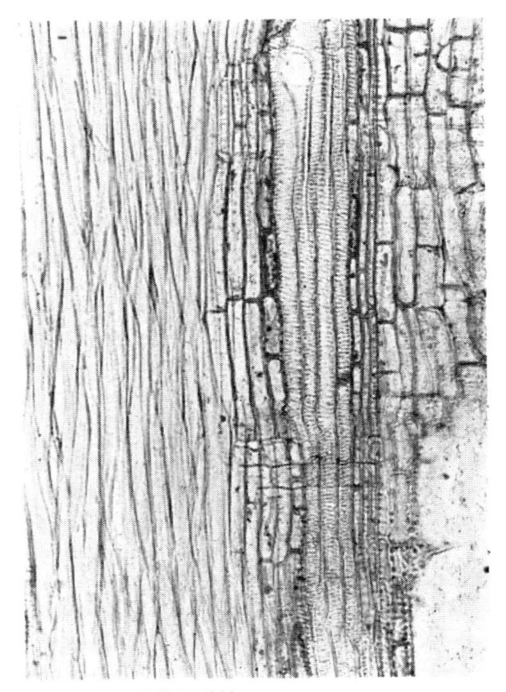

図 7.74 道管状仮道管（道管によく似ているが，せん孔をもたない．小道管と混在している.）エゾエノキ（*Celtis jessoensis*）(R.190×)

しばしば軸方向柔細胞といっしょに存在する．細胞の形は道管状仮道管にくらべ，針葉樹材の仮道管に近い．したがって大型の孔圏道管と真正木繊維との間の移行形であるとも考えられる．

ii) 道管状仮道管　小道管のように軸方向の配列をもち，また同じような形をもつ．唯一の違いは，せん孔をもたない点だけである．ニレ科の木材（たとえば *Ulmus*, *Celtis* など）に認められる（図7.74)．晩材部小道管と混在することが多く，両者は区別しにくい．しばしばらせん肥厚をもつ．

c) 繊　維

広葉樹材の場合，繊維は道管要素と柔組織の細胞および前項で述べた仮道管以外のすべての細長い細胞，すなわち真正木繊維および繊維状仮道管を含む．木材の基礎組織を形づくり，主として樹体の支持作用をつかさどるとされている．表7.4および表7.5に示したように存在比率は各要素の中で一般に最も高い．おもな樹種の繊維の長さ，壁厚および直径を表7.6および表7.7に示した．

i) 真正木繊維 (libriform wood fiber) **および繊維状仮道管** (fiber-tracheid)

真正木繊維：　細長くて，一般に厚壁で，かつ単壁孔をもつ細胞であり，ふつう道管要素および柔細胞ストランドの長さから推測した形成層の始原細胞の長さより明らかに長い．このようなものを真正木繊維と呼ぶ．

繊維状仮道管：　ふつう厚壁で，細胞内腔が小さく，両端がとがり，有縁壁孔対（図7.75；図7.76)はレンズ状ないし線形の孔口をもつ細胞である．木本被子植物の繊維状の仮道管だけでなく，裸子

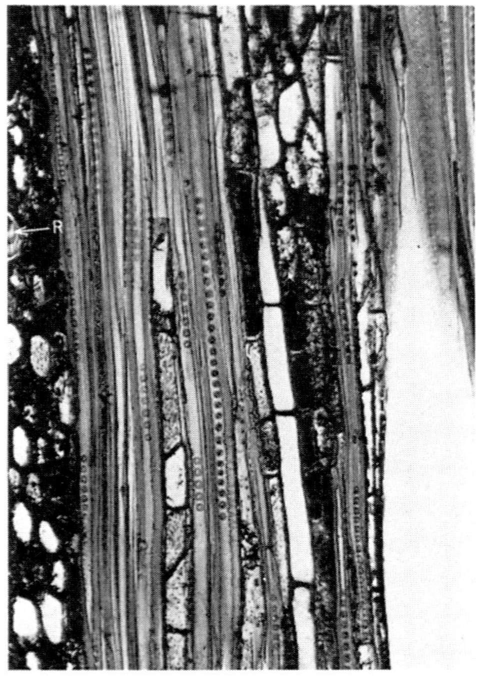

図 7.75　カトモン（*Dillenia philippinensis*）の纖維に認められる顕著な壁孔．束晶（R）がある．（T.38×）

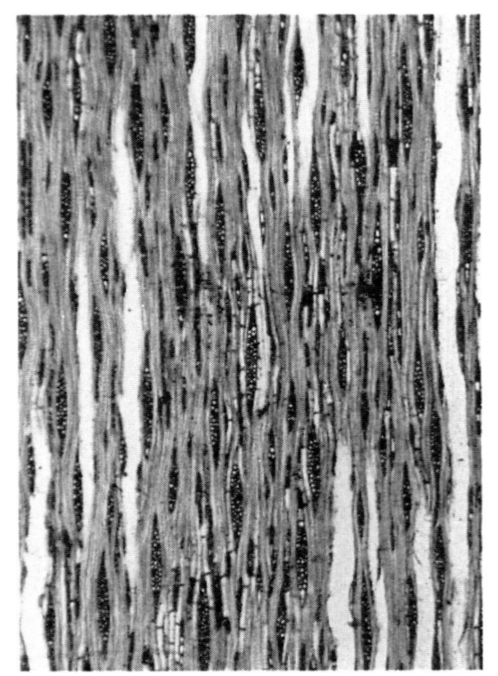

図 7.76　ヒメシャラ（*Stewartia monadelpha*）の纖維に認められる著しい壁孔（T.38×）

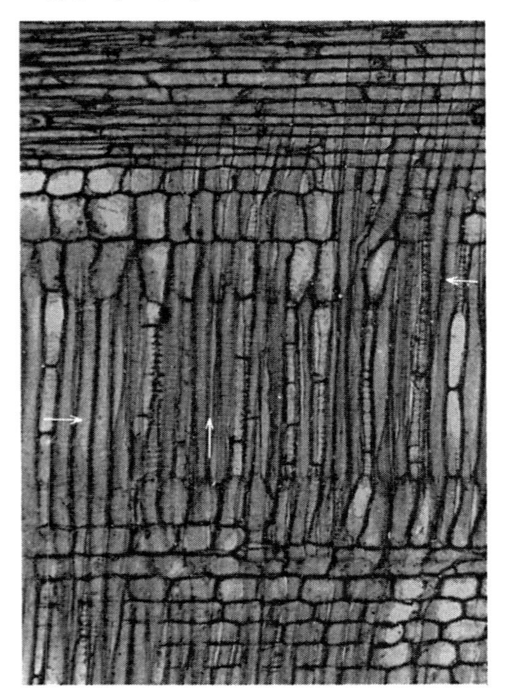

図 7.77　クロガネモチ（*Ilex rotunda*）の纖維に認められるらせん肥厚（矢印）（R.95×）

植物の晩材部仮道管をこのように呼ぶ研究者もある．多くの樹種で，真正木纖維との間に段階的な中間型が認められ，両者の明瞭な区別はむずかしいので，はっきりと両者のうちのどちらに分類するか断定しにくいことが少なくない．

(1)　壁の厚さ：　基礎組織であるため，壁の厚さおよびその細胞の空げきに対する比は木材の比重に対して大きな影響をもつ．壁が厚く空げきの少ないものは比重が高く，硬い．リグナムバイタ（*Guiacum*）が良い例で，また反対に壁が薄く，空げきの多い例としてはバルサ（*Ochroma*）があげられる．

(2)　長さ：　針葉樹仮道管の場合と同様，樹体内における長さの変異が認められる．年輪内における纖維の長さの変異についても報告が出されている（8章参照）．また地上高，樹心からの距離については仮道管の場合と同様の傾向がある，あるいはそうではないなどが報告されている．

繊維長の平均値を級分けした一例を次に示す[24]．

級		平均値の範囲	級		平均値の範囲
短かい	極めて短かい	～0.5mm	中　庸		0.9～1.6mm
	非常に短かい	0.5～0.7mm	長　い	やや長い	1.6～2.2mm
	やや短かい	0.7～0.9mm		非常に長い	2.2～3.0mm
				極めて長い	3.0mm～

繊維原料としての木材を考える場合には，広葉樹と針葉樹を含めて広義の繊維として取り扱われることが多いから，この級分けは，そのまま針葉樹材のそれを含めたものとしても用いられる．しかし，針葉樹のそれは，仮道管の項ですでに述べたように，この中で級分けをするとすれば，ほとんどの場合極めて長い級に入れられるであろう．

(3) らせん肥厚： 樹種によっては二次壁の内面上にらせん状の肥厚が認められる（図7.77）．この場合，樹種により細胞壁の全部にわたる場合あるいは一部に限られる場合とがある．サカキ（*Cleyera*），ウツギ（*Deutzia*），ナツグミ（*Elaeagnus*），マユミ（*Euonymus*），アオハダ（*Ilex*），イボタ（*Ligustrum*），カマツカ（*Pourthiaea*），ハイノキ（*Symplocos*），サンゴジュ（*Viburnum*）などはその良い例である．同一の属であっても *Ilex* のように熱帯産の樹種にはらせん肥厚をもたないものがある（図7.59参照）．

(4) 壁　孔： すでに述べたように真正木繊維では単壁孔，典型的な繊維状仮道管では有縁壁孔である．このうち有縁壁孔の明瞭に認められるもの，すなわち主として繊維状仮道管ないしその傾向の強いものをもつ樹種例をいくつかあげると次のようなものがある．アオキ（*Aucuba*），カツラ（*Cercidiphyllum*），ユズリハ（*Daphniphyllum*），イスノキ（*Distylium*），マユミ（*Euonymus*），フサザクラ（*Euptelea*），アオハダ（*Ilex*），シキミ（*Illicium*），イボタ（*Ligustrum*），ヤマモモ（*Myrica*），カマツカ（*Pourthiaea*），ミツバツツジ（*Rhododendron*），ハイノキ（*Symplocos*），シャシャンボ（*Vaccinium*），ゴマキ（*Viburnum*），カトモン（*Dillenia*），*Weinmannia*, *Nauclea*，*Lophopetalum*．

(5) 配　列： 横断面での配列は，他の要素のためにかなり乱れており，針葉樹材仮道管のように明らかな配列は示さない．ラミン（*Gonystylus*）などでは放射方向へかなり規則的に配列するがこれらはむしろ例外的なものといえる．一方広葉樹材の中には繊維が層階状配列をする樹種がある（図7.78；図7.79）．これは針葉樹材では見られないことである．リグナムバイタ（*Guiacum*），シンジュ（*Ailanthus*），ワワ（*Triptochiton*），カキ（*Diospyros*），ミツマタ（*Edgeworthia*），マンソニア（*Mansonia*），アンベロイ（*Pterocymbium*），アオギリ（*Firmiana*），マホガニー（*Swietenia*），ベサバラ（*Tabebuia*），イーストインディアン サテンウッド（*Chloroxylon*），熱帯産のマメ科の多くの樹種などが良い例であり，これによってリップルマークが認められる．

ii) 隔壁木繊維（septate fiber）**および隔壁繊維状仮道管**（septate fiber tracheid） 細胞内腔を横切って薄い水平の隔壁を有する繊維状仮道管，真正木繊維をそれぞれ隔壁繊維状仮道管，隔壁木繊維と呼ぶ（図7.80）．マホガニー（*Swietenia*），クサギ（*Clerodendron*），カクレミノ（*Dendropanax*），ウツギ（*Deutzia*），タカノツメ（*Evodiopanax*），アンチアリス（*Antiaris*），メライナ（*Gmelina*），アワブキ（*Meliosma*），ピリ（*Canarium*），アセビ（*Pieris*），チャンチ

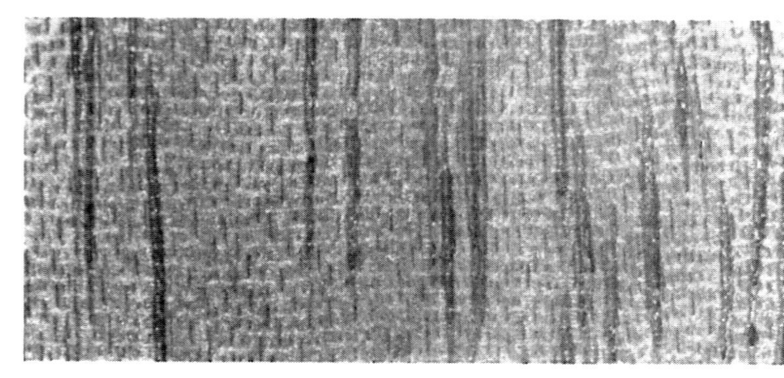

図 7.78　アオギリ科に認められるリップルマークの表面写真
メンクラン (*Tarrietia* sp.)

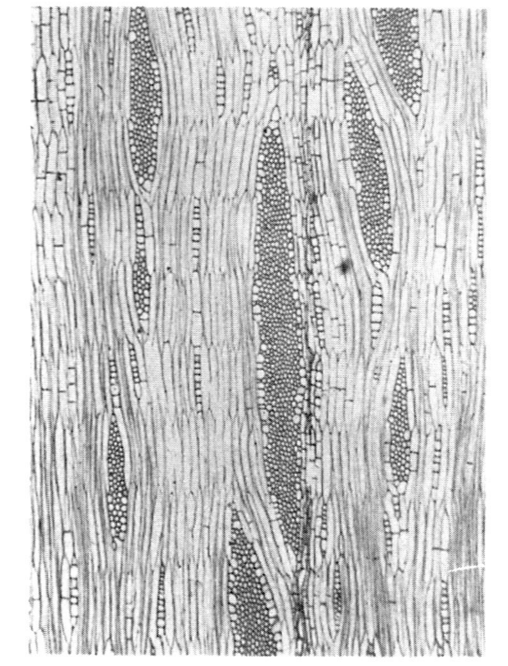

図 7.79　放射組織以外は層階状配列をしている例
アオギリ (*Firmiana platanifolia*) (T. 38×)

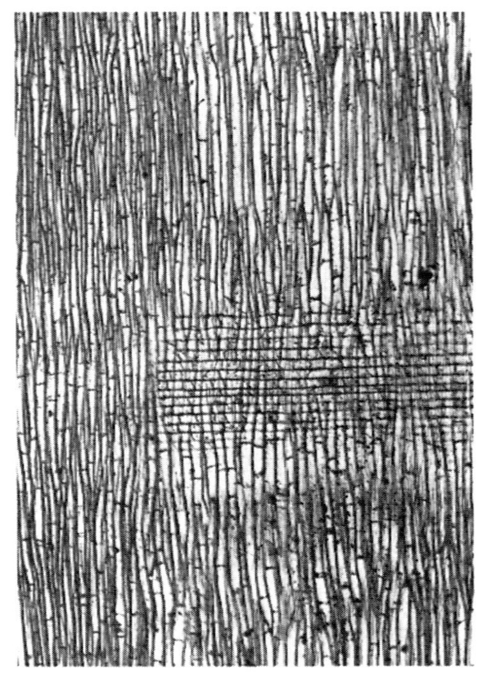

図 7.80　チーク (*Tectona grandis*) (R. 38×)
ほとんどすべての繊維に隔壁が見られる.

ンモドキ (*Choerospondias*), チーク (*Tectona*), モラベ (*Vitex*), ムクロジ (*Sapindus*), クスドイゲ (*Xylosma*) などに良い例が認められる.

(1)　細胞の内容物：　カエデ類 (*Acer*) の繊維の中には澱粉を含むものがある. ヨード・ヨードカリの溶液で紫色に染まる.

(2)　シリカ (p. 175 参照)：　シリカ (SiO_2) の小塊を細胞中に含むものが熱帯産の樹種 (Burseraceae など) にある (図 7.106 参照) (表 7.11).

d)　柔 組 織

i)　軸方向柔組織およびその細胞　広葉樹材を肉眼あるいはハンドレンズなどで観察すると, 樹種によって周囲の組織に比較して淡色の組織が認められることがある. 顕微鏡下でこれを観察し, 繊維と比較すると細胞壁は薄い. 英語ではこの組織を soft tissue と呼ぶことがある. この細胞は末端壁をもち，典型的なものは煉瓦状または等径的な形を示し，かつ単壁孔をもち，主として物質の貯蔵配分をつかさどり，典型的には長軸が軸方向にあり，柔細胞と呼ばれる．ひとつの紡錘形始原細胞から生じ，それが後に2～数個に上下に分割したものである．したがって針葉樹材についてすでに述べたストランドを形づくっている．広葉樹材の場合には，このおのおののストランドの中に何個の柔細胞があるか，その数はしばしば属あるいは種などの特徴となることがあり，識別拠点として利用されることがある．一方まれには，ストランドを形づくらずに，紡錘形をしたひとつの細胞だけからなる柔組織をもつ樹種もある．なお，日本語の柔細胞という語は上述の英語の soft tissue の細胞という意味で用いられるようになったのであろう．

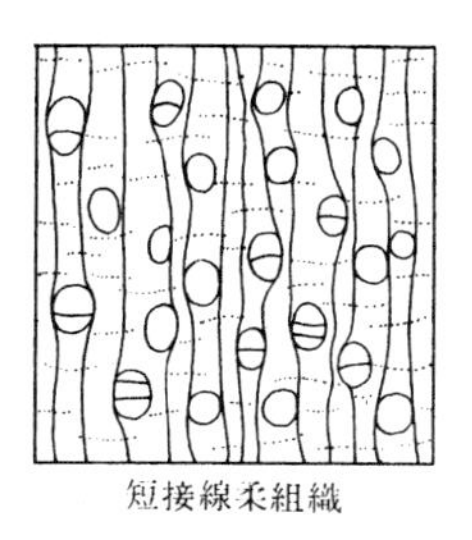

短接線柔組織

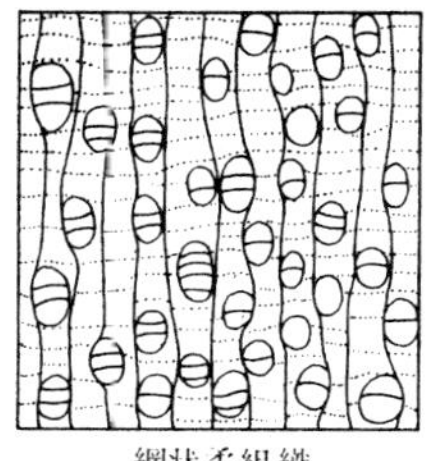

網状柔組織

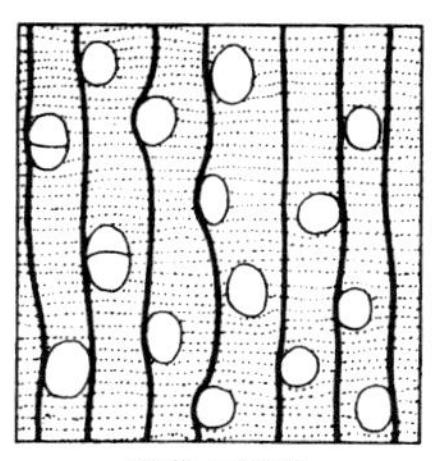

階段柔組織

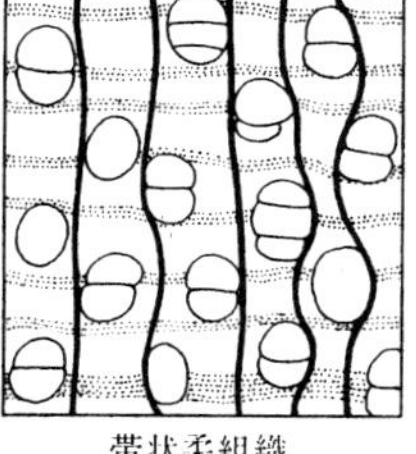

帯状柔組織
(配列は規則的)

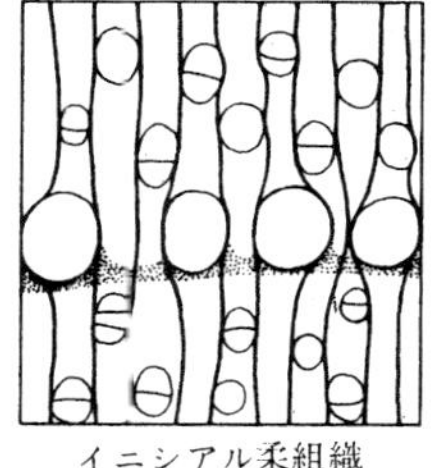

イニシアル柔組織

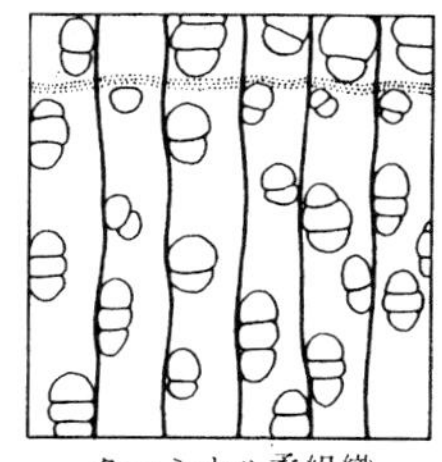

ターミナル柔組織

図 7.81 代表的な独立柔組織の模式図

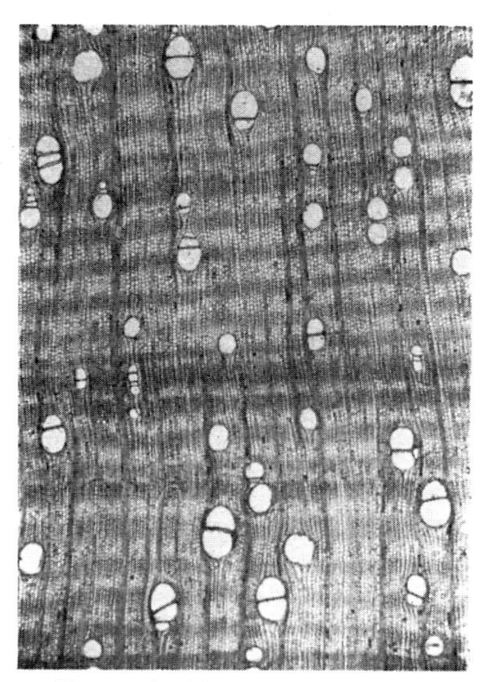

図 7.82 規則的に配列する帯状柔組織
(部分的には道管に接してはいるが元来道管とは無関係に配列している)
アコウ (*Ficus wightiana*) (16×)

ii) 柔組織の配列の型式

(1) 独立柔組織 (apotracheal parenchyma) (図7.81) 典型的には道管と接触していない軸方向柔組識

- 散在柔組織 (diffuse parenchyma)： 横断面で見るとき，繊維の間に単一な独立型の柔細胞ストランド，または紡錘形柔細胞が不規則に分布する柔組織 (図 7.83 a；図 7.85)
- 短接線柔組織 (diffuse-in-aggregate parenchyma)： 放射組織から放射組織までの間で短かく接線状に連なる傾向を示す組織 (図 7.83 b)
- 網状柔組織 (reticulate parenchyma)： 放射組織と規則正しく距離をとった軸方向柔組織の帯または線が，ほぼ同じ間隔および距離をとる場合に横断面上に形づくられる網状の紋様に対する記述用語である (図 7.81).

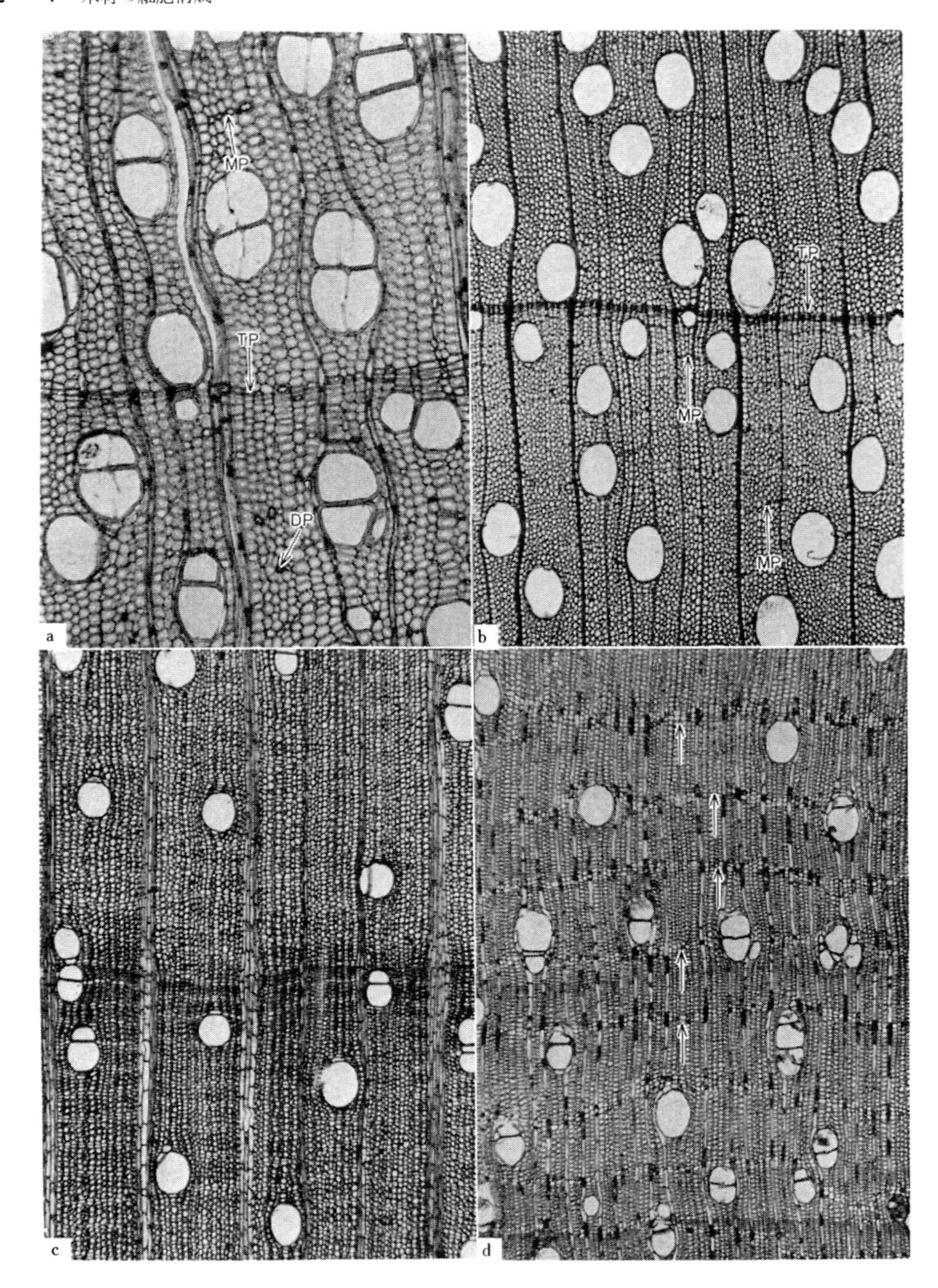

図 7.83　独立柔組織の例

a．ミズメ (*Betula grossa*) (88×)　ターミナル柔組織(TP)と散在する柔組織 (DP)，短接線状柔組織(MP)

b．オニグルミ (*Juglans sieboldiana*) (35×)　ターミナル柔組織 (TP) と短接線柔組織 (MP)

c．ピサンピサン (*Polyalthia xanthopethalus*) (35×)　階段状に配列する柔組織 (放射組織の間隔とくらべて柔組織の帯の間隔が狭い

d．ペルポック (*Lophopetalum javanicum*) (35×)　規則的に配列する柔組織の帯 (矢印)

- 階段柔組織（scalariform parenchyma）：規則正しく距離をとった軸方向柔組織の帯または線が明らかに放射組織の間隔より狭い場合に横断面上に形づくられる梯子状の紋様に対する記述用語である（図7.81；図7.83 c）.
- ターミナル柔組織*）（terminal parenchyma）（図7.81；図7.83 a, b）.
- イニシアル柔組織*）（initial parenchyma）（図7.81）：生長期間の終りあるいは初めに単独またはいろいろの幅の多少とも連続した層をなして生ずる独立柔組織をそれぞれターミナルあるいはイニシアル柔組織という.
- 独立帯状柔組織**）（banded apotracheal parenchyma）：帯状の柔組織（図7.81；図7.82；図7.83 d）.

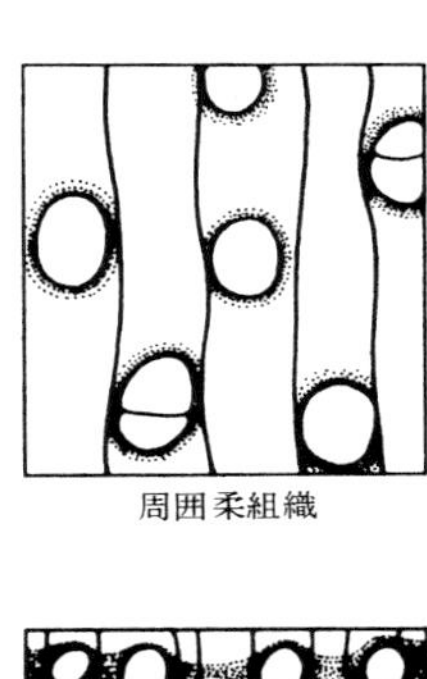
周囲柔組織

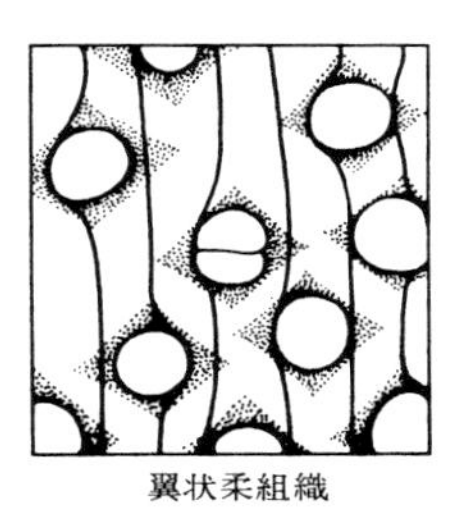
翼状柔組織

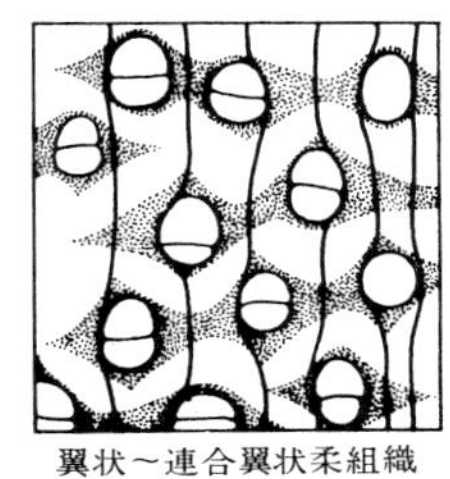
翼状～連合翼状柔組織

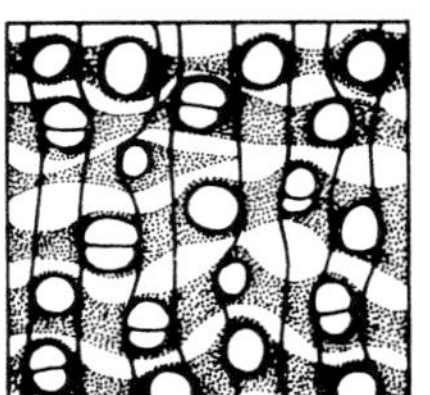
連合翼状柔組織
（随伴帯状柔組織）

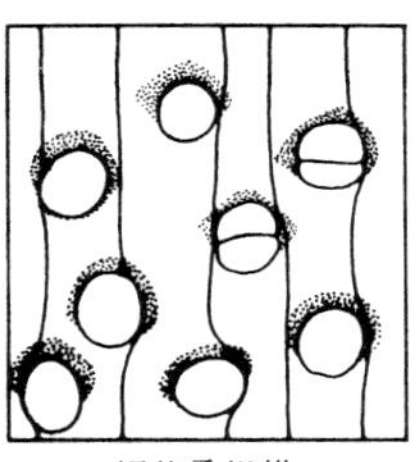
帽状柔組織

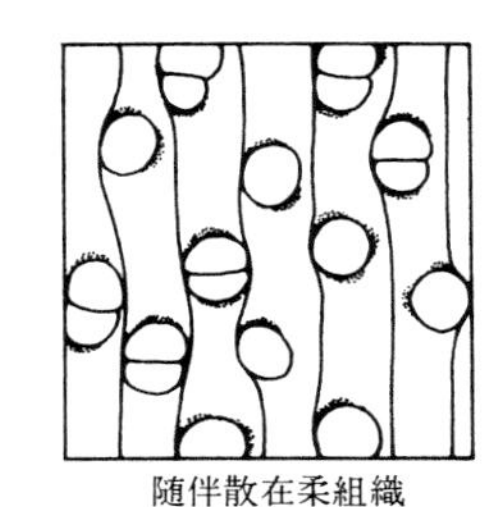
随伴散在柔組織

図 7.84 代表的な随伴柔組織の模式図

(2) 随伴柔組織（paratracheal parenchyma）（図7.84）

道管または道管状仮道管と接触している軸方向柔組織

- 随伴散在柔組織（scanty paratracheal parenchyma）：道管の周囲に不完全なさや状に配列するかあるいは孤立的に現れる随伴柔組織
- 周囲柔組織（vasicentric parenchyma）：道管の周囲に完全なさやをなす随伴柔組織（図7.85；図7.86）
- 翼状柔組織（aliform parenchyma）（図7.87 a, b, c）：横断面で翼状あるいは眼瞼状を示す随伴柔組織
- 連合翼状柔組織（confluent parenchyma）（＝随伴帯状柔組織 paratracheal banded parenchyma）（図7.87 b, c, d）：翼状柔組織が連合して帯状になった随伴柔組織
- 帽状柔組織（unilaterally paratracheal parenchyma）：道管の外側（樹皮側）または内側

---

*），**） 熱帯産の木材，とくにそれが散孔材で生長輪が明瞭でないような場合，それが同心円状の帯状あるいは線状の柔組織であっても，ターミナルかイニシアルであるか断定し難いことが多い．このような場合にはただ帯状あるいは線状の柔組織の出方が規則的であるか不規則であるかの記載だけをすることが一般的である．

に限られた随伴柔組織．外側帽状柔組織（abaxial parenchyma）および内側帽状柔組織（adaxial parenchyma）がある．

これはさらに unilaterally scanty, unilaterally aliform, unilaterally confluent などに分けられる．ヤマモガシ（図7.68参照）に認められるのはそのひとつの例である．

- 結合柔組織（conjunctive tissue）：　材内師部と結合した特殊な型の柔組織で，長く帯状になるもの（*Avicennia* 属），散在する材内師部に結合しているもの（*Strychnos* 属，*Aquilaria* 属）などがある．

iii）　特殊な形状をもつ細胞

(1)　離接柔組織（disjunctive parenchyma）およびその細胞：　分化の過程で細胞相互の接触が部分的に引き離された柔細胞からなる組織である．細胞相互の接触は管状の突起によってなされる．一般に他の細胞の壁が厚い場合に多いようである．

(2)　隔壁柔組織（septate parenchyma cell）：　細胞内腔に1またはそれ以上の薄い横断壁をもつ柔細胞を呼ぶ．

(3)　異形細胞（idioblast）：　形・内容物が同一組織の細胞と明らかに異なるものをいう．結晶細胞および油細胞などがあり，前者の例としてはシクンシ科（Combretaceae）などに認められる大型の集晶（後述）を含むもの，あるいはタンギール，アルモン（*Shorea*）などに認められる結晶細胞がある．後者の例としてはクスノキ科（Lauraceae）の多くの樹種に著しい油細胞がある（図7.88；図7.89）．

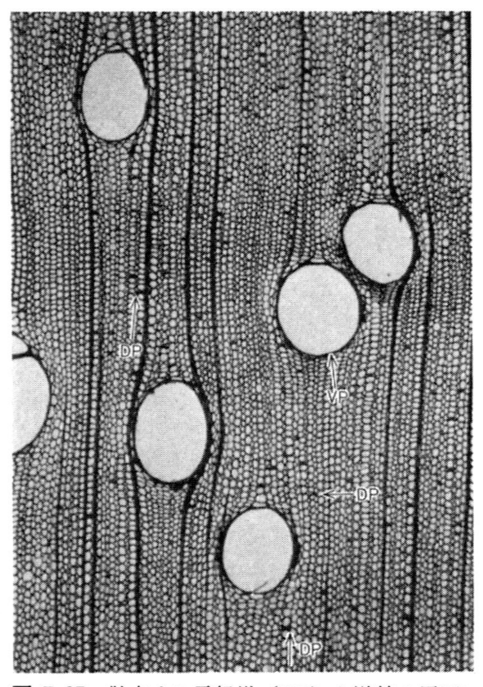

図 7.85　散在する柔組織（DP）と道管の周囲に薄いさやを形づくる周囲柔組織（VP）
センゴンラウト（*Albizia falcataria*）（38×）

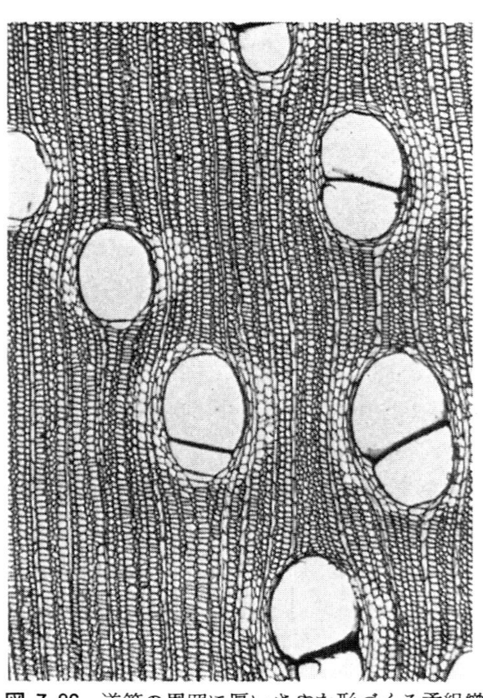

図 7.86　道管の周囲に厚いさやを形づくる柔組織
ドウアバンガ（*Duabanga sonneratioides*）
（38×）

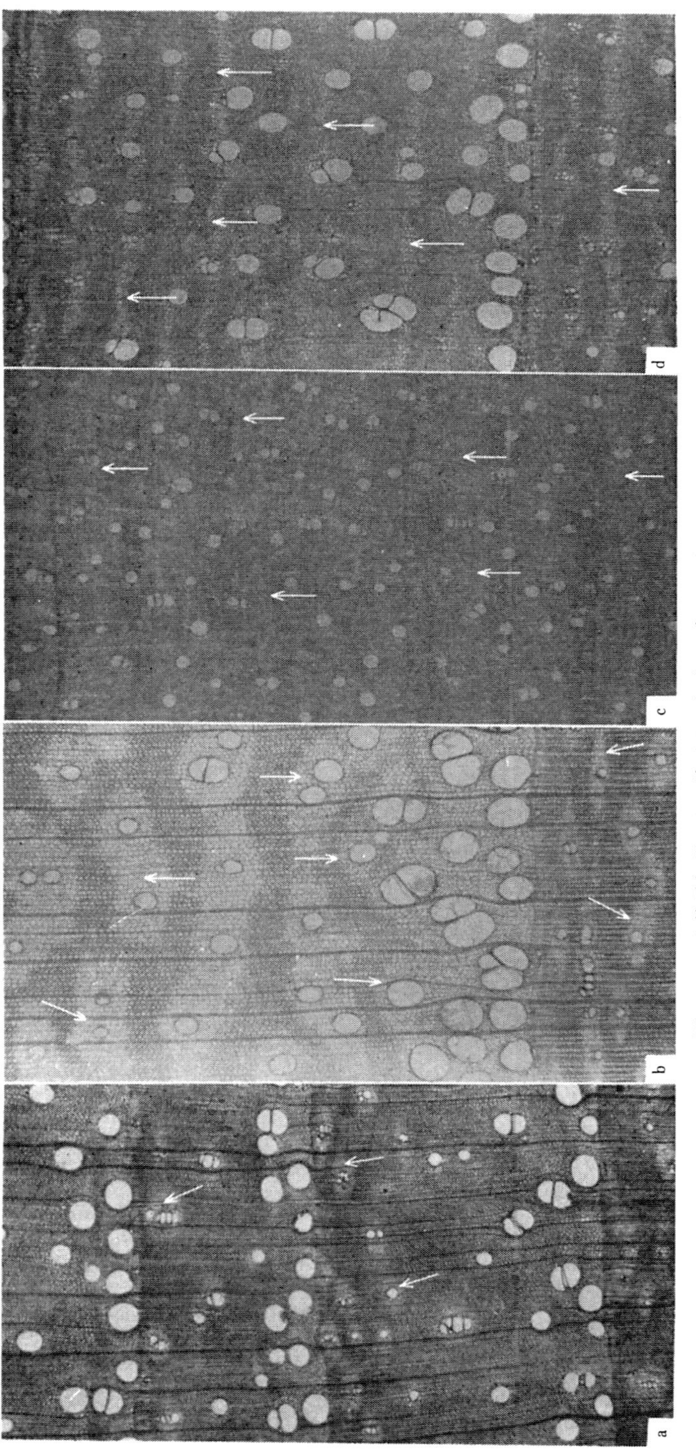

図 7.87 随伴柔組織の例（矢印）.（ ）は少ない（16×）
a．さや状～翼状～(連合翼状)：ネムノキ（*Albizia julibrissin*）
b．翼状～連合翼状：キリ（*Paulownia tomentosa*）
c．翼状～長い帯状：ムクノキ（*Aphananthe aspera*）
d．翼状～長い帯状：ムクロジ（*Sapindus mukorossi*）

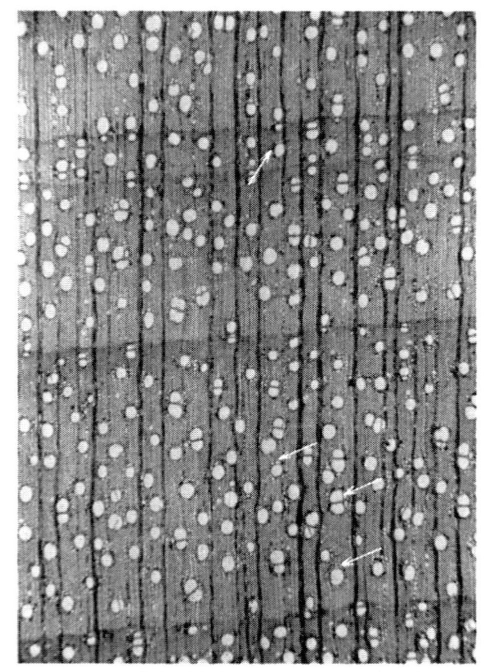

図 7.88　軸方向柔組織に認められる分泌細胞
クスノキ（*Cinnamomum camphora*）（16×）
道管を取り囲む周囲柔組織の中に大型の細胞が認められる（矢印）.

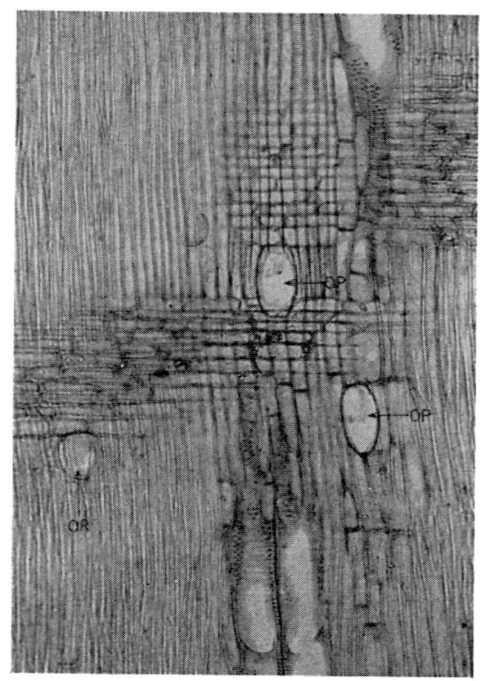

図 7.89　カゴノキ（*Actinodaphne lancifolia*）（R. 95×）
分泌細胞が軸方向柔組織（OP）と放射組織（OR）に認められる.

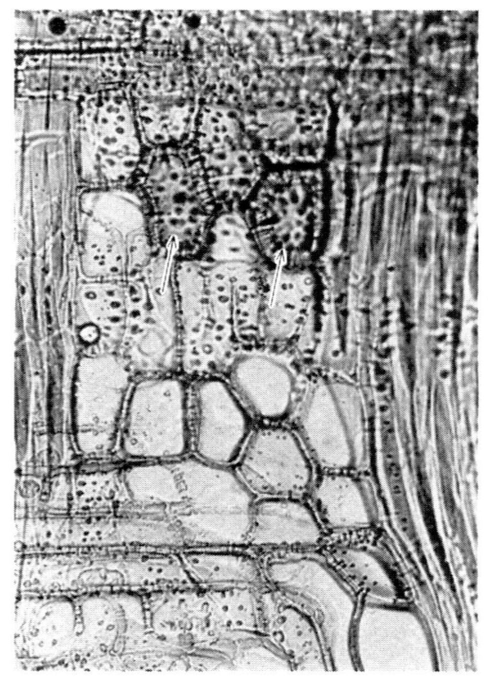

図 7.90　軸方向柔組織の中に認められるスクレレイド（矢印）
ウリン（*Eusideroxylon zwageri*）（190×）

(4)　スクレレイド（sclereid）：　細胞のうち少数ではあるがスクレレイドが認められることがある．例としてはラパチョ（***Tabebuia***），ウリン（***Eusideroxylon zwageri***）などがあげられる．この樹種の場合にはすでに述べたように厚壁チロースが道管中に認められるので両者の形成の間に関連があるとも考えられる（図 7.90）.

iv）　結晶細胞　　一般にしゅう酸石灰の結晶*）を

*）　木材中に含まれる鉱物質の識別
酢酸によって溶ける．また塩酸によって泡を出して溶ける．…………炭酸石灰（p. 146）
酢酸によっては溶けない．塩酸によって溶けるが泡を出すことはない．…………しゅう酸石灰
酢酸・塩酸では溶けない．弗化水素酸で溶ける．…………シリカ（p. 175）

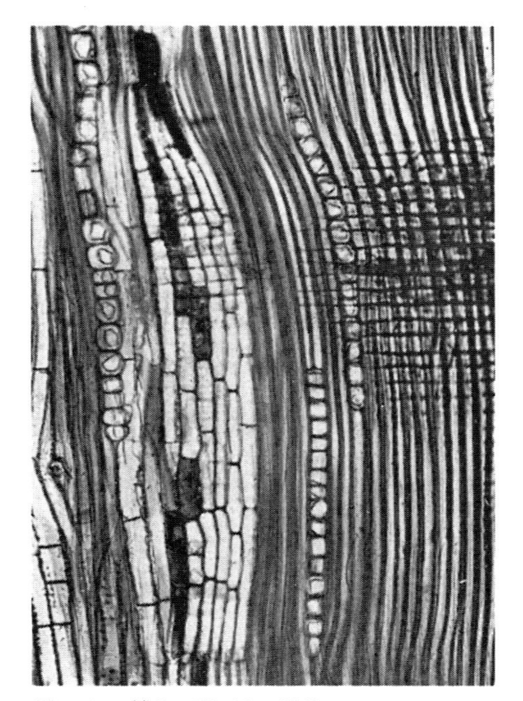

図 7.91 鎖状に配列する結晶
バクチカン (*Parashorea plicata*) (R.95×)

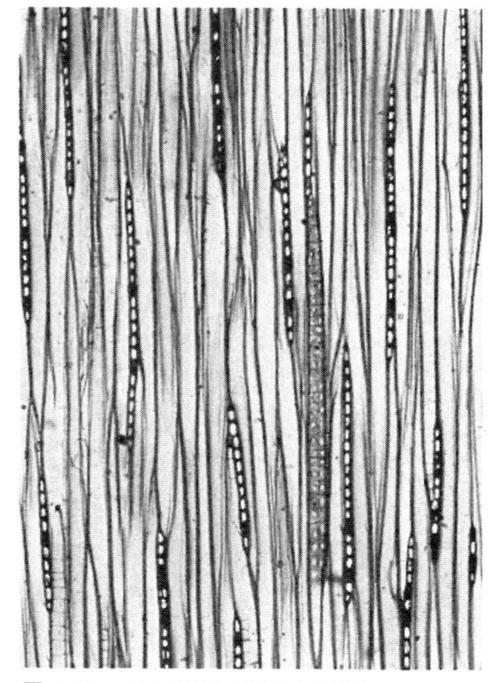

図 7.92 2列に鎖状に配列する結晶
センゴンラウト (*Albizia falcataria*) (T.38×)

含むことが多く，その含む細胞の形によっていくつかに分類される.

(1) 多室結晶細胞 (chambered crystalliferous cell)： 隔壁によって室に分けられている細胞

(2) 通常の細胞： 通常の長方形 (図7.96) あるいは方形の細胞中に認められる単独の菱形～方形の結晶はかなり多くの樹種で観察されるので，その存在が識別のための拠点とならないことも少なくない.

(3) 鎖状結晶細胞： 主として方形の細胞が軸方向に長く連なり，そのおのおのに結晶を含んでいるような場合には，今までとくに区別する用語がなかったが，本書では鎖状結晶細胞と呼ぶことにする.

上述の(1)と(3)をいっしょにして英語で subdivided crystalliferous cell と呼ぶことが多い[18].
また，同じような意味で chambered crystalliferous cell と呼ぶことも少なくない. 一方，わが国では両者を区別せずに多室結晶細胞の名で呼ぶことがあるが，(1)に示した I.A.W.A. による定義とは一致しない. いずれにせよ，これらの場合には，細胞の形態に触れずに結晶が鎖状に配列する (crystals in chain) (図7.91；図7.92) と記載することが少なくない.

(4) 異形細胞 (p.120，164参照) (図7.93；図7.94)

(5) 結晶の形： 上に述べた種々の形の細胞中に含まれるしゅう酸石灰の結晶の形には変化があり，それがしばしば科・属および種の特徴となることがある. ふつう最も多く認められる結晶は方形あるいは菱形を示すものが多い (図7.93). またとひつの細胞中に大型の結晶と小型の結晶が多数混在しているような樹種もある (図7.96).

図 7.93　軸方向柔組織の中の異形細胞中に認められる集晶
ターミナリア（*Terminalia complanata*）（R. 190×）

図 7.94　放射組織と軸方向柔組織の中の異形細胞中に認められる結晶
アルモン（*Shorea almon*）（R. 95×）

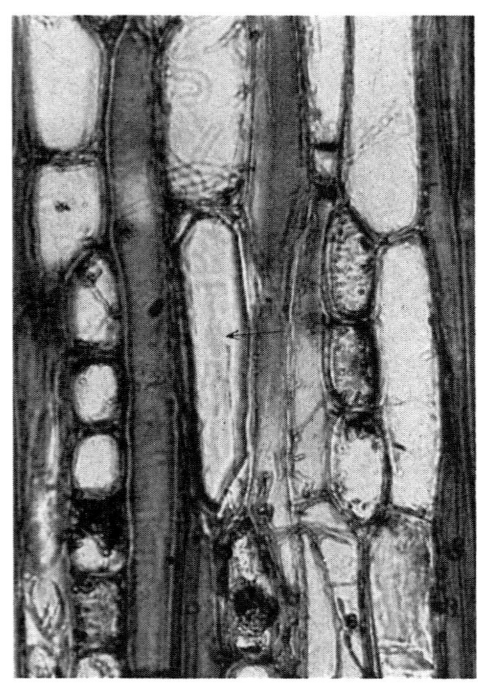

図 7.95　軸方向柔組織中に認められる柱晶（矢印）
ターミナリア（*Terminalia subspathulata*）（T. 375×）

軸方向柔組織および放射組織に認められる結晶のうち特殊な形のものを次に示す．

柱晶（styloid）：　典型的なものは長さが幅の 4 倍位，先端がとがるかまたは四角ばる（図 7.95）

砂晶（crystal sand）：　非常に細かい結晶の粒状の集まり（結晶の形は図 7.102 a 参照）

針晶（acicular）（針状結晶）：結晶が針のような形を示している（結晶の形は図 7.102 b 参照）

集晶（druse）：　金米糖（こんぺいとう）状の結晶の集まり（図 7.93）

束晶（raphid(e)）：　針晶が束になったような状態で認められる（結晶の形は図 7.102 c 参照）

以上の結晶のうち，とくに特殊な砂晶，針晶および束晶などの結晶が認められる科・属などを表 7.8，表 7.9，表 7.10 に示した．

表 7.8 砂晶が認められる種を含む科・属（属のすべての種を意味してはいない）[18]

科	属	分布する組織*)	
Amaranthaceae	*Bosea*		
Boraginaceae	*Cordia*	R	P
	Patagonula	R	P
Icacinaceae	*Gomphandra*	R	
Lauraceae	*Actinodaphne*	R	
	Lindera	R	
Rubiaceae	*Adina*		
	Anthocephalus	R	
	Calycophyllum		
	Diplospora		
	Hodgkinsonia	R	
	Mastixiodendron	R	
	Neonauclea	R	
	Randia	R	
	Timonius	R	
Sapotaceae	*Bumelia*		
	Chrysophyllum		
	Mastichodendron		
	Palaquium		
	Pouteria		P
	Sideroxylon		
Solanaceae	*Solanum*		

注 *) P：軸方向柔組織，R：放射組織．記載のないものについては存在だけが報告されている．

表 7.9 針晶が認められる種を含む科・属（属のすべての種を意味してはいない）[18]

科	属	分布する組織*)
Lauraceae	*Actinodaphne*	R
	Cinnamomum	R
	Cryptocarya	R
	Iteadaphne	R
	Litsea	R
	Machilus	R
Verbenaceae	*Gmelina*	R
	Premna	R

注 *) P：軸方向柔組織，R：放射組織

v）シリカを含む細胞　熱帯産材のいくつかにシリカを含むものがある（p.175 参照）（表 7.11）．

vi）紡錘形柔細胞（代用繊維 substitute fiber，中間繊維 intermediate fiber などの言葉が使われてきていた）　形成層の紡錘形始原細胞から細分されることなし（ストランドを形成しないで）に由来した軸方向の柔細胞を紡錘形柔細胞（fusiform parenchyma）と呼び，一般には比重が低く，他の細胞の壁が薄いような樹種に認められる．辺材部では原形質をもっている点で繊維

表 7.10 束晶が認められる種を含む科・属（属のすべての種を意味してはいない）[18]

科	属	分布する組織*)
Aizoaceae	*Carpobrotus*	P
Dilleniaceae	*Dillenia*	R (P)
	Hibbertia	P
Euphorbiaceae	*Phyllanthus*	R
Nyctaginaceae	*Pisonia*	P
	Torrubia	P
Rubiaceae	*Coleospermum*	P
	Cosmibuena	R
	Morinda	P
	Plectronia	R
Saurauiaceae	*Saurauia*	P
Tetrameristaceae	*Tetramerista*	R
Vitaceae	*Leea*	R

注 *)　P：軸方向柔組織，R：放射組織，(P)：認められる種もある．

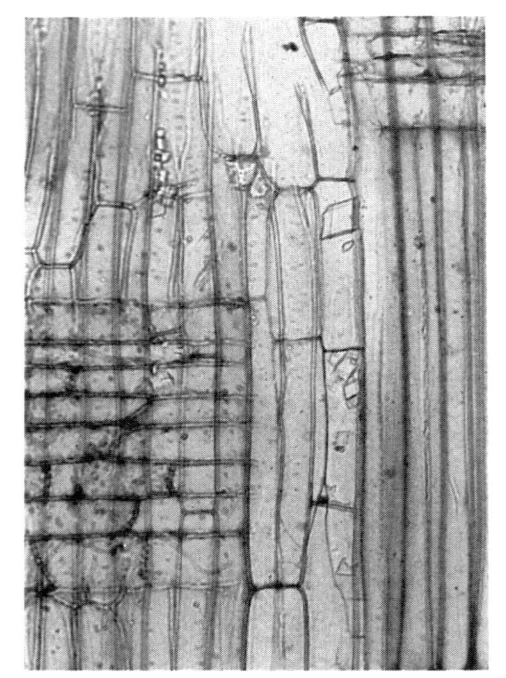

図 7.96　ドウアバンガ (*Duabanga sonneratioides*) (R. 190×)
軸方向柔組織中に認められる大小形の異なった結晶が同じ細胞に含まれる．

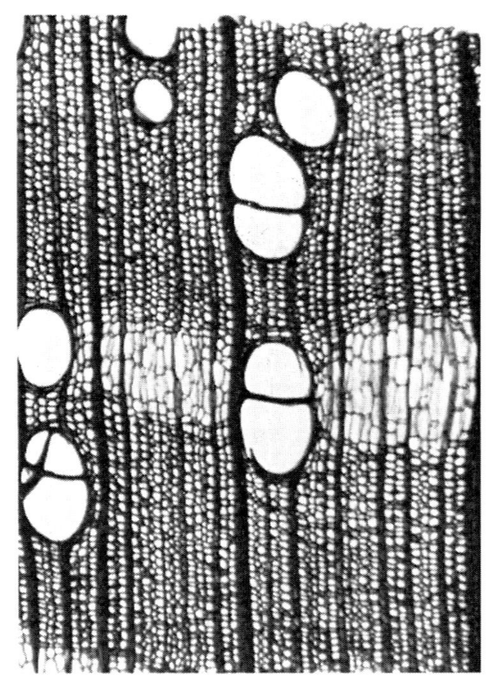

図 7.97　放射方向に長軸をもち，木化されていない柔組織の帯
(*Apeiba membranacea*) (38×)

とは異なる．

vii）特殊な柔組織　これは完全に木化していないので肉眼でもはっきりと白色の組織として認められる．シナノキ科 (Tiliaceae) の ***Apeiba membranacea*** に認められる例であるが，図 7.97に示したように放射方向に長軸をもつ柔組織の長い帯が認められる．一般に幹の断面の生長

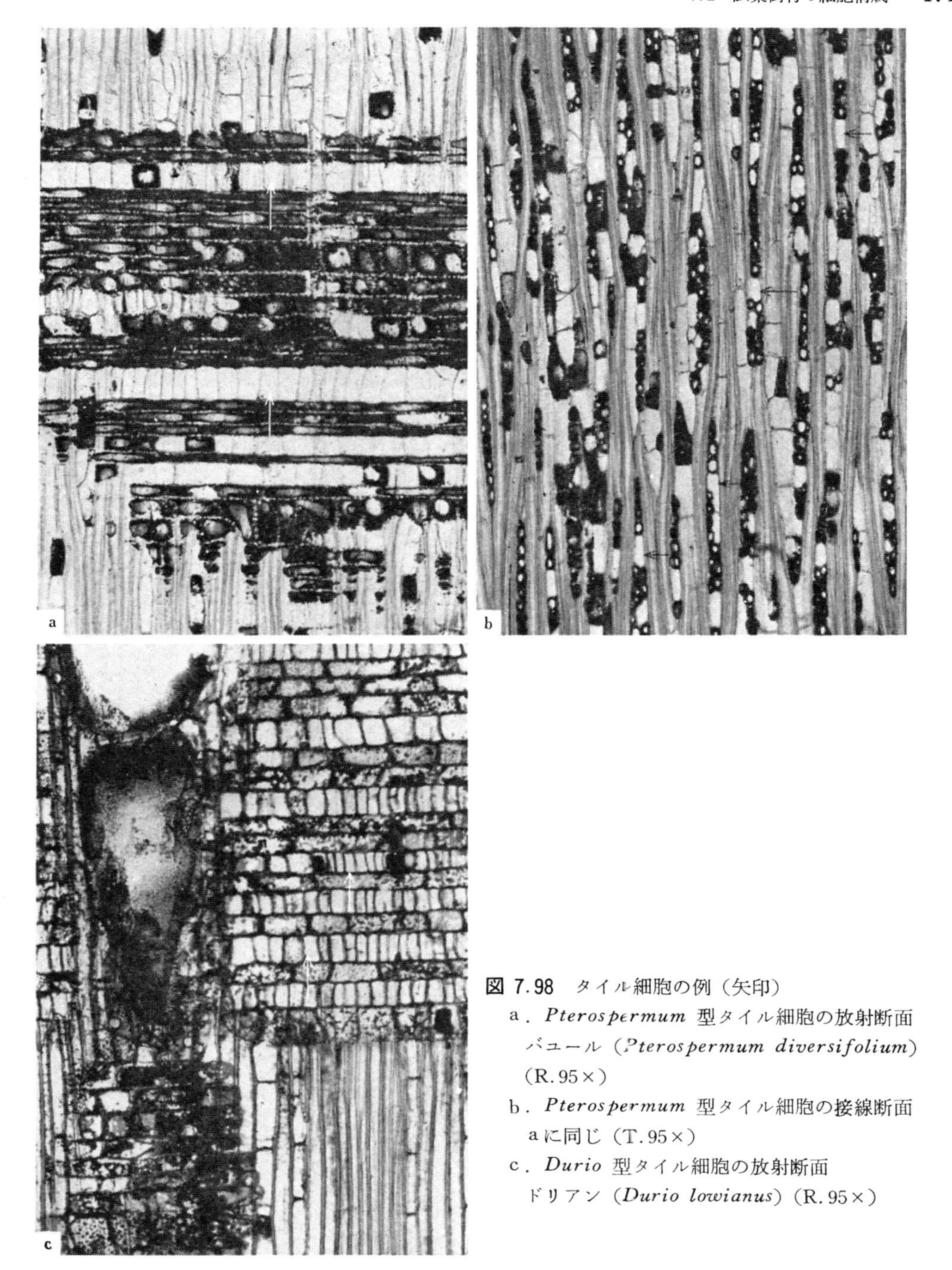

図 7.98 タイル細胞の例（矢印）
a．*Pterospermum* 型タイル細胞の放射断面
バユール（*Pterospermum diversifolium*）（R. 95×）
b．*Pterospermum* 型タイル細胞の接線断面
aに同じ（T. 95×）
c．*Durio* 型タイル細胞の放射断面
ドリアン（*Durio lowianus*）（R. 95×）

の良い側でより発達する．したがって，形成の原因はあるいはあての形成に関連しているのかも知れない．

7.2.3　水平方向に配列する組織および細胞

放射組織*)がおもなものである．さらに，例は少ないが乳管およびタンニン管その他が水平方向に配列する樹種がある．

a）放射組織

針葉樹材の場合と同じ働きをもっており，一次放射組織，二次放射組織の区別も同じようにある．しかし針葉樹材にくらべると，放射柔細胞のみからなり，放射仮道管を構成要素にもつことがないという点ではっきりと異なっている．また単列放射組織だけをもつものはむしろ少なく，2列以上をもつものが多く認められ，1～2列，1～3列，……，あるいは2列以上だけの組合わせなどのように変化に富んでいる．さらに構成細胞の種類も多く，しばしば樹種を区別するための拠点ともなっている．おのおのの細胞は小さい単壁孔によって連絡している．道管との間の壁孔（ray-vessel pitting）については，すでに述べたように種々の種類があり，そのおのおのは半縁壁孔対ないし単壁孔対に近いものまである．

i）構成細胞の種類　放射組織を構成する細胞には，その細胞の長軸が放射方向にある平伏細胞（procumbent cell），長軸が軸方向（縦方向）にある直立細胞（upright cell），放射断面で観察

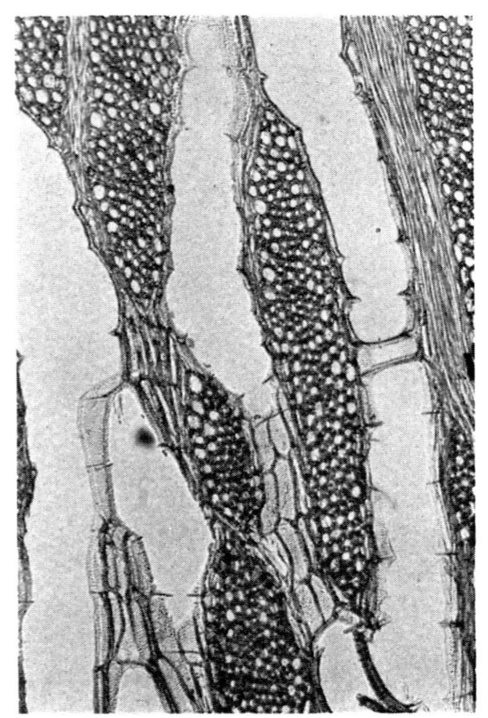

図 7.99　放射組織の外側の細胞が大きく，中へだんだんと小さくなる例
Tamarix gallica（T. 100×）

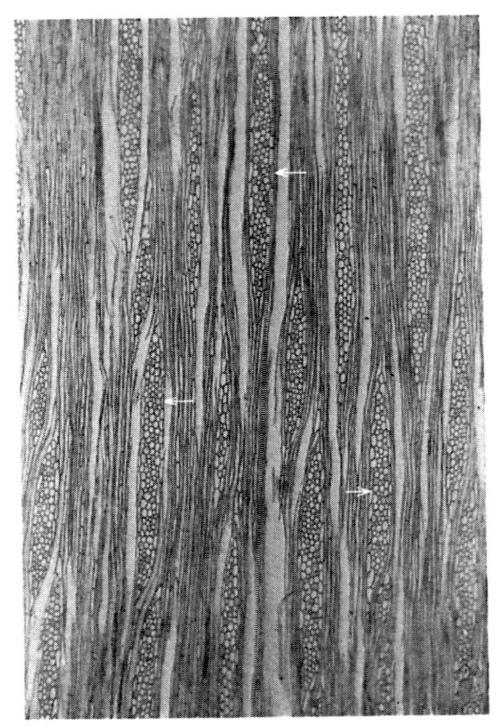

図 7.100　さや細胞の例
放射組織の多列部が直立細胞で包まれている（矢印）
ウツギ（*Deutzia scabra*）（T. 28×）

---

*）髄線，射出線，射出髄，木線などの言葉が用いられたことがある（p. 122 参照）．

した場合にほぼ四角形を示す方形細胞（square cell）などがあり，構成の単純な針葉樹材の場合と異なっている．方形細胞と直立細胞は特殊な例を除いて典型的には放射組織の上下の辺縁に認められる．またこれらの細胞とは別に次のような特殊な形態あるいは出現をする細胞がある．

(1) タイル細胞（tile cell）： これは図7.98に示すように，他の平伏細胞と同じ高さをもつが，そのひとつひとつは直立細胞となっており，内容物をまったく欠く特殊細胞である．種々の長さに水平方向に連続して平伏細胞の間に認められる．タイル細胞が認められる場合でも，放射組織の細胞のすべてがこの細胞からなりたっているわけではなく，部分的に存在することが一般的である．シナノキ目（Tiliales），アオイ目（Malvales）などの植物に認められることがある．その出現のしかたには2通りあり，ドリオ(*Durio*)型（細胞の高さが低く平伏細胞と同じ）およびプテロスペルム（*Pterospermum*）型（細胞の高さが高い）と呼ばれる．両者の中間型もある．日本産材ではこのタイル細胞の出現はほとんど知られていない．

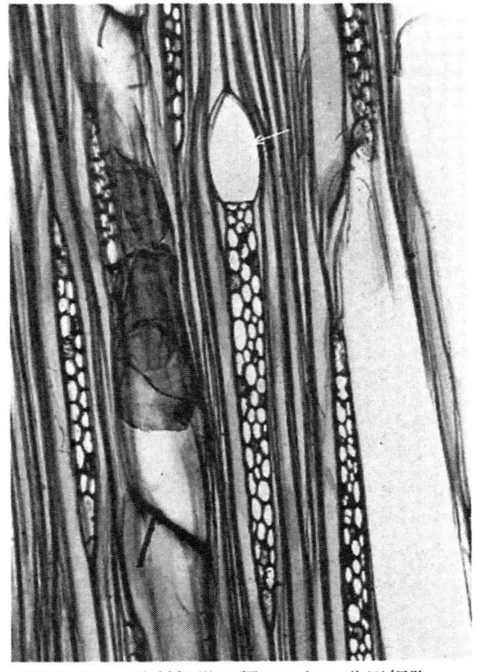

図 7.101 放射組織に認められる分泌細胞（矢印）
チャンパカ(*Michelia champaca*)(T. 95×)

(2) さや細胞（sheath cell）： 図7.79，図7.99，図7.100に示すように，紡錘形の放射組織の中心部の平伏細胞を囲んで，直立ないし方形の細胞が完全または不完全なさやを形づくっていることがある．この放射組織をさや細胞をもつ放射組織と呼ぶ．アオキ(*Aucuba*)，アオハダ(*Ilex*)，アオギリ(*Firmiana*)，エノキ（*Celtis*），ヤマグルマ（*Trochodendron*），アンベロイ（*Pterocymbium*），アフ（*Anisoptera*）などが例である．

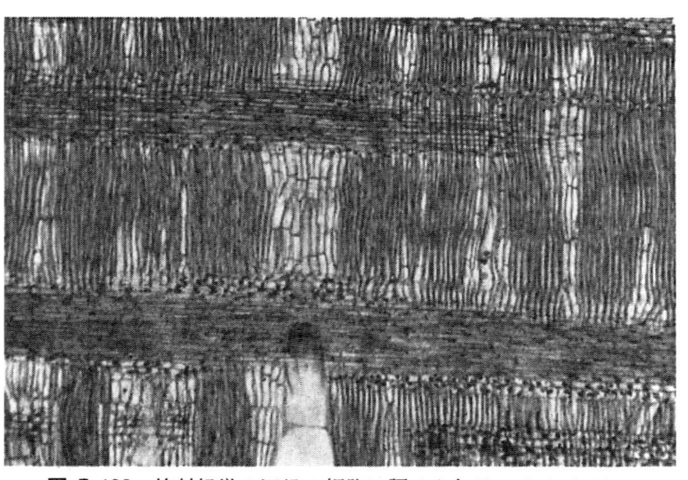

図 7.102 放射組織の辺縁の細胞に認められるシリカ（写真では濃色の点となっている）
マンガシノロ（*Shorea philippinensis*）(R. 38×)

(3) 油細胞（oil cell），粘液細胞（mucilage cell）： 他より一般に目立って大きく，円形，だ円形などを示し，それぞれの内容物を含む（p. 164，異形細胞参照）．日本産材中では前者がクスノキ科に認められ(図7.89；図7.101)，熱帯産のものではクスノキ科，モクレン科，ハスノハギリ科などに知られている．また後者はバン

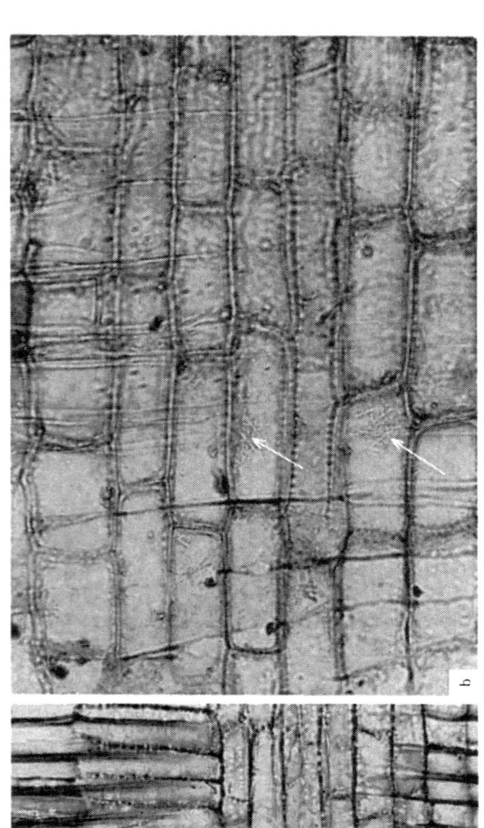

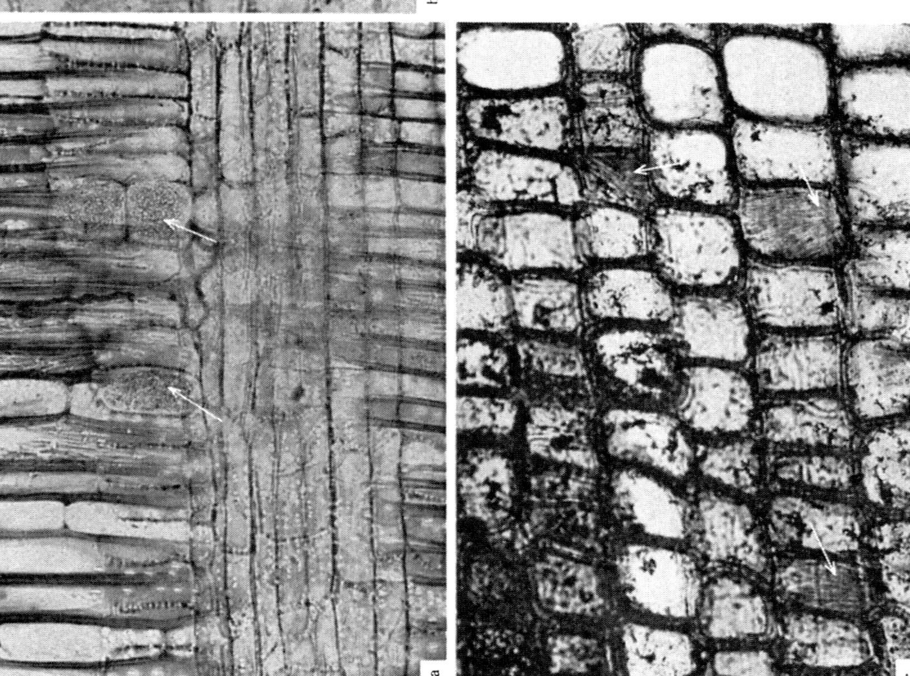

図 7.103　特殊な形を示す結晶（矢印はそれぞれの結晶を示す）
a．カランパヤン（*Anthocephalus adamba*）（190×）
砂晶が放射組織の直立細胞中に認められる
b．ハマクサギ（*Premna japonica*）（375×）
針晶が放射組織の平伏細胞中に認められる
c．カトモン（*Dillenia philippinensis*）（190×）
放射組織中に認められる束晶

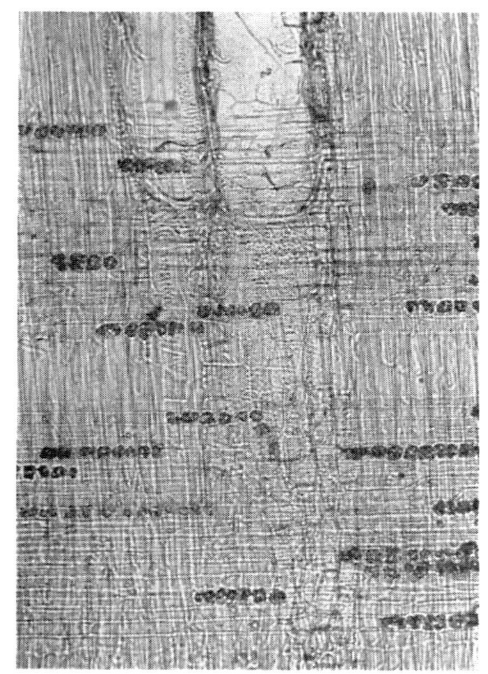

図 7.104 放射組織の中に鎖状に長く連なっているシリカ（濃色の塊）
Evodia sp.（R. 95×）

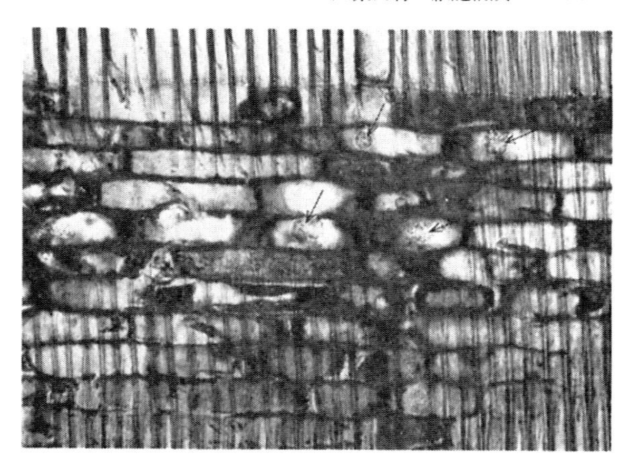

図 7.105 放射組織の平伏細胞中に認められるシリカ（矢印）
レンガス（*Melanorrhoea aptera*）（R. 190×）

レイシ科に知られている[11]．

ii）内容物

(1) 結晶細胞および結晶： 軸方向柔組織の細胞に認められる場合とほとんど同じである（p. 166, 結晶細胞参照）．砂晶，針晶および束晶の例をそれぞれ図 7.103 の a，b および c に示した．

(2) シリカ*)： 熱帯産樹種の放射組織の中にはシリカを含むものが少なくない（表 7.11）．シリカの存在する細胞としては，多くの樹種を通して放射組織柔細胞が最も多い（図 7.102；図 7.104；図 7.105）．特殊な例としては，シリカが放射組織中に一列になって放射方向に鎖状に配列することがある（*Evodia* sp.；図 7.104）．

(3) 樹脂様物質： 軸方向柔組織の場合と同じように，科・属・種により異なった色調の樹脂様の物質を含むことがある．組織が非常に似ているような種の間の識別拠点となることも少なくない．

iii）放射組織の分類 放射組織を分類するにあたってその構成の状態をいくつかの代表的な

---

*）シリカは熱帯産の木材にだけ認められる．化学的には SiO_2 がおもなものである．顕微鏡下では小さな（おもに 10〜20 μm 程度）透明な内容物として認められる．しゅう酸石灰の結晶のようにはっきりとした形をもっていると認めやすいが，つねに発見できるようになるまでには経験が必要である．このように小さなかたまりとして認められるもののほかに，特殊なものとして細胞の内壁に薄い壁を張ったような状態で膜を形成しているものがあることも知られている[13]．

このシリカが存在すると，比重が低くても木材の切削は容易でなく，刃物の交換の回数が増えたり，場合によっては通常ののこでは製材がほとんどできないようなことさえもある．しかし現在では，製材（とくに南洋材の場合）の場合にはのこ歯にステライトの熔着をすることが一般化するようになり，そのために以前ほどには問題にならなくなった．表 7.11 に世界の主要な木材のうちでシリカをもつものを示した．南洋材についてだけ調査した結果も出されている．シリカは放射組織，軸方向柔組織，道管，繊維（図 7.106）などに認められる．

木材の絶乾重量に対するシリカの比率が 0.05 %をこえるようなものをシリカがあるというとされている[13]．この程度よりシリカの含量が増えると顕微鏡によって認められるようになる．とくに含量の少ないような樹種では，切片をとって顕微鏡下で観察しても認められないことが多い．このような場合，組織の解離をして観察すると容易に確認できるようになる．また，シリカの存在は上述のように木材加工上の難点となっている反面，これが存在すると木材に対する海虫の被害を防ぐ働きをするともいわれている．

表 7.11　シリカの存在する科と属[13)]

科・属		科・属	
Anacardiaceae		Fagaceae	
Anacardium	R	*Nothofagus*	R
Gluta	R～R(P)	Flacourtiaceae	
Lannea	R	*Hydnocarpus*	V
Melanorrhoea	R～R(P)～R, P	*Scottellia*	R
Odina	R(F)	*Taraktogenos*	V
Parishia	R	Guttiferae	
Swintonia	R	*Cratoxylon*	R～R, (P)
Trichoscypha	R	*Garcinia*	R
Bignoniaceae		Lauraceae	
Stereospermum	V	*Beilschmiedia*	R～R, (P)
Bombacaceae		*Cryptocarya*	R
Boschia	P, R	*Dehaasia*	R, (P)
Coelostegia	P	*Endiandra*	R～R, (P)
Burseraceae		*Litsea*	R
Aucoumea	R	*Mesilaurus*	R
Canarium	R(u)～R, P～R, P, F～R, P, V～F～R(u)F～R, F, V	*Nothaphoebe*	R
		Tylostemon	R
Dacryodes	R(u)	Lecythidaceae	
Haplolobus	R, P, tyloses～R, P	*Eschweilera*	R～R, (P)
Protium	F, P, V～F(R)	*Lecythis*	R
Santiria	F～V, P～R～F, P～R, F, V(tyloses)	Leguminosae	
		Dialium	P
Scutinanthe	R(u)P	*Dicorynia*	P, (R)
Dilleniaceae		Magnoliaceae	
Dillenia	F～V, F	*Magnolia*	R
Dipterocarpaceae		*Michelia*	P, V～P, V, F, R
Anisoptera	R～R, (P)	*Talauma*	V
Cotylelobium	R	Meliaceae	
Dipterocarpus	R～R, (P)	*Aphanomyxis*	R, P～R, F
Dryobalanops	R～R, (P)	*Chisocheton*	R, P
Monotes	R	*Dysoxylum*	R, P
Shorea(*Anthoshorea*)	R～R, (P)	*Guarea*	R
Elaeocarpaceae		*Walsura*	R, P
Elaeocarpus	R	Moraceae	
Euphorbiaceae		*Artocarpus*	V～P～F, V～F, V, P
Antidesma	R	*Malaisia*	F, P, V
Baccaurea	R(P)	*Pseudomorus*	F, P, V
Drypetes	R, P	*Sloetia*	F, P, R, V
Macaranga	F	Myrtaceae	
Oldfieldia	R	*Callistemon*	R
Petalostigma	R	*Calothamnus*	R
Phyllanthus	R～R, P	*Jambosa*	P
Pimeleodendron	R, P	*Lysicarpus*	R
Sapium	R	*Melaleuca*	R
Uapaca	R	*Metrosideros*	R
		Osbornia	R

Pleurocalyptus	R
Syncarpia	R
Tristania	R
Xanthostemon	R
Proteaceae	
Musgravea	R
Panopsis	R
Petrophila	R
Roupala	R, P
Stenocarpus	R
Xylomelum	R
Rhizophoraceae	
Combretocarpus	P, F
Gynotroches	R, P
Kandelia	R
Pellacalyx	F
Rosaceae	
Angelesia	R
Couepia	R
Hirtella	V
Licania	R～R, (P)
Parastemon	R, (P)
Parinari	R, P～R, (P)
Rubiaceae	
Mitragyna	R
Rutaceae	
Acronychia	R
Evodia	R
Medicosma	R
Melicope	R
Pleiococca	R, (P)
Sapindaceae (*Pancovia*)	
Sapotaceae	
Achradotypus	R, P
Baillonella	R
Bassia	R
Burckella	R, P
Chrysophyllum	R
Ecclinusa	R
Ganua	R
Madhuca	R, P～R～R, P, F, V
Micropholis	R
Mimusops	R～R, P
Niemeyera	R, P
Palaquium	R, P
Payena	R, P
Planchonella	R～R, P
Pouteria	R
Sideroxylon	R
Simaroubaceae	
Samadera	R, P
Sterculiaceae	
Heritiera	R, P
Scaphium	R
Tarrietia	R～R, P
Styracaceae	
Styrax	R, P
Tiliaceae	
Brownlowia	R, P
Ulmaceae	
Gironniera	V, P
Urticaceae	
Leucosyke	V, F, P
Verbenaceae	
Gmelina	F, P
Peronema	F, V
Tectona	V, P
Teijsmanniodendron	F, V, P
Vitex	F
Viticipremna	F, P

注） R：放射組織，R(u)：放射組織の直立細胞，P：柔組織，V：道管，F：繊維，( )：まれに認められる．

形式に分類し，それらに記号をつけて，ある樹種はAとC，ある樹種はDおよびXの型の放射組織をもつとするような比較的機械的に細かく分類する方法（山林，兼次）と，KRIBS[19] で代表されるような同性，異性という考え方を主とし，その上に若干の機械的に記載しなければならないものを分類してそれにつけ加える方法とに大きく分けられる．後者は比較的最近になって採用されているものである．ここでは構成細胞の形によって分類する場合は，後者にしたがってゆく．

(1) 放射組織の幅・高さによる分類

● 単列放射組織（uniseriate ray）： 放射組織の幅が1列である場合を呼ぶ．単列放射組織だけからなる樹種は，すでに述べたように日本産は少なく，ヤナギ類（*Salix*），ポプラ類（***Populus***），トチノキ（***Aesculus***），クリ（***Castanea***），シイノキ（***Castanopsis***）などの一部に限られている．

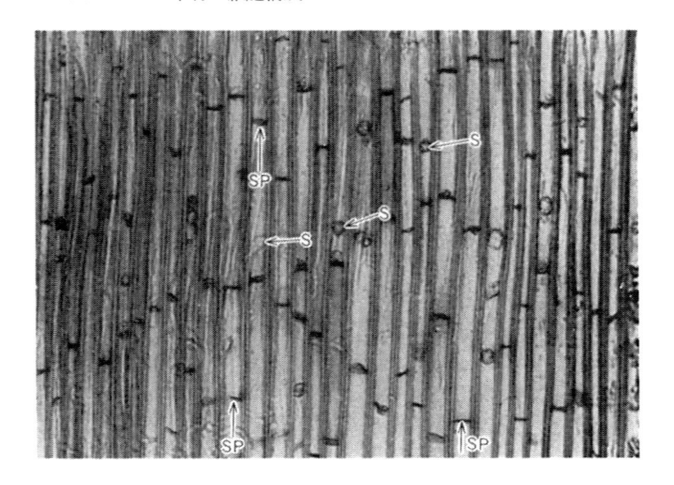

図 7.106　隔壁繊維中（隔壁：SP）に認められるシリカ（S）
ケドンドン（*Santiria tomentosa*）（R. 200×）

- 多列放射組織（multiseriate ray）：さらにこの中を複列放射組織（biseriate ray）と多列放射組織（multiseriate ray）に区別することがある．とくに複列放射組織を区別するのは，放射組織が1～2列，または2列だけである放射組織をもつ樹種があるのでそれを区別するときに採用される．1～2列，または2列の放射組織をもつ樹種は，ザイフリボク（***Amelanchier***），ツゲ（***Buxus***），カツラ（***Cercidiphyllum***），ヤマガキ（***Diospyros***），ミツマタ（***Edgeworthia***），イイギリ（***Idesia***），ヒイラギ（***Osmanthus***），ヤマハゼ（***Rhus***）などが例である．

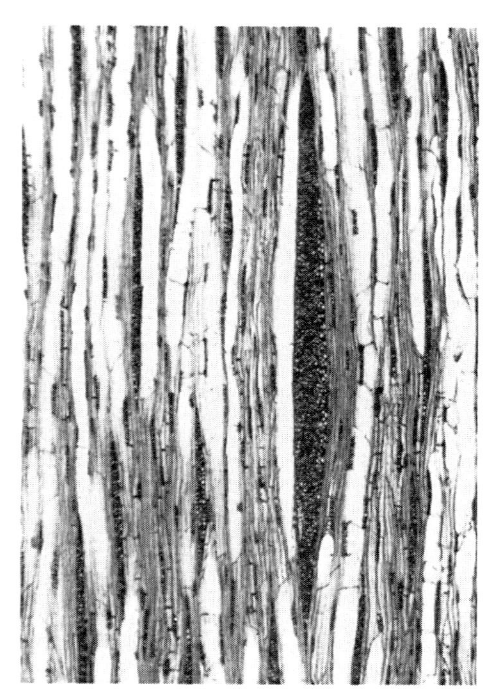

図 7.107　広放射組織の例
ブナ（*Fagus crenata*）（T. 38×）
道管腔の中に隔壁のように認められるのはチロース

多列放射組織をもつ樹種は非常に多い．これらのうち，ナラ類（*Quercus*），カシ類（*Quercus*），ブナ（***Fagus***）（図7.107），ヤマモガシ（***Helicia***），アオギリ（***Firmiana***），アオキ（***Aucuba***），マテバシイ（***Pasania***）などでは，非常に幅が広く，また高さも高い．このようなものを広放射組織（broad ray）と呼ぶ．細胞幅をどの程度から広放射組織と呼ぶかはかなり範囲があるようであるが，いずれにしても，これはむしろ利用を考えたときの便宜的な呼称と考えてよいであろう．これと同じような言葉で，高放射組織（high ray）というのがある．これもとくに定義はないが，放射断面で放射組織が肉眼でもはっきりと帯として認められるものを呼んでいる．放射組織が2 mm以上の高さを示すことは比較的少なく，樹種も限られている．*Quercus* などでは数 cm に達するともされている．このような場合には，放射断面では美しい模様を形づくり，木材工芸上では〝とらふ（虎斑）〟（silver grain）と呼ばれ珍重される（前出 p. 108）．

なお，放射組織の幅および高さを記載するのにあたって，いくつかの級に分けることがおこなわれている．その一例を次に示してみよう．これは，一般におこなわれている級分けのうちでは細かい級分けの一例といえる[25)27)]．

幅 級		範 囲
細 い	極めて細い	～15 μm
	非常に細い	15～25 μm
	かなり細い	25～50 μm
中 庸		50～100 μm
広 い	かなり広い	100～200 μm
	非常に広い	200～400 μm
	極めて広い	400 μm～

高さ 級	範 囲
極めて低い	～0.5mm
非常に低い	0.5～1mm
低 い	1～2mm
やや低い	2～5mm
やや高い	5mm～1cm
高 い	1～2cm
非常に高い	2～5cm
極めて高い	5cm～

(2) 放射組織の分布による分類　放射組織のおのおのが接線断面でどのように分布しているかによる．

- 散在放射組織（diffuse ray）：　ごく一般的なもので，あまり大きさに差がなく，しかもほぼ均等に分布しているもの．

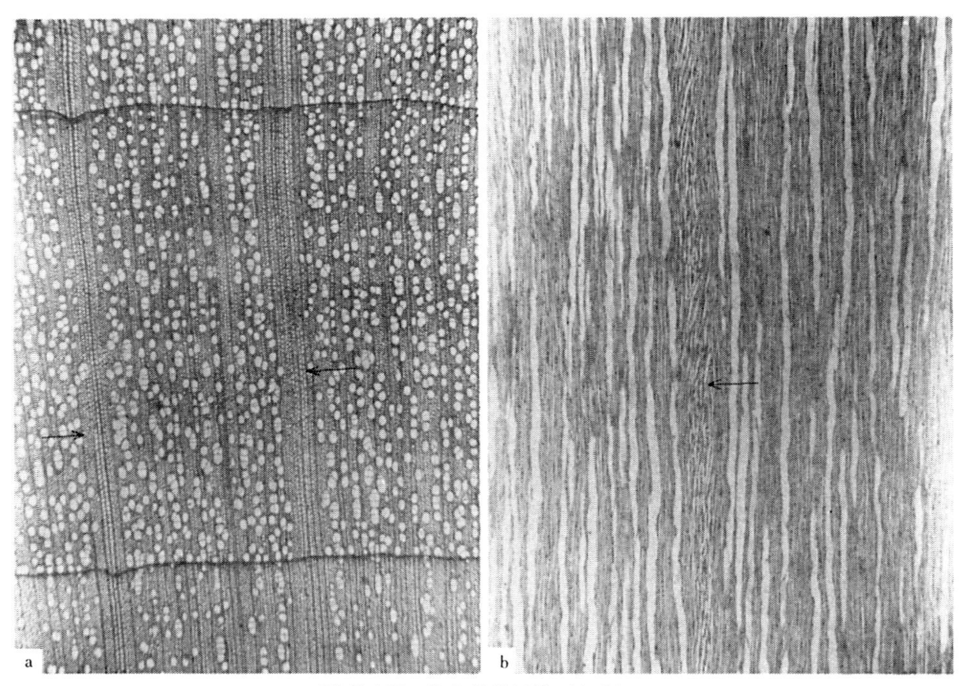

図 7.108 集合放射組織（矢印）
ハンノキ（*Alnus firma*）
a．横断面（15×），b．接線断面（15×）

- 集合放射組織（aggregate ray）：　単列または細胞幅の狭い放射組織が他の部分と異なって非常に密に集合し，その集合体が紡錘形の1個の放射組織のように認められる．顕微鏡下で観察すると，そのおのおのの小さい放射組織は癒合せず，おのおのの間には軸方向の要素（道管以外）がはさまっている（図7.108）．ハンノキ（***Alnus***），クマシデ（***Carpinus***），コジイ（***Castanopsis***），ツノハシバミ（***Corylus***）などが例である．

- 複合放射組織（compound ray）：　ナラ類（*Quercus*）などに認められるような極端に幅の広い放射組織で，集合放射組織の各放射組織の集合化が極端に進んで完全癒合にまで進んではいるが，繊維その他の要素によって分割されたり，それらが組織の中に混入したりしたものである．しばしば集合放射組織と複合放射組織との間には移行型と考えられるものがある．

この分布による分類はむしろこの両者を最も普通に見られる散在放射組織から区別するためのものと考えてよく，一般にはこの両者だけが問題になる．

なお，樹種によって放射組織の分布数が明らかに異なることがある．このことがしばしば識別の拠点とされることもある．一般に，接線断面あるいは横断面で放射組織に直角に引いた線の単位長さを横切る放射組織の数で表現される．単位長さあたりの平均の数の級分けの一例を次に示した[27]．

級	1mm あたりの放射組織の数の平均
非常に少ない	～2
少ない	2～4
やや多い	4～7
多い	7～10
非常に多い	10～

(3)　構成細胞の形による分類　　この方法による分類についてはかなり古くから論議がされてきている．そのうちのひとつは放射組織を同性（homogeneous）および異性（heterogeneous）という形で分類する方法である．これによると前者は平伏細胞だけからなる放射組織を呼び，後者は平伏細胞と直立細胞ないし方形細胞とからなるものを指している（図 7.109 a, b）．しかし，直立ない

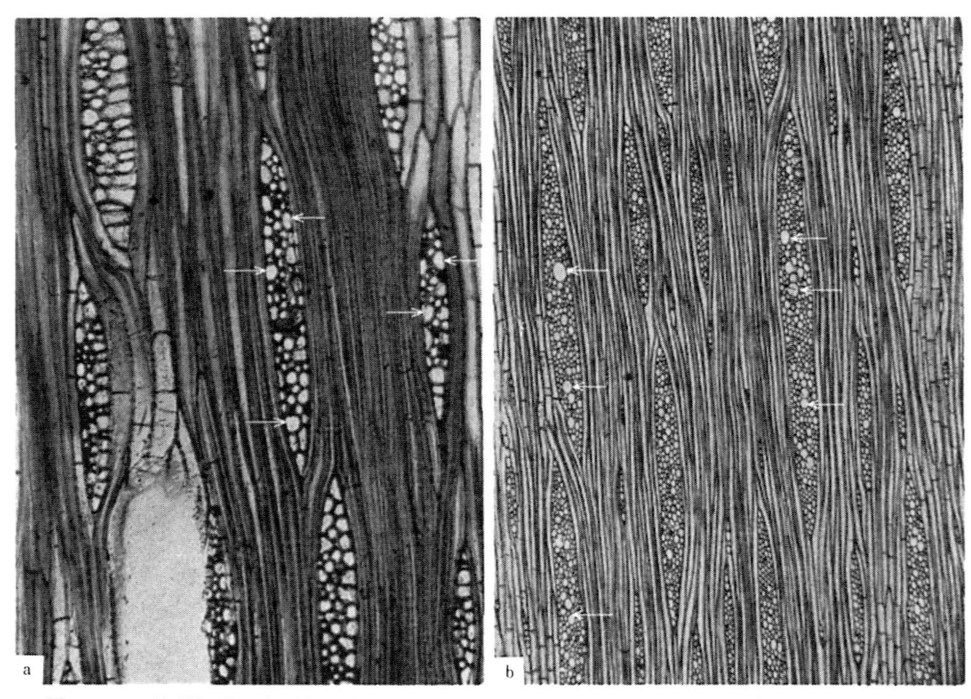

図 7.109　放射組織の多列部が大きさの異なる細胞でなりたっている例（矢印：大型の細胞）
a．*Hopea acuminata*（T. 95×），b．*Polyalthia xanthopetala*（T. 95×）

し方形の細胞だけからなる放射組織の取扱いが問題となってくる．また一方，同形(homocellular)および異形（heterocellular）という分類のしかたもされることがある．この場合には前者は平伏あるいは直立（方形も含む）細胞だけからなるものをいい，後者は平伏および直立の両者からなるものを呼ぶ．現在，I. A. W. A.[22] では，Kribs の提唱した次のような用語と定義を用いることをすすめている．

- 異性放射組織型（heterogeneous ray tissue）：個々の放射組織が，すべてあるいは一部分，方形または直立細胞によって構成されているもの．
- 同性放射組織型（homogeneous ray tissue）：個々の放射組織がまったく平伏細胞だけによって構成されているもの．

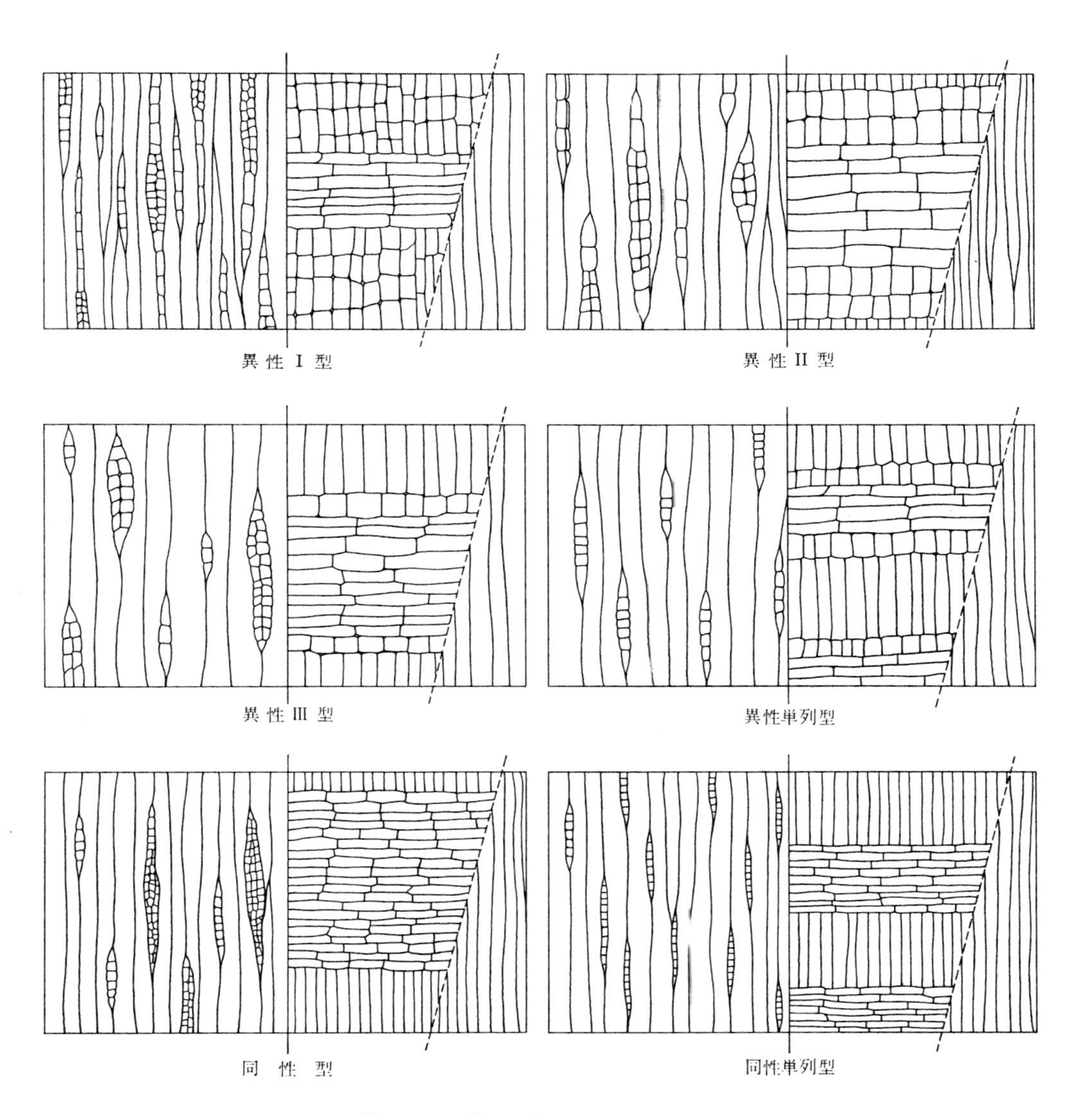

図 7.110 Kribs[19] による放射組織型

さらに KRIBS[19]自身はこれをすすめて放射組織を記載するために次のような分類のしかたを示している*)（図7.110）.

☆ 異性Ⅰ型：　単列の放射組織と多列の放射組織とからなる.

- 単列放射組織：　多列放射組織の多列部の細胞とは異なり，軸方向の長さの長い細胞，すなわち直立細胞だけからなる.

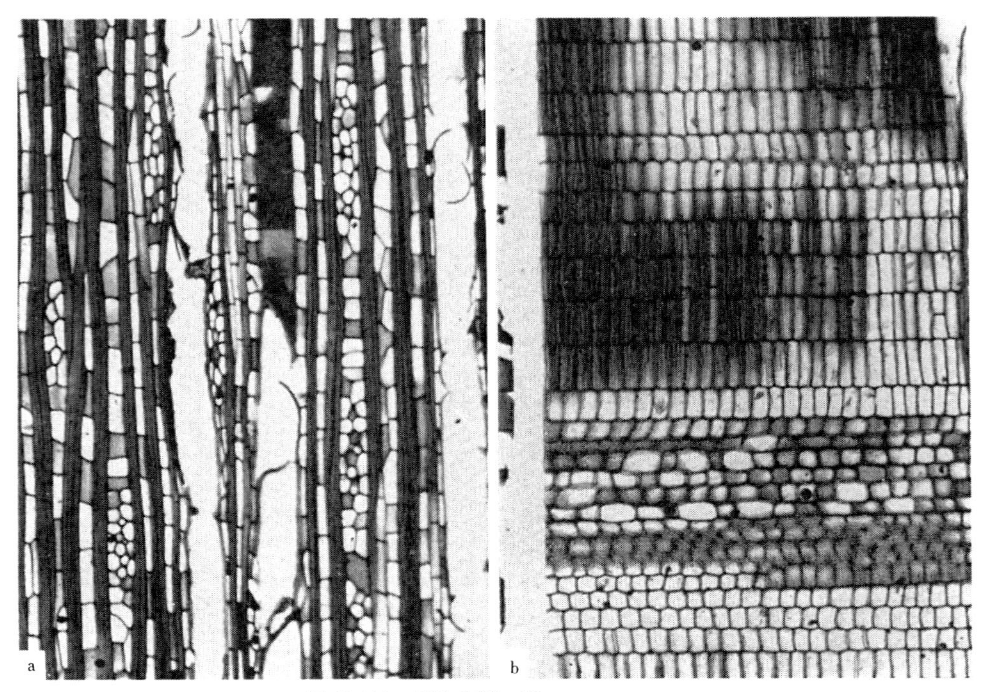

図 7.111　異性Ⅰ型の例
プナ（*Tetramerista glabra*）
a．接線断面（38×），b．放射断面（38×）

- 多列放射組織：　単列部と多列部からなる．前者は単列放射組織の細胞と同じような直立細胞だけからなり，後者は軸方向に短かく放射方向に長い細胞，すなわち平伏細胞からなる．単列部の高さは多列部の高さと同じかより高い（図7.111 a, b；図7.112）.

☆ 異性Ⅱ型：　単列の放射組織と多列の放射組織とからなる．異性Ⅰ型と比較すると次の点で違っている．すなわち，多列放射組織の平伏細胞だけからなる多列部の高さは，直立細胞からなる単列部より高い（図7.113）.

☆ 異性Ⅲ型：　単列放射組織と多列放射組織とからなる.

- 単列放射組織：　直立細胞だけからなるものと，直立細胞と平伏細胞とが混じっているものとの２種類がある.
- 多列放射組織：　辺縁に方形（軸方向への長さが放射方向の長さより長くない）の細胞をもち，

---

*)　当初分類したものと，後に発表されたものでは若干区分のしかた，型式名などに差があるが，その対照は図8.8(p.205)に示した.

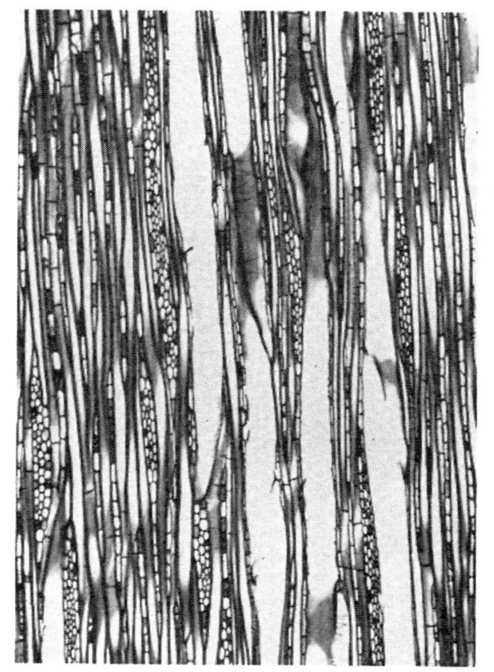

図 7.112 異性 I 型の例
Ilex sp. (T. 38×)

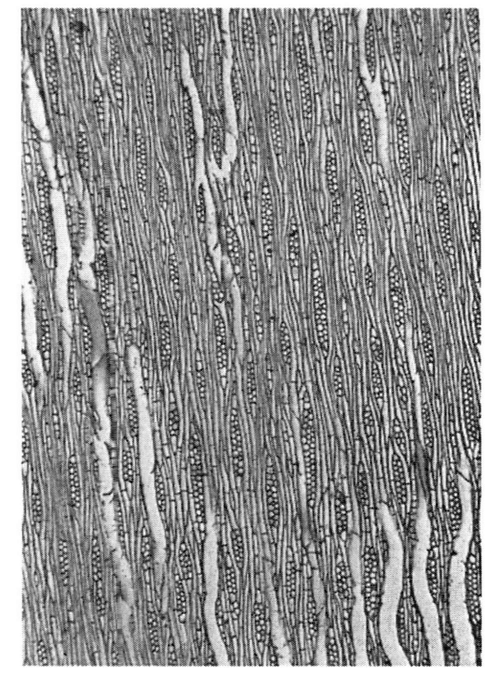

図 7.113 異性 II 型の例
ハマクサギ (*Premna japonica*) (T. 38×)

多列部は平伏細胞からなる．辺縁の方形の細胞は通常 1 列であり，もしも単列部がそれ以上に高くなることがあってもそれはすべて方形である（図 7.114）．

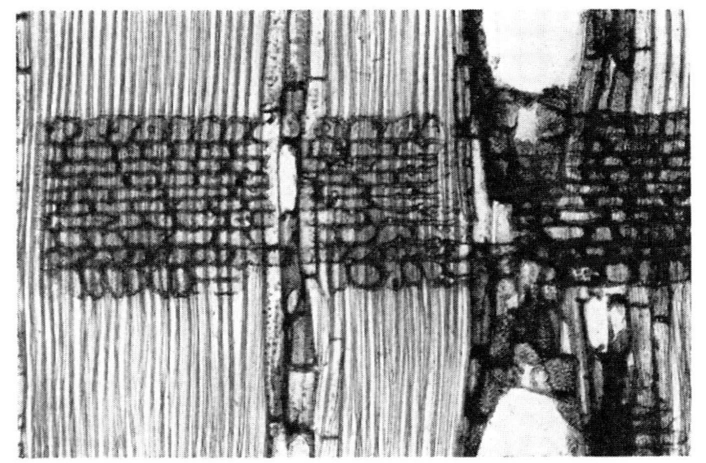

図 7.114 異性 III 型
ゲロンガン (*Cratoxylon arborescens*) (R. 95×)

☆ 同性型： 単列放射組織と多列放射組織とからなる．その構成細胞はすべて平伏細胞からなっている．多列放射組織は単列部を辺縁にもつこともあり，またもたないこともある．もつ場合でもすべてが平伏細胞である（図 7.116）．

☆ 単列異性型： 放射組織はすべて単列である．構成細胞は平伏細胞と直立細胞である（図 7.115）．

☆ 単列同性型： 放射組織はすべて単列である．構成細胞はすべて平伏細胞である（図 7.117）．

接線断面で観察すると，一般に平伏細胞は円形，だ円形を示し，直立細胞は長柱形である．方形のものはその中間といえる．確認のためには放射断面で観察する必要がある．

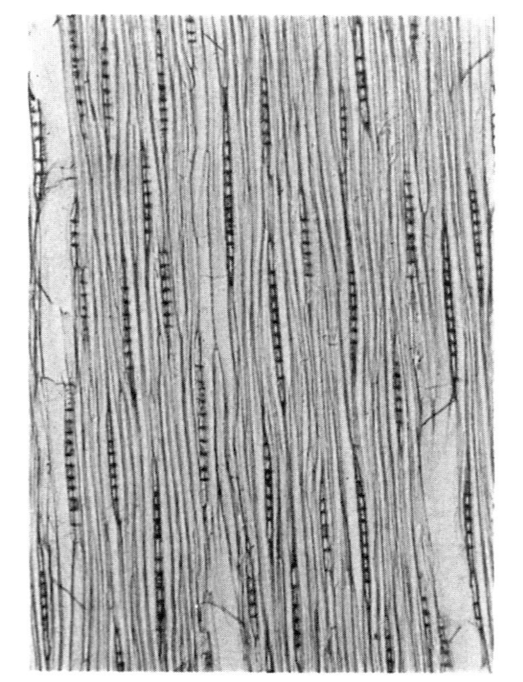

図 7.115　単列異性型
バッコヤナギ（*Salix bakko*）（T. 95×）

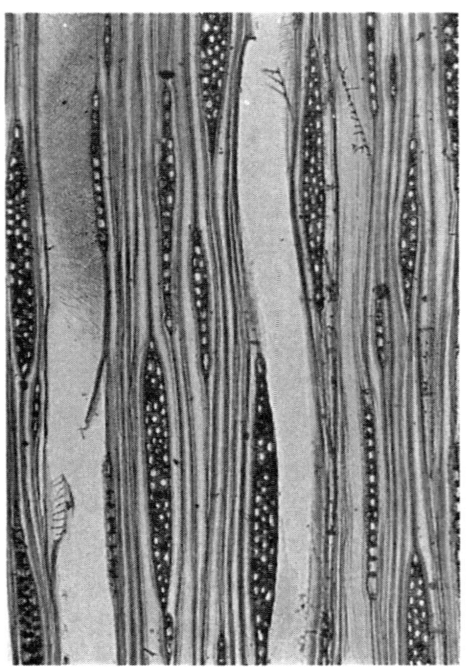

図 7.116　同性型
ミズメ（*Betula grossa*）（T. 95×）

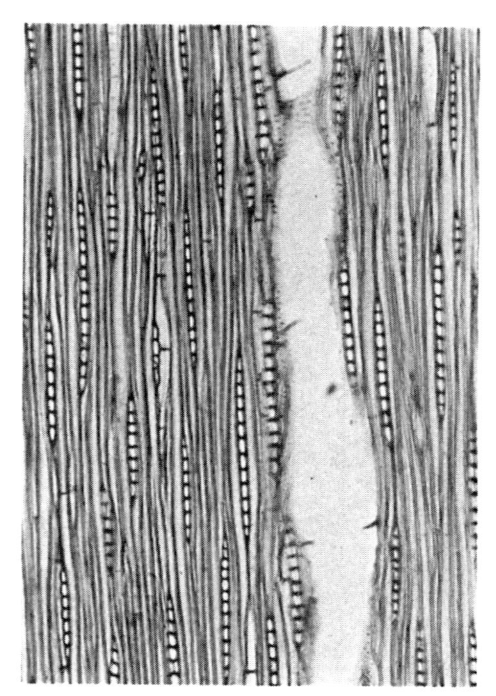

図 7.117　単列同性型
クリ（*Castanea crenata*）（T. 95×）

図 7.118　トチノキ（*Aesculus turbinata*）（T. 16×）
放射組織を含めてすべての要素が層階状配列をしている．リップルマークが認められる．

iv) 放射組織の層階状配列 (storied ray) 放射組織が接線断面で水平方向に規則的に配列しており，しかもその高さがほとんど均一であると層階状を示すようになる．カキ (*Diospyros*)，トチノキ (*Aesculus*) など限られた樹種に認められる．このような構造があるとリップルマーク*)が認められる（図7.118）．

b) 放射乳管 (latex tube)，**乳跡** (latex trace) **など**

i) 放射乳管 乳液を含む細胞に対する一般的な名として乳管 (laticifer) がある．これは単一の細胞のこともあり，また管状の細胞の連続したものの場合もある．放射組織の中に含まれた乳管を放射乳管と呼ぶ．単一細胞の変形したものか，あるいは多くの細胞の連なりで細胞間道ではない．水平細胞間道（樹脂道）などとは，接線断面で見るとエピセリウムをもたないこと，管状になっていることで区別される（図7.119）．キョウチクトウ科 (Apocynaceae) の *Alstonia* spp.，*Dyera* spp.，クワ科 (Moraceae) の *Ficus*，*Artocarpus*，*Antiaris* などに認められる．

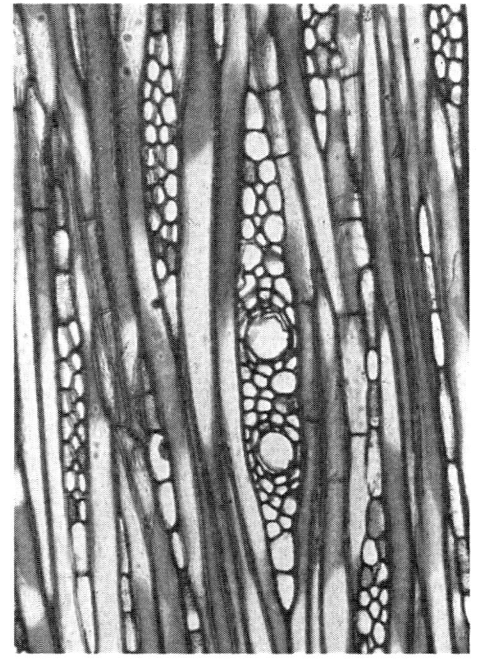

図 7.119 ジェルトン (*Dyera* sp.)（T. 95×）
乳管（通常放射組織中に1個認められるが，ときにこのように2個認められることがある）．
エピセリウムがないことに注意．

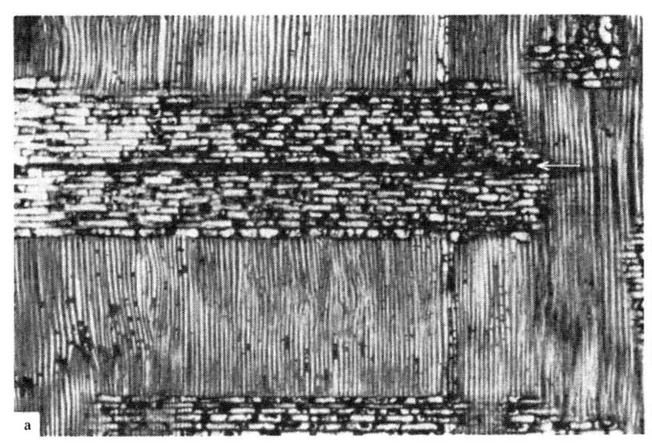

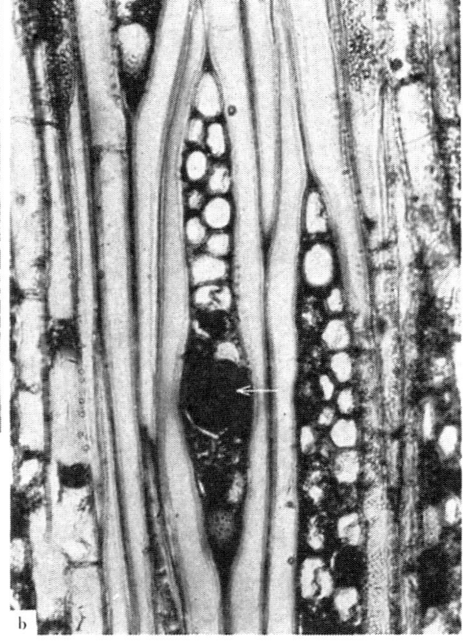

図 7.120 タンニン管（矢印）
ペナラハン (*Myristica* sp.)
a．放射断面（35×）
b．接線断面（170×）

---

*) リップルマークは放射組織が層階状配列をしていればもちろん著しいが，そうでない場合でも他の要素が層階状配列をしていれば認められるから注意すべきである．

ii）タンニン管（tanniferous tube）　形の上ではまったく前述の乳管と同じであるが，その内容物が濃色で鉄化合物によって呈色する場合にこのように呼ぶ．ニクズク科（Myristicaceae）のバナック（*Virola* sp.），バイロラ（*Dialyanthra*）などが例である（図7.120 a, b）．

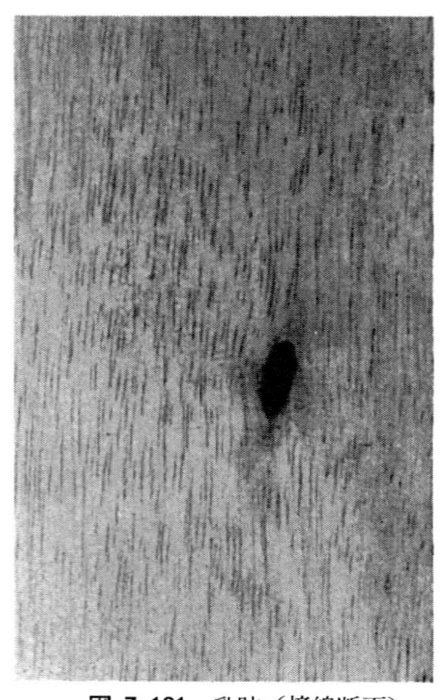

図 7.121　乳跡（接線断面）
プライ（*Alstonia* sp.）

iii）乳　跡　キョウチクトウ科（Apocynaceae）のプライ（*Alstonia*）やジェルトン（*Dyera*）およびその他に認められるもので，裂目状の通路（乾燥材で）である．大きなものはしばしば長軸で 1cm をこえる．肉眼でも明らかに認められる．これらは，いずれも放射乳管をもつ樹種である．葉跡や腋芽跡（葉や腋芽に進入する維管束）にその起原をもつ（図7.121）．

c）特殊な組織

ジョンコン（*Dactylocladus stenostachys*）の接線断面には，肉眼的に，あるいはそれが顕微鏡下であっても生材の試料の得られないわれわれの場合には，一見大きな水平細胞間道と見られる孔が認められる（実用的にはそのように考えて取り扱っているが）．これは，多分何らかの放射方向へ長軸をもつ細胞からなりたつ組織で（その意味では放射組織に近いといえるが）あり，木材の乾燥のためにその中心部分が破れて孔となり，その組織の外側の部分だけが残っているように考えられる（図7.122 a, b）．これを材内を放射方向に走る材内師部であるとしている報告がある[20]．

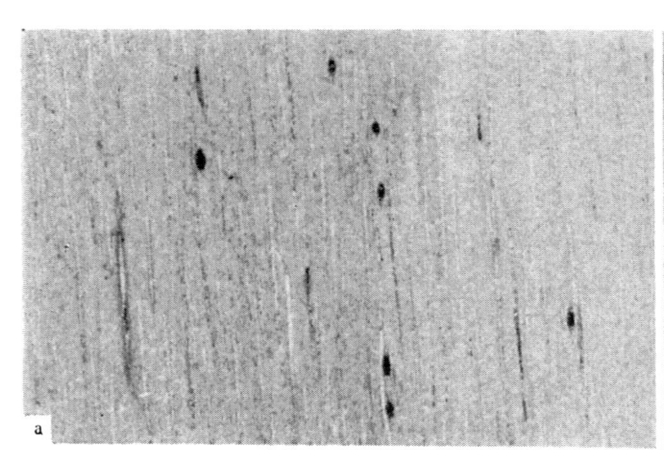

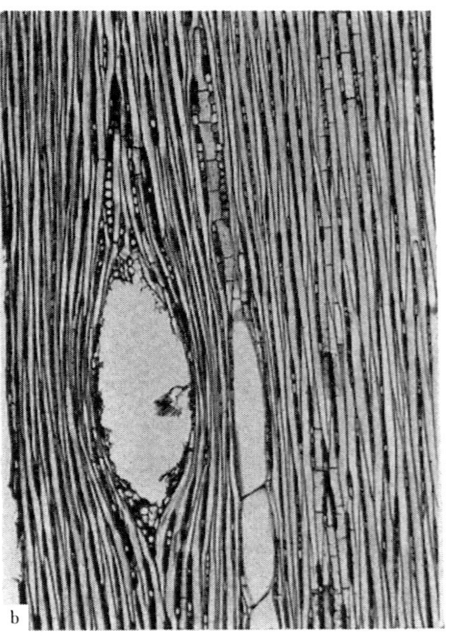

図 7.122　ジョンコン（*Dactylocladus stenostachys*）に認められる細胞間道に似た孔
a．表面写真
b．顕微鏡写真（35×）

7.2.4 材内師部 (included phloem)

すでに述べたように，通常，樹木が肥大していく際木部はつねに形成層から内部にでき，師部は外側にできていく．しかし，少数ではあるが，樹種によっては師部が木部の中に認められることがある．これを材内師部 (included phloem) と呼ぶ．これに2型ある．

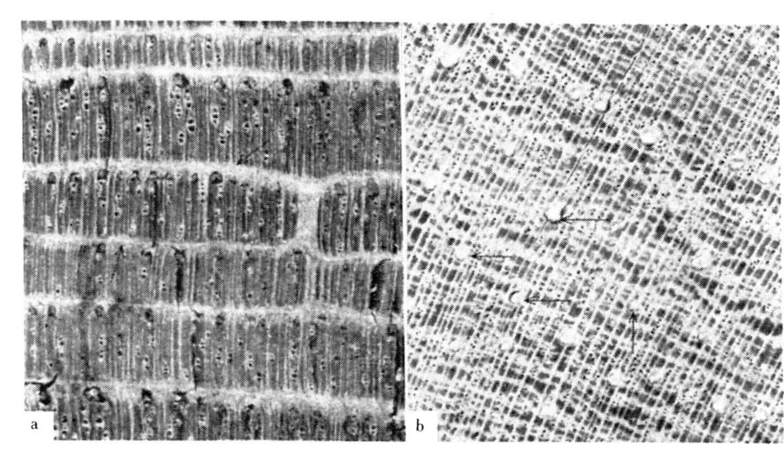

図 7.123　材内師部の例（表面写真）（矢印）
a．同心型：*Avicennia* 属に認められる．
b．散在型：*Strychnos* 属に認められる．

- 同心型 (concentric)〔*Avicennia* type：ヒルギダマシ型〕：　形成層は短命で，新しい分裂組織がこれに代って内鞘または皮層の中に発生し，若い茎の構造を反復する．このために茎は木部と師部の交互の層からなる．ヒルギダマシ (*Avicennia*)，フジ (*Wistaria*)，ケンパス (*Koompassia*) などが例である（図7.123 a)．なお，ケンパスの場合には，樹心に近い部分には認められず，その帯は多く丸太の樹心から遠い部分に認められる．
- 散在型 (foraminate)〔*Strychnos* type：マチン型〕：　単一の永続する形成層が茎の一生を通じて機能を続け，木部はその中に師部の条束を含む．ジンコウ，イーグルウッド(*Aquilaria*)，ウドノキ (*Pisonia*) などが例である（図7.123 b)．

7.3 細胞間げき

細胞間に空げきが認められることがあり，これを細胞間げき (intercellular space) と呼ぶ．細胞間げきはいくつかの異なった角度から分類することができる．

Stern[21]および I. A. W. A[22]にしたがって，形によって分類すると次のようになる．

その細胞間げきが分泌性か非分泌性であるかによって分類すると

- 非分泌性細胞間げき (non-secretory intercellular space)：　単なる細胞の間げき．
- 分泌性細胞間げき (secretory intercellular space)：　細胞間道および細胞間腔を含み，これらは離生，破生または離破生のいずれかである．

となる．また，細胞間げきの大きさによって分類すると次のようになる．

- 細胞間腔：　限られた長さを有する細胞間げきを細胞間腔 (intercellular cavity) と呼び，一般に樹脂，ゴム質などの貯蔵に役立ち，また一般に生立木のうけた傷害に反応して形成される．それぞれ内容物によってゴム腔 (gum cavity)，樹脂腔 (resin cavity) と呼ばれる．

- 細胞間道：　不確定の長さ（かなりの長さをもっているという意味）を有する管状の細胞間げきを細胞間道（intercellular canal）と呼び，一般にエピセリウムから分泌される樹脂，ゴム質などの貯蔵に役立つ．それぞれ内容物によってゴム道（gum canal (duct)），あるいは樹脂道（resin canal (duct)）と呼ばれる．軸方向および放射方向（水平方向）のものがある．

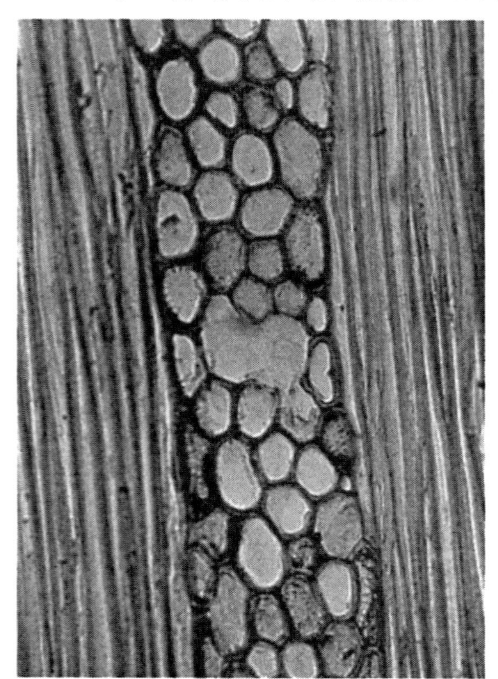

図 7.124　シストの例
タイミンタチバナ（*Rapanaea neriifolia*）（T.190×）

また，形成されかたによって次のように分類される．

- 離生：　隣接する細胞の共通の壁が分離することによって組織要素が離れて生ずる場合に離生（schizogenous）であるという．針葉樹の細胞間げき（マツ科（Pinaceae）の一部）および広葉樹の正常な細胞間げき（フタバガキ科（Dipterocarpaceae），マメ科（Leguminosae），ミズキ科（Cornaceae）など）などに認められる．
- 破生：　細胞の破壊，または分解（溶解）によって形成される場合に破生（lysigenous）であるという．破生によるシスト（lysigenous cyst）がタイミンタチバナ（*Rapanaea*）などに認められる（図 7.124）．
- 離破生：　隣接する細胞の共通の壁が分離することによって組織の要素が離れ，さらに周囲の組織が破壊することによって発達する場合に離破生（schizo-lysigenous）であるという．ユーカリ（*Eucalyptus*）について知られている．

よく使われているゴム道，ゴム腔，樹脂道，樹脂腔などという呼び方について，一般にはゴム道，ゴム腔は被子植物に，樹脂道，樹脂腔は裸子植物（針葉樹）に対して用いられてきているが，Stern（前出）はその成分を確かめない限りそのように呼ぶのはよくないとし，むしろ分泌性の細胞間道，または細胞間腔と呼ぶべきであるとしている．

以上のことを念頭に入れて細胞間げきについて述べてみよう．

7.3.1　軸方向細胞間道 (axial intercellular canal)

a）針　葉　樹

正常に出現するものと，傷害による偶発的なものとが同じ種に認められることがある．後者については後に述べる．しばしば軸方向細胞間道と水平方向細胞間道が連結していることがある．針葉樹では離生的（schizogensis）なものだけがあるとされている．

細胞間道は紡錘形始原細胞により形成された柔細胞ストランドを形づくるエピセリウム細胞によって囲まれている．その外側にはしばしばストランド仮道管（p.118参照）がある．針葉樹の場合，一般に軸方向細胞間道をもつものは水平方向細胞間道をもつが，ユサン（*Keteleeria*）では例外的に軸方

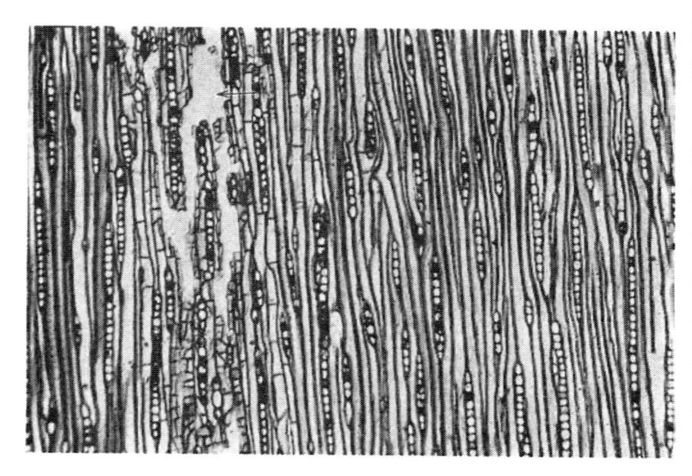

図 7.125 ユサン (*Keteleeria davidiana*) (T. 36×)
軸方向細胞間道 (矢印) だけ認められる.

向細胞間道だけをもつ(図 7.125). 細胞間道が年輪内で分布する型式に主として2通りある. おもに晩材部に分布するものとしては *Larix*, *Picea*, *Pseudotsuga* などの属がある. 一方, 年輪内でかなり均等に分布するものは *Pinus* の属に限られている. さらに *Pinus* 属では直径が大きいので注意すれば肉眼でも認められ, しかも, ほとんど単独である(図 7.126). それ以外の属では直径が小さく, 横断面では肉眼で認めることはむずかしく, 単独のものと, 数個が連続しているものとがともに認められることが多い (図 7.127). これらは濃色の晩材部に淡色の斑点として認められる. エピセリウムが薄壁の細胞だけからなるのは *Pinus* 属だけである. *Larix*, *Picea* および *Pseudotsuga* の各属では一般に厚壁のエピセリウム細胞をもつとされているが, 正しくは厚壁および薄壁の2種類の細胞とからなっている (図 7.128 ; 図 7.129) というべきである. このエピセリウム細胞と仮道管との間の移行の部分にはストランド仮道管が認められる

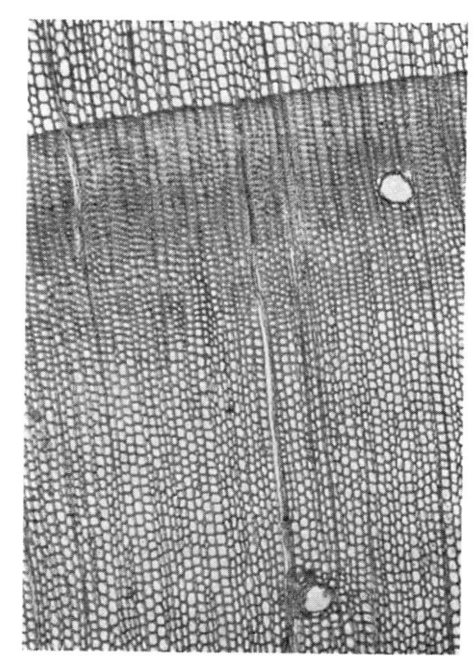

図 7.126 アカマツ (*Pinus densiflora*) (36×)
単独の軸方向細胞間道だけが認められる. 直径はやや大きい.

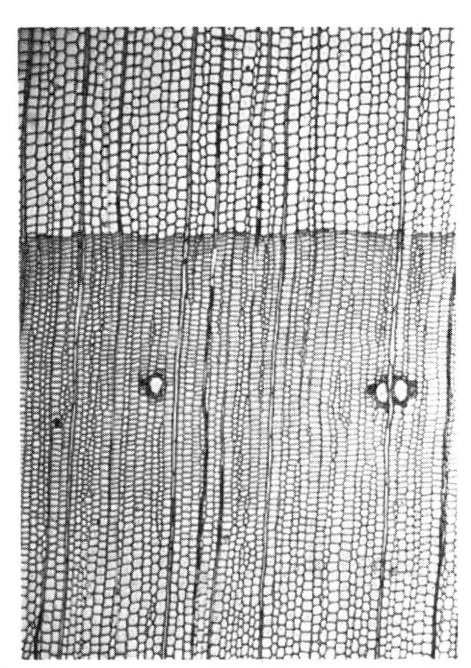

図 7.127 トガサワラ (*Pseudotsuga japonica*) (36×)
単独および2個接続する軸方向細胞間道が認められる. 直径もやや小さい.

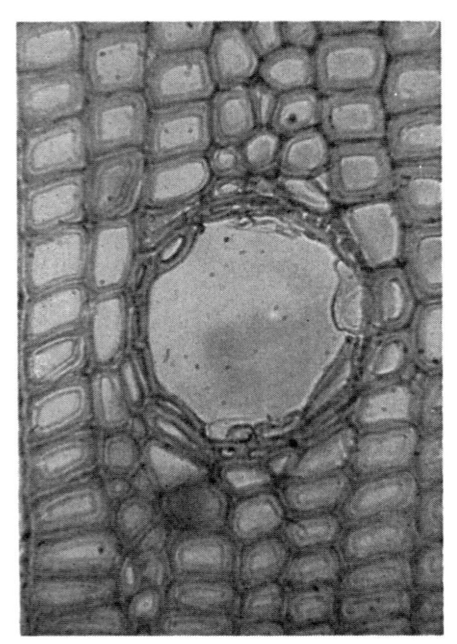

図 7.128　アカエゾマツ（*Picea glehnii*）（350×）
ピエセリウム細胞は厚壁と薄壁

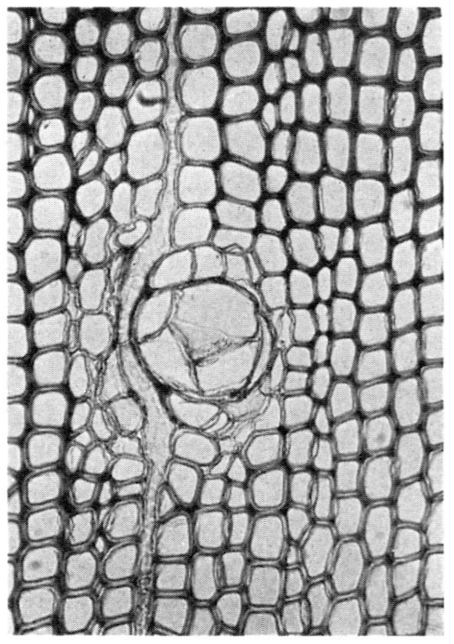

図 7.129　アカマツ（*Pinus densiflora*）（180×）
エピセリウム細胞はすべて薄壁．間道中にはチロソイドが認められる．

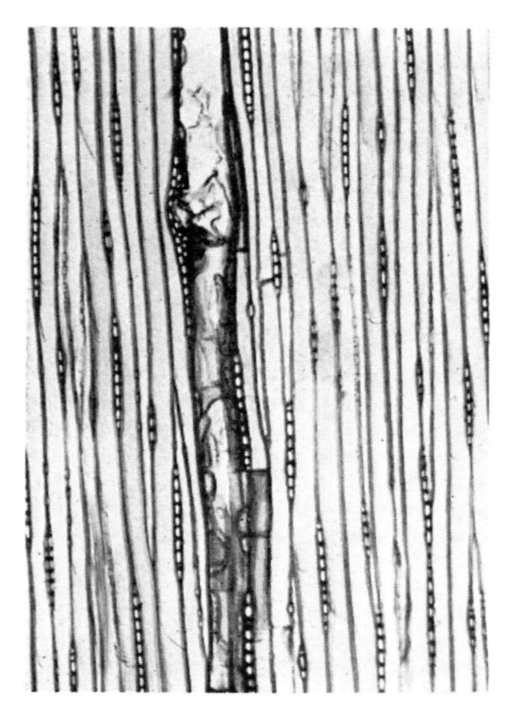

図 7.130　エゾマツ（*Picea jezoensis*）（T. 95×）
軸方向細胞間道を包むエピセリウム細胞（厚壁）のストランドの中に仮道管がはさまっている（有縁壁孔をもち，かつ末端壁をもつ）．

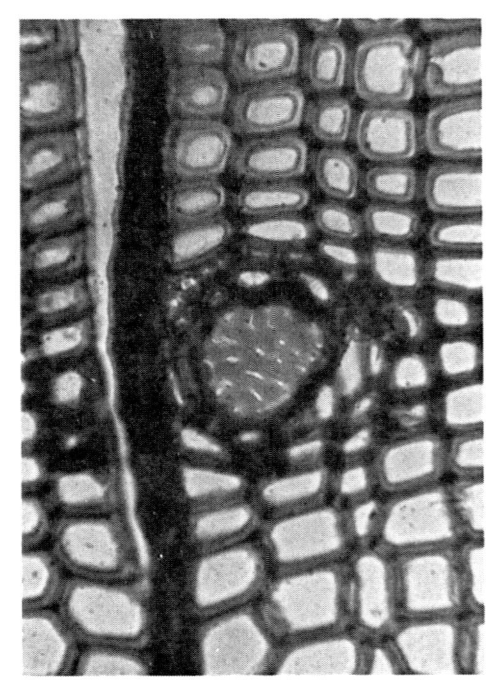

図 7.131　ヒマラヤトウヒ（*Picea smithiana*）（330×）
チロソイドに壁孔が見える．

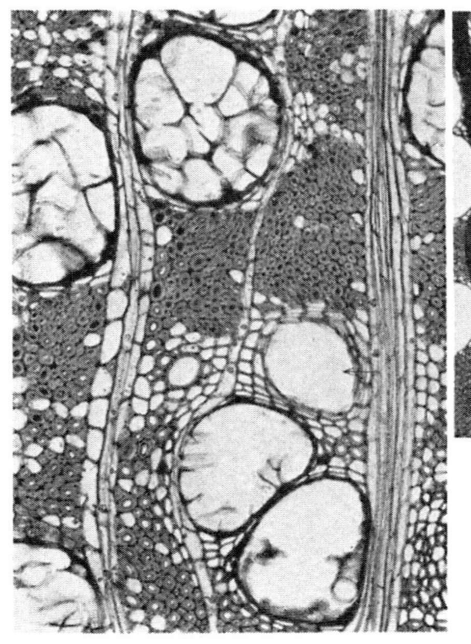

図 7.132 散在する細胞間道（中央やや右の矢印）プジック（*Anisoptera cochinchinensis*）（175×）

エピセリウム細胞に囲まれていて壁がないことがわかる．道管（壁が認められる）の直径は大きく，チロースがある．

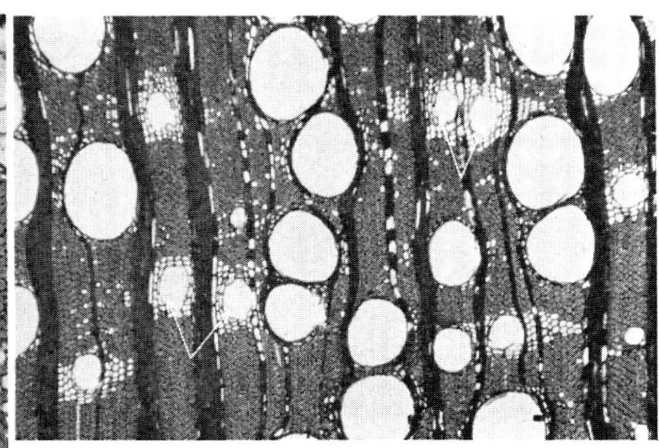

図 7.133 2個接線方向に接続している細胞間道（矢印）チュテール（*Dipterocarpus alatus*）（35×）

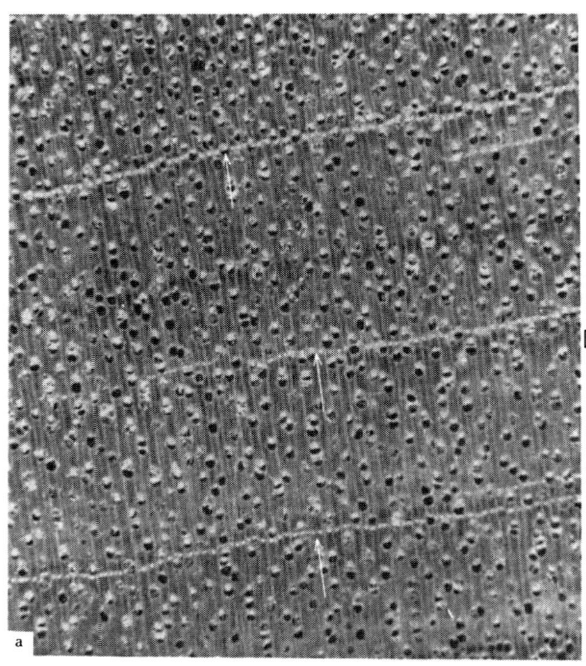

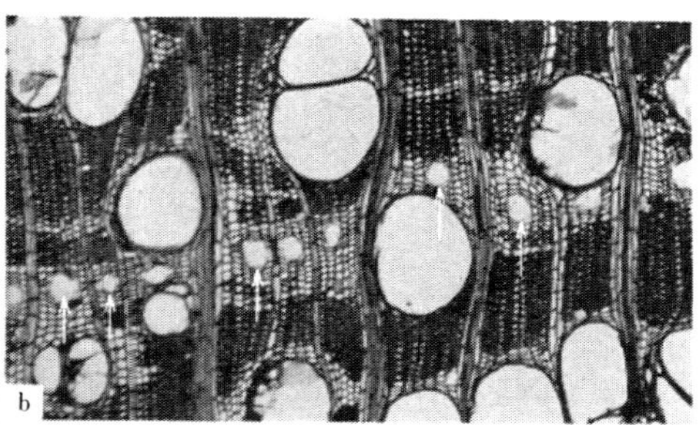

図 7.134 a．タンギール（*Shorea polysperma*）の表面写真．同心円状に長く配列する細胞間道

淡色の柔組織の帯の中に点々と見えるのが細胞間道（矢印）

b．アルモン（*Shorea almon*）（35×）

軸方向細胞間道が柔組織の帯の中に認められる（矢印）

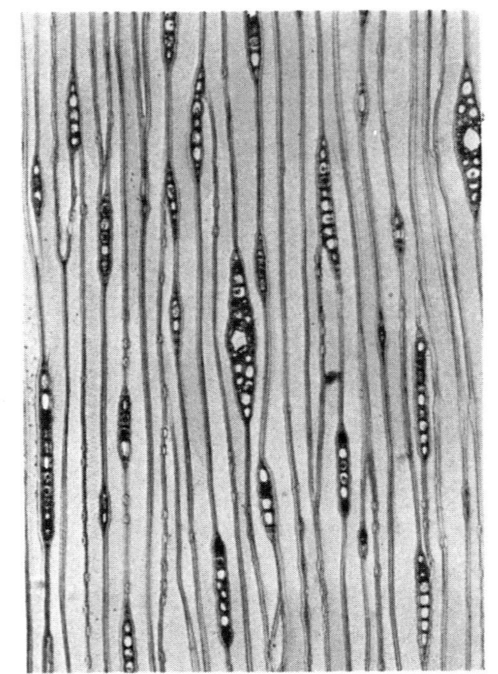

図 7.135　トガサワラ（*Pseudotsuga japonica*）（95×）
水平細胞間道の周囲のエピセリウム細胞の数は5個．厚壁と薄壁のエピセリウム細胞からなる．

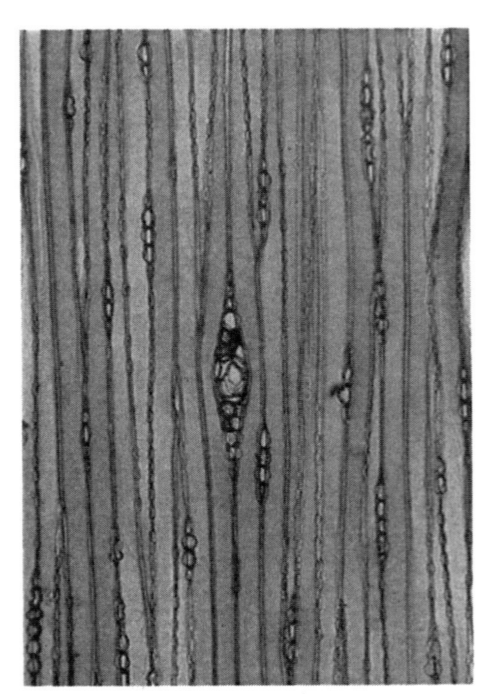

図 7.136　アカマツ（*Pinus densiflora*）（95×）
水平細胞間道の周囲のエピセリウム細胞はほとんど原形をとどめていないで，すべてチロソイドになっている．

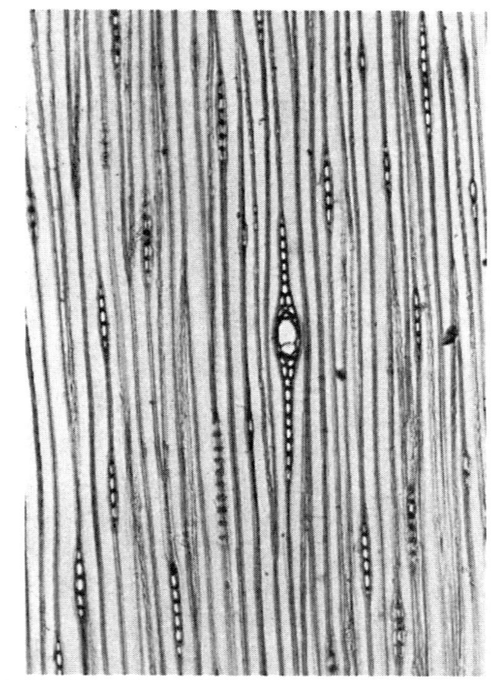

図 7.137　エゾマツ（*Picea jezoensis*）（T. 95×）
水平細胞間道の周囲のエピセリウム細胞の数は11個．チロソイドが認められる．厚壁のエピセリウム細胞だけ認められる．

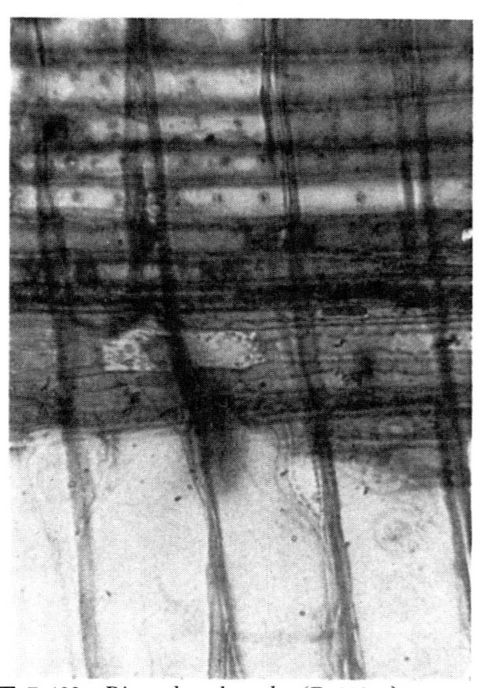

図 7.138　*Picea brachytyla*（R. 330×）
放射組織の水平細胞間道中に薄壁のエピセリウム細胞と厚壁のエピセリウム細胞が認められる

ことが多い（図7.130）.

チロソイド（tylosoid）は木化されない薄壁のエピセリウム細胞が心材化に伴って細胞間道中に膨出したものをいう（図7.128；図7.129）. *Larix*, *Picea*, *Pseudotsuga* のように厚壁と薄壁のエピセリウム細胞をもつ場合には，後者だけがチロソイドになると考えてよい. ときには壁孔がはっきりと認められることがある（図7.131）.

b）広 葉 樹

広葉樹ではフタバガキ科(Dipterocarpaceae)，マメ科(Leguminosae)，ミズキ科(Cornaceae：*Mastixia*）などに軸方向の細胞間道が認められる（図7.132；図7.133；図7.134 a, b）.

7.3.2 水平細胞間道（水平樹脂道）(radial intercellular canal, radial resin canal)

水平細胞間道は針葉樹，広葉樹ともに紡錘形放射組織の中に通常1個認められるが，ときに2個認められることもある.

a）針 葉 樹

正常軸方向細胞間道をもつほとんどの属に認められる（図7.135〜137）. エピセリウム細胞の壁厚は軸方向細胞間道の場合と同じである（図7.138）. チロソイドについても同じである. 軸方向細胞間道と異なり，エピセリウム細胞の数が属によってある程度一定であり，それによって属の区別ができることがある. このエピセリウム細胞の細胞間道あたりの数(モミ亜科の中で）は *Pseudotsuga*

表 7.12 細胞間道をもつ広葉樹の科[11]

A. 軸方向（正常）細胞間道

Caesalpiniaceae	Connaraceae	Simaroubaceae
Copaifera	*Connarus*	*Simarouba* および多分他の属
Daniellia	Cornaceae	
Detarium	*Mastixia*	
Eperua	Dipterocarpaceae	
Gossweilerodendron	*Marquesia* と *Monotes*	
Kingiodendron	以外のすべての属	
Oxystigma		
Prioria		
Pseudosindora		
Pterygopodium		
Sindora		

B. 軸方向（傷害）細胞間道

Ampelidaceae	Hamamelidaceae	Rosaceae
Bombacaceae	Lecythidaceae	Rutaceae
Boraginaceae	Malvaceae	Sapindaceae
Burseraceae	Meliaceae	Simaroubaceae
Caesalpiniaceae	Mimosaceae	Sterculiaceae
Combretaceae	Moringaceae	Styracaceae
Elaeagnaceae	Myrtaceae	Vochysiaceae
Elaeocarpaceae	Papilionaceae	
Euphorbiaceae	Proteaceae	

C．水平細胞間道

Anacardiaceae
Antrocaryon
Astronium
Buchanania
Campnosperma
Euroschinus
Gluta
Harpephyllum
Koordersiodendron
Lannea
Loxopterygium
Malosma
Melanochyla
Melanorrhoea
Metopium
Microstemon
Odina
Parishia
Pentaspadon
Pistacia
Pleiogynium
Poupartia
Pseudospondias
Rhodosphaera
Rhus
Schinopsis
Schinus
Schmalzia
Sclerocarya
Smodingium
Spondias
Swintonia
Tapiria
Trichoscypha
Apocynaceae*) **)
Alstonia
Ambelania
Aspidosperma
Bonafousia
Couma
Dyera
Funtumia
Himatanthus
Lacmellia
Macoubea
Malouetia
Microplumeria (?)
Neocouma
Parahancornia
Peschiera
Plumeria
Rauwolfia
Stemmadenia
Stenosolen
Tabernaemontana
Thevetia
Vallesia
Zschokkea
Araliaceae
Acanthopanax
Arthrophyllum
Brassaia
Cheirodendron
Cussonia
Dendropanax
Dizygotheca
Gilibertia
Heptapleurum
Heteropanax
Myodocarpus
Nothopanax
Oreopanax
Panax
Schefflera
Sciadodendron
Textoria
Tieghemopanax
Burseraceae
Boswellia
Bursera
Canariellum
Canarium
Commiphora
Dacryodes
Elaphrium
Garuga
Protium
Tetragastris
Triomma
Cactaceae
Cochlospermaceae
Cochlospermum
Compositae
Artemisia
Chrysothamnus
Hymenoclea
Crypteroniaceae
Crypteronia
Dipterocarpaceae
Balanocarpus
Shorea
Vateria
Euphorbiaceae
Alchornea
Baloghia
Cunuria
Euphorbia
Hippomane
Homalanthus
Nealchornea
Sebastiania
Guttiferae 一部
Mammea
Rheedia
Hamamelidaceae
Altingia
Julianiaceae
Juliania
Orthopterygium
Loganiaceae
Anthocleista
Moraceae*)
Acanthosphaera
Anonocarpus
Antiaris
Artocarpus
Bagassa
Bosquiea
Brosimopsis
Brosimum
Castilla
Chlorophora
Ficus
Gymnartocarpus
Helicostylis
Naucleopsis
Noyera
Ogcodeia
Olmedia
Olmedioperebea
Olmediophaena
Parartocarpus
Perebea
Prainea
Pseudolmedia
Sloetia
Trophis
Trymatococcus
Myrtaceae
Eugenia
Leptospermum
Rosaceae
Pygeum
Rubiaceae
Hymenodictyon
Rutaceae
Citrus (?)
Sapindaceae
Deinbollia
Solanaceae
Acnistus
Cestrum
Datura
Thymelaeaceae
Daphne
Daphnopsis
Lasiosiphon
Schoenobiblus
Ulmaceae
Gironniera
Umbelliferae
Eryngium
Peucedanum
Steganotaenia

筆者注 *)　水平細胞間道とされているが，これらは放射乳管である．
**)　乳跡をもつものも含んでいる．

で5～6（図7.135），*Picea* で8～9（12）（図7.137），*Larix* で8～10（＞15）である．

紡錘形放射組織中の水平細胞間道の位置が属によって異なる（マツ科のモミ亜科）ことがあり，とくに *Pseudotsuga*, *Larix*, *Picea* の間に差がある．また属によってはエピセリウムが軸方向の要素に直接接するものの出る傾向が強いことがある（これにより *Picea* 属と *Pseudotsuga* 属の区別ができる）．

b）広　葉　樹

軸方向細胞間道をもつ科・属・種に比較して水平細胞間道をもつものは多い（表7.12）．Dipterocarpaceae, Anacardiaceae（日本産のものではチャンチンモドキ：*Choerospondias*），Araliaceae（日本産のものではカクレミノ：*Dendropanax*，図7.139，フカノキ：*Schefflera*），Burseraceae（中南米産のグンボリンボ：*Bursera*，アフリカ産あるいは東南アジア産のカナリーウッド：*Canarium*），などに水平（放射）方向の細胞間道がある．とくに Dipterocarpaceae のうち，*Shorea*（*Richetioides*亜属*）のすべてと（*Rubroshorea* 亜属のうち少数**））に軸方向細胞間道と水平細胞間道の両者をもつものがある．

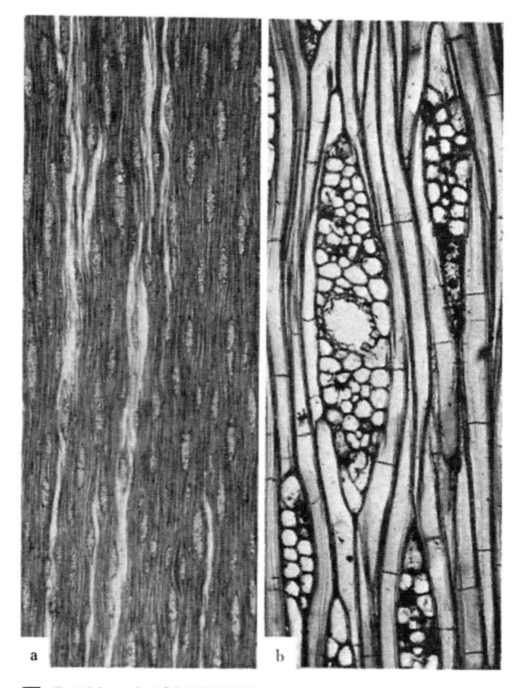

図 7.139 水平細胞間道
a．カクレミノ（*Dendropanax trifidus*）（T.16×）
b．ピリ（*Canarium luzonicum*）（T.100×）

c）キノベイン

フトモモ科（Myrtaceae）の属，とくに *Eucalyptus* 属の木材についてよく知られている外傷による軸方向細胞間道である．外傷によって傷害柔組織ができ，その柔組織の中で部分的に群状に細胞が形成されるようになる．さらにこの群状に形成された細胞の周囲に同心円状の細胞層ができる．この細胞層の中心部が破壊されて細胞間げきが形成される．これをキノベイン（kino vein）と呼んでいる．しばしば多数認められたり，非常に長く2～3mに及んだりすることがある．存在が著しいときには欠点となる．この内容物をキノ（kino）と呼んでいるが，これは多価のフェノールであり，多糖類であるガムとは異なる物質である．

7.3.3 傷害細胞間道

生立木がうけた傷害に反応して形成される細胞間道（traumatic intercellular canal）で，正常のものにくらべるとその大きさは異常で，形も不整である．

---

*）*Shorea*（*Richetioides* 亜属）イエロウメランチ類
**）*Shorea*（*Rubroshorea* 亜属）レッドメランチ類のうち *S. leprosula*, *S. ovata*, *S. teysmanniana* など小数の樹種

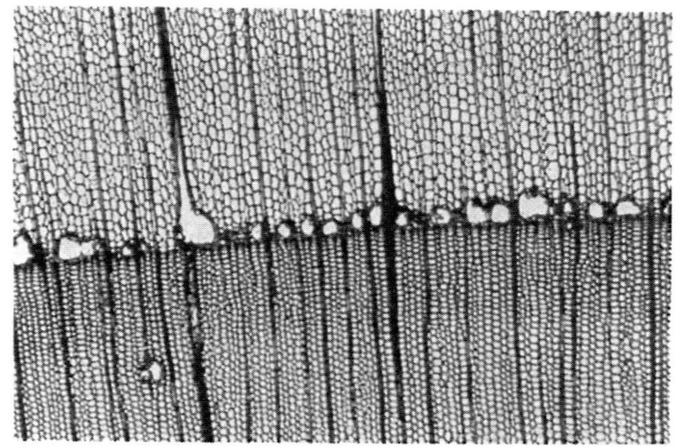

図 7.140　傷害による細胞間道
（長く接線状につながっているのが特徴）
カラマツ（*Larix leptolepis*）（36×）

a）針　葉　樹

Abies, *Cedrus*, Pinaceae（*Pseudolarix* 以外），*Tsuga*, *Sequoia* などに認められる[7]．一般に環状に長く連続することが多い（図7.140）．また，早材部に出現しやすい（*Abies*）．エピセリウム細胞は *Pinus* でも壁が厚い．長さの短かいものをシスト（cyst）ということがあり，*Abies* について知られている[23]．

傷害による水平細胞間道は *Cedrus* にだけ認められる．

b）広　葉　樹

Elaeagnaceae（ナツグミ：*Elaeagnus*, 図7.142），Meliaceae（*Cedrela*, *Lavoa*, *Khaya*），Rutaceae（カラスザンショウ：*Fagara*），Simaroubaceae（ニガキ：*Picrasma*, 図7.141），Rosaceae（ヤブザクラ：*Prunus*），Sapindaceae（マトア：*Pometia*），Combretaceae（アクスルウッド：*Anogeissus*, ターミナリア：*Terminalia*）などに知られている．

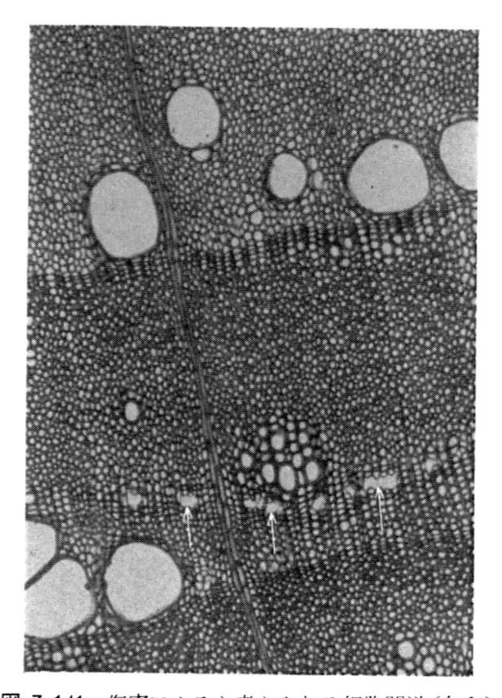

図 7.141　傷害によると考えられる細胞間道（矢印）
（内容物は認められない）
ニガキ（*Picrasma quassioides*）（48×）

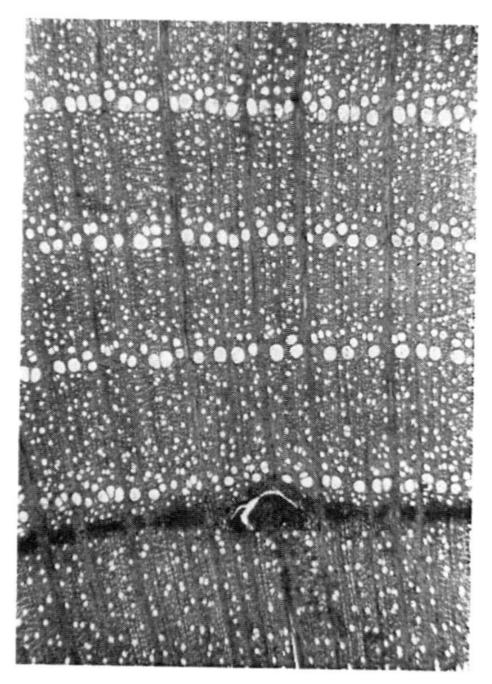

図 7.142　傷害によると考えられる細胞間道
（ゴム質物が認められる）
ナツグミ（*Elaeagnus montana*）（48×）

7.4 針葉樹（裸子植物を含めて）と広葉樹の組織の比較

針葉樹と広葉樹の組織を比較した場合，最も著しい違いは，前者においては構成している細胞の種類が少なく，後者において前者と対照的に細胞の種類が多いことである．これは前者に比較して，後者では組織および細胞の分化がより進んでいるためである．最も著しい例は，針葉樹においては仮道管が主要な要素で，通導と樹体の維持の機能を果たしているのに対し，この２つの機能を広葉樹では道管が通導，繊維が機械的な支持とそれぞれ分担していることである．

最も著しい針葉樹と広葉樹の違いは，前者には道管がなく，後者にあることである．両者の間には中間的なものがあるが少数である．表 7.13 にも示したように，わが国ではヤマグルマ(*Trochodendron aralioides*) がある．このヤマグルマでは広葉樹であるのに道管がない．一方，裸子植

表 7.13 針葉樹材と広葉樹材のおもな違い

要素	針葉樹材	広葉樹材
道管	ない *1)	ある *2)
仮道管・真正木繊維 繊維状仮道管	仮道管が主要な要素で真正木繊維はない．細胞の横断面の形は四角，六角形などを示すことが一般である．一般に早材と晩材では大きさに差がある．	仮道管は樹種により認められることがある（周囲仮道管，道管状仮道管）が一般に少ない． 繊維状仮道管あるいは真正木繊維が主要な要素．細胞の横断面の形は不規則で，早材と晩材の間で大きさの差は少ない．
放射組織	放射仮道管をもつものがある． 構成する細胞はすべて平伏，例外的なものを除けばすべて単列である．	放射仮道管は認められない． 構成する細胞は平伏だけのものもあるが，一般には平伏と直立および，あるいは方形がともに認められることが多い． 単列だけのものは少なくむしろ多列のものが現れることが多い．集合あるいは複合放射組織をもつものがある．
軸方向柔組織	樹脂細胞の形で認められることがあるが，その場合でもその出現の型は散在かせいぜい２～３個連なる程度．	発達しているものが多く，その出現の型も多様である．
細胞間道	樹脂道（軸方向および水平）がマツ科に認められる．出現のしかたはむしろ散点状(～短接線状)．	樹脂道，ゴム道などと呼ばれるものが一部に認められる 一部には軸および水平の両方向をもつものがあるが，一般には軸方向だけ，水平方向だけが多い．軸方向細胞間道は同心円状，短接線状，散在状など出現のしかたが異なることがある．
細胞中の鉱物質	しゅう酸石灰の結晶は少数の樹種に認められるだけ．シリカは認められない．	しゅう酸石灰の結晶を細胞中にもつものは少なくなく，その結晶の形は多様である．熱帯産のものの中にはシリカを含むものが少なくない．
乳管・乳跡	ない	少数のものに認められる．
材内師部	ない	少数のものに認められる．
モイレ反応 *3)	陰性	陽性

注 *1) 裸子植物の中には道管をもつものがある．
*2) 少数のもの，すなわち *Trochodendron*，*Tetracentron* などの属には認められない．
*3) モイレ反応：試料を１％過マンガン酸カリ溶液で処理し，ついで希塩酸で処理し，最後にアンモニア水を添加すると，針葉樹材は黄褐色～褐色，広葉樹材では赤色～赤紫色を示す．

物(針葉樹を含む)と被子植物とに大きく区別したとき，前者に属するグネツム(*Gnetum*)には，道管があって特異な存在となっている．

さらに，広葉樹では針葉樹に比較して放射組織の列数あるいは細胞の組合わせ，柔組織の種類がより豊富であること，しゅう酸石灰，炭酸石灰およびシリカなどの鉱物質の存在の多いこと，材内師部，乳管，乳跡などの特異な性質をもつものも少数ではあるが認められるなど，変化に富んでいる．温帯産材だけを主として考えた場合に，正常軸方向細胞間道の存在が広葉樹にはないのに対し，針葉樹にはそれをもつものがある．とくに後者では有用材が多いので目立つ特徴となる．一方，現在のように熱帯産の樹種が多くなると，フタバガキ科，マメ科などの広葉樹にある正常の軸方向細胞間道の存在が目立つようになる．

おもな性質のいくつかを取り上げて，広葉樹と針葉樹の間の違いを示してみた(表7.13)．

〔引用文献〕

1) 平井信二：日本産主要木材の材構成割合について．東大演報．**56**，399 (1962)．
2) 木材工業編集委員会：日本の木材．日本木材加工技術協会 (1966)．
3) F. P. R. I. of Philippines: Some medium and long-fibered species which are promising for pulp and papermaking. Phi. F. P. R. I. (1968).
4) 山林暹：朝鮮産木材の識別．養賢堂 (1938)．
5) MacElhanny, T. A. et al: Canadian Wood, Their Properties and uses. Forest Products Laboratories of Canada (1935).
6) Grondal, B. L. & Mottit, A. L.: Characteristics and significance of white Floccose Aggregate in the wood of Western hemlock. Univ. Wash. Forestry Club Qurt. **16**, 13 (1942).
7) Phillips, E. W. J.: Identification of softwood. By their microscopic Structure. Forest Products Research Bull. No. 22, His Majestys Stationary Office (1948).
8) 林業試験場組織研究室：輸入外材の構造．林試研報．**126〜196** (1960〜1966)．
9) 佐竹義輔：植物の分類．第一法規 (1965)．
10) Gray, R. L. & De Zeeuw, C. H.: Terminology for multiperforate plates in vessel elements. I. A. W. A. Bull. **2**, 22 (1974).
11) Metcalfe, C. R. & Chalk, L.: Anatomy of the Dicotyledons, Ⅰ, Ⅱ; Oxford (1950).
12) Butterfield, B. G. & Meylan, B. A.: Trabeculae in a hardwood. I. A. W. A. Bull. **1**, 3(1972).
13) Amos, G. L.: Silica in timbers C. S. I. R. O. Bull. 267 (1952).
14) Gottweld, H. P. J.: Tyloses in fiber tracheids. Wood Science and technology. **6**, 121 (1972).
15) Chattaway, M. M.: The development of tyloses and secretion of gum in the heartwood formation Aust. Jour. Sci. Res. B., **2**, 227 (1949).
16) 工藤祐舜，山林暹：北海道産樺木科樹種の材の解剖学的研究．北大演報．**1**，7 (1928)．
17) 兼次忠蔵：孤立及接触導管数の分布率について．日林誌．**16**，59 (1934)．
18) Chattaway M. M.: Crystals in woody tissues, Part Ⅰ, Ⅱ. Tropical Woods. **102**, 55 (1955); **104**, 100 (1956).
19) Kribs, D. A.: Commercial foreign woods on the American market. Edwards Brothers (1959).
20) Burgess, P. F.: Timbers of Sabah. Forest Dept. of Sabah (1966).

21) STERN, W. L.: A suggested classification for intercellular spaces Bull. of the Torrey Bot. Club. **81**, 234 (1954).

22) 国際木材解剖学者連合 (I. A. W. A.) 用語委員会：国際木材解剖用語集. 木材誌. **21**, A1 (1975).

23) 小林彌一：Resin cysts について. 林試研報. **77**, 155 (1955).

24) Committee on the standardization of terms of cell size. I. A. W. A.
: Standard terms of length of vessel members and wood fibers. Tropical Woods. **51**, 21 (1937).

25) 〃 : Standard terms of size for vessel diameter and ray width. Tropical Woods. **59**, 51 (1939).

26) CHALK, L. & CHATTAWAY, M. M.: Measuring the length of vessel members. Tropical Woods. **40**, 19 (1934).

27) CHATTAWAY, M. M.: Proposed standards for numerical values used in describing woods. Tropical Woods. **29**, 20 (1932).

8　組織および細胞の形態の変動

樹体の各組織あるいは各要素は，たとえそれが要素によってその程度に差があったとしても，元来多かれ少なかれ個体発生的な変動をしている．この変動は木材の材料としての性質に大きな影響を及ぼすこともしばしばある．一般にはこれは樹令による変動として理解されている．未成熟材と成熟材のような区分も，いわばこのような考え方を材料としての取扱いに適用したものといえる．したがって木材の性質を比較する場合には，たとえ同じ樹種であっても，あるいは同一個体であっても，できる限り上述のことを考慮して材料を選ばなければならない．また木材の組織に関連した記載をする場合にも十分このことに留意しなければならない．記載に基づいて識別をおこなおうとする際には，その記載がその点について十分考慮しているかどうか判断をした上で参照すべきである．また，さらにこの樹令による変動が積み重なったものが軸方向の変動として現れ，さらにこれに生長に基づく変動がからみあって，さらに変動を複雑なものとする．以下いくつかの性質の変動について取り上げてみよう．

8.1　年輪内での変動

仮道管および繊維：　一般的に針葉樹では仮道管の長さは早材部から晩材部へ向って増加し，それが各年輪で繰り返されている．増加のしかたは樹種による特徴が明らかなこともあり，また生長の良否の影響もうける．広葉樹の繊維の長さについても一般には早材から晩材へ向って増加することが多いが，要素が層階状配列をするような場合には年輪の中央で最高になることがある．また繊維の長さが早材から晩材へ向って減少することがあることも2，3報告されている．Bisset ら[1]は既往の結果を比較しながら多くの樹種について検討をおこなった結果，広葉樹の場合，環孔材および散孔材で生長輪が明らかに認められる樹種では，生長輪の初期から終期に向ってはっきりと長さが増加するが，生長輪が明らかに認められない樹種では長さはほとんど増加しないとしている．

針葉樹の仮道管の放射方向の直径は早材から晩材へ向って減少する．その変動の形式は樹種的な特徴にさらに生長の良否などの影響が複合されたものとして考えられる．したがって，針葉樹の場合にはこのことが樹種による早材から晩材へ向っての材質的な変動の特徴が出現する重要なひとつの因子となっている．

一方，広葉樹の繊維の直径の変動については生長輪の初期でより大きいとするもの，あるいはそうでないとするものなどがあり，意見は一致していない．経験的には少なくとも針葉樹に比較して――何らかの違いがあったとしても――その違いは一般にはより小さいものであると考えられる．

道管要素：　道管要素の直径はほとんどの場合，早材から晩材へ向って減少している．これの最も著しい例は環孔材に認められる．また要素の長さは早材から晩材へ向って増加するとする報告[2]と，環孔材では増加があっても散孔材では安定しているとする報告が出されている[2]．

柔組織：　細胞の長さは変化を示さないとされている[2]．一方，樹種によっては横断面で柔組織

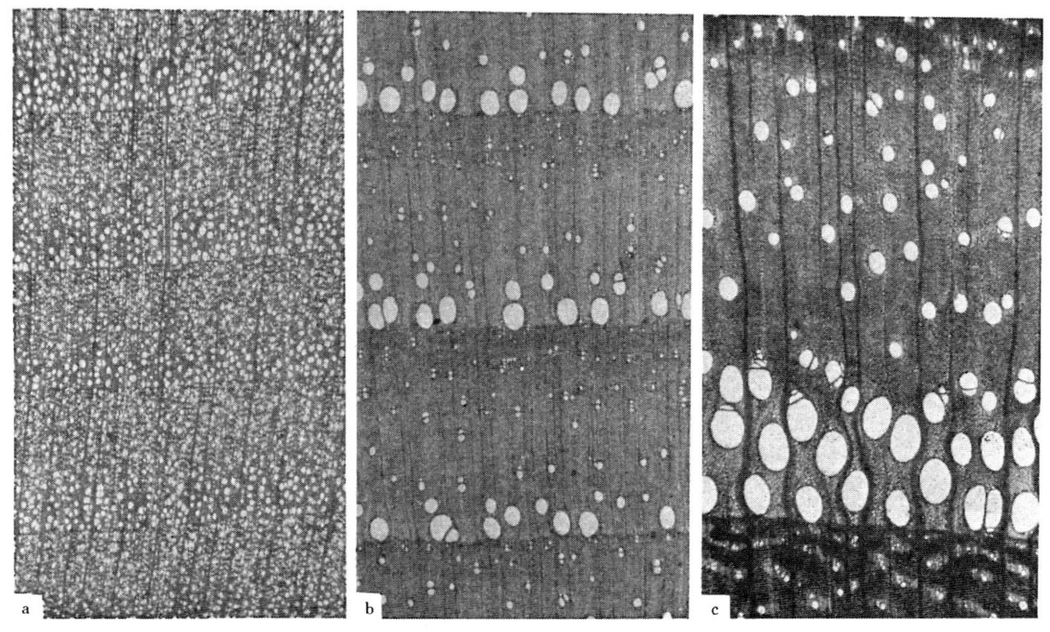

図 8.1 柔組織が早材部から晩材部へと変化する例

a．ヤブツバキ (*Camellia japonica*)
早材部ではほとんど散在する柔組織が晩材部へ向って接線状になる．

b．アオダモ (*Fraxinus sieboldiana*)
早材部では周囲状であるが晩材部では翼状さらに連合翼状となり長く連なる．

c．エンジュ (*Sophora japonica*)
b と同じような例．

が早材から晩材へ向って散在→短接線状（図 7.83 b 参照；図 8.1 a），短接線状→長い線状になったり，周囲状→翼状→連合翼状（図 7.64 d；図 7.87 a 参照），さらには長い帯状（図 7.87 d 参照；図 8.1 b および c）となるものがある．

細胞壁率：　すでに述べたように，針葉樹では細胞壁率は早材部から晩材部へ向って変動している．木材の軟X線写真をとり，それをデンシトメーターによって測定すると密度(比重)は図 8.2 のような経過を示している．これはとりもなおさず，細胞壁率の変動を示すものであるので，年輪内でそれがどのような変動をしているかを示している．細胞壁率は樹種によって特徴的な変動経過を示すと考えてよい．

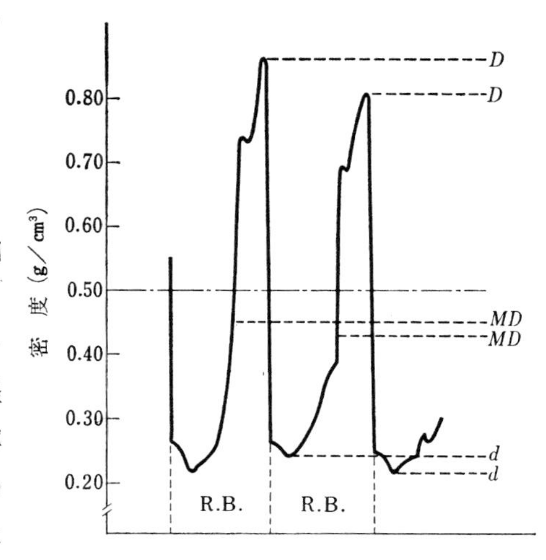

図 8.2 年輪内における密度の変動
（軟X線写真からデンシトメーターで求めたもの）
アカマツ (*Pinus densiflora*)
（太田貞明氏提供）
D：最大密度，*MD*：平均密度，*d*：最小密度，
R.B.：年輪幅

8.2　放射方向の変動

仮道管および繊維：　針葉樹については，SANIO[3]が古くからサニオの法則として知られている「仮道管長は髄から外側へ向って増加し，最大値に達して後一定になる」ことを発表してから，多くの研究者によって多くの樹種についての結果が発表され，ほぼ同様なことが確かめられている．しかし，この「一定になること」に対しては多くの異論が出され，「一定ではなく，変動がある」あるいは「樹令の増加とともに減少する」などの意見も出されている．この最大値になる時期については，樹種により，また生育環境（人為的な処理を含めて）により違いがあると考えてよい．さらに最大値を示す時期は，天然生林の樹木では200〜300年程度に達する．その後は非常に老令になると逆に減少するとされている[4]．一方，造林された樹木では，若い時期（10年程度）でも最大値に達するようになる[4]．この最大値に達するまでは，樹令が仮道管長の増加に大

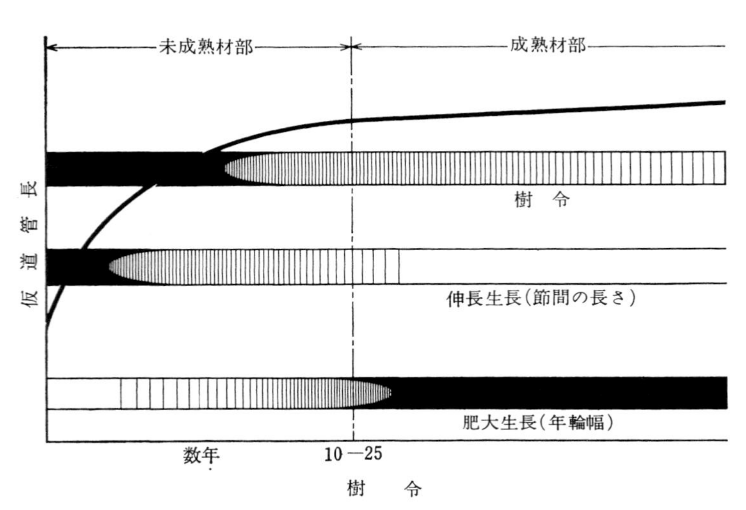

図 8.3　仮道管長の放射方向への変動と生長（伸長および肥大）および樹令との関係（色の濃さは影響の大きさを示す）

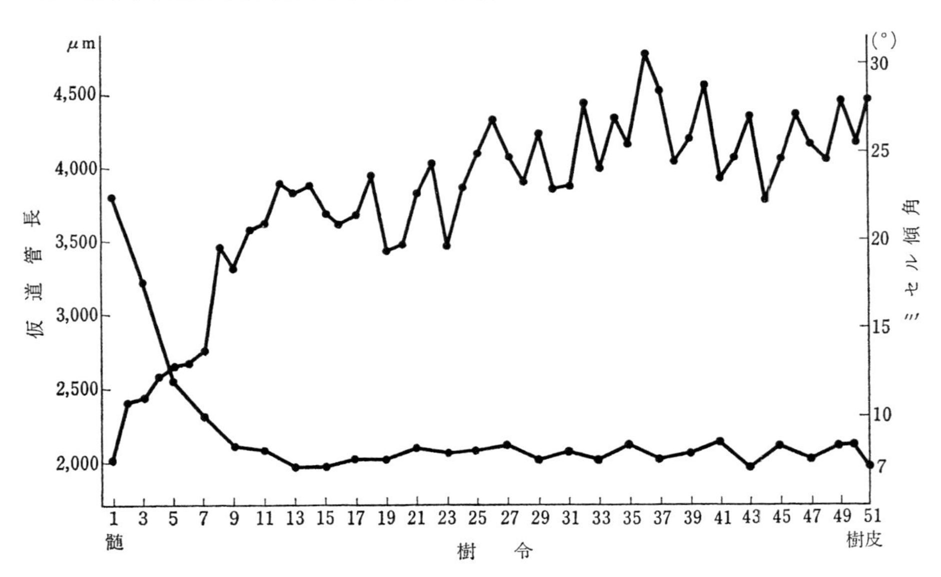

図 8.4　仮道管長およびミセル傾角の放射方向への変動．アカマツ（*Pinus densiflora*）

きく作用し，最大値に達してからは，肥大生長の良否が仮道管長に影響を及ぼすおもな因子となる．

生長の良否の影響は直線的に負または正の相関があるのではなく，アカマツの例によればむしろ仮道管の長さは年輪幅が1〜2mm付近で最大になり，それより生長が良くてもまた悪くても仮道管長は減少する．したがって老令に達して非常に生長が悪化したような場合には，仮道管長は目立って減少する．さらに若い時期に，ある一定期間生長が非常に良いかあるいは非常に悪いと仮道管長は減少し，それが安定した値を示し始めるような時期であれば，その値を示す時期は遅れるようになる．アカマツについて樹令，生長の良否などの影響する時期とその程度などを示したのが図8.3である．また一般に，最大値に達するより以前の非常に若い時期（髄から数年輪位まで）では肥大生長の影響はまったくないか，非常に少ない．また枝の仮道管長は一般に短かいとされているが，よく知られているように枝は一般に非常に肥大生長が悪く，したがって年輪幅は非常に狭いので，上に述べたように考えれば当然幹の部分にくらべれば短かくなることが理解できるであろう．

針葉樹の仮道管長については，古くからパルプに用いられたこともあって多くの研究がおこなわれている．広葉樹の繊維長についても最近では多くの研究がされている．とくにポプラあるいはユーカリをはじめとしてパルプ用材に用いられる樹種についての報告が多い．Bailey は針葉樹，広葉樹などでその進化の程度の違いによる放射方向への仮道管長の変動を図4.3（p.30）のように模式的に表現した．またこの仮道管の長さの変動に伴い，ミセルの傾角が図8.4に示すように変動している．針葉樹については両者の間に $L=a+b\cot\theta$（L：仮道管長，θ：ミセル傾角，a, b：定数）の関係があるとされている[5]．

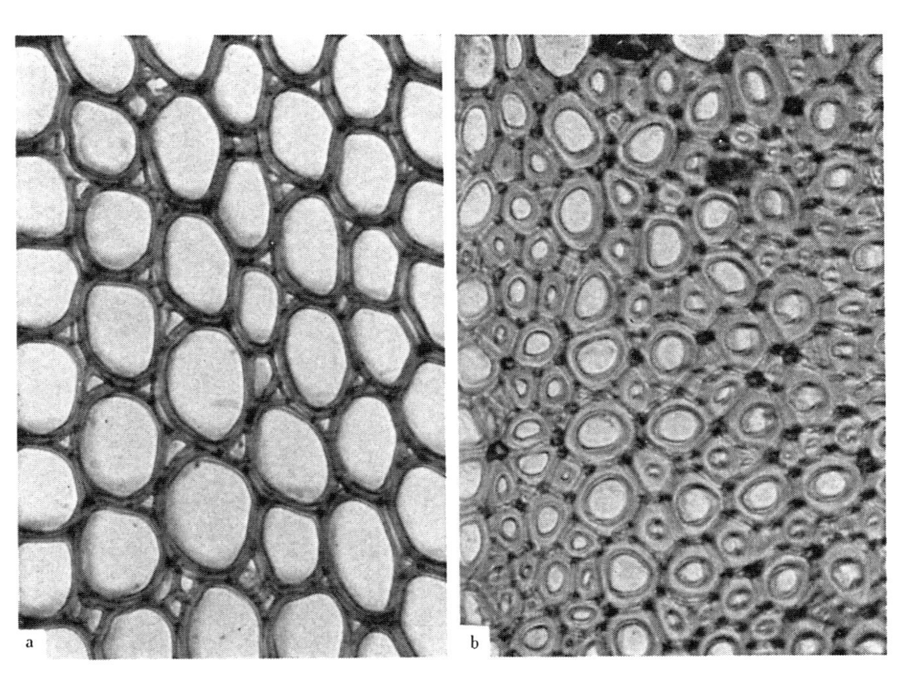

図 8.5 髄に近い部分と遠い部分の繊維の断面の違い
レッドラワン（*Shorea negrosensis*）（400×）
a．髄から5cm，b．髄から32cm（須川豊伸氏提供）

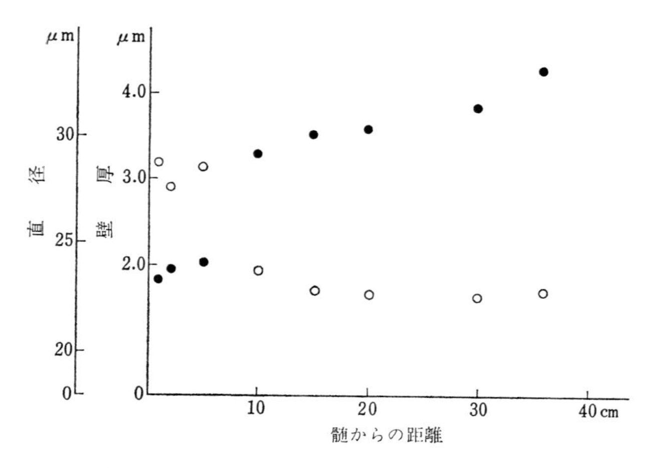

図 8.6　繊維の直径および壁厚の放射方向の変動
レッドラワン（*Shorea negrosensis*）
●：壁厚，○：直径　　（須川豊伸氏提供）

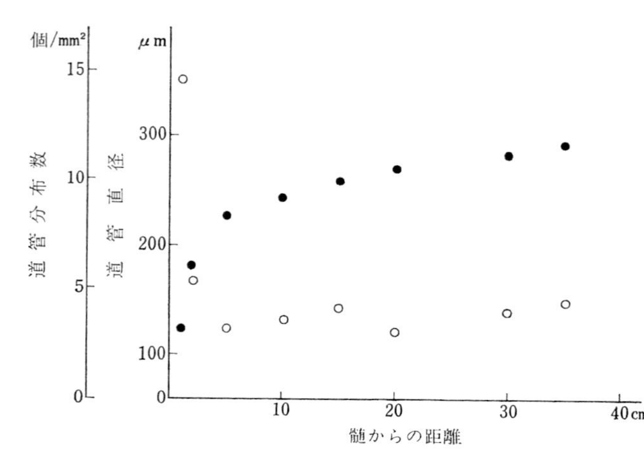

図 8.7　道管要素の直径および分布数の放射方向の変動
レッドラワン（*Shorea negrosensis*）
●：直径，○：分布数　　（須川豊伸氏提供）

早材部の仮道管の接線壁厚は，スギについて測定した結果によると，髄から外側へ向ってほとんど一定であるが，晩材部のそれは，はじめ髄から急激に上昇し，第 10～15 年輪からほぼ一定になる．それはほぼ仮道管の長さの変動の形と一致している[6]．レッドラワン（*Shorea negrosensis*）の繊維の直径および壁厚は髄からの距離によって，前者ははじめ減少して後安定するようになり，後者ははじめ増加して後安定するようになる[7]（図 8.5 および 8.6）．

道管要素：　道管要素の直径は幹の中心部から外側へ向って徐々に増加し，ある所からはほぼ安定するようになるとされることが多い[5)7)8)]．また単位面積に分布する管孔の数は，直径の増加していく傾向とちょうど負の相関をもって変化している[8)9)]ことが知られている（図 8.7）．

放射組織：　針葉樹の放射組織は，一般的にはすでに述べたように細胞幅は単列であるし，また構成する細胞の組合わせも広葉樹にくらべると単純である．髄に近い部分では，その細胞高も 1～2 列と低く，その樹種固有の安定した高さを示すまで上昇する．一方，この増加していく傾向はエゾマツなどを含む *Picea* 属について検討した結果[9]によると生長が非常に悪いような状態では，正常の部分にくらべてその増加のしかたは緩やかである．したがって一般にも認められているように，枝からの木材と幹からの木材との間には放射組織の高さに差が出てきて前者では後者に比較して低い．またマツ科の樹種には水平細胞間道をもつものが少なくないが，*Picea* 属についてみた場合，その周囲を取り巻くエピセリウム細胞の数は髄に近い部分では，一般にいわれる属の特徴とされている数よりかなり少なく，それが樹令が高くなるにしたがって徐々に増加し，ある時期以後になって（表 8.1），それが *Picea* の属としての特徴の数を示すようになる．また生長が非常に悪いと，この属に特有のエピセリウム細胞の数に達するまで，より緩やかな増加をするようになる．

広葉樹の放射組織は，構成細胞の種類，その組合わせなどに非常に変化が多い．しかもそれらがつねに同一個体内において一定しているというわけではなく，しばしば一定の傾向をもって変動し

表 8.1　主要な *Picea* 属の木材中におけるおもな要素についての樹令に伴う変動

要素の性質 ＼ 樹令（髄からの年輪番号）	～3　5～6　10　20　30　40
仮道管長	急激な増加 →ほぼ3000μm（20付近）→ 増加はゆるやか
仮道管の接線径	急激な増加 →ほぼ25μm（20付近）→ 増加はゆるやか
放射組織の高さ（細胞高）	急激な増加 →（30付近）→ 増加はゆるやか
晩材部仮道管のらせん肥厚	存在 →（5～6付近）→ 消失
単独の軸方向細胞間道の %	100% 急激な減少 →（5～6付近）→ ゆるやかな減少
水平細胞間道の周囲のエピセリウム細胞の数	増加 →（20付近）→ 平均>6.5～8 安定する

ている．すでに述べた Kribs[11] は広葉樹の放射組織の接線断面における型によって次のように分類し，放射組織の進化の過程を示している（図 8.8）．この進化の段階が同一個体内においても樹令にしたがって明らかに認められるものがある．ユクノキおよびフジキについて，その実際の例を表 8.2 に示した[12]．またブナ科について，樹令によって集合放射組織および複合放射組織などの間の変化の型式に3タイプがあることが知られている（図 4.24 参照）．細胞高の変動は p. 45 に述べた．

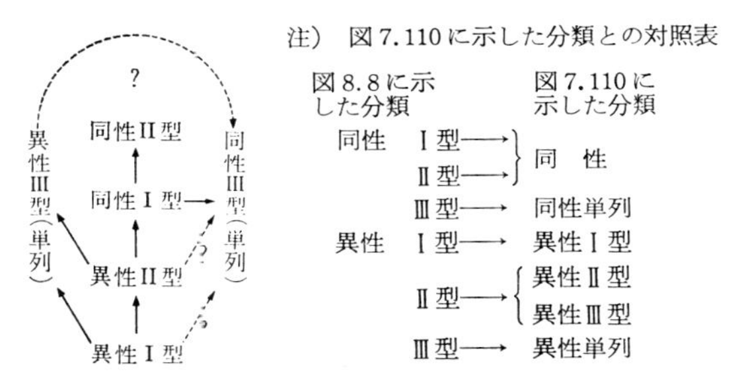

図 8.8　放射組織型の進化の過程
（猪熊ら[12]）

表 8.2　ユクノキとフジキにおける放射組織の樹令による変動（猪熊ら[12]，図 8.8 参照）

樹令	放射組織型 ユクノキ	放射組織型 フジキ
<3	異性Ⅱ型B～同性Ⅰ型	異性Ⅰ型～異性Ⅱ型
20		異性Ⅱ型
50	同性Ⅰ型	異性Ⅱ型
75		異性Ⅱ型B
100	同性Ⅰ型～同性Ⅱ型	
150	同性Ⅰ型～同性Ⅱ型	
200<	同性Ⅱ型	

構成要素の比率：　針葉樹についてはその構成が単純なことから，とくに注意されていないようである．一方広葉樹については，より構成が複雑なことからも多くの研究がおこなわれているが，その結果は一様ではない．近年，***Shorea*** 属について出された２つの報告では，ほぼ一致した結果が出されている[7,8]．これらによると繊維と道管の占める比率は髄心から外側へ向って前者は減少し，後者は増加している．またブナ（***Fagus crenata***）について，樹令と要素の比率の間には明らかな関係はないとする報告がある[13]．

細胞壁率：　細胞壁率は木材の比重に大きな影響をもつことはすでに述べた．したがって一般に認められる樹幹内の比重の変動はとりもなおさず細胞壁率の変動と考えてよい．樹種によっては樹心から外側へ向って細胞壁率が増加して，ある点からほぼ安定するもの，逆にある点まで細胞壁率

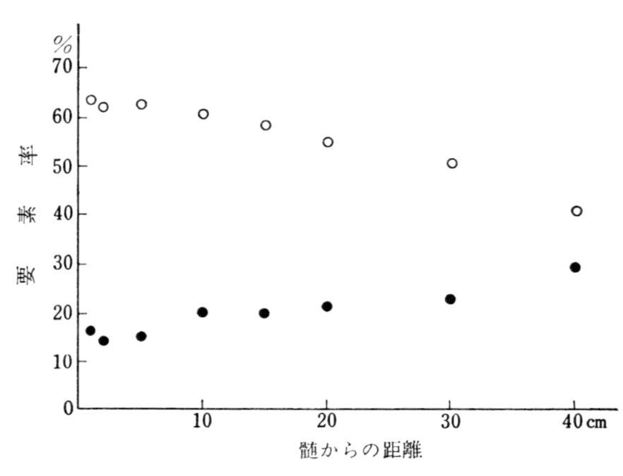

図 8.9　繊維と道管と要素比率の放射方向の変動
レッドラワン（*Shorea negrosensis*）
●：道管，○：繊維細胞　　　（須川豊伸氏提供）

が減少してゆき，それからほぼ安定するようになるもの，および多少の変動はあるがとくに増加あるいは減少する傾向をもたず，全体としてほぼ安定しているものなどがある．図 8.10 にスギ（*Cryptomeria japonica*）と図 8.11 にケヤキ（*Zelkova serrata*）についての密度（比重）の変動を示してある．前者については髄から外側へ向っての変動が示されており，後者については成熟材と考えてよい部分における変動を示してある．

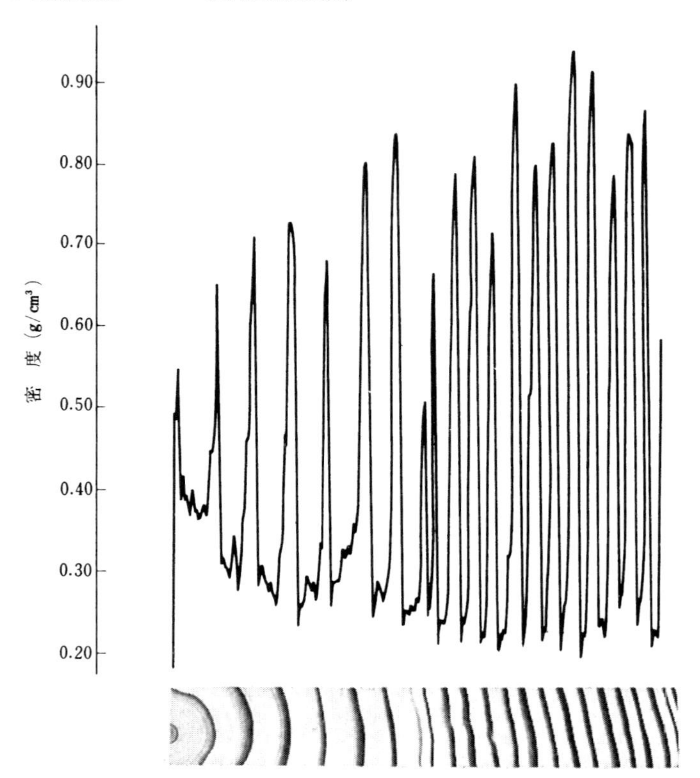

図 8.10　放射方向における密度の変動
（軟X線写真からデンシトメーターで求めたもの）
スギ（*Cryptomeria japonica*）　　（太田貞明氏提供）

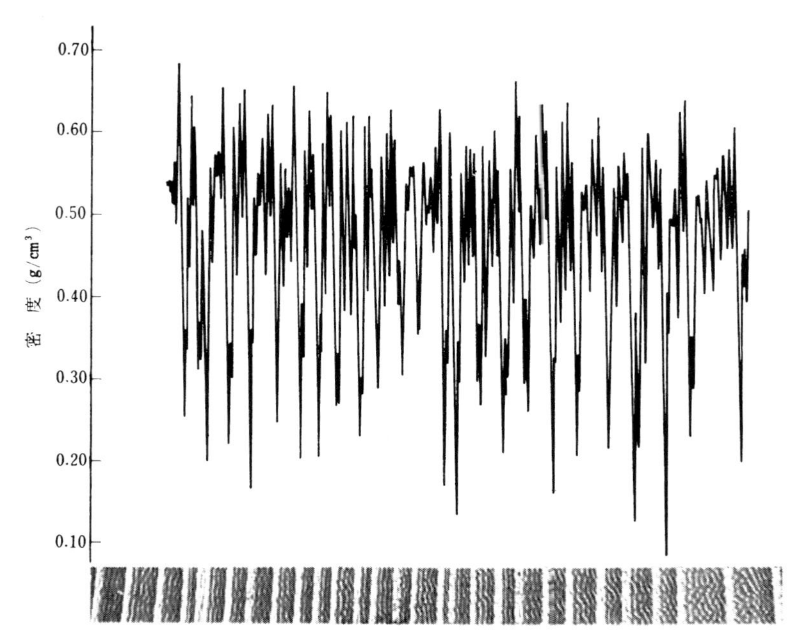

図 8.11 環孔材の放射方向における密度の変動
(軟X線写真からデンシトメーターで求めたもの)
ケヤキ (*Zelkova serrata*)
(太田貞明氏提供)

8.3 軸方向の変動

放射方向の変動に比較して軸方向の変動についての研究結果は少ない.

仮道管および繊維： これらの長さの変動は，放射方向の長さの変動から推論できるものである．すでに述べたSANIO[3)]は「各高さにおける一定値は根際から上に向って増加し，ある高さで最大になり，その後また減少する」としている．この一定値が最大になる位置については，多くの研究報告が出され，樹種により，樹高により差があると考えられる．

アカマツの1年生の枝あるいは1年生の幹において，仮道管の長さは基部から先端へ向って変動し，ほぼ中央部で最大となる．この中央部で仮道管の長さを測定すると，枝あるいは幹がどの部分にあることとは無関係に，1年生の枝の長さあるいは1年生の幹の長さが長ければ仮道管長は長い．したがって，この1年生部分の幹の仮道管長は同令であれば樹高の高い個体ほど，より長い1年生部分が集積された結果，樹高がより高くなったわけであるから，より長いといってよい．さらにその後の肥大生長がまったく同じとすれば，樹高の高い個体ほど平均仮道管長は大になるはずである．しかし，8.2節に述べたように肥大生長の影響がこれに加わり，条件が一様でなくなるのでこの関係は不明瞭になってくる．いずれにしても，これらの長さの軸方向の変動のおもな因子となるものは節間の伸長の良否と考えてよい．

第1年輪の仮道管長が長い場合には，一般的にいってその部分の仮道管長は肥大生長などの影響をうけて変動するとしても高い水準で変動をし，高い安定値を示すことが知られている．また一方，アカマツの伸長生長の経過を例としてみると，はじめ，幹の節間の伸長は少なく，樹令が高くなるにつれてその伸長は増加してゆき，ある時期で最高値を示すようになり，後それがまた徐々に減少するようになる．この両者から，先に述べたSANIOによる仮道管長の各高さにおける安定した値の軸方向変動がどのようにしておこるか説明できよう．十分樹令の高くなった生長層の中において，同じ年に形成された部分の仮道管長の変動のしかたの模式図を，アカマツについて示したのが図8.12である．

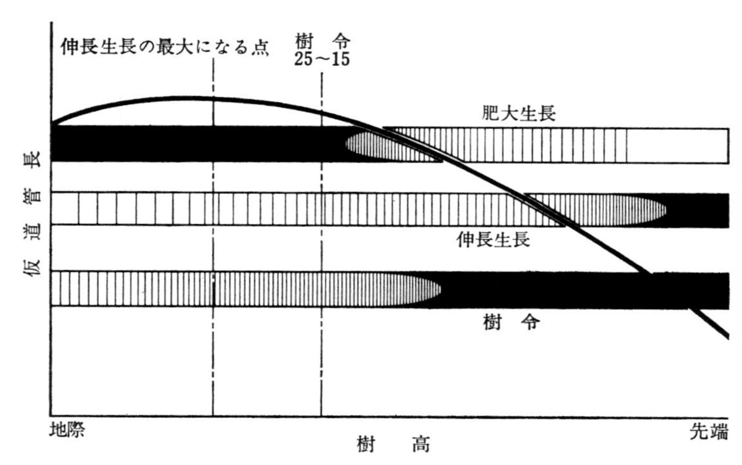

図8.12　同一生長層内における仮道管長の軸方向の変動と
生長（伸長および肥大）および樹令との関係（色の濃さは影響の大きさを示す）

細胞壁の厚さ：　ロブロリーパイン（*Pinus taeda*）およびスラッシュパイン（*Pinus elliottii*）の同一年度に形成された部分においては，樹幹の先端から下部に向ってはじめ急激に増加し，ほぼ10番目の節間を過ぎるとほぼ一定になることが知られている[14]．これは軸方向の変動は放射方向の変動のつみ重ねたものとして考えていけば理解できることであろう．

広葉樹の繊維長：　高さに伴って減少する，あるいは一定の高さまで長くなり，その後減少するなどの報告が出されている．一般に，すでに述べた広葉樹における放射方向の変動から考えて，針葉樹における仮道管長の軸方向の変動とほぼ同じと考えてよいであろう．

道管要素：　長さおよび直径は，ともに樹幹の基部から上に向って減少するとの報告がある[2]．

8.4　未成熟材と成熟材

すでに8.1節で述べてきたように，ごく代表的ないくつかの要素の放射方向の変動を見てもわかるように，樹種によってあるいは要素による違いはあったとしても，幹の中心部に近い部分では，一般に各要素の形，大きさの変動が大きく，それから外側では変動が少なく，ほぼ性質が安定するようになる．この性質の不安定な部分を未成熟材（juvenile wood）と呼ぶ．これらの細胞を分裂した形成層が若いかあるいは未成熟であるからそのように呼ぶとされている．さらにこの部分の外側にある性質の安定した部分を成熟材（adult wood)と呼んでいる．これは成熟した形成層から分裂した細胞からなりたっている木材であることを意味している．仮道管（広葉樹では繊維）の長さは，変動の経過が明らかなことが多いので，しばしば未成熟材と成熟材の境界を求めるときに利用される[6)9)15)16)]．非常に老令に達して，生長が衰えてきたような時期に形成された木材は，しばしば，他の部分の木材の性質と異なる性質をもつことがあるが，これを過熟材と呼ぶ．いずれにしても，このことから，同一年度に形成されても，その形成層の成熟の度合（温帯産材では髄からの年輪番号で表示できる）によって——高さが異なると——性質が異なることに注意しなければならない．

〔引 用 文 献〕

1) Bisset, I. J. & Dadswell, H. E.: The variation in cell length within one growth ring of certain angiosperms & gymnosperms. Reprint 132, Div. of Forest Products (1950).
2) Knigge, W. & Kaltzenburg, C.: The influence of timber qualities and ecological conditions on the cell sizes and on the proportions of types of cell in hardwoods in the temperate zones. IUFRO Sect. 41 (1965).
3) Sanio, K.: Über die Grosse der Holzzellen bei gemeinen Kiefer (*Pinus sylvestris*). Jahrbuch für wissenschaftlich Botanik. **8**, 401 (1872).
4) Dinwoodie, J. M.: Tracheid and fiber length in timber. A review of literature. Forestry. **34**, 125 (1961).
5) Preston, R. D.: The molecular architecture of plant cell wall. Chapmans & Hall (1952).
6) 渡辺治人：樹幹丸太の特性．九大木材理学教室研究資料．**67**，33 (1967).
7) 須川豊伸：レッドラワン材の組織と比重の幹内変動．木材工業．**26**，19 (1971).
8) Mynt, A: Density variation outwards from the pith in some species of *Shorea* and it anatomical basis. The Empire Forestry Review. **41**, 48 (1962).
9) Dadswell, H. E.: Wood structure variations occuring during tree growth and their influence on properties. Jour. Inst. Wood Sci. **1**, 11 (1958).
10) Sudo, S.: Anatomical studies on the wood of species of *Picea*, with sóme considerations on their geographycal distribution and taxonomy. 林試研報 **215**, 39 (1968).
11) Kribs, D. A.: Salient lines of structural specializations in the wood rays of dicotyledons. Bot. Gar. **96**, 547 (1935).
12) 猪熊泰三，島地謙：ユクノキ及びフヂキの研究．東大演報．**3**，125 (1950).
13) 石田茂雄，堀川洋，三谷邦彦：北海道産ブナ材の構成要素率に関する一研究．北大演報．**23**，31 (1963).
14) Hiller, C. H.: Correlation of fibril angle with wall thickness of tracheids in summerwood of slash and loblolly pine. Tappi. **47**, 125 (1964).
15) 加納孟：林木の材質．日本林業技術協会 (1973).
16) 渡辺治人：生長輪—生きていた木材—．東京農大木材工学研究会 (1974).

9 木材の組織と木材およびパルプなどの性質

9.1 細胞壁の量と比重

木材を構成する物質の真比重は一般に 1.50 とされているが[1]，一定の体積の木材中に占める木材を構成する物質が多ければ比重は高くなり，それが少なければ比重は低くなる．この一定体積の中に占める木材を構成する物質の量――裏からみれば，それと密接な関係にある木材の一定の体積あたりの空げきの量――に影響をもつものは各細胞の大きさ，壁の量と細胞腔の量，さらにこのような各細胞の構成の比率などである．おもなものをあげてみると，

道管：単位体積あたりの数，直径，壁厚

繊維（広葉樹），仮道管（針葉樹）：単位体積あたりの数，細胞およびその内腔の直径，壁厚

放射組織：単位体積あたりの量

柔組織：単位体積あたりの量，組織の型式

などがある．しかし特別な例を除いて，一般的には，これらのうち，繊維（繊維あるいは仮道管）が最も大きな役割を果たすと考えられている．この繊維の形態と木材の諸性質（とくに比重）との関連を求めるため，内腔の直径と細胞の直径との比（%）（flexibility coefficient, pliability coefficient），細胞壁の厚さと内腔の直径との比（%）（Runkel coefficient），細胞壁の横断面と繊維の横断面の面積の比（%）（Mühlsteph ratio）などが用いられている．また最近では POLGE など[2)3)4)]が試料に軟X線を照射し，その透過量を直接，あるいは撮影したフィルムをデンシトメーターで計量化するなどの方法で，比重の測定をおこ

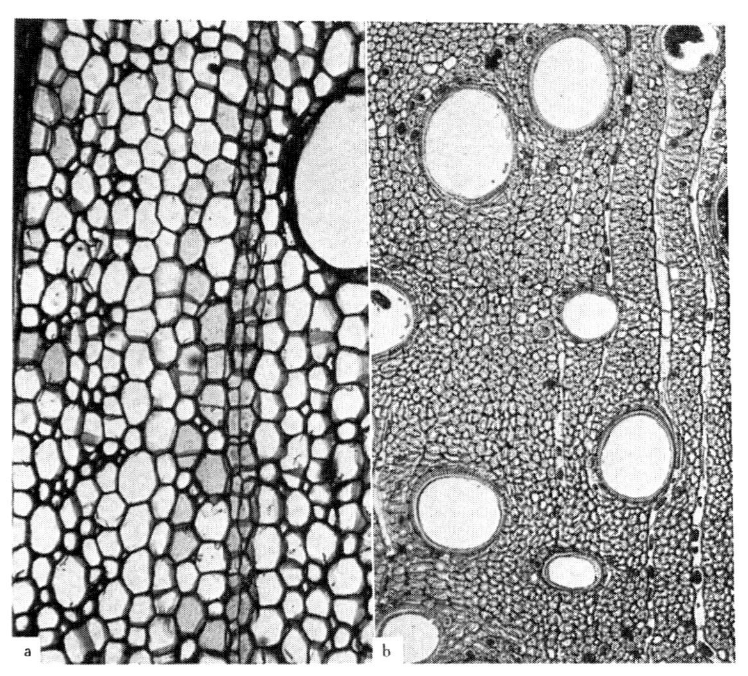

図 9.1 細胞壁の量が極端に違う例
a．バルサ（*Ochroma lagopus*）世界でもっとも軽い木材のひとつ（95×）
b．リグナムバイタ（*Guaiacum* sp.）世界でもっとも重い木材のひとつ（95×）

ない結果を報告している．この方法によれば一定体積内に存在する細胞壁の量を測定することになるわけで，方法は違っても先に述べたようないくつかの表わしかたと同じようなことになる．この方法は非破壊的にかなり大きい試料について連続的に測定できる点で有利である．

木材の比重が高いと強さ，硬さ，釘の保持力，耐久性などが増加して，利用上の利点も増加するが，一方，横方向（接線および放射方向）の収縮率の増加，釘を打ったときに割れやすくなる傾向が増加したり，加工の際の動力や労力の消費が増加するなどの欠点が出てくる．細胞壁の量が非常に少なく，木材中の空げきの量が非常に多くなるとバルサ（*Ochroma*）（図 9.1 a），あるいはプライ（*Alstonia spathulata*）の根材のように非常に軽軟になり，そのために特殊な用途，とくに絶縁材に用いられるようになる．逆の場合の著しい例としてリグナムバイタ（*Guaiacum*）（図 9.1 b）やスネークウッド（*Piratenia*）などがある．これらでは繊維の細胞腔は極端に小さく，しかも前者では非常に内容物の含量が高く，また後者では道管の中にも厚壁チロースがあるなどが，さらに比重を高める働きをしており，ともにそれらの特徴を利用した用途が知られている．

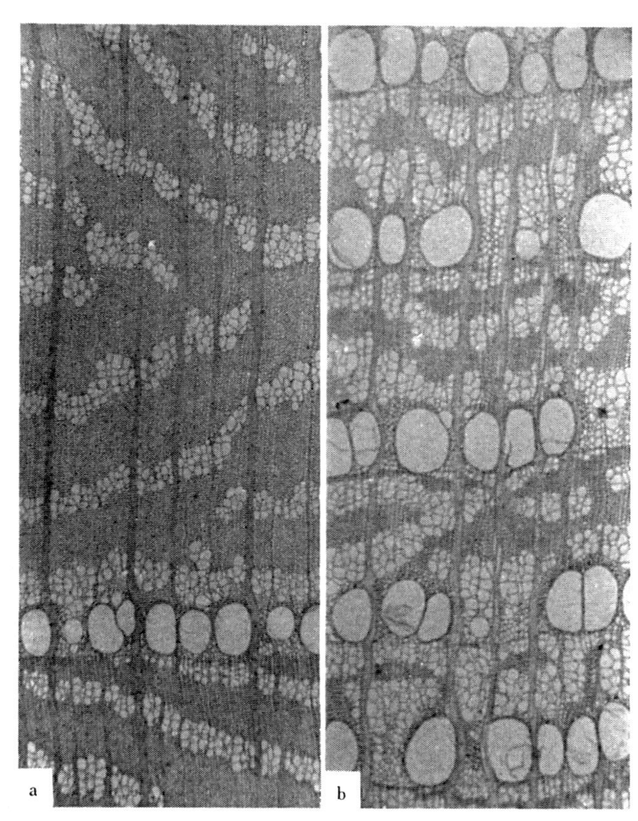

図 9.2　環孔材で年輪幅が広い場合(a)と狭い場合(b)の比較．セン（*Kalopanax pictus*）（20×）
道管の占める比率が非常に違っている．このために比重に大きな差が出てくる．(b)の極端な場合にはぬか目と呼ぶ．

一方，道管の存在する比率が比重に大きな影響を及ぼすことがある．ミズナラ，セン（ハリギリ），ヤチダモをはじめとして，多くの環孔材では年輪幅が狭くなると比重が減少する[5)6)]．これは年輪幅が狭くなると孔圏の部分の道管にはほとんど変化がないのに，孔圏以外の部分が狭くなり，相対的に空げきの部分が多くなり，したがってその場合には道管の大きさ（というより道管の包んでいる空げきの大きさ），とくに孔圏部にあるもの，の影響が出てくる（図 9.2）．

9.2 木　　理

木理が材片の長軸に平行でないと，たとえば旋回木理，斜走木理のような場合，曲げ強度が減少する．さらに乾燥の場合に狂いあるいは割れなどの欠点を生じやすくする．さらに軸方向の収縮が増加する．また熱帯材に見られる交錯木理の場合には，曲げ強さを減少し，材の軸方向の収縮を大きくし，また乾燥に際して，狂いや割れなどの欠点を生じやすくするとともに，放射断面で割裂することを非常にむずかしくし，仕上げ，とくに放射断面の仕上げをむずかしくする．これらのほか種々の通直でない木理をもつものがあり，しばしば加工上の問題をおこしやすい．

9.3 道　　管

道管の直径，分布数，配列，内容物の有無などは木材の性質に影響を及ぼす．すなわち，道管の配列は場合によっては，材面に特徴的なもくを形成する．直径の大きさが大きい場合には，仕上げにあたって目止めをしなければならないし，また塗装の耐久性は道管が小さいとより高くなり[7]，道管の分布数が少ない場合，塗膜の暴露初期に発生する割れの数がより少ないとされている[8]．チロースが密につまっていると，防腐剤などの液体の注入がむずかしくなるが，反対に，たる用材，液槽などに用いると内容物のもれが少ないという長所にもなる．また道管の直径が一定より大きい樹種で，しかも澱粉のような物質をより多くもつような辺材部はヒラタキクイムシ類の被害をうけやすいことも知られている[9]．

9.4 柔 組 織

一般に柔組織が多くなれば木材の強さは低くなると考えてよい．しかし散在柔組織や短接線柔組織などの程度では大きな影響があるかどうか明らかではない．幅の広い柔組織の長い帯があると(例えば *Ficus* spp. のように)，何らかの形で力が加わったときに，ちょうどケーキのバウムクーヘンがはがれるようにその部分で材がはがれることが多い．一方，このような著しい帯状の柔組織があったり（*Entandrophragma* spp.，*Millettia* spp.），著しい翼状，周囲状などの柔組織があったり（*Cassia* spp.，*Pericopsis* sp.）すると，材面の装飾的な価値を高める．

9.5 放 射 組 織

木材の収縮が放射方向と接線方向とで異なることはよく知られている．この原因のうち少なくともひとつは放射組織に関連するものであるとされることが多い．一般に大型の放射組織をもつ樹種（例としては *Quercus* 属あるいは *Fagus* 属がある）では，大型の放射組織をもたない試片の放射方向の収縮は，それをもっている試片の収縮より大きく，また分離した放射組織の放射方向の収縮は繊維のそれにくらべるとかなり小さいことが知られている[10]．大きな放射組織があると，ミズナラ（*Quercus*）やシルキーオーク（*Cordwellia*）のように放射断面に虎斑あるいはシルバーグレインと呼ばれるもくが現れて装飾的な価値を高める（図6.8参照）．

9.6 早晩材の差が著しいとき

早材部と晩材部との間の差が著しいと，長期間（とくに風雨にさらされるような用途で）板などとして使用すると早材部は軟かいので摩耗し，晩材部だけが元のままで残るようになる．このような現象を目やせ（Weathering）と呼んでいる．このようになる樹種は平らな面が長期にわたって必要な用途には用いられない．スギが好例である．またこのような樹種の場合，砂を強く吹きかけたり，強くブラッシングすることにより，上述の理由で晩材部が非常にはっきりと出てきて装飾的な価値が高くなる（図9.3）．すでに市販されているベイマツ合板などでこのような処理をしているものを見かける．また機械仕上げ，とくに鉋（かんな）仕上げをするときに，刃物が硬い晩材部に強くあたり，その下の軟かい早材部が強く圧縮される．その板が鉋から出てから，この圧縮された早材部が元にもどり材面に凹凸が出てくるようになる．早晩材の差の非常に少ない性質を利用した例として碁盤などにカヤ（*Torreya*），イチョウ（*Ginkgo*）などを用いるのはこのことが古くから知られていたためと考えてよい．

図 9.3 ベイマツ（*Pseudotsuga menziesii*）
a．通常の表面仕上げ
b．早材部を摩耗して晩材部を浮き出させた仕上げ

9.7 細胞の形態とパルプの性質[11)12)13)14)15)16)]

パルプの性質と細胞の形態との間の関係については古くから多くの研究がされてきており，両者の間にはとくに紙の強さに関しては密接な関係があることが指摘されている．しかし比較的近年までは，多くは形態的な因子のひとつを取り上げて単独でパルプの性質と結びつけていることが多かったが，最近ではそれでは不十分で，いくつかの形態の因子の複合したものとパルプの性質とを結びつけて考えるべきであるという考え方が強く出されるようになってきた．Tappi[14)]の委員会で取りまとめられた結果を中心に述べてみよう．

比重： 比重はパルプの品質および収率に大きな影響を及ぼす．とくにひとつの種の中での単位体積の木材あたりの収率の変動は比重の変動に密接な関係をもっている．すでに述べたように比重の変動はとくに樹種内では細胞壁率と深い関係をもち，したがって細胞の壁の厚さと関係をもっている．一方，高い比重の木材は，低い比重のそれに比較して，叩解（こうかい）に対する抵抗性，引裂き強さなどは高いが，反面，パルプシートの密度，引張り，破裂および耐折強さなどは低い．一方，成木になっている各個体の場合，比重の差がその木材の抽出物の量の差となって現れることもあるが，この場合には収率に影響がないことも考えておく必要がある．

早晩材の比率：　とくに早晩材の差の著しい針葉樹の各樹種で問題となる．このような樹種では仮道管の壁厚，直径あるいは仮道管そのものの強さの違いなどが問題とされてきている．晩材部の比率が高ければ比重が高くなり，すでに述べたように収率が高くなる．早材部が多いと破裂，引張りおよび耐折強さなどが高くなり，またパルプシートの密度が高くなる．さらにシートは平滑で叩解性がよくなる．

繊維長*)：　一般的にいって繊維の長さはパルプの強さに影響をもっているといってよいであろう．しかし，繊維長は繊維の直径および壁厚などと複雑に関連しながら，いろいろな点で紙の製造に対して影響を及ぼしている．一般に長い繊維は紙の強さに良い影響を及ぼしている．また，長い繊維は引裂き強さを高くすると考えられており，さらに破裂，引張りおよび耐折強さなどもある程度高める働きをもっている．また長い繊維は広い面積を占めているのでストレス分散能が高い．針葉樹に比較すると広葉樹ではすでに述べたように繊維の長さがはるかに短かいので，一般に引裂き強さの低い紙しかつくることができない．

繊維の直径：　一般に直径が小さく，薄壁の繊維の場合には，直径の大きいものに比較してパルプシートの形成がよく，また強さも高い．しかし，上述したように繊維の直径は，長さ，壁厚などとからみあって作用するので，確かに影響因子としては重要であることは考えられても，まだはっきりとした定量的な関連は認められてはいない．

繊維の壁厚：　細胞の壁厚は繊維の製紙に関連した性質を決める非常に重要な因子のひとつである．一般に細胞壁が厚いと，単位材積あたりの収率が高くなり，シートはあらく密度が低くなる．さらに繊維間の結合が一定以上であれば引裂き強さが高くなり，一般にシート表面があらくなる．破裂，引張り，耐折強さなどは低くなる．

フィブリル傾角：　フィブリル傾角と木材の強さとの間には相関があることが知られているが，まだ十分にその紙の強さに対する影響が検討されているとはいえない．しかしこの角度が小さいと繊維の強さは高くなり，したがって他の条件が同じであれば引裂き強さおよび引張りに関連した強さを高くすると考えられる．またすでに述べたように針葉樹においては，フィブリル傾角は仮道管の長さと負の相関がある．

道管要素，軸方向柔細胞，放射組織柔細胞，放射仮道管など：　一般に紙の性質に対しては，として良くない影響を及ぼすとされている．エピセリウム細胞はパルプ化の途中で破壊される．柔主細胞は樹脂様の内容物を含むので，パルプ中に残った場合にはしみや斑点の原因となる．細胞間道をもつ広葉樹の場合には，中に含まれた内容物がピッチトラブルの原因となることも知られている．大きな道管があると，印刷用の紙の場合には，それが印刷中に紙の表面から離れ落ちて印刷の仕上りを悪くする（ピッキング）．

〔引用文献〕

1)　林業試験場：木材工業ハンドブック．丸善（1972）．
2)　Polge, H.: Study of wood density variation by densitometric analysis of X-ray nagatives of

---

*)　ここでは針葉樹については仮道管の長さ，広葉樹については繊維（真正木繊維，繊維状仮道管）の長さを一括して繊維長としている．

sample taken with a pressler auger. IUFRO-Sect. 41 (1965).

3) 太田貞明：軟X線．デンシトメータによる木材密度の測定．木材工業．**25**, 131 (1970).

4) Echols, R. M.: Wood density interpretation from X-rays of increment cores. IUFRO-Sect. 41 (1971).

5) 大沢正之，宮島寛，東山一男：北海道産ナラ材の材質に関する研究：北大演習林研究報告．**17**, 793 (1955).

6) 北村義重：北海道産主要樹種の全乾材における年輪幅と比重並びに圧縮強との関係について．北海道林試報告．**14**, 1 (1943).

7) Browne, F. L.: Wood properties that affect paint performance. 243, Reinhold (1953).

8) 川村二郎：塗膜割れ．第21回日本木材学会大会研究発表要旨．83 (1971).

9) Bamber, R. K.: Relationship of vessel diameter to Lyctus susceptibility in some New South Wales hardwoods. Research Note 15, Forestry commission of N. S. W., Division of Forest Management (1965).

10) Kelsey, K. E.: A critical review of relationship between the shrinkage and structure of wood. Div. Forest Products Tech. Paper 28 C.S.I.R.O. (1963).

11) Wardrop, A. B.: Morphological factors involved in the pulping and beating of wood fibers. Svensk Papperstidninc. **66**, 1 (1963).

12) Zumaco, I. J., Valbuena, R. R. & Lindyen, C. K.: Fiber morphology. It's role in pulp and paper research F.P.L. (Philippines) (1968).

13) Horn, R. A.: How fiber morphology affects pulp characteristics and properties of paper Chem. 26 paper proceeding. **8**, 39 (1972).

14) Forest Biology Subcommittee No. 2: Pulpwood properties response of processing and peper quality to their variation. Tappi. **43**, 40A (1960).

15) Dinwoodie, J.M.: The anatomical and chemical characteristics of softwood fibers on the properties sulfate pulp. Tappi. **49**, 57 (1966).

16) 香山彊：木材繊維の形態と紙の性質．第23回木材学会大会講演要旨．246 (1973).

10 あ て 材

傾斜地に生育した樹木や，平地に生育しても何らかの原因で傾斜した樹木の幹は図10.1 a，bに示すような偏心生長をしている．このような偏心生長をしている幹や枝において肥大生長が促進された部分はあて材（reaction wood）と呼ばれ，正常材にくらべて組織構造上の相異が著しいばかりでなく，物理的性質や化学的性質も非常に異なっている．あて材はその発達が極めて軽微な場合でも，製材した場合に狂いや強さの低下など重大な影響をもたらすので，木材の利用上大きな欠点とされている．あて材は針葉樹，広葉樹のいずれにも生ずるが，針葉樹のあて材は傾斜した幹や枝の下側，すなわち圧縮側にできるので圧縮あて材（compression wood）と呼ばれ，広葉樹のあて材は針葉樹とは反対に傾斜した幹や枝の上側，すなわち引張側にできるので引張あて材（tension wood）と呼ばれる．あて材を生じた部分は，針葉樹では軸方向に伸長し，広葉樹では軸方向に収縮することによって軸に屈曲をおこさせ，幹の場合には傾きを垂直に，枝の場合にはその樹種固有の角度にもどそうとする生理的意義をもっているといわれている[1)2)3)]．

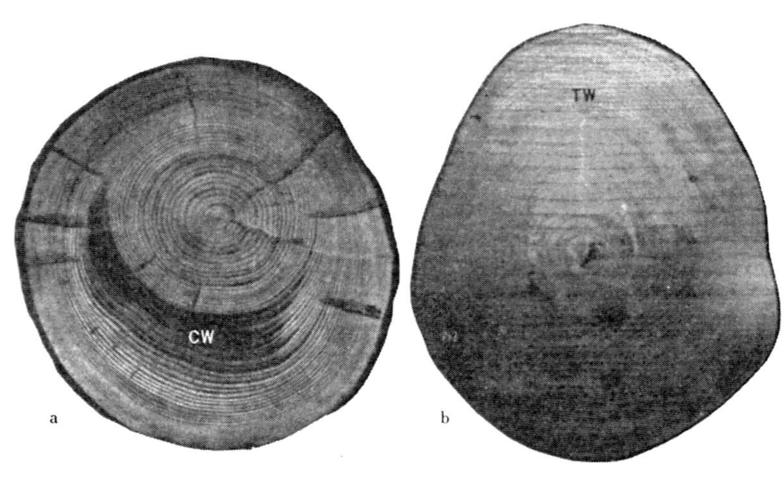

図 10.1 傾斜した幹にできたあて材
（図の下方が傾斜の下側）（林試材質研究室提供）
a．トウヒの圧縮あて材（CW）
b．ブナの引張あて材（TW）

自然状態でのあて材の形成は，重力の方向の移動に刺激されておこる植物自体の自己制御により形成層内のオーキシン，アンティオーキシンの分布のバランスがくずれることに起因すると考えられ，実験的にも例えば針葉樹の苗を倒立した状態で育てると形態学的には枝の上側，すなわち物理的には下側に圧縮あて材ができることや，水平な回転台の周辺部にポットを置いて育てた苗の幹では回転台の外側，すなわち遠心力の働く側に圧縮あて材が形成されることなどが知られている[4)]．一般に圧縮あて材部の形成層のオーキシンレベルは異常に高く，逆に引張あて材部の形成層のオーキシンレベルは異常に低い[5)]．あて材の形成にとって重力の影響はむしろ間接的なものであって，最も直接的には植物ホルモンの偏りがその原因ということができよう．

このことは多くの実験によって確かめられており，例えばNEČESANÝ[5)]はオウシュウアカマツ（*Pinus silvestris*）とヨーロピアン シルバーファー（*Abies pectinata*）の垂直な幹の片側に高濃度のβ-インドール酢酸（IAA）を人為的に与えるとその部分に圧縮あて材が形成されること，ポプラ（*Populus monilifera*）の枝の上側に IAA を塗布するとその部分だけ引張あて材の形成が見られず正常材が形成されることなどを報告している．また，Kennedy ら[6]はアメリカン ホワイトエルム（*Ulmus americana*）の苗にアンティオーキシンとして知られている 2•3•5-triiodobenzoic acid（TIBA）を与えてその部分に引張あて材を形成させることができた．

以上のように針葉樹の圧縮あて材と広葉樹の引張あて材はその現れる側が正反対であり，またその形成にあたって植物ホルモンの関与のしかたもむしろ正反対であるばかりでなく，物理的，化学的性質もまったく対照的である．

10.1 圧縮あて材

10.1.1 圧縮あて材の特徴

圧縮あて材の特徴としては次のようなものがあげられるであろう．

(1) 肉眼的には濃暗褐色を呈し，早材と晩材の区別が明瞭でないことが多く，また両者の区別が見られたとしても晩材部の占める割合が異常に多い．このために俗に英語では“red wood”，ドイツ語では“Rotholz”などと呼ばれる（図 10.1 a）．

あて材はその発達が軽微なものであっても重大な欠点となることは上に述べたが，軽微なあて材を肉眼的に発見することは極めて困難な場合が多い．圧縮あて材は木理の方向への光の透過をさまたげる性質があるので，米国の連邦林産試験場では第 2 次大戦中圧縮あて材を含まない航空機用木材を選抜するためにこの性質を利用したことがある．すなわち，厚さ 3～4 mm の横断切片を強い光の上に置くと圧縮あて材の部分は周囲の正常材の部分にくらべて暗く見えるので，この方法は肉眼的に困難な軽微の圧縮あて材の発見にかなり有効であった．しかしながら，この方法も *Agathis* 属や *Araucaria* 属などの場合には効力を発揮せず[7]，結局圧縮あて材を発見する唯一の確かな方法は現在のところ顕微鏡観察による以外にはない．

(2) 横断切片を観察すると仮道管の横断面は丸味をもち，細胞間げきが多い（図 10.2 a）．このことは晩材部においてとくに著しく，木部母細胞が仮道管に分化す

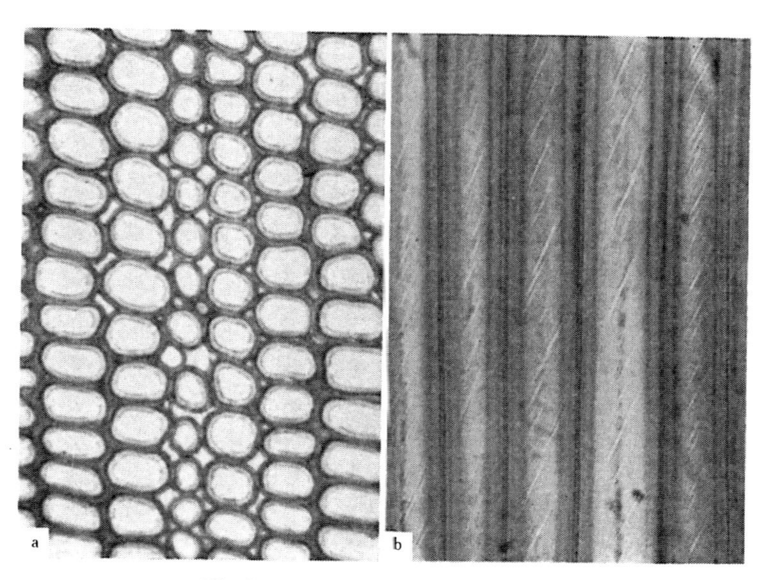

図 10.2 トガサワラの圧縮あて材
a．横断面（200×）
b．放射断面（240×）

る最初の段階からすでにこの特徴が現れてくる．樹種によってはこの細胞間げきがリグニンやペクチン質で満たされている場合もある．

(3) 仮道管壁には多くの場合らせん状の細胞壁の裂目（cell wall check）が認められる（図10.2b；図10.4；図10.5）．

(4) 仮道管の長さは同じような部位における正常材にくらべて10～40%短かい[8)9)]．

(5) 仮道管の先端はL字形に屈曲したり，T字形あるいはY字形に分岐するものが多い．

(6) 仮道管の壁孔は早材・晩材を通じてレンズ状ないしスリット状の輪出孔口をもつ．この性質は仮道管相互の壁孔だけでなく，放射柔細胞との間の分野壁孔においても同様であり，したがってあて材部の分野壁孔は樹種識別の指標にはなりえない（p.124参照）．

(7) 軸方向の収縮が異常に著しいが，放射方向，接線方向の収縮は正常材にくらべてむしろ少ない[8)]．軸方向の収縮率が異常に大きいため，正常材と圧縮あて材が混在すれば柱や板の反り，狂い，割れなどの原因となる．

(8) 正常材にくらべて比重，硬さ，縦圧縮強さは大であるが，引張強さは著しく小さい．圧縮，引張りおよび曲げのヤング係数はいずれも著しく小さい[8)]．

(9) 化学的にはリグニンが多く，セルロースが少ない．

10.1.2 圧縮あて材の仮道管壁

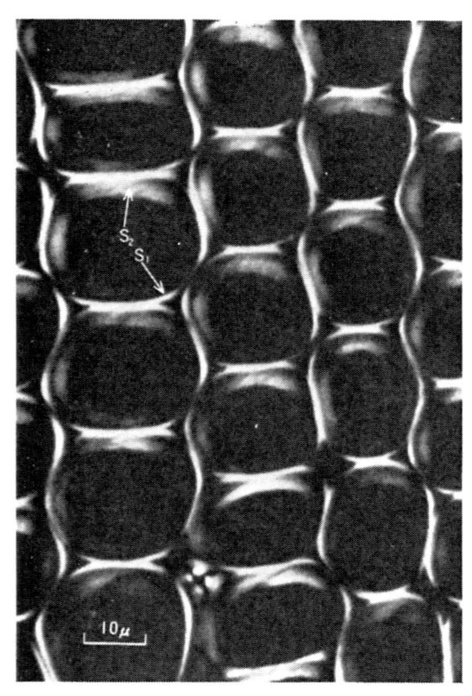

図 10.3 スギの圧縮あて材仮道管の横断面（偏光顕微鏡写真）　（藤田稔氏提供）
S_1は強く，S_2は弱く光っている．

圧縮あて材仮道管の横断面を偏光顕微鏡の十字ニコル下で観察すると，二次壁に2層が区別される（図10.3）．外側の強い複屈折を示す層はS_1で，内側の弱い複屈折を示す層はS_2である．このことは電子顕微鏡観察からも確かめられた（図10.4）．すなわち，圧縮あて材仮道管の壁層構成はP，S_1，S_2からなりS_3を欠くこと，およびS_2のミクロフィブリル傾角は45°と大きいことの2点において正常材仮道管と異なっている．またS_2にはらせん状に走る裂目が存在しているが，これはS_2のミクロフィブリル配列と一致している．S_2のミクロフィブリル傾角がほぼ45°と正常材仮道管壁のS_2にくらべて大きいことが，圧縮あて材の軸方向の収縮を正常材の10倍程度も大きくしている主要な原因であると説明されている．

S_2に存在するらせん状の裂目が本来固有のものであるか，それとも正常材の晩材仮道管壁にときどき見られる裂目のように生材が乾燥される過程で生じたものかについて疑問がもたれた．これに関して，この裂目は細胞壁に固有のもので細胞壁形成の

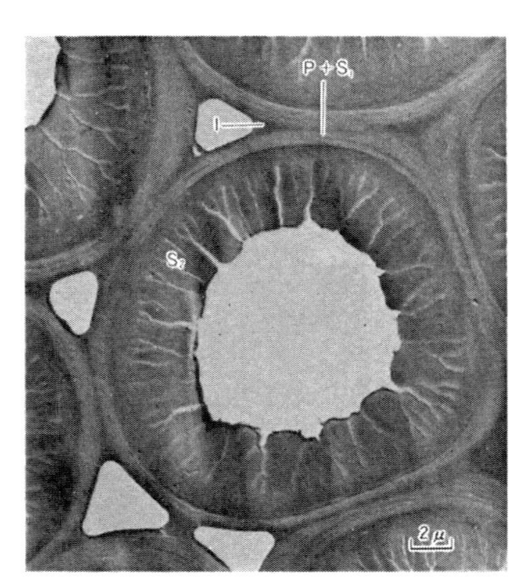

図 10.4 タマラック (*Larix laricina*) の圧縮あて材仮道管の横断面 (Côté ら[12])

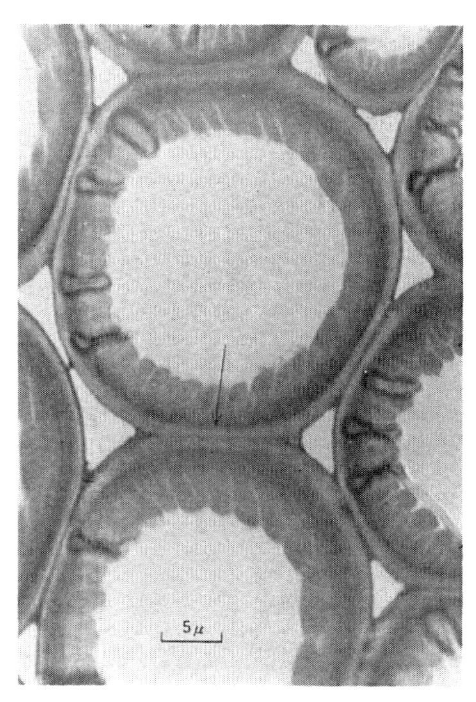

図 10.5 スギの圧縮あて材仮道管の横断面（紫外線顕微鏡写真）（藤田稔氏提供）
矢印は S_1 の内側のリグニンが多い部分を示す.

際につくられたものであることが次の２つの根拠から説明されている. その１つは例えばアカマツ, スギなどの正常材の仮道管壁では S_3 をおおっていぼ状層が存在しているが, これらの樹種のあて材仮道管壁においても S_2 をおおっていぼ状層が認められ, しかもいぼ状層は S_2 に存在する裂目の奥深くまで入りこんでその表面をおおっていることである[10]. その２つは, 圧縮あて材仮道管の二次壁の形成過程を電子顕微鏡レベルで細胞学的に研究したところ, S_2 は形成の初期からの細胞壁の不均一な肥厚によってつくられることが, 原形質膜が裂目深くまで入りこんで形成中の S_2 をおおって存在することとともに明らかになった[11].

圧縮あて材は正常材にくらべてリグニンが多くセルロースが少ないといわれているが, 圧縮あて材仮道管の横断面を紫外線顕微鏡で観察すると, 吸収の著しい部分が S_1 のすぐ内側にあることが認められた[12] (図 10.5). このことは脱多糖類処理をした超薄切片の電子顕微鏡観察からも確認された[13]. この点もまた圧縮あて材仮道管壁の特徴である.

10.2 引 張 あ て 材

10.2.1 引張あて材の特徴

引張あて材の部分は正常材にくらべて淡色であり, 材面に塩化亜鉛ヨード液を塗るとその部分だけ紫色になる. この部分の組織上の特徴はゼラチン繊維 (gelatinous fiber) の存在である. ゼラチン繊維の細胞壁には木化していないゼラチン層 (gelatinous layer) あるいはG層と呼ばれる特

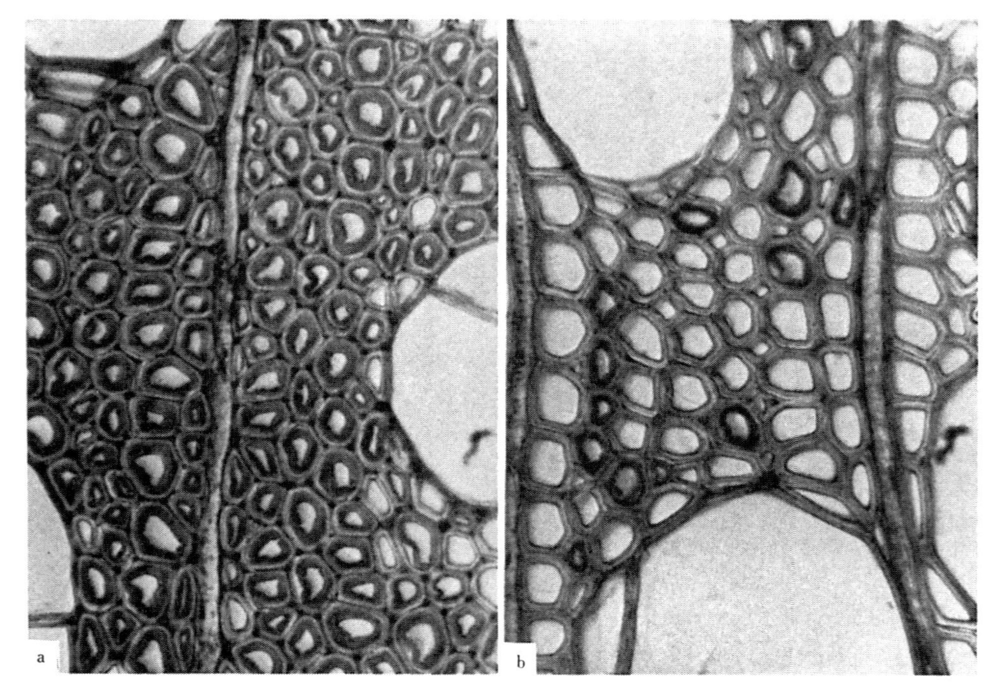

図 10.6　ポプラ（*Populus euramericana*）の引張あて材の横断面（180×）
a．強度のあて材部　　b．軽微なあて材部

殊な層が存在している点で正常な木部繊維と異なる（図 10.6 a, b）．引張あて材の材質の特殊性としては次のようなものがあげられるが，これらはすべてこのＧ層の存在に起因するといっても過言ではない．

(1)　Ｇ層の発達とともに細胞壁が厚くなり，かつ道管の出現率もとぼしい傾向があるために，孔げき量がとぼしく容積重は大きい．

(2)　含水率は生材では大きいが，乾燥しやすく，乾燥したものは吸湿性にとぼしい．

(3)　接線面における水分の透過性は小さい．

(4)　乾燥に伴う収縮は軸方向および接線方向に著しい．

(5)　生材内において軸方向に引張応力をもっており，組織を分離すると収縮する．

(6)　圧縮強さは比重が大きいわりに小さい．

(7)　引張強さはかなり大きい．

(8)　鉋削面が毛羽立ち，鋸断にも困難を伴う．

(9)　化学的にはリグニンが少なく，セルロースおよびペントザンに富む．

図 10.7 a はポプラ（*Populus euramericana*）の幹の横断面であるが，矢印の部分に三日月形の淡色の引張あて材部が見られる．同図 b は a の引張あて材部を含んだマッチ軸木用のベニヤで，引張あて材が木材利用上大きな欠点となるひとつの例として示した．３個所に割れが出ているが，この割れはちょうど同図 a の引張あて材部に一致しており，明らかに引張あて材が原因となってできたものであって，引張あて材を含む丸太をベニヤに剝いた場合にこのようなトラブルがおこること

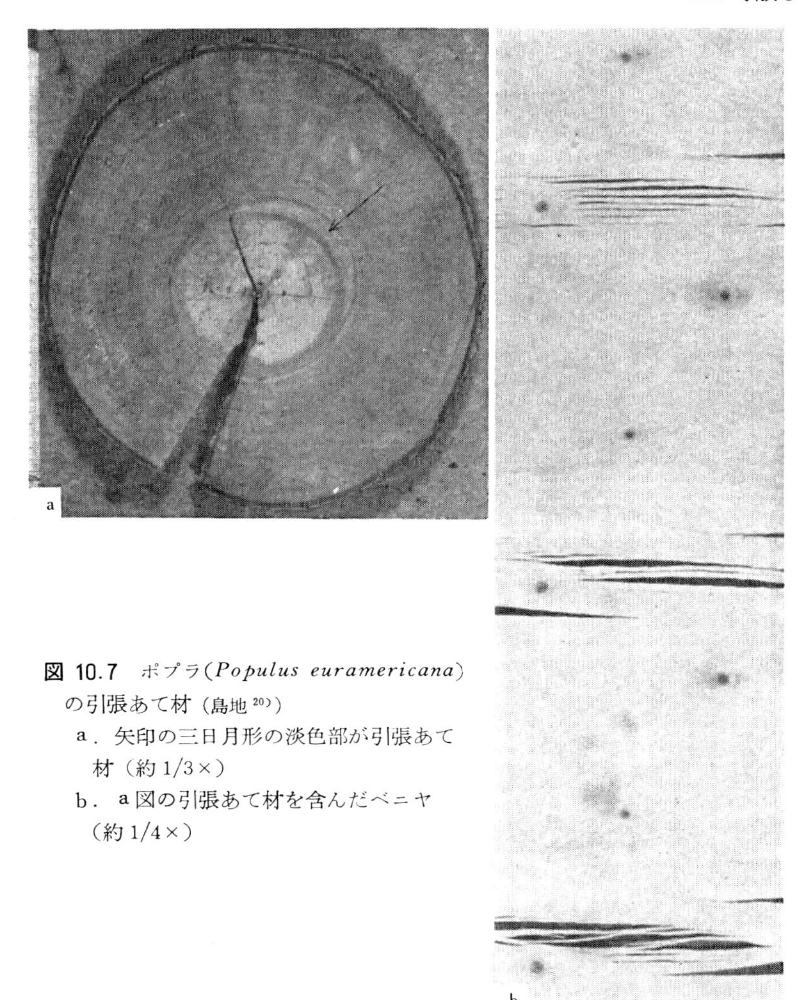

図 10.7 ポプラ(*Populus euramericana*)の引張あて材（島地[20]）
a．矢印の三日月形の淡色部が引張あて材（約 1/3×）
b．a 図の引張あて材を含んだベニヤ（約 1/4×）

は，上記(2)，(4)，(5)などの性質から当然予想されるケースである．

10.2.2 引張あて材のゼラチン繊維壁

正常材の木部繊維壁は P, S_1, S_2 および S_3 から構成されているのにくらべて，引張あて材のゼラチン繊維壁には二次壁の最内部にゼラチン層という正常材にに見られない特異な層が存在している（図 10.8）．ゼラチン層はGの記号で示されることが多い．Gは木化せずセルロースに富んでいることは顕微化学法や紫外線顕微鏡による観察から示されていたが，NORBERGら[14]の研究で確認された．これはアスペン（***Populus tremula***）の引張あて材のゼラチン繊維からGだけを集めてペーパークロマトグラフィーにより分析したもので，グルコース 93.5％，キシロース 1.5％の値を得ている．また赤外分光分析法によって研究した結果によると，Gにはリグニンは存在しないこと，キシランは存在するがその量は極めて少ないこと，および高い結晶性をもつセルロースからなることが明らかにされている[15]．

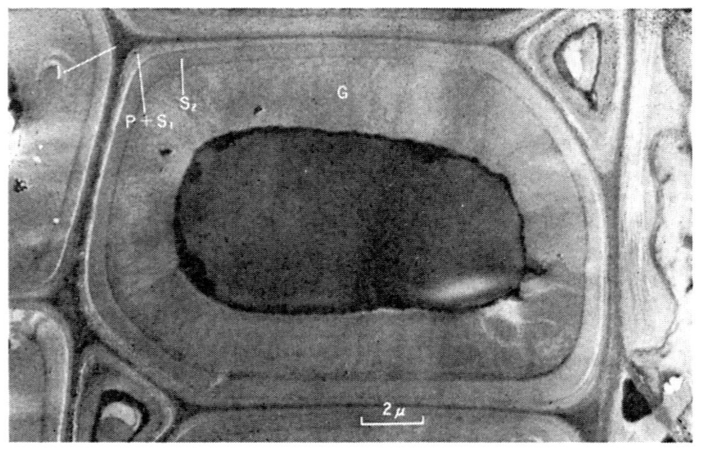

図 10.8　ポプラ（*Populus euramericana*）の引張あて材のゼラチン繊維の横断面（奥村正悟氏提供）

表 10.1　引張あて材のゼラチン繊維二次壁の層構成（佐伯ら[19]）

樹　　種	二 次 壁 の 層 構 成
ブナ科	
ブ　　　ナ	S_1+S_2+G
コ　ナ　ラ	S_1+S_2+G
ク　　　リ	S_1+S_2+G
ニレ科	
ア キ ニ レ	S_1+S_2+G
ケ　ヤ　キ	S_1+S_2+G
エ　ノ　キ	$S_1+S_2+(S_3)+G$ および S_1+S_2+G
ム ク ノ キ	S_1+S_2+G
カツラ科	
カ　ツ　ラ	S_1+G および S_1+S_2+G
モクレン科	
ユ リ ノ キ	$S_1+S_2+S_3$
マメ科	
ハリエンジュ	S_1+S_2+G
トチノキ科	
ト チ ノ キ	S_1+S_2+G
モクセイ科	
ト ネ リ コ	S_1+G

ポプラ（*Populas euramericana*）のゼラチン繊維のGにおけるセルロースの結晶領域の幅および結晶化度をX線回折法により求め，正常材のそれと比較してみると，結晶領域の幅は正常材で27Åに対してGでは37Å，また結晶化度は正常材で50％に対してGでは60％といずれもGの方が大きいが，これは上記の赤外分光分析の結果とも一致する．なお，Gではミクロフィブリル相互間の平行度は正常材の二次壁のいずれの層に比較しても最も良く，またミクロフィブリル傾角はほぼ0°に近い．このことがゼラチン層にスリッププレーン（slip plane）がおこりやすい原因となるものと推定される．

正常材の繊維では S_2 が細胞壁中の最厚層であるのに対して，引張あて材のゼラチン繊維ではGが最厚層である．Wardrop ら[16]は引張あて材繊維の壁層構造を詳細に検討し，二次壁中でのGと S_1，S_2，S_3 との関係について，S_1+G，S_1+S_2+G，$S_1+S_2+S_3+G$ の3つの基本的なタイプがあることを見い出した．しかしながらこれらのタイプの現れ方については，例えば早材部では S_1+G のタイプであるが晩材部では S_1+S_2+G のタイプが現れる[16]とか，ひとつの樹種に3つのタイプがすべて現れる[17]とか，幹の傾斜角度の違いによって同一樹種でも異なったタイプのものが現れる[18]とかいうように，極めて多様であって，樹種の特徴を示すとは考えられない．佐伯ら[19]は京都市周辺で採取した12種の引張あて材のゼラチン繊維の二次壁の構成について調べ，表10.1の結果を得ている．

Norberg ら[14]は引張あて材の軸方向の収縮率が1％程度と意外に大きいことについて納得できる解釈を得るために，アスペン（*Populus*）のゼラチン繊維壁の構造を詳細に調べた．アスペンのゼラチン繊維の二次壁の構成はすべて S_1+S_2+G であるが，まず生材から20μm厚前後の横断(木口)切片を多数つくり，これを超音波で処理してからGだけを集め，これらの水による膨潤時と乾燥時との幅を比較した．そしてGの幅方向の収縮率が15〜25％も高く，長さ方向に極めて小であることを確認した．しかし，このGの収縮率から引張あて材の軸方向の収縮率が大きいことを説明することはできないので，S_1 と S_2 との構造に着目し，偏光顕微鏡を用いて横断切片における複屈折を調べ，S_1 だけでなく S_2 においてもそのミクロフィブリルが正常材の繊維の S_2 にくらべてよりフラットならせんで配列していることを見い出した．そして引張あて材の軸方向の収縮が大きいのは S_2 のミクロフィブリル傾角が正常材の繊維の S_2 よりかなり大きいことが原因であって，Gは乾燥によって容易に S_2 から分離するので収縮には関与しないものと考えている．

〔引 用 文 献〕

1) Sinnott, E. W.: Reaction wood and the regulation of tree form. Am. J. Bot. **39**, 69 (1952).

2) Westing, A. H.: Formation and function of compression wood in gymnosperms, I. Bot. Rev. **31**, 381 (1965).

3) Westing, A. H: Compression wood in the regulation of branch angle in gymnosperms. Bull. Torrey Bot. Club. **92**, 62 (1965).

4) Wershing, H. F. & Bailey, I. W.: Seedlings as experimental material in the study of "red wood" in conifers. J. Forest. **40**, 411 (1942).

5) Nečesaný, V.: Effect of β-indoleacetic acid on the formation of reaction wood. Phyton. **11**, 117 (1942).

6) Kennedy, R. W. & Farrar, J. L.: Induction of tension wood with the anti-auxin 2, 3, 5-triiodobenzoic acid. Nature. **208**, 406 (1965).

7) Dadswell, H. E. & Wardrop, A. B.: What is reaction wood? Aust. Forest. **13**, 22 (1949).

8) 尾中文彦：アテの研究．木材研究．**1**，1 (1949).

9) Wardrop, A. B. & Dadswell, H. E.: The nature of reaction wood, II. The cell wall organization of compression wood tracheids. Aust. J. Sci. Rec. Ser. B, Biol. Sci. **3**, 1 (1950).

10) 原田浩，宮崎幸男，若島妙子：木材の細胞膜構造の電子顕微鏡的研究．林試研報．**104**，1 (1958).

11) 藤田稔，佐伯浩，原田浩：圧縮アテ材仮道管の二次壁の形成——らせん状のうねと裂目について——．京大演報．**45**，192 (1973).

12) Côté, W. A. Jr., Timell, T. E. & Zabel, R. A.: Studies on compression wood, I. Distribution of lignin in compression wood of red spruce (*Picea rubens* Sarg.). Holz als Roh- und Werkstoff. **24**, 432 (1966).

13) 藤田稔，佐伯浩，原田浩：(未印刷).

14) Norberg, P. H. & Meier, H.: Physical and chemical properties of the gelatinous layer in tension wood fibers of aspen. Holzforschung. **20**, 174 (1966).

15) 原田浩，谷口髞，喜志暁雄：*Populus euramericana* の引張あて材のゼラチン層の構造．京大演報．**42**，221 (1971).

16) Wardrop, A. B. & Dadswell, H. E.: The nature of reaction wood, IV. Variations in cell wall organization of tension wood fibers. Aust. J. Bot. **3**, 177 (1955).

17) Roberds, A. W.: The xylem fibers of *Salix fragilis* L. J. Royal Microscop. Soc. **87**, 329 (1966).

18) Manwiller, F. G.: Tension wood anatomy of silver maple. For. Prod. J. **17**, 43 (1967).

19) 佐伯浩，小野克巳：引張あて材のゼラチン繊維の細胞壁構成．京大演報．**42**，210 (1971).

20) 島地謙：ポプラのあて材．ポプラ．**19**，2 (1963).

11 欠　　点

いうまでもなく木材は生物体である樹木からの生産物である．したがって針葉樹あるいは広葉樹の違い，ある樹種であるため，さらに生育環境の違いなどによって多少とも特有の形態をもつ．また，生物であるために，他の生物の被害をうけて生ずる傷，生育中における自然現象の影響によって生ずる傷などをうけている．これらを含めて木材の材料的な価値を低めているものを欠点(defects）と呼んでいる．また，人間の手の加わった林からの樹木である場合などには，育林的な処理（枝打ち，間伐など）の影響も，生長の良否とは別に，欠点の現れ方に影響をもってくる．

11.1 元来もっている欠点

11.1.1 節

元来非常に幼令のときを除いて，まったく枝をもっていない樹木はない．たとえ大型の高木で，外観的には幹の外部にまったく枝の痕跡のないような場合でも，内部には必ずかつての枝が包みこまれている．この幹の中に残った枝が節(knot)である．この節は大きく生節（live knot）と死節(dead knot)に分けられる．前者は枝がまだ生きている状態のときのものである．したがって周囲の組織とのつながりがある．後者は枯れた枝が包みこまれた状態にあるものである．したがって周囲の組織との間のつながりはない．この死節を製材にしたりすると，しばしば材から抜け落ちてしまい，いわゆる抜け節となる．この節が腐朽している場合には腐れ節と呼ぶ．また，ごく細かい節(pin knot）が集合して存在する場合は葉節と呼ぶ．節の存在は一般的には木材の化粧的な価値を落すことになるし，また木材を構造用材料と考えたときには強さを低減する因子のひとつとなる．

11.1.2 根　も　く

幹の基部では根張りの影響で，木理は通直でなく不斉になっている．このような部分から製材をとると木理が乱れている．したがって強さはもちろん，樹種によって根もくが化粧用として高く評価されるような特殊な場合を除いて，一般的には化粧的な意味からも低く評価される．

11.1.3 らせん木理（旋回木理）(p.108参照)

著しいらせん木理（spiral grain）の存在する樹種は，これがねじれ，曲り，割れなどの発生原因のひとつとなる．

11.1.4 交錯木理 (p.108参照).

11.1.5 ぜい(脆)心材(ブリットルハート)

ぜい心材(brittle heart)は熱帯産の樹木だけ*)に認められる特徴のひとつである．チェインソーなどで玉切った丸太の断面を見ると，中央の部分に光沢のない，毛羽立った部分が認められる(図 11.1)．この部分の木材は他の部分に比較して脆(もろ)くなっている．この部分から小さな材片をとって折ると，正常であれば折れた部分が多かれ少なかれささくれだつのに，折れた部分の断面が平面に近いようになる．このような木材の接線面を見ると，しばしばもめ(ちょうど圧縮強さの試験で荷重を徐々に増加していくと，材面にしわができるようになるが(図 11.4 参照)，これと同じような状態になる)が認められる．このような部分の顕微鏡写真をとると図11.2に示すように細胞壁に割れが入っていることがわかる．このような木材をパルプ化すると，この部分で細胞が切れてしまうので，完全な形をした繊維が非常に少なくなってくる．

図 11.1 レッドラワン(*Shorea negrosensis*)の丸太の断面．中央(径の約1/3)の毛羽立っている部分がぜい心材(須川豊伸氏提供)

ぜい心材がなぜできるのかはまだはっきりとは知られていない．樹木が生育しているときには樹体内に応力が生じ，それが長期間存在するために，木材に破壊がおきるからであると説明されることが多い．この生長応力は，軸方向の応力を例にすれば樹心部で圧縮応力が最も高く，それが周辺部にゆくにしたがって減少し，ある点では零になり，さらにその外側へゆくと今度はそれが引張応力と変ることが知られている[1](図 11.3)．一方，このぜい心材の出現する木材は，多くの場合丸太の中心部から外側へ向って比重が急激に上昇していくものが多いが，比重が高く中心部から外側へ向って比重がほぼ安定している樹種には例が少ないようであるし，また出現しても著しくないことが多いようである．このことが生長応力と十分関係づけられれば，ぜい心材の発生しやすさ，あるいは，しにくさと結びつけて考えやすくなる．いずれにしても樹種に深い関連があるといえる．

この内部応力は熱帯産以外の樹木にも存在するし，また熱帯の同じ林に隣接して生育していても，ぜい心材のできない樹種が多数ある．解明には生長応力，ぜい心材，比重の変動などについて多くの実幹の例の調査も必要で，それなしでは十分説明のできない点が少なくない．また化学変化が樹中央部におこり，それが原因となって細胞壁に損傷ができるとする考え方もある[2]． 1本の樹幹の

---

*) 脆心材が温帯産材にも出現するという意見もある(Burgess, 1960[6])

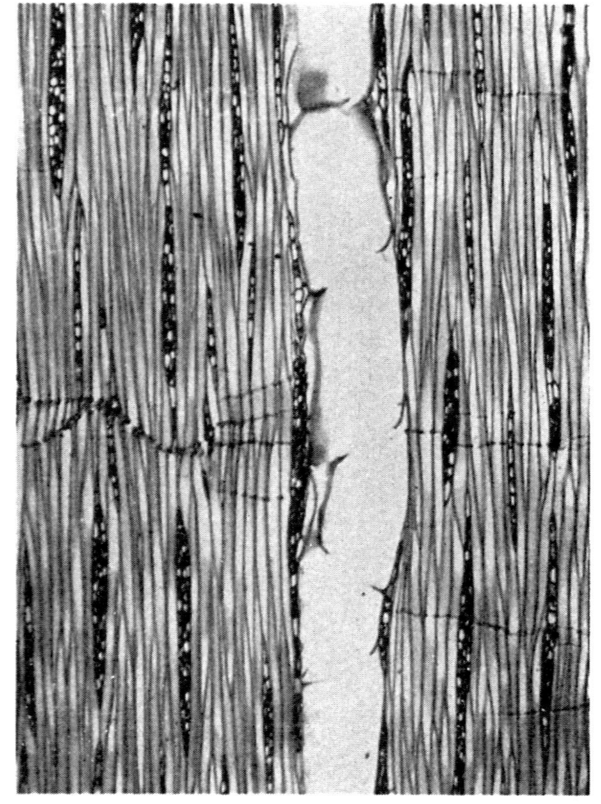

図 11.2 レッドラワン（*Shorea negrosensis*）のぜい心部に認められる圧縮破壊線（56×）（須川豊伸氏提供）

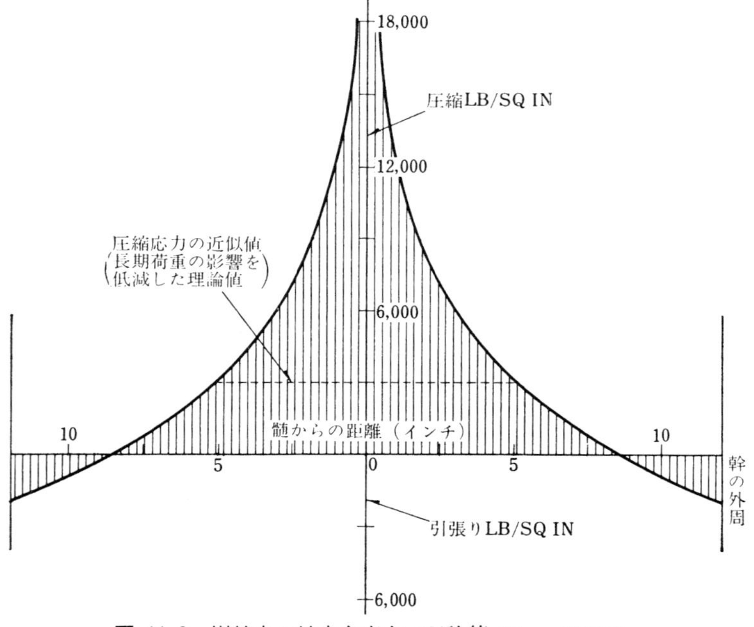

図 11.3 樹幹内の軸方向応力の理論値（Boyd 原図[1]）

中でぜい心材は根際部分から上に向って減少してゆくので円錐形を示している．

フタバガキ科[3]の樹種の丸太に出現したぜい心材の量が示されているが，樹種による違いがあるのが興味を引く．ぜい心材の場合，ハワイ産のユーカリの例では靱性が正常材の 26.6〜29 %[4][5] とされているように，一般に靱性が非常に低くなる．

このような木材を構造用に用いると破壊しやすいので，ときには危険なこともありうる．パンキーハート，パンキー，スポンジーハート，ソフトハートなど種々の名前が市場で用いられているが，他に同じような言葉があったり，不正確であったりするので，ぜい心材あるいはブリットルハートを用いるのが最も適当である．

11.1.6 ぬ か 目

環孔材で非常に年輪幅が狭いと，木材の比重は低くなり木材が脆くなる．このような木材をぬか目材と呼ぶ．ミズナラ（*Quercus*），セン（*Kalopanax*）などのとくに老年になった場合にしばしば認められる．ヌカナラあるいはヌカセンなどと呼ばれる．

11.1.7 ぜい弱材

非常に比重が低かったり（環孔材で年輪幅が非常に狭く，強度のぬか目材である場合，針葉樹材でも年輪幅が非常に狭い場合など），もめ(p. 228)が多い場合，熱帯材でぜい心材である場合などで，非常に木材が脆くなっ

表 11.1 フィリピン材に認められるぜい心材の丸太断面に対する比率[3)]

樹種	学名	産地	丸太の直径 cm			欠点の %		
			元口	末口	平均	元口	末口	平均
アピトン	*Dipterocarpus grandiflorus* Blco.	ケソン	75.00	—	75.99	3.00	—	3.00
アフ	*Anisoptera brunnea* Foxw.	カガヤン	80.20	76.80	78.50	3.14	4.70	3.92
アルモン	*Shorea almon* Foxw.	ケソン	100.00	—	85.00	8.00	—	5.50
			70.00			3.00		
ギホー	*Shorea guiso* (Blco.) Bl.	ラグナ	55.00	—	55.00	0.46	—	0.46
シックリーブドナリグ	*Vatica pachyphylla* Merr.	ラグナ	60.00	45.07	52.50	1.00	1.00	1.00
ダガン	*Anisoptera aurea* Foxw.	ラグナ	80.00	—	80.00	0.96	—	0.96
タンギール	*Shorea polysperma* (Blco.) Merr.	アグサン	65.00	—	67.50	10.88	—	12.25
			70.00			13.62		12.77
		カガヤン	77.25	69.50	73.38	10.27	16.30	13.29
バクチカン	*Parashorea plicata* Brandis	アグサン	65.00	—	67.50	5.96	—	5.46
			70.00			4.95		
パナウ	*Dipterocarpus gracilis* Bl.	ラグナ	50.00	—	50.00	0.34	—	0.34
ブロードウィングドアピトン	*Dipterocarpus speciosus* Brandis	ケソン	60.00	—	60.00	1.00	—	1.00
ホワイトラワン	*Pentacme contorta* Merr. & Rolfe	ラグナ	60.00	—	60.00	12.10	—	12.10
マヤピス	*Shorea squamata* (Turcz.) Dyer	ケソン	65.00	—	65.00	16.00	—	16.00
マラアノナン	*Shorea polita* Vidal	カガヤン	103.30	65.60	84.45	2.45	7.87	5.16
マラパナウ	*Dipterocarpus kerrii* King	カガヤン	66.75	54.55	60.65	5.47	7.71	6.59
マンガシノロ	*Shorea philippinensis* Brandis	カガヤン	75.20	65.90	70.55	24.21	28.90	26.50
マンガチャプイ	*Hopea acuminata* Merr.	ケソン	65.00	55.00	60.00	6.00	1.00	3.50
レッドラワン	*Shorea negrosensis* Foxw.	カガヤン	93.25	92.00	92.63	13.89	11.62	12.76

ている場合の総称で，ブラッシュウッド（brash wood）に相当する木材である．このぜい弱材の最も一般的な原因として，1）低比重（広葉樹材で繊維の比率が平均より低い，細胞壁の厚さの減少，未成熟材，腐朽の存在），2）含水率および温度，3）木材の構造の変化，4）化学的組成の変化，5）圧縮による損傷の存在（ぜい心材，もめの存在：用材における過荷重，疲労），などが指摘されている[7)]．

11.1.8 木材中に認められる鉱物質

すでに述べたように軸方向柔細胞，放射柔細胞，その他の細胞の中にしゅう酸石灰の結晶が種々の形で認められるが，これらとは別に，材中の割れ目にかなり大量の鉱物質（mineral deposit）が含まれていることがある．典型的な例としてはストーンと呼ばれるものであるが，これは大きな炭酸石灰の塊が材中に認められるもので，イロコ（*Chlorophora excelsa*）および，ドーシィ（*Afzelia africana*）などに知られている[8)]．これらは木材の加工にあたって大きな欠点となる．またイーストインディアンローズウッド（*Dalbergia latifolic*）の心割れにも炭酸石灰の集積が認められる．その他熱帯材の中に同じような鉱物質の集積の認められるものがある．

11.1.9 あ て 材

あて材については10章（p.216）に述べた．

11.2 外的な条件による欠点

11.2.1 も　　め

図 11.4 材面に認められるもめ
トドマツ（*Abies sachalinensis*）
（林試材質研究室提供）

強風，あるいは積雪，あるいは軸方向の生長応力などによって，折れてはいないがちょうど圧縮強さの試験をおこなったときに試験片の破壊の初期に認められるような破壊がおこることがある．これをもめ（compression failure）という．生立木のもめの部分は発生後新しい組織でおおわれたり，樹心部に存在したりするので，外側からは認め難い．放射断面ではもめの部分の外側にそれをおおうようにしてあて材様の組織が認められることが多い．接線断面（とくに仕上げをした面）では，斜めに光線を当てるとしわのような状態で認めることができる（図11.4）．このような状態では細胞が破壊されているわけであるから，木材の強さは低下する．

11.2.2 目 回 り

目回り（shake）は生長輪に沿った割れで，生立時に強風をうけたりしたときに生じやすい（図11.5）．

図 11.5 目回り
トドマツ（*Abies sachalinensis*）
（林試材質研究室提供）

11.2.3 やにつぼ・やにすじ

木部にレンズ状の断面をもった細胞間げきに樹脂がたまったものがやにつぼ(pitch pocket)で，樹脂が集積してすじ状になったものがやにすじ(pitch streak）である，前者はトウヒ，カラマツ，トガサワラ，マツなどに出，後者はスギ，ヒノキ，サワラ，アスナロ，モミ，トドマツなどに出る．

11.2.4 かなすじ

緑色を帯びた黒色などを示すレンズ形の変色部分をかなすじ（mineral streak）という．炭酸塩と結びついた金属が含まれているとされている．このことがかなすじの語源となっているのであろう．原因としては小さな傷の存在，あるいはバクテリアなどの作用も考えられよう．イタヤカエデ（*Acer*），ドロノキ（*Populus*）などに知られている．

11.2.5 傷害柔組織

形成層に与えられた傷害のために形成された柔組織（traumatic parenchyma）で，構成細胞の形，大きさは不規則で，配列も乱れている．霜害によるもの，虫害によるもの（ピスフレック）などがある（図 11.6）．

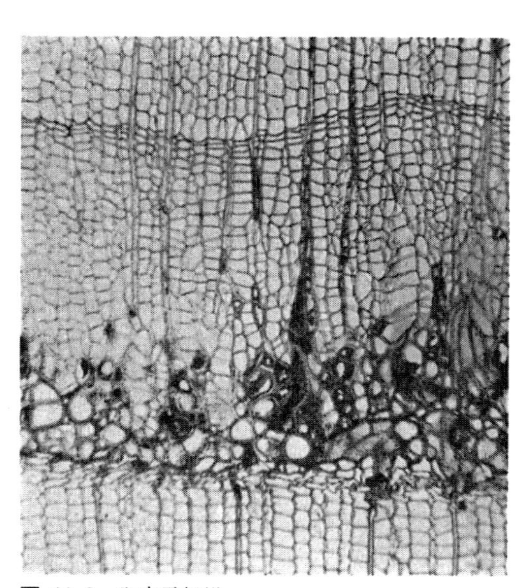

図 11.6 傷害柔組織
トドマツ（*Abies sachalinensis*）（Ca. 160×）
（林試材質研究室提供）

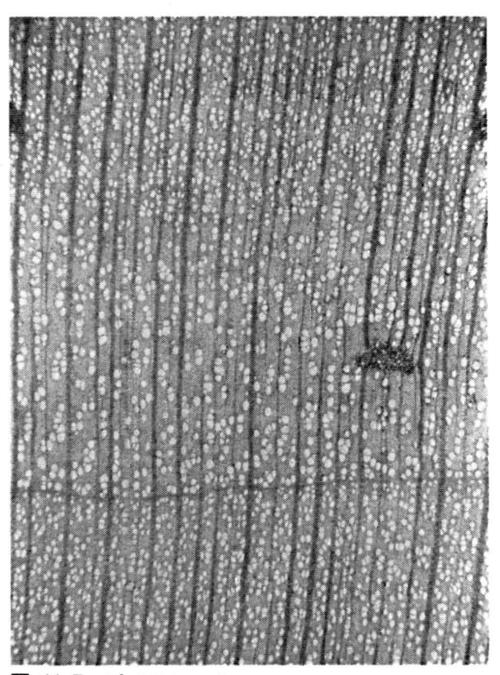

図 11.7 ピスフレック
ヤマザクラ（*Prunus jamasakura*）（Ca. 16×）

11.2.6 ピスフレック

虫によって形成層が害をうけて，そのために材面に形成された傷害組織をピスフレック（pith fleck）（図 11.7）という．一般に材面より濃色のすじとして縦断面で認められ，横断面では接線方向に長いすじとなっている．ずい(髄)斑という言葉で呼ばれていたことがある．カエデ類(*Acer*)，サクラ類（*Prunus*），ハンノキ（*Alnus*），シラカンバ（*Betula*）などによく認められる．

11.2.7 み み ず

ピスフレックと同じような原因で形成されても，その現れ方が目立つようなものであると，例えばラワンあるいはメランチなどに認められる〝みみず〟のように特殊な名がつけられている．これはもちろん，みみずの害をうけたのではなく，その外傷による組織が，合板のような接線断面の大きく出るような切断の場合に，ちょうどみみずがはったような形で認められるものである（図 11.8）．このほかにも同じような原因でおきて，その形が異なるために種々の異なった名がつけられていることがある．

図 11.8　みみず
メランチ（*Shorea* sp.）のロータリー単板

11.2.8 入　　皮

形成層を含む部分が，種々の外傷をうけて傷害組織が形成され，その中に樹皮が巻こまれて材中に認められるものを入皮（いりかわ）(bark pocket) という．小さい場合には，一見変色としか見えないこともあるが，大きい場合には広い範囲にわたって組織が乱れたり，ときにはかなり大きな空げきを伴っていることもある（図 11.9）．

図 11.9　入　皮
トドマツ（*Abies sachalinensis*）
（林試材質研究室提供）

11.2.9 水 喰 い 材

通常含水率の低い心材をもつ樹種が，何らかの原因（バクテリアの侵入も含めて）で辺材部よりも含水率の高い心材をもつことがある．これを水喰い材 (wetwood) という．含水率が高いとバクテリアが活動し，そのため臭気を出すようになる．これがあると乾燥の際，木材に割れや落込みをおこす原因となる．次に述べる霜割れの原因のひとつであるとも考えられる．モミ類（*Abies*），アスペン（*Populus*）などに知られている．

11.2.10 霜 割 れ

図 11.10 霜割れ
トドマツ (*Abies sachalinensis*)
(林試材質研究室提供)

寒冷地に生育する樹木に見られるもので，幹に含まれる水が凍結し，その膨張によって軸方向の割れができる．これを霜割れ(frost crack)という．それをおおって傷害組織ができるためにその部分が隆起することが多い．そのようなものを霜腫(しもば)れあるいはへび下りと呼ぶ．このために大きな入皮が形成され（図 11.10），変色はもちろん，さらに進んで腐朽の原因ともなる．

11.2.11 悪 臭 の 発 生

かつて日本産材だけを用いていた頃には，木材の悪臭について見たり聞いたりすることは特別の場合を除いて少なかったことであるが，最近熱帯材が輸入されるようになって多く見られるようになった．とくに淡色の樹種におきることが多い．これは木材の中（放射組織，柔組織など）に含まれる澱粉が，嫌気性のバクテリアによって醗酵し，臭気をもつ物質(揮発性の脂肪酸)をつくるようになるためにおきるので，澱粉の量の多い樹種の丸太に高い湿度と高い温度が与えられるとこの現象がおきるとされている[10]．ラミン(***Gonystylus***)，アンベロイ(***Pterocymbium***)，ビヌアン (***Octomeles***)，アルトカルプス (***Artocarpus***) などが良い例である．

〔引 用 文 献〕

1) Boyd, J. D.: Tree growth stresses. Ⅲ The development of shakes and other visual failures in timber. Aust. J. Appl. Sci., **1**, 296 (1950).
2) Stewart, C. M.: The chemistry of secondary growth. For. Products Tech. Paper 43, C.S.I.R.O. Aust. (1966).
3) F.P.R.I. of Philippines: Brash center or “brittleheart” F.P.R.I. Technical Note. **66** (1965).
4) Skolmen, R. G. & Gerhards, C. C.: Brittleheart in Eucalyptus robusta grown in Hawaii. F.P.J., **14**, 549 (1964).
5) Skolmen, R. G.: Characteristics and amount of brittleheart in Hawaii-grown robusta eucalyptus. Wood Science. **6**, 22 (1973).
6) Burgess, H. J: Some notes on brittle heart and possibility of using it as structural material. Research Pamphlet No. 28, Forest Res. Inst,. Forest Dept. Federation of Malaya. 1 (1960).
7) Dinwoodie, J. M.: Brashness in timber and its significance. Jour. Inst. Wood Sci. **51**, 3 (1971).
8) Sandermann, W., Braun, D. & Augustin, H.: Über ungewöhnliche mineralische Einlagerungen in tpopischen Baumarten. Holz als Roh- und Werkstoff. **23**, 87 (1965).

9) 三好東一，島倉已三郎：木材の瑕瑾に就て．日林誌．**16**，148 (1933).
10) ZINKEL, D. F., WARD, J. C. & KUKACHKA, B. F.: Odor problems from some plywoods. F. P. J., **19**, 12, 60 (1969).

12　樹 皮 の 組 織

12.1　樹皮の組織構成

樹木の幹，枝，根の二次木部円柱体の外側をさや状に包む全組織，すなわち維管束形成層の外側にある全組織を包括して樹皮（bark）と呼ぶ（図3.1参照）．樹皮を構成する組織は年数を経るにつれて異なっており，二次肥大生長を始めたばかりの極めて若い茎においては，樹皮は外側から順に表皮（epidermis），皮層（cortex），一次師部（primary phloem）など頂端分裂組織起原の一次組織と，維管束形成層起原の二次師部からなる（図3.3，e–e参照）．

一般に表皮細胞の細胞壁は極めて厚く，かつ多少ともキチン質に富み，内部の生活組織からの水分の損失や外部からの機械的傷害を防いでいる．一方，表皮は気孔（stomata）をそなえ，内部の生活組織に対して適当な通気をはかっている．このような表皮細胞は死細胞であり，細胞壁も厚いので茎の肥大生長に伴ってその周囲を拡大する能力をもたない．したがって表皮層は多くの場合第1年目のうちに破壊されてしまうのであるが，表皮層の破壊がおこるのに先だって表皮直下の皮層の最外層の柔細胞がいっせいに接線面分裂をおこなう機能を生じ，新たな二次の側生分裂組織とし

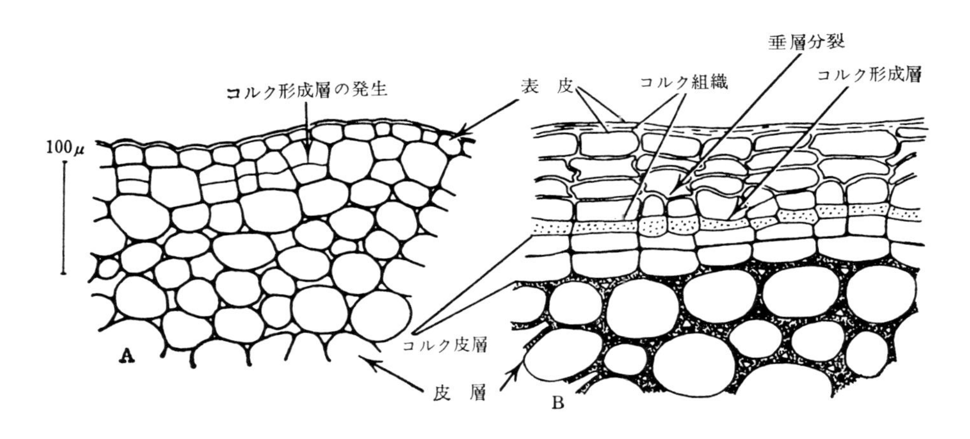

図 12.1　若い茎における最初の周皮形成
(From Anatomy of Seed Plants by Esau[1]. Copyright 1960 by Johon Wiley & Sons, Inc. Used with permission of Johon Wiley & Sons, Inc.)

てコルク形成層（phellogen, cork cambium）が発達する．このような1層の分裂細胞からなるコルク形成層は，あたかも維管束形成層が外方に二次師部を，内方に二次木部を分生するのと同様に，外方にコルク組織（phellem, cork）を，内方にコルク皮層（phelloderm）を分生し，コルク組織，コルク形成層およびコルク皮層の3層からなる周皮（periderm）を形成する（図12.1）．したがって，この時期には樹皮は外側から順に表皮，周皮，皮層，一次師部（この段階では一次師部は

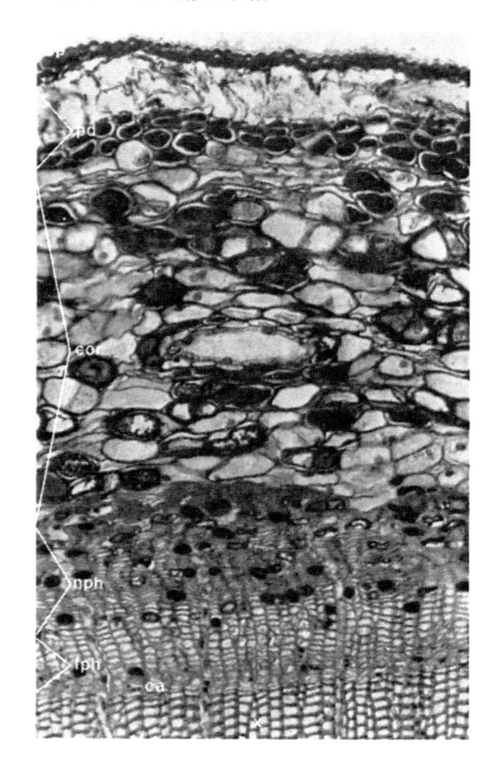

図 12.2　1年生アカマツの茎における周皮（110×）

ep：表皮，pd：周皮，cor：皮層，
nph：通導機能を失った二次師部，
fph：通導機能を有する二次師部，
ca：形成層，x：二次木部

圧縮されて存在が極めて不明瞭になっている)，および二次師部から構成されるようになる（図 12.2）.

コルク組織の細胞は一般に細胞壁がコルク化し，かつ厚壁のものでは細胞内腔に向ってさらに木化した層が加わることもあり，水分の通過をさまたげるため，表皮が破壊された後はコルク組織が表皮に代って新しい保護層となる．しかしながら木部の肥大生長が進むにつれてこのコルク組織もいずれは破壊されるので，肥大生長の進行に伴って一定の間隔でつぎつぎに皮層の内方に新しいコルク形成層が生じ，新しい周皮の形成がおこなわれ，ついには二次師部の中に周皮が生ずるようになる．前述のようにコルク組織は水分の通過をさまたげるため，新しい周皮が形成されるたびにそのコルク組織の外側の樹皮組織は水分の供給をしゃ断されて死滅してゆくので，木部の肥大生長が進むにつれて周皮がつぎつぎと重なり，その間には死滅した二次師部の組織（はじめのうちは皮層の組織）がはさまれている状態になる（図 12.3；図 12.4；図 12.5）.

いちばん内側の周皮を境としてそれから外側の死滅した組織を外樹皮（outer bark），リチドーム（rhytidome），あるいは粗皮〔あらかわ〕と呼び，それから内側の生きている組織を内樹皮（inner bark），あるいは生皮〔なまかわ〕，甘皮〔あまかわ〕などと呼ぶ．外樹皮の部分は木部の肥大生長に伴って外側からしだいに破壊され剥離してゆくのであるが，その剥離のしかたは樹種によって非常に趣きを異にしており，樹皮の外観の大きな特徴となる．外樹皮の剥離のしかたはコルク形成層の配列と極めて密接な関係があり，例えばシラカバやサクラなどでは最初に表皮のすぐ内側に生じた円周状のコルク形成層が永年の間垂層分裂によって自分自身の円周を広げながら外方にコルク組織をつくり出しており，かつそのコルク組織はあたかも二次木部の早材・晩材と同様に細胞の大きさの異なった生長層をつくるので，円周の増加に追いつけなくなった外側のコルク組織が破壊されると生長層を境に紙状に薄くはがれる．また，スギやヒノキなどでは接線方向に配列したコルク形成層が一定の間隔でつぎつぎに規則正しく生ずるので，外樹皮は縦の帯状に剥離する（図 12.6）．しかしながら多くの樹種では新しいコルク形成層は盾〔たて〕状の面で不規則に重なり合って生ずるので外樹皮は鱗〔うろこ〕状に剥離するものが多い（図 12.3；12.4）.

外樹皮の剥離のほか，とくに表面が比較的平滑な樹皮において外観上特徴を示すものに皮目（lenticel）がある．皮目は表面から見た場合ふつうレンズ形の裂目に細胞間げきの多いコルク質の細胞群がつまっており，多少樹皮の表面から凸出した状態になっている．裂目の方向が水平の場合，垂直の場合，また裂目の長さ，幅，表面からの凸出の程度など樹種によって非常に特徴的であ

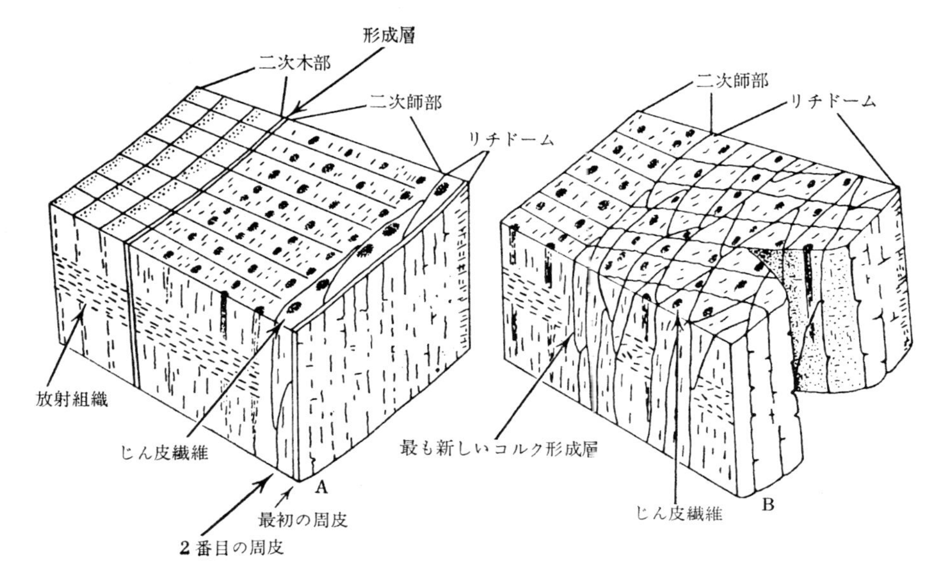

図 12.3 リチドーム形成の初期(A)および古い樹皮(B)
(From Anatomy of Seed Plants by Esau[1]. Copyright 1960 by Johon Wiley & Sons, Inc. Used with permission of Johon Wiley & Sons, Inc.)

図 12.4 タグラスファー(*Pseudotsuga menziessii*)の樹皮(1/2×)
周皮が白線状に見える.

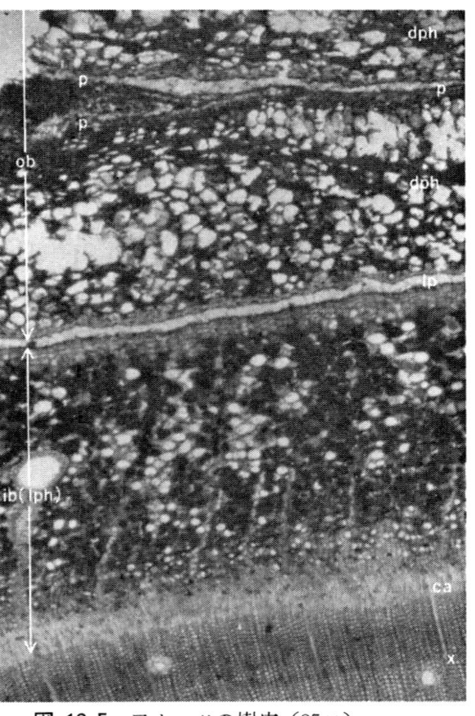

図 12.5 アカマツの樹皮(25×)
ob：リチドーム，ib：内樹皮，
dph：死滅した二次師部，p：古い周皮，
lp：最も新しい周皮，lph：生きている
二次師部，ca：形成層，x：二次木部

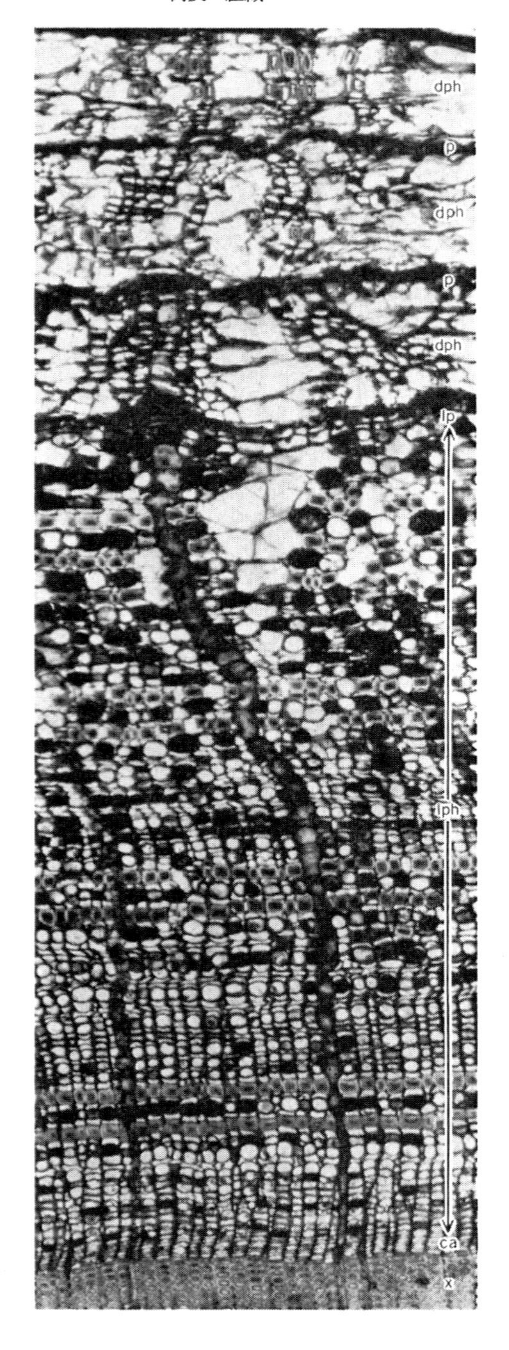

図 12.6　ヒノキの樹皮（95×）
dph：死滅した二次師部，p：古い周皮，lp：最も新しい周皮，lph：生きている二次師部，ca：形成層，x：二次木部

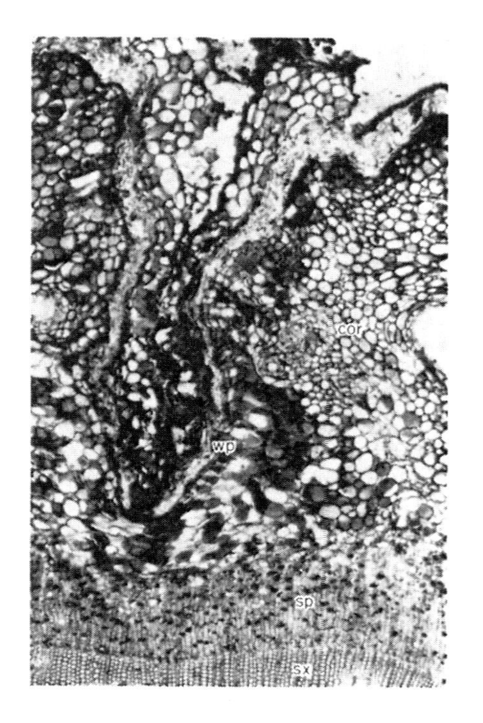

図 12.7　アカマツの傷害周皮（40×）
wp：傷害周皮，cor：皮層，sp：二次師部，sx：二次木部

る．皮目は周皮の一部であって，コルク形成層の活動が局部的にとくに活発となり，かつそこでつくられたコルク組織が他の部分のコルク組織とは反対に極めて細胞間げきに富んだ状態になったものである．すなわち，周皮が表皮に代って植物体を外界からしゃ断し保護する役割を果たすのに対して，皮目は表皮中の気孔に代って内部の生活組織に適度な通気をはかっている．

なお，上に述べたような正常な周皮のほかに，外傷によって内樹皮の生活組織が露出した場合，露出した部分の内側に非常に活発なコルク形成層が生じて顕著な周皮を形成する．このような周皮を傷害周皮（wound periderm）と呼ぶ（図 12.7）．

12.2 二 次 師 部

二次師部は二次木部と共通の分裂組織である維管束形成層から外方に分生した組織であるから二次師部の構成要素の配列は二次木部のそれとかなり似ているが，その位置が幹や根の外周部にあって樹皮を構成しているので，木部の肥大生長に伴って外方に押し出され，かつ円周も拡大してゆくので各要素の配列はかなり乱され，また周皮の形成によって古い師部は順次死滅し，脱落してゆく．このことは古い木部がその構造をほとんど変えずに半永久的に残ることと対照的である．

表 12.1 師部構成要素とその機能

要素の種類	機能
軸方向要素	
師細胞	同化物質の軸方向の輸送
師管要素（伴細胞を伴う）	
じん皮繊維	機械的強さ
スクレレイド	
師部柔細胞	同化物質の貯蔵および移動
放射方向要素	
放射柔細胞	

表 12.1 は二次師部の構成要素の種類とその機能を示したものであり，図 12.8 は各要素の一般的形態を示したものである．

12.2.1 師細胞 (sieve cell) および師管要素 (sieve-tube element)

師細胞および師管要素はそれぞれ木部における仮道管および道管要素に相当する師部構成要素であり，したがって一般に針葉樹の師部には師管要素を欠き広葉樹の師部には師細胞を欠くのがふつうである．師細胞および師管要素の共通の特徴は，その細胞壁に師域 (sieve area) と呼ばれる特殊な構造が見られることと，成熟した両細胞の原形質の中に核をもたないことである（仮道管や道管要素が成熟して水分の通導をおこなう場合には原形質は消失して個々の細胞は死んでいるが，師細胞および師管要素は原形質を保有しており，原形質を媒体として物質の転流 (translocation) がおこなわれる）．師域は仮道管や道管要素の壁孔に相当し，師孔 (sieve pore) と呼ばれる小孔が多数集まったもので（図 12.8の b, h)，師域の形，大きさ，配列は樹種によって異なる．隣接細胞の原形質はこの師孔を通してつながっており，物質の移動も師孔を通しておこなわれる．

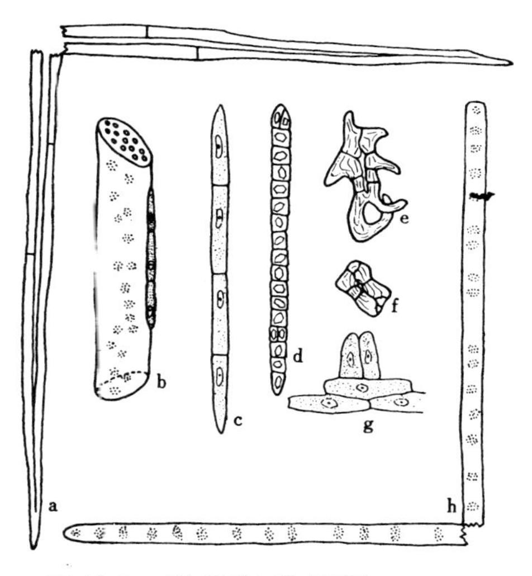

図 12.8 二次師部の構成要素
a：じん皮繊維，b：師管要素および伴細胞，c：柔細胞ストランド，d：結晶を含む軸方向柔細胞，ef：スクレレイド，g：放射柔細胞，h：師細胞

師細胞は仮道管と同様に両端は鈍頭で末端壁をもたないが（図 12.8の h)，師管要素は道管要素と同様に両端に末端壁を有し，その末端壁には側壁に存在する師域よりもはるかに発達した師域が存在する．この高度に発達した師域をもつ末端壁をとくに師板 (sieve plate) と呼ぶ（図 12.8の b)．

師管要素の師板は道管要素のせん孔板に相当するもので，師管要素はこの師板に存在する大型の師孔によって上下の連絡がとくに密になり，軸方向に長く連続した師管（sieve tube）と呼ばれる管状の細胞群を構成する．

通導機能を失った師細胞および師管要素は，木部の肥大成長によってしだいに外方に押し出されるにつれて他の師部構成要素に押しつぶされ（図12.2），古い師部においては極端な場合にはその存在がまったくわからなくなってしまうことがある．

12.2.2　伴細胞（companion cell）

広葉樹の師管要素は必ず小型の特殊な柔細胞を伴っている（図12.8のb）．この柔細胞は伴細胞と呼ばれ，発生的にも生理的にも師管要素と極めて密接な関係をもっている．すなわち，発生の点からみると伴細胞は形成層の紡錘形始原細胞から直接生み出されるのではなく，師管要素の成熟過程の途中でその横腹から2～数個の小さな細胞が切り離されて伴細胞となる．また生理的にみると，師管要素と伴細胞との間の壁は非常に薄くしかも師管要素の機能停止と伴細胞の死滅が同時におこる．このことは核をもたない師管要素と核を有する伴細胞との間の生理的相互依存を想像させる．しかしながら，伴細胞の機能についてはまだ不明な点が多い．なお，針葉樹の師細胞には伴細胞を伴うことがない．そのかわり放射組織の中の一部の柔細胞，あるいは樹種によっては一部の師部柔

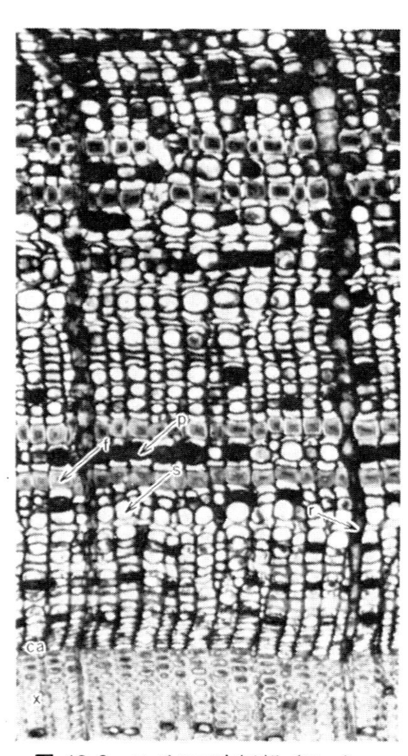

図 12.9　スギの二次師部（85×）
s：師細胞，f：じん皮繊維，
p：柔細胞ストランド，r：放射組織

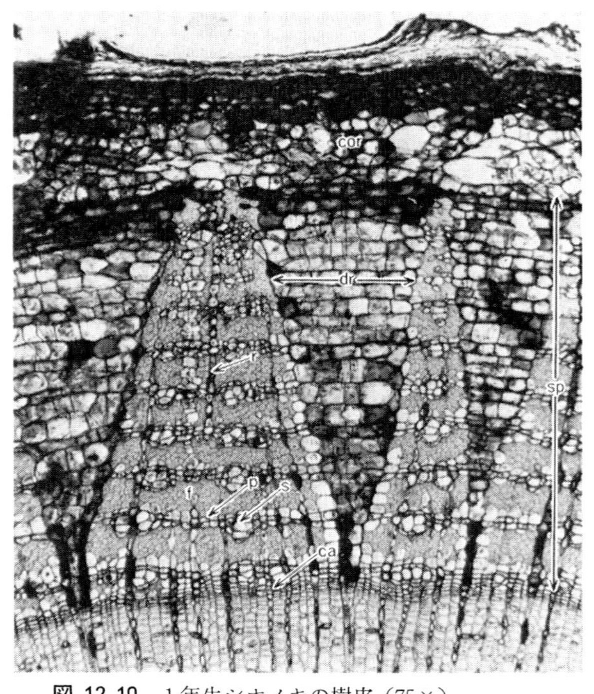

図 12.10　1年生シナノキの樹皮（75×）
ca：形成層，s：師管，p：柔細胞ストランド，
f：じん皮繊維，r：放射組織，
dr：円周の拡大に対応して幅を広げた放射組織，
cor：皮層，sp：二次師部

細胞ストランドには師細胞との間にとくに密接な生理的関係をもつと思われるものがあり，これらは蛋白細胞（albuminous cell）と呼ばれて広葉樹の伴細胞と同様の機能を果たすものと考えられている[2)].

12.2.3 じん皮繊維 (bast fiber)（図 12.8の a）

じん皮繊維は針葉樹，広葉樹を問わず極めて多くの樹種の師部に現れる構成要素で，他の軸方向要素の間に混って散在状，接線状（図 12.9）あるいは団塊状（図 12.10）など樹種によってそれぞれ特有の分布をしている．多くの場合は長さが非常に長く厚壁で引張強さが大きいので製紙や織物などの用途に使われる樹種も少なくない．

12.2.4 スクレレイド (sclereid)（図 12.8の e, f）

スクレレイドも針葉樹，広葉樹を通じて師部構成要素として多くの樹種に見い出される．典型的にはやや古くなった部分の師部柔細胞が変化し，著しく厚壁化して生ずるもので，じん皮繊維と違って形成層から直接生ずることはない．柔細胞が厚壁化するに先だって細胞が不規則に分裂し，極端に変形して複雑に枝分かれしたり（図 12.8 e），長さが伸びたりする場合が多く，樹種によってはスクレレイドが多数集まって団塊状になり，肉眼的にも明瞭な厚壁組織(sclerenchyma)を形成するものがある[3)]（図 12.11）．スクレレイドが細長い形の場合はスクレロチックファイバー（sclerotic fiber）と呼ばれ，しばしばじん皮繊維との区別が不明瞭となる．

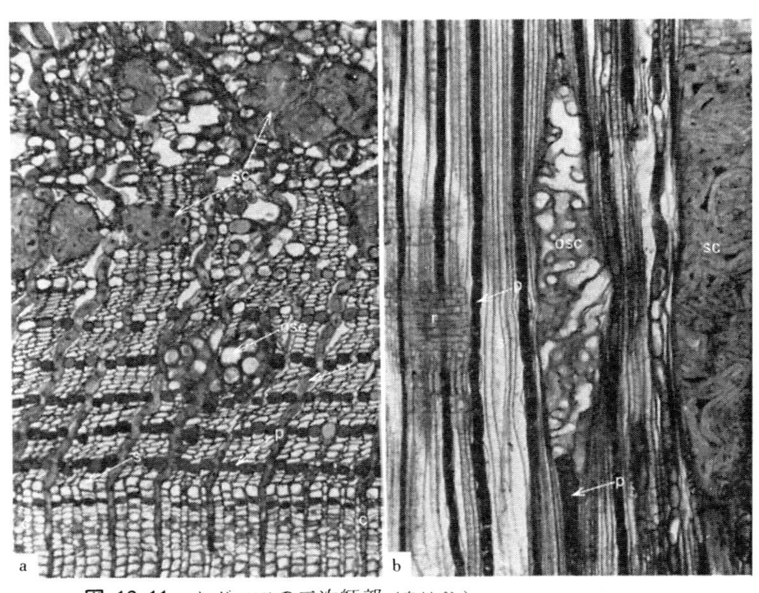

図 12.11 トドマツの二次師部（島地[3)]）
a．横断面（75×）　b．放射断面（75×）
柔細胞がスクレレイドに変化する過程に注意．
c—c：形成層，s：師細胞，p：柔細胞，r：放射組織，
osc：柔細胞からスクレレイドに変化しつつある状態，
sc：スクレレイド

12.2.5 師部柔細胞 (phloem parenchyma cell)

表 12.1に示したように師部構成要素としての柔細胞には木部柔細胞と同様に基本的に軸方向柔細胞（図 12.8の c, d）と放射柔細胞（図 12.8の g）の2種類がある．軸方向柔細胞はふつうストランドをなしているが，木部の場合と同じように紡錘形柔細胞が存在する場合もある．これらの柔細胞

は主として澱粉・脂肪・その他の有機物の貯蔵やタンニン・樹脂・カルシウム塩類の結晶などの蓄積をおこなう．栄養物質の移動が活発におこなわれている新しい師部においては，これらの柔細胞は図12.8のｃ，ｄおよびｇに示すような本来の形を保ち，その細胞壁は明らかに一次壁だけで木化もしていない．通導機能を停止した古い師部では，軸方向柔細胞・放射柔細胞の別を問わず大部分の柔細胞があるいは木部の肥大生長に伴う円周の増加に追いつくために放射面分裂をおこなったり（図12.10），接線方向に極端に引き伸ばされたり，あるいはスクレレイドに変質したり（図12.11），またあるものは分裂機能を獲得してコルク形成層に変質するなど著しい変形や変質を示す．

〔引　用　文　献〕

1)　Esau, K.: Anatomy of Seed Plants. John Wiley & Sons, Inc. (1960).
2)　Esau, K.: The Phloem. Handb. PflAnatomy. **5** (2). Gebrüder Bornträger (1969).
3)　島地謙：トドマツの内樹皮組織の構造と発達．日林誌．**46**，199 (1964).

13　単子葉樹材の組織

1章で述べたように単子葉類は大部分が草本であるが，中には竹類やヤシ類のように高木状となり，その材が特殊な用途に供されるものもある．しかしながら，単子葉類の茎は維管束が基本組織の中に不規則に散在する不斉中心柱（atactostele）を形成しており，針葉樹や広葉樹のように二次木部を形成して肥大生長をおこなうことはなく，高木状となる竹類やヤシ類といえどもこの点では例外ではない（図13.1；図13.6 a）．したがって，二次木部だけからなる針葉樹材や広葉樹材と，基本組織およびその中に散在する維管束をこみにした一次組織だけからなる竹材やヤシ材とはまったく性格を異にするものである．ここでは竹材およびヤシ材の組織構造について簡単に述べることとする．

13.1　竹　　材

竹類の茎は地下茎（rhyzome），稈柄（かん）（culm stalk），稈基（culm base）および地上茎である稈（あるいは真稈）（culm）に区分されるが，ふつう竹材とは地上茎すなわち稈の組織全体を指す（図13.2）．

稈は中空の円筒形で，節間（internode）と節（node）とからなっている．

節間部を横断面で見ると最外層に1層の厚壁の表皮があり，表皮の内側には1～3層の表皮

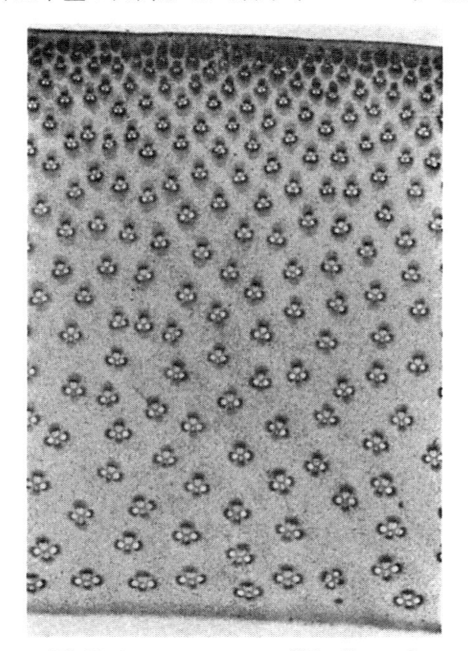

図 13.1　モウソウチク（*Phyllostachys pubescens* Mazel）の横断面（6×）
（北村博嗣氏提供のプレパラートによる）

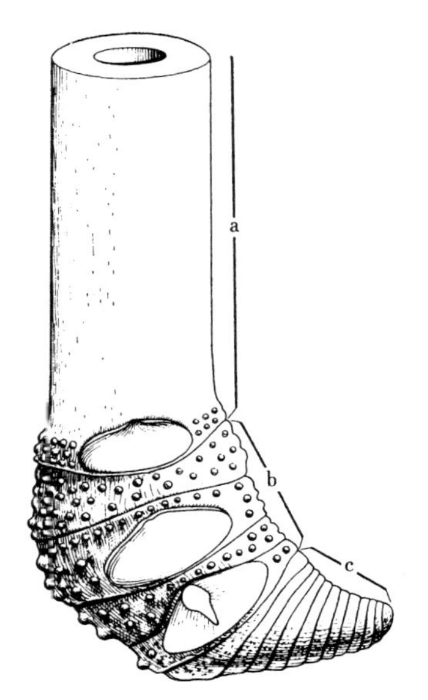

図 13.2　稈の区分（竹内[1)]原図）
a：稈（真稈），b：稈基，c：稈柄

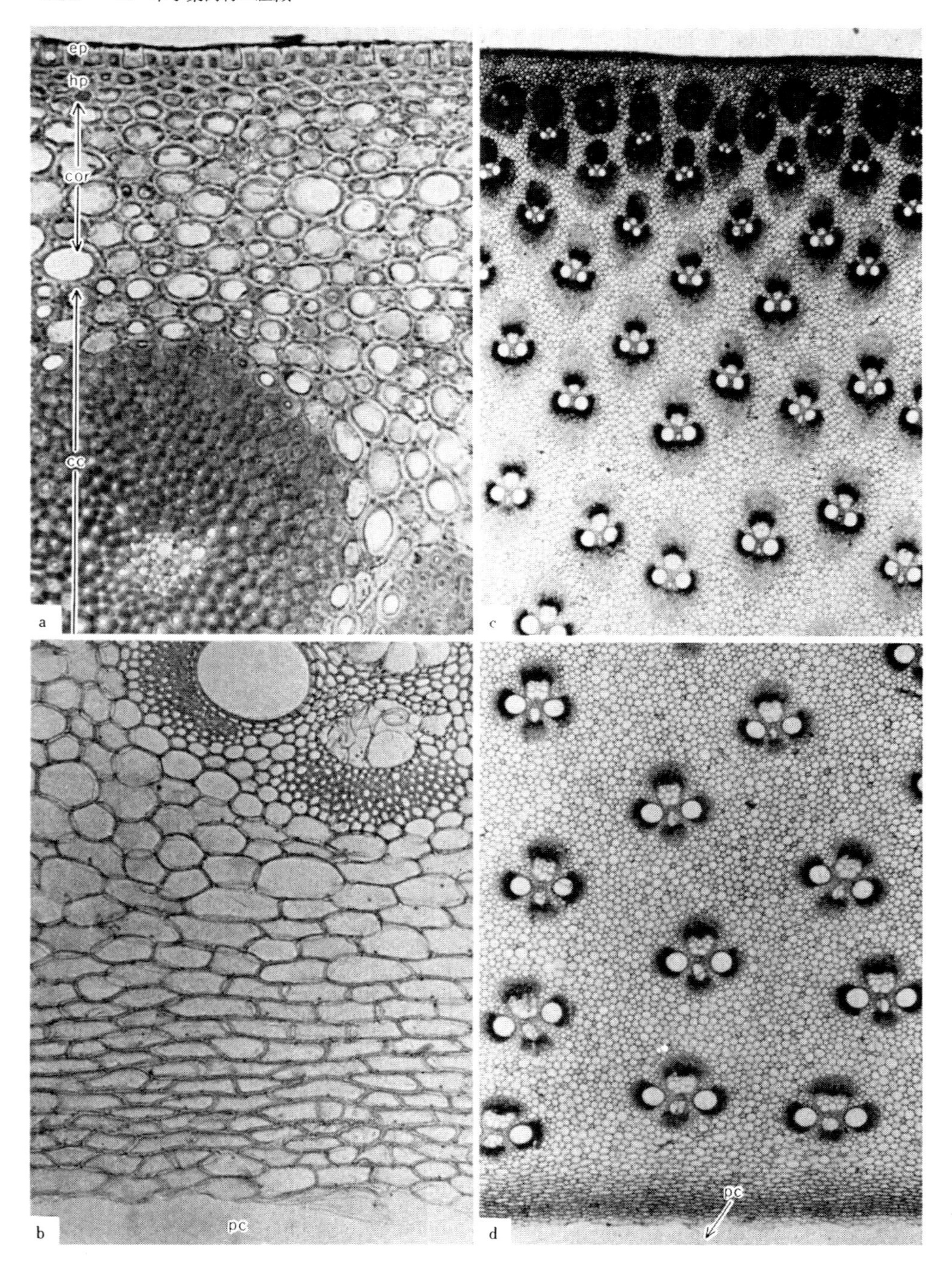

図 13.3　モウソウチク（*Phyllostachys pubescens* MAZEL）の横断面
（北村博嗣氏提供のプレパラートによる）
a．稈の最外部（200×）　b．稈の最内部（100×）
c．稈の外部（25×）　d．稈の内部（25×）
ep：表皮，hp：下皮，cor：皮層，cc：中心柱，pc：髄腔

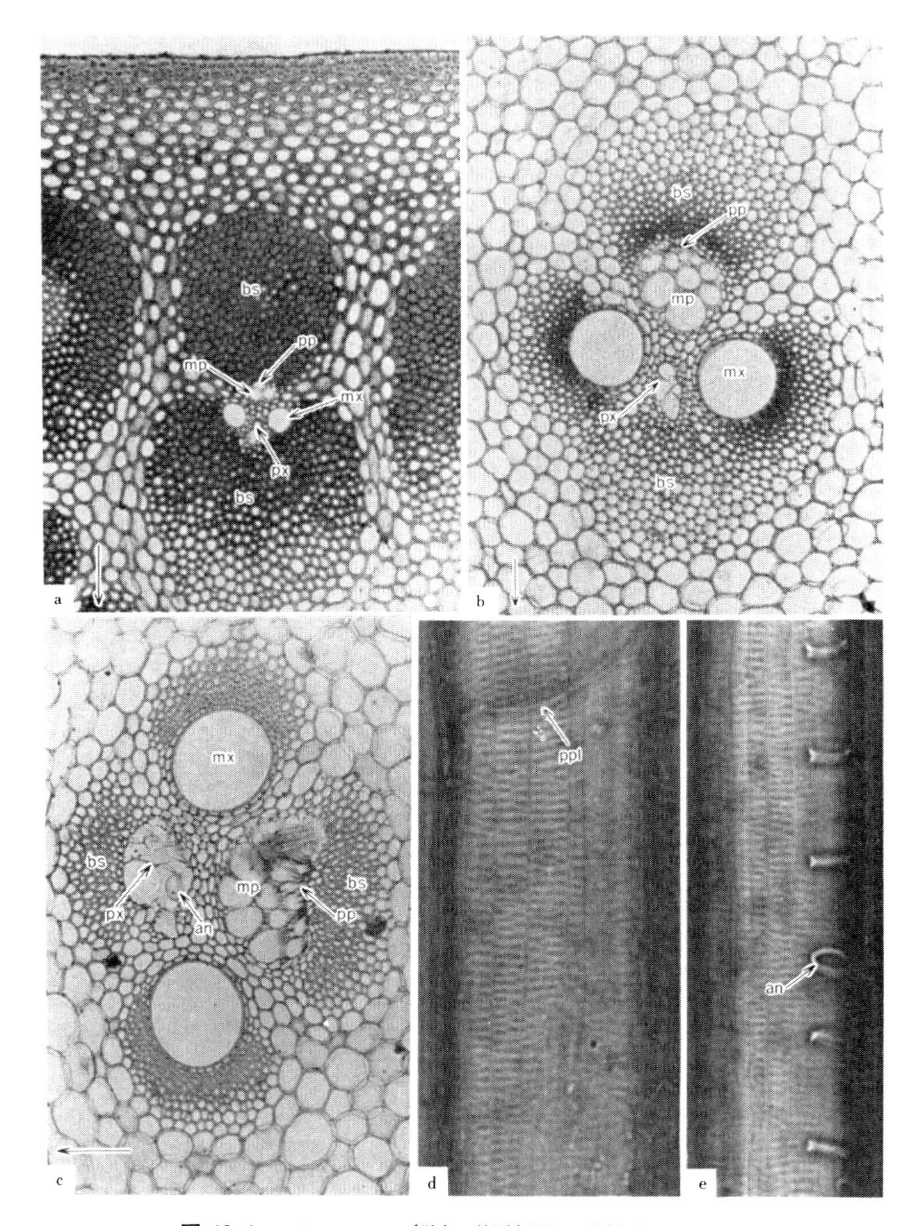

図 13.4　モウソウチク（学名は前頁参照）の維管束
（a，b，c は北村博嗣氏提供のプレパラートによる）

a．稈の最外部（90×）　　d．網紋道管（380×）
b．稈肉の中央部（90×）　e．網紋道管および環紋道管（380×）
c．稈の最内部（90×）

a，b，c の矢印は稈の中心部の方向を示す．
bs：維管束鞘，px：原生木部，mx：後生木部，pp：原生師部，
mp：後生師部，an：環紋，ppl：せん孔板

と同様に厚壁の下皮（下表皮）(hypodermis) の層があってさらに内側の皮層に続いている．皮層は数層のやや大型の柔細胞からなるが，内方の中心柱の基本組織への移行はゆるやかなので皮層と中心柱の境界は不明瞭である（図 13.3 a）．中心柱は前述のように基本組織の中に並立維管束が不規則に配列する不斉中心柱である（図 13.1）．

個々の並立維管束の向きは内側に木部，外側に師部が位置しており，両者の間には形成層を欠いている（図 13.4 a, b, c）．師部は師管および柔細胞からなり，木部は後生木部である 1 対の大型な網紋道管（reticulate vessel）と原生木部である 1～数個（種類によって異なる）の環紋道管（annular vessel）あるいはらせん紋道管（spiral vessel）からなるが（図 13.4 b, c, d, e），生長した稈では原生木部の道管の付近に細胞間げきが生じ，種類によってしばしばチロソイドに満たされている場合がある（図 13.4 b, c）．

個々の維管束はその周囲を維管束鞘（しょう）(bundle sheath) と呼ばれる多量の厚壁繊維 (sclerenchymatous fibre) の組織で保護されている．この維管束鞘の発達の度合と維管束の発達の度合は反比例しており，稈の外側ほど厚壁繊維の量が多く逆に維管束の発達は悪くなり，とくに最外側では維管束の発達が極端に悪く，ほとんど厚壁繊維だけが束状に集まっている（図 13.3 c, d；図 13.4 a）．

また，稈の縦断面を見ると維管束や維管束鞘の構成要素だけでなく，基本組織の細胞を含めてすべての要素が稈軸方向に配列している（図 13.5 a）．竹材の強じんさや割裂性に富む性質はこの維管束鞘を構成する厚壁繊維の量と分布のしかたや，すべての要素が軸方向に平行して配列していることによってもたらされているものであって，維管束鞘のような機械的組織がとくに稈の外縁に発達していることは，地上茎の受ける外力がもっぱら曲げであることから極めて合理的な構造を示しているといえる．

竹材はその弾力性，割裂性，通直性などが針葉樹材や広葉樹材には見られない特性をもっているので，昔からその特性を生かした特殊な利用に供されている．また，多量の厚壁繊維は竹パルプの原料としても利用される．

生長した稈は中空であるが，生長点付近の発生の初期段階では稈の中心部は髄の組織で満たされている．この髄の組織は周囲の組織にくらべて細胞分裂の機能が弱いため，その後周囲の細胞の分裂，増大による肥大成長*) や節間の伸長に伴って発達することができず，細胞間げきを生じて大きな空洞を形成するようになる．この空洞は髄腔（pith cavity）と呼ばれ，空洞の内壁には破壊した髄組織の残がいが薄膜状または綿くず状となって付着している．

稈が成熟しきらないうちは節間の基部に細胞分裂のさかんな組織があり，各節間はこの部分の細胞分裂によって節間ごとに伸長生長をおこなうもので，この部分は節間分裂組織（intercalary meristem）と呼ばれ，またこのような伸長生長のしかたは節間生長（intercalary growth）と呼ばれる．

葉鞘（leaf sheath)(いわゆるタケノコの皮)の付根から節間分裂組織までの間を節と呼ぶ．節には隔壁（nodal diaphragm）があり，これによって稈の割れるのが防がれ，稈の曲げ強さにとって非常に有効な構造となっている．発生的には髄の一部であるが，隔壁となる部分は周囲の組織の

*)　このような形成層活動によらない，一次組織の成熟の過程でおこる一時的な肥大生長を一次肥大生長 (primary thickening growth) という．

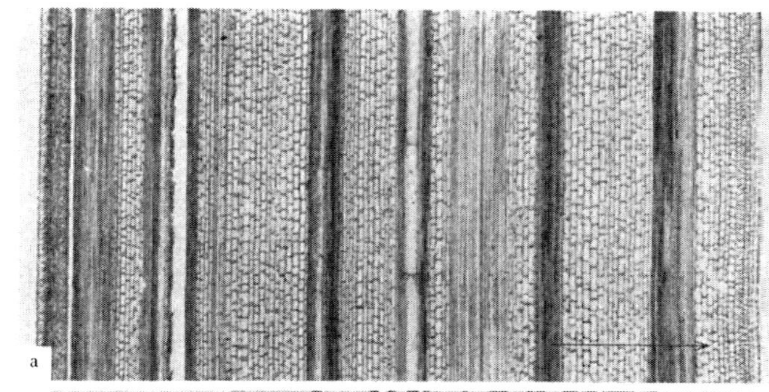
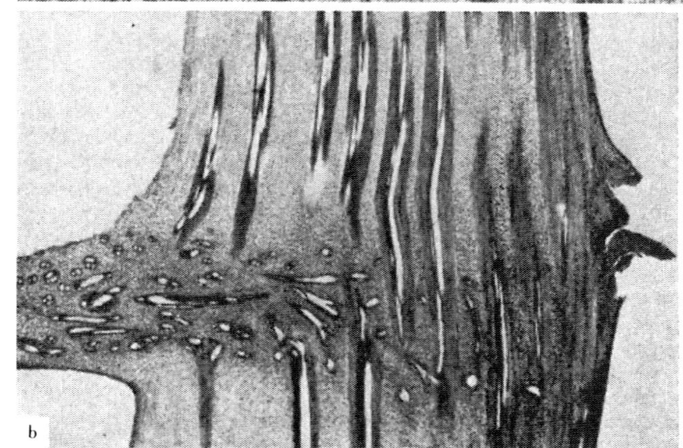
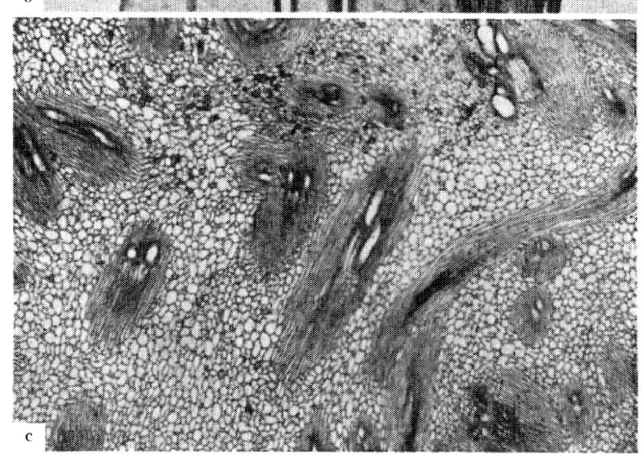

図 13.5 *Bambusa polymorpha* の縦断面 (GROSSER ら[2]）
a．節間部の縦断面 (20×) (矢印が中心の方向)
b．節および隔壁の縦断面 (6×)
c．隔壁における維管束の走向を示す (15×)

生長に追いついて空洞とならずに残ったものである．隔壁の組織は不規則な形をした柔細胞からなり，とくにその中心部には細胞間げきに富む通気組織が発達している．節の部分においては縦に走る維管束から多くの水平に走る小型の維管束が分岐し，この小型の維管束は隔壁を横切って稈の反対側に達するが，隔壁の中では維管束は不規則に屈曲しながら接合あるいは分岐するので網目状の構造となっている[3]（図 13.5 b, c)．

13.2 ヤ シ 材

ヤシ類の茎も地下茎と地上茎に区分され，地上茎は単幹性で枝がないものが多いが，地下茎はよく分岐して子株を多数生ずるものが少なくない．

ヤシ材とは竹材と同様地上茎の組織全体を指す．ヤシ類の地上茎も基本組織の中に並立維管束が散在する不斉中心柱であるが，竹と異なって個々の並立維管束の向きがまったく不規則でそろっておらず，また髄腔もない（図 13.6 a, b)．木部を構成する道管の数は竹類にくらべるとはるかに多く（図 13.6 c)，原生木部はらせん紋道管からなるが，後生木部の道管は二次壁が発達し，階段壁孔および階段せん孔をもっている（図 13.6 d, e)．竹と同様に機械的組織である維管束鞘は幹の外縁部で発達が最も著しく，中心部に向ってしだいに発達の程度が悪くなる（図 13.6 a)．幹の外縁部は維管束鞘が密に分布しているために極めて強じんであり，材面に美しいもくが現れ（図 13.7 a)，磨くと美しいつやが出るのでステッキや傘のにぎりなどに珍重される．その他，ヤシ類の幹は丸太のままでは杭や柱

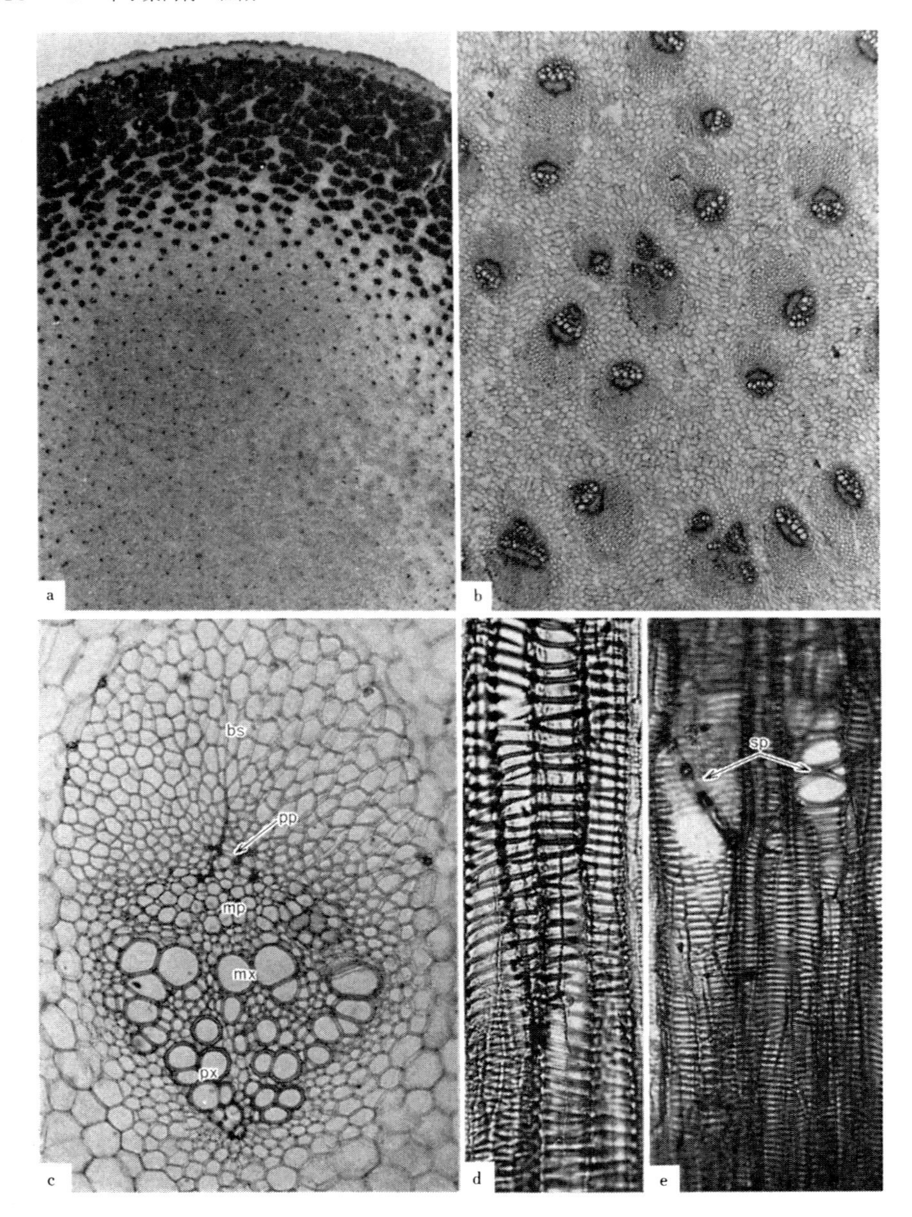

図 13.6　ヤシ材の維管束

a．アニボン（*Oncosperma filamentosa*）の横断面（1.2×）

b．シュロの横断面（12×）

c．シュロの維管束（95×）

bs：維管束鞘，px：原生木部，mx：後生木部，pp：原生師部，
mp：後生師部

d．原生木部のらせん紋道管（180×）（シュロ）

e．後生木部の階段壁孔および階段せん孔をもつ道管（180×）（シュロ）
sp：階段せん孔

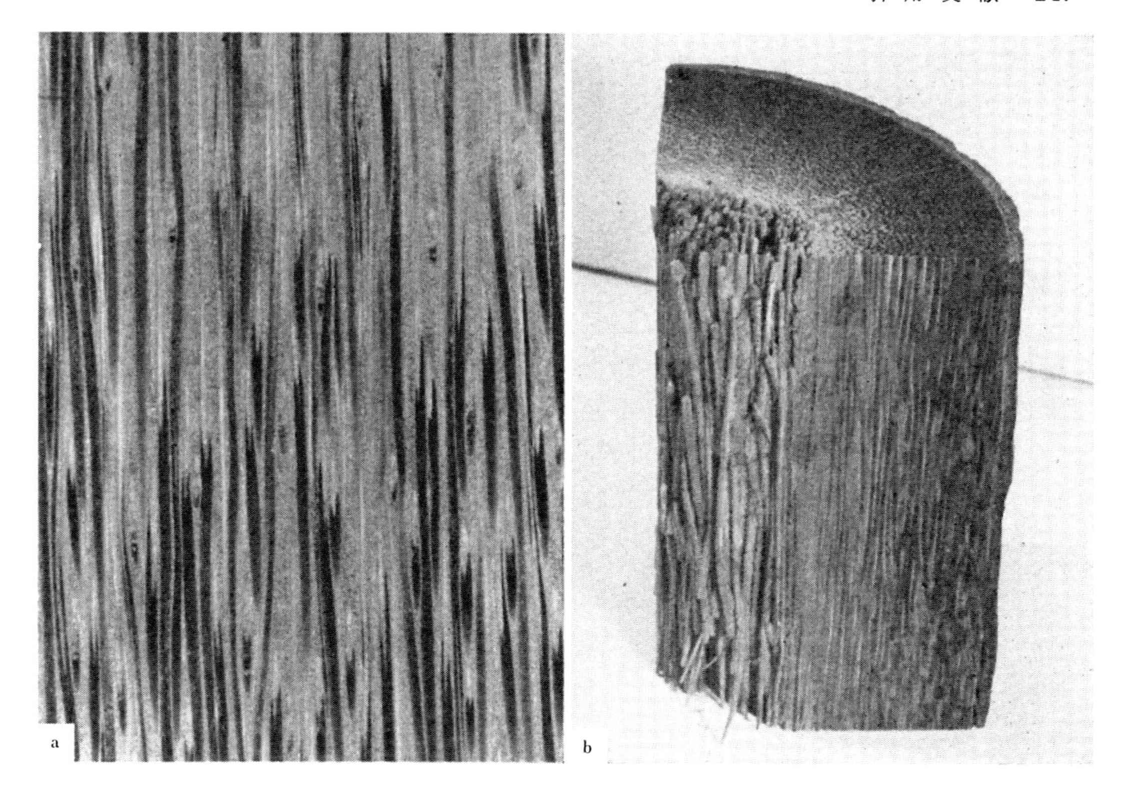

図 13.7　a．ビロウ（*Livistona subglobosa* MART.）の材面（2×）
　　　　b．アニボン（*Oncosperma filamentosa*）の材（1/2×）

などに用いられ，また大きな幹の外縁部は板にしてフローリングなどに用いられることもある．しかしながら，幹の中心部は維管束の分布密度が少なく，しかも維管束鞘の発達も悪いため柔細胞の占める率が非常に高いので，強度的にも耐朽性の上でも極めて劣悪な材部である（図 13.7 b）．

〔引 用 文 献〕

1） 竹内叔雄：竹の研究．養賢堂（1932）．
2） GROSSER, D. & LIESE, W.: On the anatomy of Asian bamboos, with special reference to their vascular bundles. Wood Sci. Technol. **5**, 290 (1971).
3） 林大九郎，杉山滋：モウソウチクの顕微鏡的構造，節部及び隔壁における維管束の配列状態について．木材工業．**24**，418（1969）．

14 木材の識別

木材の識別は，顕微鏡，ハンドレンズあるいは肉眼など，主として直接の視覚に頼る方法が最もふつうにおこなわれる．また場合によっては電子顕微鏡も有力な手段となることもある．これらの視覚に関連する拠点は，すでに述べた組織や細胞などの科，属，種による違いである．ごく一般的にいえば，すでに出されている識別の基準となる性質についての記載のすべてが，多くの変動要因すなわち樹令，生長の良否，その他を考慮しているとはいえない．したがって多くの識別のための記載が断定的にされていたとしても，そのままそれにしたがって識別をおこなってよいかというと――とくにそれが種の間の区別をするような場合――多くの疑問がある．識別のための記載をするにあたっては十分すぎるぐらいそのことを考慮して，利用者にあやまちをおかさせないようにしなければならない．一方，既往の記載を利用する際には，樹令，生長の良否などに基づく変動のあることを忘れてはならない．とくに種の識別ができるのは，よほど種としての特徴をもった幸運な場合に限るといっても過言ではないことに留意すべきであろう．

直接，組織を観察する方法に加えて，次のような手段あるいは特徴も，場合によっては顕微鏡による観察よりも有効なことがある．

感触：　木材の手ざわりは，ある程度肌目と比例している．しかし，それとは別に，たとえばチーク（*Tectona grandis*），リグナムバイタ（*Guaiacum* spp.）などは手の指で材面をこすると，徐々にベトベトした感覚が出てくる．なれると十分拠点として用いることができる．

芳香・臭気：　芳香の例として最も特徴的なものは，クスノキあるいはカプールのような樟脳（しょうのう）様の芳香，アンビュナラ（*Amburana acreana*）やセプターパヤ（*Pseudosindora palustris*）の場合のバニラ様の芳香，ローズウッド類（*Dalbergia*），ミレシア（*Millettia*）などの花に似た芳香などがある．また同じような芳香であってもなれるとローズウッド類のように，樹種による芳香の違いがわかることがある．また臭気としてチークやリグナムバイタの機械油のようなものがあげられる．日本産のシナノキなども強くはないが特徴的な臭気をもっている．

味：　とくに苦い味をもったものが特徴的で，この点ではニガキ科のものが代表的なものといえよう．

螢光：　木材に紫外線を当てるとマメ科のいくつかの樹種やウルシ科の少数では螢光を発する．また木材の水浸出液をつくり，それに太陽光線を当てた場合（*Pterocarpus*），あるいは紫外線を当てるとその液が螢光を出すようになる．またその螢光の色も，紫色あるいは緑色などと樹種による差がある．とくに組織の非常によく似ている樹種の多いマメ科のような場合にしばしば有力な手段となる．

燃焼試験：　木材の小片（マッチの軸木程度の大きさ）に火をつけると，樹種によっては炭化して完全に炭（折るとポッキリと折れる程度に硬い）になるもの，完全に燃焼して灰になるものなどがある．後者の場合でも，黒色，褐色，白色など樹種による特徴を示す．また燃焼の際に，灰が細かい糸となって空中に飛んでゆくような樹種もある．フィリピン産のラワン類などの区別あるいはオーストラリア産のシルキーオーク類（Proteaceae）の区別に利用できる．なお，このような炭化がおきたり，灰化がおきたりする原因として，前者には灰分(カリウムおよびナトリウムなど)の含有量が少ないことがフタバガキ科の木材について明らかにされている[1]．

泡立て試験： 試験管に木材片を入れ，水で浸出し，それを振とうすると，どの樹種も多かれ少なかれ泡が立つ．しかしたいていの場合には，その泡は1～2分も経過しないうちに消失してしまうが，中にはその泡がかなり長時間残るものがある．典型的な例をひとつあげる．マメ科のモンキーポッド（*Samanea*）とガナカステ（*Enterolobium*）は，木材の組織によっては区別できないぐらいよく似ているが，この泡立ちの比較をすると前者では泡はすぐ消え，後者では永続するので簡単に区別される．またアカテツ科（Sapotaceae）の多くの樹種で泡が永続する．

抽出液の色： 試験管に木材片を入れ，それを水で抽出すると種々の色をした抽出液ができることがある．肉眼的には同じような色調をもち，しかも木材の組織も非常によく似ているような場合に，抽出液の色の違いが識別拠点となる．たとえばマメ科の *Haematoxylum brasiletto* と *H. campechianum* で，前者は桃色～赤色，後者は紫色を示す．これは水浸出液であるが，アルコール抽出液の色も同じような目的で樹種の区別に利用されることがある．

最近の分析化学の進歩に伴い，樹種の間の成分の違いが明らかにされてきている．この結果を用いたり，あるいは直接識別の目的のために樹種の成分を検討するようなこともおこなわれている．とくにクロマトグラフィーについての技術の進歩がこのような傾向を促進している[2]．

14.1 識別の方法

識別のための検索をしていくうえでは，その方法は大きく2通りに分けられる．そのひとつは二又式(dichotomous system）で，他のひとつは多口式（multiple entry system)である．前者は多数の性質について，その有無によって2つに分け，さらにそれを別の性質の有無によって2つに分けるというように繰り返していく方法である．これによってひとつひとつ樹種が他から区別されて出てくるようになる．後者では考えられるほとんどすべての性質のひとつひとつにパンチカードの孔を割り当てる．各樹種ごとに1枚（ときにはそれ以上）のカードをつくり，それぞれ該当する性質のある場合にパンチし，文献整理などに使うパンチカードの利用法と同じようにして樹種を求める（図14.1)．さらにこの方法を進めると，電算機の利用につながるようになるはずである．現実に，IBM の電算機を利用した方法が米国林産研究所で考案されているが，広く普及するには至っていない．

14.2 主要な市場材の識別*)**)

世界中のすべての市場材について識別表をのせることは不可能であるので，日本産の主要な樹種と日本に関係の深いと考えられる南洋材および北米材についての二又式による識別表を次に示す．

注 *) 簡易プレパラートの作製： 日常の識別をおこなう際に，通常の永久プレパラートをつくるような作業をおこなうことは，時間的にも，また作業上からもわずらわしいことが多く実用的ではない．そこで次のような方法を勧めたい．

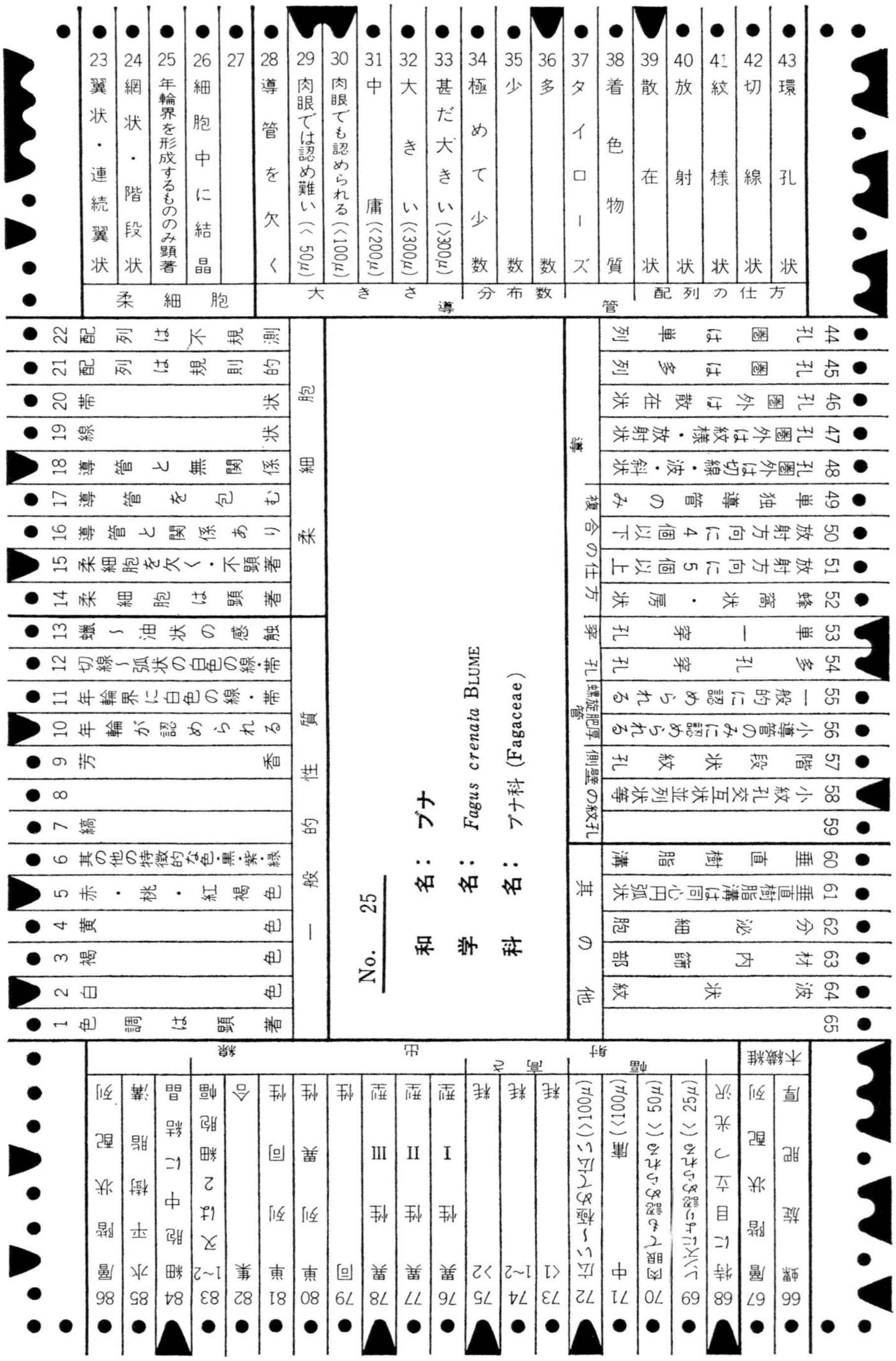

No. 25

和　名：ブナ

学　名：*Fagus crenata* BLUME

科　名：ブナ科（Fagaceae）

一般的性質

1 色調は顕著
2 白色
3 褐色
4 黄色
5 赤・桃・紅褐色
6 其の他の特徴的な色・黒・紫・緑
7 縞
8
9 芳香
10 年輪が認められる
11 年輪界に白色の線・帯
12 切線〜弧状の白色の線・帯
13 蝋〜油状の感触

柔細胞

14 柔細胞は顕著
15 柔細胞を欠く・不顕著
16 導管と関係あり
17 導管を包む
18 導管と無関係
19 線状
20 帯状
21 配列は規則的
22 配列は不規測

柔細胞

23 翼状・連続翼状
24 網状・階段状
25 年輪界を形成するもののみ顕著
26 細胞中に結晶
27

導管

28 導管を欠く

大きさ

29 肉眼では認め難い（<50μ）
30 肉眼でも認められる（<100μ）
31 中庸（<200μ）
32 大きい（<300μ）
33 甚だ大きい（>300μ）

分布数

34 極めて少数
35 少数
36 多数

37 タイロース
38 着色物質

配列の仕方

39 散在状
40 放射状
41 紋様状
42 切線状
43 環孔状

導管

44 孔圏は単列
45 孔圏は多列
46 孔圏外は散在状
47 孔圏外は紋様・放射状
48 孔圏外は切線・波・斜状

複合の仕方

49 単独導管のみ
50 放射方向に4個以下
51 放射方向に5個以上
52 蜂窩状・房状

穿孔

53 単一穿孔
54 多孔穿孔

螺旋肥厚

55 一般的に認められる
56 小導管のみに認められる

側壁の紋孔

57 階段状紋孔
58 小紋孔交互状並列状等
59

其の他

60 垂直樹脂溝
61 垂直樹脂溝は同心円弧状
62 分泌細胞
63 材内篩部
64 波状紋
65

木繊維

66 螺旋肥厚
67 層階状配列

68 特に目立つ光沢

放射組織

幅

69 レンズにより認められる（<25μ）
70 肉眼でも認められる（<50μ）
71 中庸（<100μ）
72 広い〜極めて広い（>100μ）

高さ

73 <1 粍
74 1〜2 粍
75 >2 粍

76 異性 I 型
77 異性 II 型
78 異性 III 型
79 同性
80 単列異性
81 単列同性
82 集合
83 1〜2又は2細胞幅
84 細胞中に結晶
85 水平樹脂溝
86 層階状配列

図 14.1　識別用カードの一例

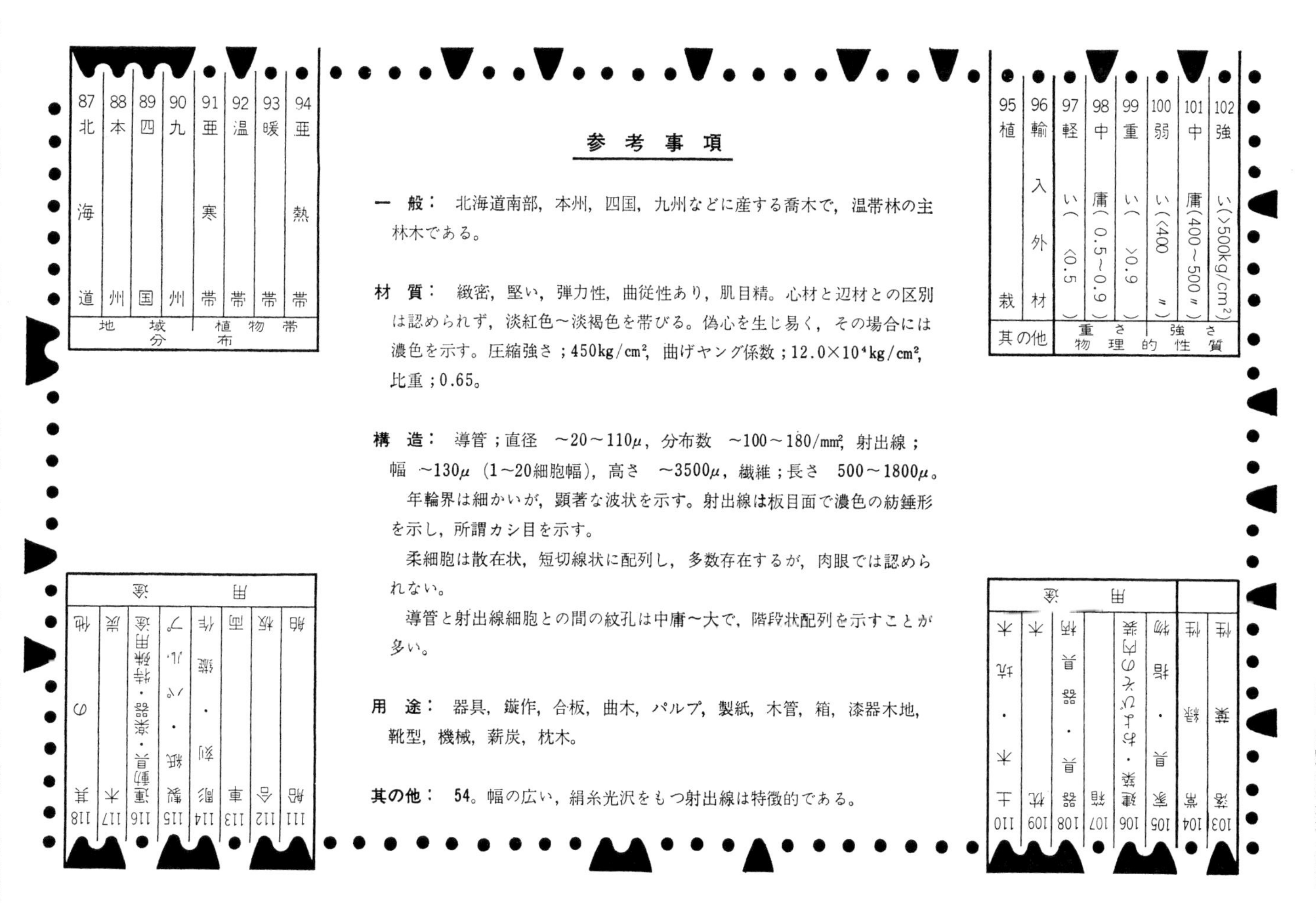

87 北海道　88 本州　89 四国　90 九州　91 亜寒帯　92 温帯　93 暖帯　94 亜熱帯

地域分　植物帯分布

95 植栽　96 輸入外材　97 軽い（<0.5）　98 中庸（0.5〜0.9）　99 重い（>0.9）　100 弱い（<400 〃）　101 中庸（400〜500 〃）　102 強い（>500kg/cm²）

其の他　重さ　強さ　物理的性質

参考事項

一　般： 北海道南部，本州，四国，九州などに産する喬木で，温帯林の主林木である。

材　質： 緻密，堅い，弾力性，曲従性あり，肌目精。心材と辺材との区別は認められず，淡紅色〜淡褐色を帯びる。偽心を生じ易く，その場合には濃色を示す。圧縮強さ；450kg/cm²，曲げヤング係数；12.0×10⁴kg/cm²，比重；0.65。

構　造： 導管；直径　〜20〜110μ，分布数　〜100〜180/mm²，射出線；幅　〜130μ（1〜20細胞幅），高さ　〜3500μ，繊維；長さ　500〜1800μ。

年輪界は細かいが，顕著な波状を示す。射出線は板目面で濃色の紡錘形を示し，所謂カシ目を示す。

柔細胞は散在状，短切線状に配列し，多数存在するが，肉眼では認められない。

導管と射出線細胞との間の紋孔は中庸〜大で，階段状配列を示すことが多い。

用　途： 器具，鏇作，合板，曲木，パルプ，製紙，木管，箱，漆器木地，靴型，機械，薪炭，枕木。

其の他： 54。幅の広い，絹糸光沢をもつ射出線は特徴的である。

103 落葉性　104 常緑性　105 家具・指物　106 建築・およびその内装　107 箱　108 器具・器柄　109 枕木　110 土木・坑木

用途

111 船舶　112 合板　113 車両　114 彫刻・鏇作　115 製紙・パルプ　116 運動具・楽器・特殊用途　117 木炭　118 其の他

用途

（注：用いている用語の中には，好ましくないので本書で用いてないものがあることに注意．例：紋孔，垂直樹脂溝 etc）

1. 材片をぬらしてから，片刃の安全かみそりの刃を用いてできる限り薄い切片をつくる．
2. スライドグラスの上にこの切片を載せる．
3. あらかじめつくっておいたエチルアルコールとグリセリンの等量液で切片をおおう．
4. できるだけ大きいカバーグラスを切片の上に載せる．
5. 別に用意しておいた熱板の上（100°C 以上に温められた）に載せて熱する．熱すると切片の中から泡が多量に出るようになる．泡があまり出なくなってきたら，熱板から下ろして冷却するのをまつ．これによって切片中に含まれた空気が排出されて，切片は顕微鏡下で観察しやすくなる．
6. スライドグラスやカバーグラスの上から，余分のグリセリン液を拭きとり，カナダバルサムをカバーグラスとスライドグラスの両方にかかるようにたらしてから，一定時間経過させて固化させると，短期間であれば保存できる．
7. 切片が十分薄く，また清浄になっていれば，写真をとることもできる．

この木材の識別の項に示してある程度の性質は，この方法でつくったプレパラートによって，十分顕微鏡下で観察できる．

**) 小さい活字で示してあるのは主として顕微鏡下で認められるもの，および属の中をさらに細かく分けるために参考となるものである．

14.2.1 日本産材の肉眼的識別表

a） 主要針葉樹材

1 軸方向細胞間道（樹脂道）がある（横断面では淡色の小点として，また縦断面では周囲よりやや濃色あるいは淡色の短かい線として認められる）．…………2

1 軸方向細胞間道（樹脂道）は認められない．…………5

2 心材・辺材の色調差は明らかである．…………3

2 心材・辺材の色調差は明らかではない．早晩材の移行は一般にゆるやかで，材は黄白色ないし桃色を帯びる．軸方向細胞間道は小さく，1～2個以上接続する．…………エゾマツ類

主なものはエゾマツ　*Picea jezoensis* (Sieb. & Zucc.) Carr.
トウヒ　var. *hondoensis* (Mayr) Rehd.
アカエゾマツ　*P. glehnii* (Fr. Schm.) Mast.
ハリモミ　*P. polita* (Sieb. & Zucc.) Carr.
イラモミ　*P. bicolor* (Maxim.) Mayr など

エピセリウム細胞は厚壁と少数の薄壁のものとからなる．水平細胞間道の周囲のエピセリウム細胞の数は8～9（12），分野壁孔はトウヒ型，放射仮道管（非常に細かい鋸歯状肥厚をもつ）あり．（図7.26）

3 心材の色調は濃色で，褐色ないし赤褐色．軸方向細胞間道は小さく，1～2個以上接続する．

…………カラマツ　*Larix leptolepis* (Sieb. & Zucc.) Gordon

エピセリウム細胞は厚壁（少数の薄壁），水平細胞間道の周囲のエピセリウム細胞の数は8～10（15），分野壁孔はトウヒ型，放射仮道管（細かい鋸歯状肥厚はむしろ認めにくい）あり，晩材部の仮道管の壁厚は厚く6μmに達する．（図7.3；7.25 a）

…………トガサワラ　*Pseudotsuga japonica* (Shirasawa) Beiss.

次の点でカラマツと異なっている．水平細胞間道のエピセリウム細胞の数は主として5～6，仮道管に著しいらせん肥厚があり，放射仮道管にもらせん肥厚がある．（図7.8；7.13；7.18；7.31；7.127；7.135）

3 心材の色調はやや濃色，軸方向細胞間道は大きく，単独である．…………4

4 晩材幅は広く，早晩材の移行は急である．木材は重硬である．

…………硬松類　アカマツ　*Pinus densiflora* Sieb. & Zucc.
クロマツ　*P. thunbergii* Parl.

エピセリウム細胞は薄壁，一般に軸方向，水平細胞間道ともエピセリウム細胞がこわれていて（とくに一度乾燥した材では）認められないことが多い．分野壁孔は窓状で，放射仮道管に著しい鋸歯状の肥厚がある．（図7.37；7.126；7.136）

4 晩材幅は狭く，早晩材の移行は一般にゆるやか．木材はやや軽軟．

…………軟松類 ヒメコマツ *Pinus pentaphylla* MAYR

エピセリウム細胞は薄壁．分野壁孔は窓状．放射仮道管の壁は平滑（アカマツなどとの違い）．（図7.36）

5 心材・辺材の色調差は非常に明らかである． …………6

5 心材・辺材の色調差は明らかではない． …………8

6 晩材幅は広く，早晩材の移行は急である．心材の色調は淡紅色ないし暗紅褐色である．

…………スギ *Cryptomeria japonica* (L. f.) D. DON

放射仮道管をもたない．樹脂細胞が多い．分野壁孔はスギ型．（図7.1；7.16；7.34；7.38；7.129）

6 晩材幅はやや狭く，早晩材の移行はやや急である． …………7

7 心材の色調は黄色を帯びる．

…………サワラ *Chamaecyparis pisifera* (SIEB. & ZUCC.) ENDL.

放射仮道管をもたない．樹脂細胞が多い．分野壁孔はスギ〜ヒノキ型．

7 心材の色調は淡黒褐色，灰黒褐色などを示す．

…………ネズコ *Thuja standishii* (GORD.) CARR.

放射仮道管をもたない．樹脂細胞がある．分野壁孔はスギ型．

8 心材と辺材の色調差はとくに明らかではないが認められる．晩材部の幅は狭く，早晩材の移行はゆるやかである． …………9

8 心材と辺材の色調差はほとんど認められない． …………10

9 心材は黄色を帯びる． …………ヒバ類

アスナロ *Thujopsis dolabrata* (L.f.) SIEB. & ZUCC.

ヒバ，ヒノキアスナロ var. *hondae* MAKINO

放射仮道管をもたない．樹脂細胞が多い．分野壁孔はヒノキ型．（図7.26）

9 心材は淡黄褐色ないし淡紅色

…………ヒノキ *Chamaecyparis obtusa* (SIEB. & ZUCC.) ENDL.

放射仮道管をもたない．樹脂細胞が多い．分野壁孔はヒノキ型．（図7.17；7.22）

10 木材の色調はほとんど白色．早晩材の移行は急ないしやや急である． ……………11

10 木材の色調はやや紫色を帯びた淡紅褐色を示す．早晩材の移行は急である．フロコソイドが横断面に白色の点として認められることがある． …………ツガ類

ツガ *Tsuga sieboldii* CARR.

コメツガ *T. diversifolia* (MAXIM.) MAST.

放射仮道管はあるが，他の樹種のように発達していないので注意しないと見落すことがある．分野壁孔はヒノキ（スギ）型．（図7.19）

11 木材はやや黄色を帯びる．注意すると材に臭気があることがわかる．

…………トドマツ *Abies sachalinensis* FR. SCHMIT

11 木材はやや桃色を帯びる．臭気をもたない．

…………モミ　*Abies firma* Sieb. & Zucc.

トドマツとモミの組織は非常によく似ているが，後者の放射組織細胞中にはしゅう酸石灰の結晶を含むので両者を区別できる．放射仮道管をもたず，分野壁孔はスギ型である．（図 7.25 b；7.33）

b）　主要広葉樹材 注 1，2)

1　道管の配列は散在状である．　…………2

1　道管の配列は散在状ではない．　…………22

2　集合放射組織をもつ．　…………3

2　集合放射組織をもたない．　…………4

3　心材の色調は紅褐色を帯びる（生材時には鮮かな橙色を帯びる）．木材は一般にやや軽軟である．　…………ハンノキ類

主なものは　ヤマハンノキ　*Alnus hirsuta* Turcz.

ハンノキ　*A. japonica* (Thunb.) Steudel

ヤハズハンノキ　*A. matsumurae* Callier など．

ハンノキ，ケヤマハンノキ，ヤマハンノキなどはやや軽軟で，ヒメヤシャブシはこれらにくらべて重硬である．道管の放射方向への複合は数個をこえることが多い．集合放射組織のため道管の分布範囲が限られて，その配列が帯状になって見えることが多い．（図 7.108）

柔組織は散在～短接線状である．一般に道管の接線方向の直径は 100 μm 以下．道管のせん孔は階段状，道管と放射組織との間の壁孔は非常に小さい（<5μm）．

3　心材の色調は白色ないし灰色を帯びる．やや重硬である　…………シデ類

主なものは　イヌシデ　*Carpinus tschonoskii* Maxim.

クマシデ　*C. japonica* Bl.

アカシデ　*C. laxiflora* (Sieb. & Zucc.) Bl.

サワシバ　*C. cordata* Bl. など．

年輪の境界が波状になることが多い．道管の放射方向への複合は数個をこえることが多い．集合放射組織のために道管の分布範囲が限られて，放射方向へ帯状になって見えることが多い．

柔組織は散在～短接線状．放射組織中にしゅう酸石灰の結晶を含むことがある．一般に道管の接線方向の直径は 100 μm 以下．道管のせん孔は階段状．道管と放射組織の間の壁孔は非常に小さい（<3μm）．

4　放射組織は広いか中庸で，板目面でも肉眼で容易に認められる．　…………5

4　放射組織は肉眼で認められるか，あるいは認められない．　…………6

5　放射組織は高く広く，絹糸状光沢をもつ．木材の色調は淡紅色ないし紅褐色．偽心材をもつことが多い．　…………ブナ類

ブナ，シロブナ　*Fagus crenata* Bl.

イヌブナ，クロブナ　*F. japonica* Maxim.

道管中にチロースが著しい．道管には単せん孔がある（小道管には階段状）．柔組織は散在～短接線状．道管と放射組織との間の壁孔は対列～階段状で伸長するものがある（～15μm）．道管の接線方向の直径は 100μm 以下．（図 7.67 c；7.107）．放射組織の高さはしばしば 2 mm を越える．

5　放射組織の幅は中庸．道管は放射方向に長く複合（しばしば数個以上に）する傾向が強い．

…………アオハダ　*Ilex macropoda* Miq. など *Ilex* spp.

道管の接線方向の直径は 50 μm 以下，道管のせん孔は階段状，らせん肥厚がある．繊維にもらせん肥厚がある．放射組織には部分的なさや細胞がある．しゅう酸石灰の結晶が軸方向柔組織と放射組織に認められる．道管と放射組織との間の壁孔は小さく，配列は対列．放射組識の高さは 2 mm 以下．（図 7.45；7.58；7.67g；7.77；7.112）

6　放射組織は肉眼でも認められる．　…………　7

6　放射組織は肉眼では認めにくい．　…………14

7　道管の直径は肉眼でも認められる程度である．　…………　8

7　道管の直径は中庸ないし大きい．　…………10

8　接線断面でリップルマークが認められる．　…………シナノキ類

シナノキ，アカシナ　*Tilia japonica* (Miq.) Simk.

オオバボダイジュ，アオシナ　*T. maximowicziana* Shiras.

道管の接線方向の直径は 100μm以下．道管は単せん孔をもち，壁にらせん肥厚をもつ．柔組織は短接線状～ターミナル状．放射組織の高さは 2 mm 以下．リップルマークが認められるが，放射組織は層階状配列をしていない．（図 7.67 e）

8　接線断面でリップルマークは認められない．ピスフレックが認められることが多い．
…………　9

9　辺材・心材の色調差は明らかではない．木材の色調は桃白色～桃褐色を示す．
…………イタヤカエデ　*Acer mono* Maxim.

道管の接線方向の直径は70μm 以下．道管は単せん孔をもち，壁にらせん肥厚をもつ．柔組織は短接線状，ターミナル状など．軸方向柔組織にしゅう酸石灰の結晶をもつ．年輪の境界は細かい波状を示す．放射組織の幅は 50 μm に達する．（図 7.67 f）

9　辺材・心材の色調差は明らかである．心材の色調は紅褐色で緑色を帯びた縞をもつことが多い．傷害細胞間道をもつことがある．　…………サクラ類

主なものは　ヤマザクラ　*Prunus jamasakura* Sieb. & Koidz.

ウワミズザクラ　*P. grayana* Maxim.

シウリザクラ　*P. ssiori* Fr. Schm. など．

ウワミズザクラは他の 2 種にくらべて放射組織の幅が広い（数細胞幅以上になることが多い）．道管は単せん孔をもち，壁にらせん肥厚をもつ（よく似ているカバ類との違い）．（図 11.7）

10　道管の大きさは中庸．　………11

10　道管は大きく，早晩材の直径の移行がかなり著しい．柔組織は網状を示す．木材の色調は赤褐色で，灰黒色の縞が認められることがある．
…………オニグルミ　*Juglans sieboldiana* Maxim.

道管の直径の移行が急なので，ときに環孔材のように見えることがある．

道管と放射組織の間の壁孔は円形，だ円形などで大きい．（図 7.51；7.83 b）

11　柔組織は周囲状．　…………12

単せん孔をもつ（階段せん孔がまれに認められるものもある）．

11　周囲柔組織をもたない．　…………13

階段せん孔だけをもつ（縦断面で注意すれば，階段が細い白い糸として認められる）．

12　芳香をもつ．やや軽軟．　…………クスノキ　*Cinnamomum camphora* (L.) Sieb.

道管の接線方向の直径は～160μm．道管の分布数は 10～25/mm^2．道管と放射組織の間の壁孔は大きく（～50μm），だ円形～眼瞼状～階段状．分泌細胞がある．（図 7.82；7.88）（注意するとハンドレンズでも認められる）

12　芳香をもたない．やや重硬．…………タブノキ　*Machilus thumbergii* SIEB. & ZUCC.

道管の接線方向の直径は～130μm，道管の分布数は 15～35/mm^2．道管と放射組織の間の壁孔はやや小さい．分泌細胞がある．（階段せん孔がまれに認められることがある）

13　木材の色調は黄白色ないし淡黄褐色を示す．木材はやや軽軟．　…………シラカンバ

13　木材の色調は紅褐色を示す．木材はやや重硬．　…………マカンバ，ミズメ

カバ類	ウダイカンバ，マカンバ	*Betula maximowicziana* REGEL
	オノオレカンバ	*B. schmidttii* REGEL
	シラカンバ	*B. mandshurica* (REGEL) NAKAI
	ダケカンバ	*B. ermanii* CHAM.
	ミズメ	*B. grossa* SIEB. & ZUCC.

横断面で道管が白色の点として認められることが多い（濃色のカバ類）．

道管はらせん肥厚をもたない．階段せん孔をもつ．道管と放射組織の間の壁孔は非常に小さい（～5 μm）．柔組織は短接線状，ターミナル状など．（図 7.67 a；7.83 a）

A：心材と辺材の区別は明らかで，心材の色調は赤褐色を示す．非常に重く（比重は 0.9 をこえることが多い），硬い．　…………オノオレカンバ

B：心材と辺材の区別は明らかで，心材の色調は赤褐色，紅褐色を示すが，A にくらべて淡色であることが多い．A より軽い（比重は 0.6～0.8 を示すことが多い）．

……マカンバ，ミズメ（ヨグソミネバリ）

C：心材と辺材の区別は明らかではなく，材の色調は淡黄褐色～帯黄白色などを示す．

……シラカンバ，ダケカンバ

前者は後者にくらべて，軽軟でより淡色でむしろ白色に近いものが多い．

14　明らかなリップルマークをもつ．　…………15

14　明らかなリップルマークをもたない．　…………16

15　道管の直径は中庸で，柔組織は網状．木材の色調は橙色を帯びる（ときに部分的に黒色になる）．

…………カキ類	ヤマガキ	*Diospyros kaki* THUNB. var. *sylvestris* MAKINO
	トキワガキ	*D. morrisiana* HANCE
	シナノガキ	*D. lotus* L.

放射組織の幅は 1～2 (3) 細胞．各要素が層階状配列する．*Diospyros* の各樹種は次のようにして区別される．

A：道管の直径は 200 μm をこえる．柔細胞中に結晶が認められる．　……ヤマガキ

B：道管の直径は 200 μm 以下である．柔細胞中に結晶は認められない．

B_I：道管の直径は 100μm をこえる．　……シナノガキ

B_{II}：道管の直径は 100μm をこえることがあってもその数は少ない．　……トキワガキ

15 道管の直径は肉眼で認められる程度．木材の色調は淡黄白色ないし淡紅白色を示す．

…………トチノキ *Aesculus turbinata* BL.

放射組織は同性，単列，すべての要素が層階状配列をする．道管の壁にらせん肥厚がある．ターミナル柔組織がある．（図7.118）

16 道管の直径は中庸～肉眼で認められる程度である． …………17

16 道管の直径は肉眼で認められる程度であるか，あるいはまったく認められない． ………19

17 木材の色調は紅褐色でやや重硬である． …………アサダ *Ostrya japonica* SARG.

道管の配列はかなり放射方向に向う傾向が強い．接線およびターミナル柔組織がある．

道管は単せん孔をもち，壁にらせん肥厚がある．

17 木材の色調はほとんど白色である． …………18

18 道管の分布数は少なく，間隔の広い網状の柔組織をもつ．

…………サワグルミ *Pterocarya rhoifolia* SIEB. & ZUCC.

道管の分布数は少なく3～5/mm²，配列はかなり放射状，直径は～250 μm．放射組織は同性，1～2(3)列．かなり粗な網状柔組織とターミナル柔組織がある．（図7.67 h）

18 道管の分布数は多く，直径は小さく，柔組織は認めにくい．

…………ドロノキ *Populus maximowiczii* A. HENRY

道管の接線方向の直径は～100 μm（よく似ているヤマナラシは～80 μmで，比較すると肌目の違いがわかる）．

…………ヤマナラシ *P. sieboldii* MIQ.

放射組織は同性で単列．ターミナル柔組織をもつ．道管と放射組織との間の壁孔は大きい（～10 μm）．（図7.52）

19 道管は肉眼では認められない． …………20

19 道管は肉眼で認められる． …………21

20 木材の色調は紫色を帯び，柔組織の帯が認められる．

…………イスノキ *Distylium racemosum* SIEB. & ZUCC.

道管のせん孔は階段状．放射組織は1～2列，異性I～II型．柔組織は接線～長い帯状．道管の接線方向の直径は～55 μm.

20 木材の色調は黄色を帯びる．

…………ツゲ *Buxus microphylla* SIEB. & ZUCC. var. *japonica* REHD. & WILS.

道管の直径は～40 μm．柔組織は散在する．放射組織は1～2(3)列，異性II～I型．

21 心材の色調は緑色を帯びる．ターミナル柔組織をもつ．

…………ホオノキ *Magnolia obovata* THUNB.

道管のせん孔は単～（階段状）．柔組織はターミナル状．道管の壁孔は対列～階段状．道管と放射組織との間の壁孔は対列～階段状．放射組織は1～2(3)列．（図7.47；7.54；7.67 d）

21 心材の色調は紅褐色．道管の中にキラキラ光るものがある(チロース)．

…………カツラ *Cercidiphyllum japonicum* SIEB. & ZUCC.

道管のせん孔は階段状．道管と放射組織との間の壁孔は対列～階段状．放射組織は(1)～2列，異性I～II型．（図7.67 b）

22　道管の配列は環孔状である．　…………23

22　道管は孤立道管だけで，放射方向に鎖状に配列する．　…………33

23　孔圏外の道管は散在する．翼状，連合翼状の柔組織が認められる．　…………24

23　孔圏外の道管は散在しない．　…………25

24　孔圏と孔圏外の道管との間の直径の移行はややゆるやかである．木材は極めて軽軟で，やや紫色を帯びることがある．　…………キリ　*Paulownia tomentosa* Steud.

随伴柔組織はむしろ眼瞼状になる．孔圏に配列する道管の列数は～4列．放射組織は～4列．(図7.87b)

24　孔圏と孔圏外の道管との間の直径の移行は急である．　…………ヤチダモ類

ヤチダモ　*Fraxinus mandshurica* Rupr.

シオジ　*F. spaethiana* Lingelsh.

アオダモ　*F. lanuginosa* Koidz.

柔組織は道管の周囲に薄いさやを形成し，晩材部へ向ってその翼部がだんだんと長くなり，道管を結びつける線となる（図7.64a)．道管は単せん孔をもつ．この類は次のようにして区別される．

A：道管の直径は大きく400 μmに達するものもある．孔圏での道管の配列数は2～4を示す．心材と辺材との区別は明らかである．

A_I：心材の色調は比較的濃い．　……ヤチダモ

A_{II}：心材の色調はA_Iにくらべて淡い．　……シオジ

B：道管の直径はやや大きいが250 μmをこえるものは少ない．孔圏での道管の配列数は2～3を示す．心材と辺材との区別は認められない．　……ヤマトアオダモ（*F. longicuspis* Sieb. & Zucc.）

C：道管の直径はA，Bにくらべて小さく200μmをこえることは少ない．孔圏での道管の配列数はほとんど単列を示すことが多い．心材辺材との区別は認められない．ここの記載には含まれていないが，トネリコ（*F. japonica* Bl.）は上述した拠点だけによるとBに加えられる性質を示している．

25　孔圏外の小道管は群状，さらに波状の帯を形づくる．　…………26

25　孔圏外の小道管は放射状，火焔状の模様を形づくる．　…………29

26　孔圏内において道管の直径の移行が認められる．孔圏部には通常2列以上の道管が配列する．　…………27

26　孔圏内において道管の直径はほとんど一定で，孔圏部には通常1列の道管が配列する．　…………28

27　孔圏部と孔圏外での道管の配列の差は著しく，配列の移行は認められない．放射断面で放射組織は赤色を帯びることが多い．　…………ニレ類

ニレ，ハルニレ　*Ulmus davidiana* Planch. var. *japonica* (Rehd.) Nakai

オヒョウニレ　*Ulmus laciniata* (Trautv.) Mayr

ニレ類の放射組織はさや細胞をもつことが多い．またしゅう酸石灰の結晶が軸方向柔細胞，放射柔細胞に認められる．外観的によく似ているエノキ類（*Celtis* spp.）とは，孔圏から孔圏外へ移行が急激に変化していることによって区別できる（エノキ類では孔圏から孔圏外への移行の部分に比較的直径の大きい道管が散在している)．(図7.64b)

27　孔圏部と孔圏外との間に道管の配列の移行が認められる．心材の色調は緑色を帯びた淡褐色を示す．　…………キハダ　*Phellodendron amurense* Rupr.

道管中にあるチロースがキラキラ光って見える．放射組織の幅は～30 μm.

28 孔圏の道管はすべて１列に配列する．心材の色調はくすんだ淡褐色．

…………セン（ハリギリ） *Kalopanax pictus* (THUNB.) NAKAI

放射組織にしゅう酸石灰の結晶を含まない．放射組織の幅は～50 μm．（図 9.2）

28 孔圏の道管はふつう１列に配列する．辺材と心材の差は明らかで，心材の色調は黄褐色．

…………ケヤキ *Zelkova serrata* (THUNB.) MAKINO

孔圏の道管の配列数は１列のことが多い．放射組織の中に大きいしゅう酸石灰の結晶が認められる．

29 放射組織は狭く肉眼では認められない． …………30

29 放射組織は非常に広く，肉眼でも容易に認められる． …………31

30 孔圏部の道管は幅の広い密な配列をしている．

…………クリ *Castanea crenata* SIEB. & ZUCC.

放射組織は単列．道管の直径は極めて大きく日本産樹種のうちで最大のひとつである．孔圏の道管はしばしば数列をこえる．道管と放射組織の間の壁孔の形は不規則で大きい．柔組織の線は肉眼では認めにくい．（図 7.73；7.117）

30 孔圏部での道管の配列は疎である．

…………スダジイ *Castanopsis cuspidata* (THUNB.) SCHOTTKY

放射組織は単列．道管と放射組織の間の壁孔は柵状*)を示すものが多い．（図 7.64 d）

31 非常に広い放射組織が認められるが，数は少ない．孔圏部での道管の配列は疎である．

…………コジイ *Castanopsis thunbergii* HATUSIMA

非常に広い放射組織は集合放射組織である．道管と放射組織の間の壁孔は柵状*)を示すことが多い．

31 非常に広い放射組織が多数存在する．孔圏部での道管の配列は一般に密である． …………32

32 孔圏外の道管は孤立でなく，しかも角ばっている．木材の色調は褐色．

…………ナラ類（ミズナラ，コナラ，カシワ）

ミズナラ，ナラ *Quercus crispula* BL.

コナラ *Q. serrata* THUNB.

カシワ *Q. dentata* THUNB.

孔圏外の道管の輪郭は多角形で薄壁である．道管と放射組織との間の壁孔は大きく，形は不規則．（図 6.8；7.40；7.65 b）

32 孔圏外の道管は孤立で，木材の色調は赤色を帯びる． …………クヌギ，アベマキ

クヌギ *Quercus acutissima* CARRUTH.

アベマキ *Q. variabilis* BL.

孔圏外の道管の輪郭は円形で厚壁である．道管と放射組織との間の壁孔は柵状*)．（図 7.65 a）

33 木材は赤色を帯びる． …………イチイガシ，アカガシ

イチイガシ *Quercus gilva* BL.

アカガシ *Q. acuta* THUNB.

両者は材質が似ている．道管と放射組織の間の壁孔は柵状*)．

33 木材は白色ないしくすんだ褐色を帯びる． …………シラカシ，アラカシ

---

*) 図 7.57 参照

シラカシ *Quercus myrsinaefolia* Bl.
アラカシ *Q. glauca* Thunb.

道管と放射組織の間の壁孔は柵状.（図 7.57）

注 1） 道管の肉眼による大きさの分類

1 肉眼では認められない： 直径がほぼ 50μm 以下であると肉眼では認めにくいか，まったく認められない. 25 μm 以下になるとハンドレンズによっても小さい点として認められるだけである. ツゲ，イスノキ，マユミ，ナナカマドなどが例である.
2 肉眼でも認められる： 直径が 50～100 μm になると肉眼でも認められるようになる. 横断面では認めにくい場合でも，縦断面では凹んだ線として認められるようになる. イタヤカエデ，トチノキ，ハンノキ，イヌシデ，カツラ，ミズキ，ブナ，タブノキ，ホオノキ，ヤマナラシ，ヤマザクラ，シナノキなどが例である.
3 中庸： 直径が 100～200μm になると個々の道管が肉眼でもかなり明らかになる. 150μm をこえるようなものでは奥行のある孔として認められるようになる. マカンバ，クスノキ，ヤマガキ，アサダ，ドロノキ，アカガシなどが例である.
4 大きい： 直径が 200～300μm になると個々の道管の輪郭がはっきりとし，孔の奥までが見えるようになる. エノキ，チシャノキ，ケンポナシ，オニグルミ，ヤマグワ，アキニレなどが例である.
5 極めて大きい： 直径が 300 μm をこえる. クリ，セン，ミズナラなどが例である.

注 2） 放射組織の肉眼による幅の分類

1 肉眼では認められない： ほぼ 25 μm 以下の幅の場合には肉眼では認められず，ハンドレンズによってはじめて認められる. トチ，ツゲ，カツラ，イスノキ，サワグルミ，ドロノキ，ナナカマドなどが例である.
2 肉眼でも認められる： 25～50μmの幅になると肉眼でも認められるようになる. ただし下限に近い方のものは他の組織との色調の対照が明らかでないと認めにくい. イタヤカエデ，マカンバ，クスノキ，ミズキ，ムクノキ，オニグルミ，セン，キハダ，ノグルミ，ヤマザクラ，シナノキなどが例である.
3 中庸： 幅が 50～100 μm をこえると，線としてではなく，幅をもった帯として認められるようになる. エノキ，フサザクラ，アオハダ，ヤマグルマなどが例である.
4 広い～極めて広い： 幅が 100 μm をこえるもので，一般に鋸で切断しただけで仕上げてない横断面でも容易に認められる. ハンノキ，イヌシデ，コジイ，ブナ，アオギリ，ミズナラ，カシ類，マテバシイなどが例である.

14.2.2 北米産材の肉眼的識別表[4)]

a） 主要針葉樹材

軸方向細胞間道（樹脂道）をもつ：

A 細胞間道（樹脂道）は大きく，ほとんどすべての年輪の横断面，縦断面で認められる.
1 年輪はやや不明瞭（早材部の色調はゆるやかに晩材部のそれに移行する）.
…………イースタンホワイトパイン（ストローブマツ）
1 年輪は明瞭（早材の色調はかなりはっきりと晩材部のそれと区別できる）.　………… 2
2 木材はやや重く，晩材部は一般に狭く，接線断面にディンプルグレイン（p. 109）が認められる.　…………ポンデローサパイン
2 木材は重く，晩材部の幅は前者のそれより広く，ディンプルグレインは認められない.
…………サザンパイン類

マツ類の区別： マツ属の中をグループ以上に細かく区別することはむずかしいとされている[4)].

◦放射仮道管の壁に鋸歯状の肥厚はない.
分野に 1～2 個の大型窓状壁孔　……イースタンホワイトパイン *Pinus strobus* L.
ウエスタンホワイトパイン *P. monticola* Dougl.
分野に 2～4 個の卵型の壁孔（窓状の一種）

……シュガーパイン *P. lambertiana* DOUGL.（図7.30）

分野壁孔はトウヒ型……フォックステイルパイン： *P. aristata* ENGELM.（ブリスルコーンパイン），*P. balfouriana* GREV. & BALF.（フォックステイルパイン）． ピニオンパイン：*P. edulis* ENGELM.（ピニオンパイン），*P. monophylla* TORR. & FREM.（シングルリーフピニオン），*P. quadrifolia* PARL.（パリイピニオン）．

∘放射仮道管は鋸歯状～網状の肥厚をもつ．

分野には1～2個の窓状壁孔……レッドパイン*) *P. resinosa* AIT.

分野には1～6個のマツ型壁孔をもつ．

西部産： ポンデローサパイン *P. ponderosa* LAWS.，ジェフレイパイン *P. jeffrey* GREV. & BALF.，ロッジポールパイン *P. contorta* DOUGL.

東部・南部産： ジャックパイン *P. banksiana* LAMB.，スラッシュパイン *P. elliottii* ENGELM.，ロングリーフパイン *P. palustris* MILL.（図7.29），ショートリーフパイン *P. echinata* MILL.，ロブロリーパイン *P. taeda* L.；この中で *P. palustris* は髄の大きさが0.2 in であるが，他の種では0.1 in であるので区別することができる．

B 細胞間道（樹脂道）は小さく，一般に肉眼では縦断面でいくつかの年輪に認められるだけである．

1 木材は白色で光沢がある．軽い．早材と晩材の色調はかなり均一である．

…………スプルース類

シトカスプルース（ベイトウヒ）		*Picea sitchensis* (BONG.) CARR.（図6.7）
イースタンスプルース	ホワイトスプルース	*P. glauca* (MOENCH.) VOSS.
	レッドスプルース	*P. rubens* SARG.
	ブラックスプルース	*P. mariana* (MILL.) B.S.P.
エンゲルマンスプルース		*P. engelmannii* PARRY

このうちシトカスプルースは他の種に比較して心材が濃色であることにより区別される．識別に必要な顕微鏡的な特徴は日本産のエゾマツ（p.252）にほとんど同じである．

1 木材は桃色ないし褐色を帯びる．ときにはっきりとした特有の臭気をもつ．早晩材の差は明らかである． ………… 2

2 木材は桃色ないし赤色，ときに特有の臭気をもつ．細胞間道は縦断面で容易に認められる．

…………ダグラスファー（ベイマツ） *Pseudotsuga menziesii* (MIRB.) FRANCO
（トガサワラに同じ）

2 木材は褐色ないし赤褐色を帯びる．臭気はない．細胞間道は肉眼で認めるのはかなりむずかしい．（カラマツによく似ている）

…………ウェスタンラーチ *Larix occidentalis* NUTT.
タマラック *L. laricina* (DU ROI) K. KOCH

軸方向細胞間道（樹脂道）をもたない（たまたま認められない場合を含む）：

A 心材は褐色ないし濃赤褐色．

---

*) *P. sylvestris* L. オウシュウアカマツ，スコッチパインと同様の性質をもつ．

1　木材には油状の感触と特有の臭気あり．

…………ボルドサイプレス　*Taxodium distichum* (L.) Rich.

心材の色調は一般に一定でないことが多く，黄色，赤褐，濃褐，黒色などを示す．

分野壁孔はスギ～ヒノキ型．木材の組織はセコイアによく似ているが軸方向柔細胞のじゅず状末端壁がより明らかである．(図7.23)

1　木材には油状の感触と特有の臭気はない．　…………2

2　木材はかなり重い．色調は赤褐色．　……ウェスタンラーチ，タマラック（前出，p.261）

2　木材は軽く，赤褐色ないし濃赤褐色．　…………3

3　木材には特有な芳香がある．　…………ウェスタンレッドシーダー（ベイスギ）

ネズコ類	ウェスタンレッドシーダー	*Thuja plicata* Donn
	イースタンホワイトシーダー	*T. occidentalis* L.V.

前者がわが国に輸入されている．*T. plicata* では心材の色調は赤色ないし赤褐色で芳香がある．*T. occidentalis* では芳香があるがずっと弱い．心材の色は淡褐色である．前者では心材の色調はしばしば不均一で，濃淡の縞が認められる．分野壁孔はスギ型．放射仮道管は極めてまれ．放射柔細胞の末端壁は平滑．軸方向柔細胞はじゅず状末端壁である．両者は，*T. plicata* にはより軸方向柔組織の存在の多いこと，*T. occidentalis* には仮道管の壁に有縁壁孔が2列に配列することがより多く，放射柔組織の内容物が網状になり末端壁を見難くすることが多い，などで区別される．

3　木材には特有な芳香がない．

…………レッドウッド(セコイア)　*Sequoia sempervirens* (D. Don) Endl.

分野壁孔はスギ型．仮道管には2～3列に配列する有縁壁孔が多い．放射柔細胞の末端壁は平滑である．軸方向柔細胞のじゅず状末端壁は明らかではない．

B　心材は淡色（辺心材の間の色調差はとくに明らかではない．色調はせいぜいやや桃色ないしやや紫色を帯びる程度である．しばしば黒色の条が認められる）．

1　横断面における早晩材の色調差はとくに生材時に著しい．晩材部の横断面の色調は淡褐色．

……ホワイトファー（ベイモミ）：日本産のモミ類と材質的には同じであると考えてよい．

日本でベイモミと呼ばれて輸入されているものは次のうちのウェスタンファーが主である．

ウェスタンファー	パシフィックシルバーファー	*Abies amabilis* (Dougl.) Forbes
	ホワイトファー	*A. concolor* (Gord. & Glend.) Lindl.
	グランドファー	*A. grandis* (Dougl.) Lindl.
	サブアルペンファー	*A. lasiocarpa* (Hook.) Nutt.
		A. magnifica A. Murr.
	ノーブルファー	*A. procera* Rehd.
イースタンファー	バルサムファー	*A. balsamea* (L.) Mill.

顕微鏡下での識別に必要な特徴は日本産の *Abies* 属のそれと同じである．この中でサブアルペンファーとバルサムファーでは放射組織の細胞中に淡色の主として黄色を帯びた内容物をもち，それが細胞中で網状になっているので細胞の末端壁が認めにくく，しゅう酸石灰の結晶をもたない．サブアルペンファーは臭気をもち，また節の色が黄色である．

上述以外の種では放射組織の細胞中に赤色の内容物を含み，しゅう酸石灰の結晶が多かれ少なかれ認められる（*A. magnifica* と *A. concolor* に多く，その他の3種に少ないかまれである）．

1 早晩材の色調差は著しくない．木材の横断面はやや紫色を帯びる．

…………ウェスタンヘムロック（ベイツガ）（ツガ類に同じ）

ヘムロック類 ウェスタンヘムロック *Tsuga heterophylla* (Rof.) Sarg.

マウンテンヘムロック *T. mertensiana* (Bong.) Carr.

カロライナヘムロック *T. caroliana* (L.) Carr.

イースタンヘムロック *T. canadensis* (L.) Carr.

わが国へはウェスタンヘムロックが多量に輸入されている．木材の組織については日本産の *Tsuga* 属のそれと同じである．

C 心材は淡色で黄褐色あるいは黄色を示し，特有の臭気または芳香をもつ．

1 木材は黄褐色で芳香（日本産のヒノキによく似た）をもつ．

…………ピーオーシーダー（ベイヒ）

1 木材は黄色で強い臭気をもつ． …………アラスカシーダー（ベイヒバ）

ヒノキ類 ポートオーフォードシーダー，ピーオーシーダー（ベイヒ），ロウソンヒノキ

Chamaecyparis lawsoniana (A. Murr.) Parl.

イエロウシーダー，ベイヒバ *Chamaecyparis nootkatensis* (D. Don) Spach

アトランチックホワイトシーダー *C. thyoides* (L.) B. S. P.

心材の色調は *C. nootkatensis* では黄色，*C. lawsoniana* では黄白～桃褐～淡褐色で，両者での辺心材の色調差は著しくないが，*C. thyoides* の心材は桃色～赤色を帯びた淡褐色で辺材からはっきりと区別できる．香～臭気は *C. nootkatensis* ではむしろ臭いというべきで，日本産のヒバ類のそれに近いがより強い．*C. lawsoniana* では日本のヒノキに近い芳香をもつがより強い．*C. thyoides* では芳香があるが前者のように刺激的なものではない．*C. nootkatensis* は放射仮道管をもち（図 7.28），柔細胞（軸方向および放射組織）はじゅず状末端壁をもつ．他の2種には放射仮道管がなく，放射柔細胞の末端壁は平滑である．軸方向柔細胞の末端壁は *C. lawsoniana* ではじゅず状であり，*C. thyoides* では平滑である．

b）主要広葉樹材

A 道管は肉眼でも容易に認められ，配列は環孔状である．

1 放射組織は大きく明らかである．高さは1/2 in以上． ………… 2

1 放射組織の高さは1/4 in以下である． ………… 3

2 木材は赤色ないし桃色を帯びる．道管は空になっているので息を吹きこむことができる．

…………レッドオーク類

レッドオーク *Quercus rubra* L.

ブラックオーク *Q. velutina* L.

シュマードオーク *Q. shumardii* Buckl.

スカーレットオーク *Q. coccinea* Muenchh.

ピンオーク *Q. palustris* Muenchh.

ウィロウオーク *Q. phellos* L.

などを含む *Quercus* spp. (*Erythrobalanus*)

ホワイトオークとのおもな違いを次に示した．

レッドオーク	ホワイトオーク
◦心材の色は桃色〜淡赤褐色	◦心材の色は淡褐色〜濃褐色
◦心材部にある孔圏の道管は空	◦心材部にある孔圏の道管はチロースがつまっている（図7.61）
◦孔圏外の道管は厚壁で円形	◦孔圏外の道管は薄壁で角ばっている

2　木材は淡褐色．道管は空になっていないから息を吹きこむことはできない（レッドオークとの違いは上に述べた）．　…………ホワイトオーク類（図7.61）

ホワイトオーク	*Quercus alba* L.
バーオーク	*Q. macrocarpa* MICHX.
オーバーカップオーク	*Q. lyrata* WAIT.
ポウストオーク	*Q. stellata* WANGENH.
スワンプチェストナットオーク	*Q. michauxii* NUTT.
チェストナットオーク	*Q. prinus* L.
スワンプホワイトオーク	*Q. bicolor* WILLD.

などを含む *Quercus* spp.（*Leucobalanus*）.

3　横断面で晩材部に波状の淡色の線があることがわかる．接線断面で羽毛状の紋様が認められる．　…………エルム（ニレ類に同じ）

ハードエルム	ロックエルム，コルクエルム	*Ulmus thomasii* SARG.
	ウイングドエルム	*U. alata* MICHX.
	シーダーエルム	*U. crassifolia* NUTT.
ソフトエルム	アメリカンエルム，ホワイトエルム	*U. americana* L.
	スリッパリーエルム，レッドエルム	*U. rubra* MÜHL.

ソフトエルムとハードエルムの区別は道管の直径の差だけでなく，前者では孔圏が多かれ少なかれ密に連続しているのに，後者では孔圏の道管の配列が疎で，しばしばその間に孔圏外の小道管群と同じ道管群が認められる．ソフトエルムのうち，アメリカンエルムの孔圏には道管が1列に配列するが，スリッパリーエルムでは数列に配列する．

3　晩材部に波状の淡色の線はない．

4　木材はやや重い．横断面で淡色の点あるいは淡色の短かい線が認められる（とくに生材時）．早晩材部はそれぞれはっきりと認められる．

…………アッシュ（トネリコ類に同じ）

ホワイトアッシュ	*Fraxinus americana* L.
グリーンアッシュ	*F. pennsylvania* MARSH.
オレゴンアッシュ	*F. latifolia* BENTH.

などのグループと，ブラックアッシュ，ブラウンアッシュ　*F. nigra* MARSH.
に分けられる．後者の心材はより濃い褐色を示す．

4　木材は重い．淡色の点は認められないが，非常に細い淡色の線が認められる（とくに広い年輪で）．早晩材はとくにはっきりとは分けられていない．　……………ヒッコリー

ツルーヒッコリー　シャグバークヒッコリー　*Carya ovata* (MILL.) K. KOCH
シェルバークヒッコリー　*C. laciniosa* (MICHX. f.) LOUD.
ピグナットヒッコリー　*C. glabra* (MILL.) SWEET
モッカーナットヒッコリー　*C. tomentosa* NUTT.
ペカンヒッコリー　ビターナットヒッコリー　*C. cordiformis* (WANGENH.) K. KOCH
ペカンヒッコリー　*C. illinoensis* (WANGENH.) K. KOCH
ナットメグヒッコリー　*C. myristicaeformis* (MICHX. f.) NUTT.
ウォーターヒッコリー　*C. aquatica* (MICHX. f.) NUTT.

上述の2つのグループのうち，ツルーヒッコリー類は孔圏の部分に接線状に配列する柔組織をもたないので，それをもつペカンヒッコリー類（ビターナットヒッコリーを除いて）と区別される．また後者は前者にくらべてより散孔材に近い道管配列をもつ．

B 道管は肉眼で容易に認められる．早材から晩材へ向って直径の移行がかなりはっきりと認められる．

1 木材はやや重い．木材の色調は均一でなく，しばしば不規則な縞状の濃色部分をもつ．濃褐色ないし紫色を帯びた褐色を示す．

…………ブラックウォールナット *Juglans nigra* L.

組織の上では日本産のオニグルミによく似ている．米国には同じ属の種として *J. cinerea* L.（バターナット，ホワイトウォールナット）があるが，ブラックウォールナットに比較して淡色で，むしろ材色はオニグルミに似ている．顕微鏡下ではブラックウォールナットは軸方向組織にしゅう酸石灰の結晶をもつが，バターナットはそれをもたないことで区別できる．*J. hindsii* JEPSON はクラロウォールナットと呼ばれ，ブラックウォールナットによく似ている．

1 木材は重く，心材がある場合でも一般に淡褐色．　…………ヒッコリー（前出）

C 道管は肉眼では非常に認めにくいか，まったく認められない（横断面において）．

1 晩材部において波状の淡色の線があることが認められる（横断面で）．木材は重硬．

…………ハードエルム（p.264，エルム参照）．

1 波状の淡色の線は認められない．　………… 2

2 放射組織はかなり明らかで，すべての断面で認められる．放射断面で大きい放射組織は他の部分と色調の差により明らかである．　………… 3

2 放射組織は放射断面以外では認めにくい．　………… 4

3 放射組織の高さは1/16 in かそれ以上で，どの断面でも容易に認められ，横断面と接線断面では不規則に配列する．　…………ビーチ（ブナ類に同じ）

ビーチ，アメリカンビーチ　*Fagus grandifolia* EHRH.

3 放射組織の高さは1/16 in 以下で，放射断面で最も明らかで，横断面と接線断面では均一に分布している．　…………ハードメープル（カエデ類に同じ）

シュガーメープル　*Acer saccharum* MARSH.
ブラックメープル　*A. nigrum* MICHX. f.

日本産のイタヤカエデなどに似た性質をもつ．

4 道管は横断面ではほとんど認められないが，縦断面では認められる．放射断面で放射組織

の色調は他の部分との差がなく，高さは均一である． …………5

4 道管は肉眼ではまったく認められない． …………6

5 木材はやや重く，年輪は一般に明らかである． …………バーチ（カバ類に同じ）

イエロウバーチ *Betula alleghaniensis* Britton

スウィートバーチ，ブラックバーチ，チェリーバーチ *B. lenta* L.

リバーバーチ，レッドバーチ *B. nigra* L.

ペーパーバーチ，ホワイトバーチ *B. papyrifera* Marsh.

グレイバーチ *B. populifolia* Marsh.

ブラックバーチおよびイエロウバーチは，他のに比較して重硬で強い．

5 木材は軽く，年輪は接線断面では一般に明らかではない． …………コットンウッド

イースタンコットンウッド *Populus deltoides* Bartr.

バルサムポプラ *P. balsamifera* L.

スワンプコットンウッド *P. heterophylla* L.

ブラックコットンウッド *P. tricocarpa* L.

日本産のドロノキに似ている．

6 木材は淡色で軽く，しばしば褐色の条が認められる（とくに節あるいは傷の付近で）． …………アスペン

クエイキングアスペン，トレンブリングアスペン *Populus tremuloides* Michx.

ビッグツースアスペン *P. grandidentata* Michx.

日本産のヤマナラシに似ている．

6 心材は淡色でない． …………7

7 心材は濃赤褐色で，放射組織は横断面で認められる．

…………ブラックチェリー *Prunus serotina* Ehrh.

日本産のサクラ類に似た性質をもつ，

7 心材は赤褐色か緑色である． …………8

8 心材は赤褐色ないし桃色，ときに濃色の条ををもつ．

…………スウィートガム（レッドガム） *Liquidambar styraciflua* L.

道管は階段せん孔（階段数～15～）をもち，有縁壁孔は対列（1～3列）～階段状，尾部にらせん肥厚．傷害細胞間道をもつことがある．繊維間の壁孔は有縁で大きい（7～9 μm)．

8 心材は緑色ないし黄緑色． …………イエロウポプラ *Liriodendron tulipifera* L.

道管は階段せん孔（階段数～16）をもつ．らせん肥厚をもたない．有縁壁孔はだ円形～やや角ばる．対列・ターミナル柔組織をもつ．

14.2.3 主要南洋材（ニューギニア産材を含む）の識別表

1 道管をもたない． …………2

1 道管をもつ． …………4

2 軸方向細胞間道（樹脂道）をもつ. …………マツ類

メルクシマツ，スマトラマツ，カンボジアマツ *Pinus merkusii* JUNGH. & DEVR.

カシヤパイン *P. kesiya* GORDON

ベンゲットパイン *P. insularis* ENDL.（上記学名の同意語とされることが多い）

ラジアータパイン，ラジアータマツ *P. radiata* D. DON

木材の組織は日本などに産するマツ属によく似ている．これらの3種は次のようにして区別される．

分野にはマツ型壁孔がある．放射仮道管は著しい鋸歯状の肥厚をもつ. ……*P. radiata*

分野には窓状壁孔が1～(2)個ある．放射仮道管にはあまり発達しない鋸歯状の肥厚がある.

……*P. insularis*, *P. kesiya*

分野には大型の壁孔がある．その数は一般に(1)～3である．放射仮道管の壁は平滑である.

……*P. merkusii*

2 軸方向細胞間道（樹脂道）をもたない. ………… 3

3 横断面に白色の点が認められる. …………{ダクリジュウム *Dacrydium* spp. / ポドカルプス *Podocarpus* spp.}

樹脂細胞が著しい.（図7.2a；7.12）

3 横断面に白色の点が認められない. …………アガチス

ダマールミニヤック *Agathis alba* (LAM.) FOXW. を含む *Agathis* spp.

仮道管には角ばった輪郭をもつ交互壁孔がある．軸方向柔組織をもたない．同じ科の *Araucaria* はニューギニアなどに産する．性質が非常によく似ているが，材面（接線断面）に小さい芽節を多数もつことがあるので，それが認められるときには容易に区別できる.

ときに樹脂を含む仮道管をもつことがあり，それが白色の点を示すことがあるので，白色の点のないことはつねに確かな拠点となるとはいえないことに要注意.

4[5)] 軸方向細胞間道をもつ. ………… 5

4 軸方向細胞間道をもたない. …………18

5 道管数は1mm^{2}中に10以上. ………… 6

5 道管数は1mm^{2}中に10以下. ………… 9

6 軸方向細胞間道は散在する．放射組織は広狭の2種類がある.

…………レサック *Vatica* spp.*)

6 軸方向細胞間道は同心円状．放射組織は1種. ………… 7

7 木材は重硬ないし非常に重硬. ………… 8

7 木材はやや重硬ないし重硬. …………メラワン *Hopea* spp.*)

8 リップルマークが明瞭. …………チェンガル *Balanocarpus heimii* KING*)

8 リップルマークをもたない.

…………ギアム，セランガンバツ，ヤカール *Hopea* spp.*)**)

9 孤立道管だけからなる. …………10

---

*) 「表14.1 フタバガキ科木材の主要な特徴」参照.

**) *Hopea* spp. と *Shorea* spp. の重硬ないし非常に重硬な木材は，実用上に同じグループの木材として扱われることが多い．また両者の区別は容易でないことが多く，ここでは8と13に別れて示されているが，むしろどちらによっても検索できると考えた方がよい.

表 14.1　フタバガキ科木材の主要な特徴[5)6)7)]

属名		色	重さ	軸方向細胞間道の配列(横断面)*	**シリカ	結晶*** 柔組織中	結晶*** 放射組織中	複合管孔	顕著な柔組織	繊維状仮道管	その他
Anisoptera		淡(黄白色)	中～やや重	散在型＋(同心円型)	＋	－	－	－	独立の線形，周囲状	＋	ピンクの縞
Balanocarpus		濃(黄緑～黄褐色)	重	同心円型	－	－	(＋)	＋	独立の線形，周囲状	－	リップルマーク顕著
Cotylelobium		濃(褐色)	重	散在型	＋	－	±	－	独立の線形，周囲状	＋	
Dipterocarpus		濃(赤褐色)	やや重	短接線型	＋	－	－	－	周囲状(散在状)	＋	チロース発達せず
Dryobalanops		濃(赤褐色)	やや重	同心円型	＋	(＋)	(＋)	－	周囲状(独立の線形)	＋	樟脳様芳香
Hopea		淡～濃(黄褐～褐色)	中～重	同心円型	－	±(鎖状)	±	＋	翼状～連合翼状	－	図7.89
Parashorea		淡(～濃)(灰褐色～褐色)	中～重	同心円型	－	＋(鎖状)	±	＋	翼状	－	同心円状の濃色の縞をもつものあり
Pentacme		淡～濃(桃～灰褐色)	中～重	同心円型	－	＋(短冊形)	＋	＋	翼状～散在状	－	
Shorea	*Anthoshorea*	淡(黄白色)	中	同心円型	＋	－	－	＋	翼状～連合翼状	－	
	Richetioides	淡(帯緑黄色)	中	同心円型	－	±	±	＋	翼状～連合翼状	－	水平細胞間道あり
	Rubroshorea	淡～濃(桃～赤褐色)	中～やや重	同心円型	－	±(ちょうちん状)	±	＋	周囲状～連合翼状	－	まれに水平細胞間道あり
	Shorea	濃(赤褐・褐・黄褐色)	重	同心円型	－	＋(鎖状)	(＋)	＋	翼状	－	
Upuna		濃(褐色)	重	散在型	－	－	－	－	独立の線形，周囲状	＋	
Vatica		濃(黄褐～褐色)	(やや重)～重	散在型	－	±	±	±	独立の線形，周囲状	＋	道管の有縁壁孔はしばしば階段状

注 *)　図7.132；7.133；7.134　　**)　図7.103　　***)　図7.91；7.93

9　孤立および複合道管からなる．　…………12

10　軸方向細胞間道は散在状または短接線状．放射組織は広狭2種．　…………11

10　軸方向細胞間道は同心円状．木材に芳香がある．放射組織は1種（リップルマークがときに明瞭）．　…………カプール　*Dryobalanops* spp.*)

11　褐色ないし赤褐色（やや紫色を帯びる）．軸方向細胞間道は一般に短接線状．
…………アピトン，クルイン，ヤン，チュテール　*Dipterocarpus* spp.*)

11　黄白色ないし淡黄褐色（桃色の縞が認められることが多い．縦断面）．軸方向の細胞間道は散在状（ときに同心円状になるものもある）
…………パロサピス，メルサワ　*Anisoptera* spp.*)

12　重硬ないし非常に重硬．　…………13

12　軽軟ないしやや重硬．　…………14

*)「表14.1 フタバガキ科木材の主要な特徴」参照．

13 赤褐色ないし濃赤褐色（紫色を帯びる）.

…………レッドバラウ，ギホー，レッドセランガン類 *Shorea* spp.*)

13 淡褐色または黄褐色（著しい赤色を示すことはない）.

…………バラウ，セランガンバツ，バンキライ，ヤカール類 *Shorea* spp.*)**)

14 ハンドレンズによっては軸方向細胞間道を包む帯状柔組織以外に柔組織は認めにくい（熟練すると薄層の周囲柔組織を認めることができるが）. 道管と放射組織は肉眼で認められる程度. …………セプター *Sindora* spp.

しゅう酸石灰の結晶が鎖状に連なっている. 道管と放射組織との間の壁孔は道管相互のそれと同じ. この属はマメ科に属するが，フタバガキ科以外で同心円状の軸方向細胞間道をもつ唯一の市場材と考えてよい（同じような軸方向細胞間道をもつフタバガキ科の木材では一般に道管と放射組織の間の壁孔は大きい）.

14 軸方向細胞間道を包む帯状柔組織以外にも柔組織が認められ，道管と放射組織はともに大きい. …………15

15 桃色または赤色（かなり白い場合でも注意すると放射組織は赤色を帯びる）. …………16

15 赤色を帯びることはなく黄色，黄緑色を帯びる. …………17

16 赤色ないし赤褐色. 木材はやや重硬.

…………ダークレッドメランチ，レッドラワン類 *Shorea* spp.*)

16 桃色. やや軽軟. …………ライトレッドメランチ，ホワイトラワン類 *Shorea* spp.*)

16 白色ないし桃色. 軽軟.

…………ホワイトラワン *Pentacme contorta* MERR. & ROLFE*)

16 白色ないし淡褐色，濃色の縞をもつ. やや軽軟ないしやや重硬. 注意するとハンドレンズでしゅう酸石灰の結晶が白色の小点として認められる.

…………バクチカン，ホワイトセラヤ *Parashorea* spp.*)

17 一般に緑色を帯びた黄色. 道管が散在する. 材に光沢がない. 水平細胞間道をもつ.

…………イエロウメランチ類 *Shorea* spp.*)

17 白色ないし黄色. 放射組織はむしろ橙色を帯びる. 道管は3～5個集まって分布する（完全に散在してはいない）. 材に光沢がある.

…………ホワイトメランチ，マンガシノロ類 *Shorea* spp.*)

18 道管の配列は散在状，鎖状などを示す. …………19

18 道管の配列は環孔状，接線状などを示す. …………73

19 柔組織は帯状（随伴帯状を含む），線状（網状，階段状などを含む）などを示す. …………20

19 上述の柔組織をもたないか，あっても明らかでない. …………40

20 柔組織は階段状. 放射組織は幅が広く，明瞭. 放射断面にシルバーグレインがある. 白色で接線断面がシラカシに似るものがあり，また，帯緑黄色を示すものもある.

…………メンピサン Annonaceae

---

*) 「表14.1 フタバガキ科木材の主要な特徴」参照.

) 前前頁の) 参照.

(*Cananga*, *Cyathocalyx*, *Mezzetia*, *Polyalthia*, *Xylia* などの属の種を含む). 木材は軽軟なものから非常に重硬なものまでがあるが，いずれも柔組織は著しい階段状に配列している.

多列放射組織の多列部の細胞の大きさは一定でなく，大小混在していることが多い.（図 7.83 c；7.109 b）

20　柔組織は網状を示す.　…………21

20　柔組織は同心円状の帯（随伴帯状を含む）を示す.　…………27

21　乳跡および乳管をもつ. 黄白色. 軽軟. 柔組織の網の間隔は非常に細かい.
…………ジェルトン　*Dyera*. spp.

放射組織は主として異性 II 型で，1～3 細胞幅. 道管と放射組織の間の壁孔は道管相互のそれと同じ. しゅう酸石灰の結晶は認められない.（図 7.109；7.121）

21　乳跡および乳管をもたない.　…………22

22　柔組織の網の間隔は細かい. 道管の複合は数個をこえるか，またはこえない.　…………23

22　柔組織の網の間隔は広い. 道管の複合は数個をこえない.　…………26

23　道管の複合は一般に数個をこえる. リップルマークはない.　…………24

23　道管の複合は一般に数個をこえない. リップルマークがあるか，またはない.　…………25

24　やや重硬. 帯桃褐色，桃色ないし赤色.
……ニアトー，ニヤトー，ナトー *Madhuca* spp., *Mimusops* spp., *Palaquium* spp. を含む Sapotaceae

24　非常に重硬.
…………ニヤトーバツ，ビチス *Madhuca* spp., *Palaquium* spp. を含む Sapotaceae

24　道管の複合数は非常に多い. やや軽軟ないしやや重硬. 黄白色ないし白色.
…………プランチョネラ *Planchonella* の一部とクリソフィルム *Chrysophyllum* spp.

Sapotaceae の木材の細片の水浸出液を振とうして泡を立てるとそれが永続する場合が少なくない. 放射組織は一般に異性 I ～ II 型で，幅は 1～2 細胞のことが多い. 鎖状に長く配列するしゅう酸石灰の結晶が認められることが多い. 一方，放射組織にシリカを含むものもある. 道管と放射組織との間の壁孔は伸長しており，ときに階段状を示すことがある.（図 7.72 b）

25　網状柔組織の間隔がやや広い. ときにその幅がかなり広いものもある. リップルマークは一般にない.
…………ドリアン　*Durio* spp.

道管の接線方向の直径は 250 μm に達する. ドリオ型のタイル細胞をもつ. 放射組織は 1～2 細胞幅.（図 7.98 c）

25　網状柔組織の間隔は密で，その幅は非常に狭い. リップルマークがある.
…………バユール　*Pterospermum* spp.

道管の接線方向の直径は 100 μm 前後である. プテロスペルム型のタイル細胞をもつ. 放射組織は 1～2 細胞幅（図 7.98 a, b).

26　黄白色. 柔組織はしばしば長く連なる. 軽軟.
…………セセンドック　*Endospermum malaccense* MUELL. ARG.

道管の配列はかなり放射～斜方向に向う傾向がある. 放射組織は異性 I ～ II 型で，1～2 細胞幅. 道管と放射組織の間の壁孔は大きく，長だ円形ないし伸長している. 柔組織はしばしば長く連なり部分的に長い帯状になる．同属のクバス，ニューギニアバスウッドはよく似ている．

26 桃色，淡桃褐色．軽軟ないしやや軽軟． …………マカランガ *Macaranga* spp.

放射組織は単列異性型を示す．ときに複列の放射組織も認められる．道管と放射組織の間の壁孔は大きく，長だ円形などを示す．柔組織はむしろ不規則な網状である．

27 帯状柔組織は随伴でない． …………28

27 帯状柔組織は随伴である．リップルマークをもつ．

…………ツアラン *Koompassia excelsa* (BECC.) TAUB.

大径木の場合には幹の外側にしばしば同心円状の材内師部をもつ．

しゅう酸石灰の結晶は鎖状に配列する．

28 道管は孤立だけで鎖状配列．木材が新鮮な時期には縦断面における道管の条は他より鮮かな赤色を示すことが多い． …………ビンタンゴール，カロフィルム *Calophyllum* spp.

放射組織は単列異性型．道管と放射組織との間の壁孔は大きく，長だ円形，ときには柵状を示す．柔組織はしゅ酸石灰の結晶をもつ．木材の色調は鮮かな赤色を示すことが多い．

28 複合道管と孤立道管があり，散在する． …………29

29 乳跡および乳管をもつ．黄白色．軽軟． …………プライ *Alstonia* spp.

放射組織は異性Ⅱ～Ⅲ型を示し，1～3細胞幅を示すことが多い．柔組織に鎖状に配列するしゅう酸石灰の結晶をもつ．（図7.109；7.121）

29 乳跡をもたない． …………30

30 柔組織の帯の幅は広く，配列はかなり規則的で縦断面でも肉眼で容易に認められる．

…………31

30 柔組織の帯の幅はやや狭いかまたは狭く，出現の間隔は広いことがあったり狭いことがあったりで一般に不規則である．縦断面で肉眼では認めにくいことが多い．水平細胞間道をもつものともたないものがある． …………32

31 桃褐色ないし灰褐色．柔組織の帯は道管の直径より一般に狭く，縦断面で濃色の帯として認められる． …………ペルポック *Lophopetalum* spp.

柔組織の帯は道管の直径よりはるかに狭い．道管と放射組織の間の壁孔は道管相互のそれと同じ．放射組織は単列同性．柔組織に鎖状に配列するしゅう酸石灰の結晶をもつ．非常に比重の高いものと低いものとがある．（図7.81 a）

31 黄色ないし黄褐色．柔組織の帯はしばしば道管の直径より広く，白色ないし淡色．

…………フィクス *Ficus* spp.

柔組織の帯は数細胞幅をこえて広く，しばしば道管の直径をこえる．放射組織は異性Ⅱ型で10細胞幅に達し肉眼でも明らかである．さや細胞をもつ．乳管をもつ．道管と放射組織との間の壁孔は大．（図7.82）

32 水平細胞間道をもつ．木材は濃色． …………レンガス *Gluta* spp., *Melanorrhoea* spp.

鮮かな赤色あるいは橙色を示すことが多い．道管中にチロースの発達が著しい．水平細胞間道はしばしば濃色の物質を吹き出している（接線断面）．放射組織の幅は1～(2)列で同性ないしやや異性を帯びる．多量のシリカが放射組織に含まれる．（図7.105）

32 水平細胞間道をもつ．桃褐色をもつ桃色ないし帯灰桃褐色．

…………メルパウ *Swintonia* spp.

道管中のチロースの発達はとくに著しくはない．柔組織中にしゅう酸石灰の結晶が多数認められるものがある．放射組織は同性ないしやや異性で1～2あるいは1～(2)細胞幅である．水平細胞間道は一般に小さくまた少ない．

32　水平細胞間道をもたない．　…………33

33　放射組織は広狭2種あり，リップルマークがある（リップルマークは放射組織以外のものによっている）．　…………34

33　放射組織は1種で，リップルマークはない．　…………35

34　白色ないし黄白色．放射組織は非常に高い（1cmを越えることがある）ものもある．　…………*Sterculia* spp.

長い同心円状の柔組織の帯は不規則に出現し，注意しないと認めにくい．細い柔組織の線が多数放射組織と連結している（濡れた表面をハンドレンズで観察するとよい）．翼状の柔組織もある．

放射組織にさや細胞が認められる．多列のものはしばしば10細胞幅をこえ，主として異性Ⅱ型である．放射組織の高さはしばしば1cmに達する．

34　赤色，金色の光沢あり．放射組織は高いが2mm程度が最高である．複合道管に特殊なものがある*)．　…………メンクラン　*Tarrietia* spp.

放射組織にさや細胞をもち，幅は10細胞に達することがある．放射組織にシリカをもつことが多い．道管と放射組織との間の壁孔は道管相互のそれと同じである．（図7.78）

35　一般に鮮かな桃色．道管の条は鮮かな赤色を示す．注意するとタンニン管が放射組織の中に認められる．放射組織は高い．　…………ペナラハン　Myristicaceae

道管と放射組織の間の壁孔は大きく，一般に伸長し，階段状を示すこともある．放射組織は異性Ⅰ～Ⅱ型で，1～2細胞幅であるが，高さは高い（しばしば2mmに達する）．道管のせん孔は階段状であるが，階段の数は少数，繊維は隔壁をもつものがある．*Horsfieldia* は単せん孔だけをもつ．

35　タンニン管は認められない．　…………36

36　発達の程度の低い随伴柔組織をもつ．　…………37

36　随伴柔組織はさや状ないし翼状で顕著．黄褐色，金褐色，褐色．道管中に黄白色の粉状の物質を包む．

………イピール，メルバウ　*Intsia bijuga* (COLEBR.) O. KUNTZE, *I. palembanica* MIQ.

放射組織は同性ないしやや異性型を示し，幅は1～3細胞．軸方向柔組織中にしゅう酸石灰の結晶が鎖状に配列する．

37　道管は大きい．　…………38

37　道管は肉眼で認められる程度．桃褐色．

…………セプターパヤ　*Pseudosindora palustris* SYM.

外観的には *Sindora*（前出）と非常によく似ている．

柔組織の帯の中に軸方向細胞間道は認められない．放射組織は同性で1～2細胞幅．軸方向柔組織中のしゅう酸石灰の結晶は鎖状に配列する．

38　道管中にチロースが顕著．灰褐色．濃色の心材をもつものは褐色．放射組織は非常に細く肉眼では認められない．　…………マチャン　*Mangifera* spp.

---

*)　ちょうちん状（図7.72c参照）

38　チロースは著しくない．　…………39

39　桃褐色ないし赤褐色．随伴柔組織はあまり発達しない．孤立道管は円形．複合道管に特殊なものがある*)．　…………タウン，マトア　*Pometia pinnata* FORSTER および *P. tomentosa* (BL.) TEIJSM. & BINN.

放射組織は異性単列，ときに複列，しゅう酸石灰の結晶を多数含むことがある．

39　黄褐色ないし緑褐色（注意するとハンドレンズで放射組織あるいは（および）柔組織の中に油細胞が他より大きい円〜だ円形で認められることがある）．　…………メダン　Lauraceae

道管と放射組織との間の壁孔は大きく，長だ円形，不規則な形などを示す．周囲柔組織は道管の周囲に薄いさやをつくる程度．放射組織は異性Ⅲ型〜同性を示すことが多い．油細胞が認められる．

40　柔組織は散在ないし短かい線状（肉眼で認められなくても，材面を濡らしてハンドレンズにより注意すれば認められる）．　…………41

40　柔組織は周囲状，翼状，連合翼状（肉眼で認められなくても，材面を濡らしてハンドレンズにより注意すれば認められる）．　…………46

40　柔組織はハンドレンズでは認めにくい．　…………66

41　放射組織は広狭２種．　…………42

41　放射組織は１種．　…………43

42　道管は放射方向に長く（２〜８）複合し，その配列は放射状の傾向が強い．

…………プナック，プナ　*Tetramerista glabra* MIQ.

放射組織が高いので肉眼でも放射断面で認められる．放射組織は典型的な異性Ⅰ型で，１〜３細胞幅である．放射組織中にしゅう酸石灰の束晶が認められる．道管と放射組織の間の壁孔は道管相互のそれと同じである．(図 7.72；7.111 a, b)

42　道管の配列は孤立と少数の放射方向に２〜３個複合するものとからなる．リップルマーク（放射組織以外による）が著しい．放射組織の高さはしばしば，1cm をこえる．白色．

…………アンベロイ　*Pterocymbium beccarii* K. SCHUM.

放射組織はさや細胞をもち，しばしばその中にしゅう酸石灰の集晶が認められる．細かい線を形づくる柔組織がある．傷害細胞間道をもつことがある．周囲柔組織はさやないし不顕著な翼状．非常に性質のよく似た *Sterculia* の木材との区別点は *Pterocymbium* には同心円状の柔組織の帯が認められないか，あっても非常に不顕著であるのに，*Sterculia* にはそれが一般的に認められることである．

42　道管の配列はとくに放射状にはならない．孤立道管だけからなり，せん孔は階段状，赤褐色．　…………ストモン，シンポール　*Dillenia* spp.

放射組織は異性Ⅱ型で，その幅は 15 細胞に達し，道管の直径よりも広いことが多い．放射組織中にしゅう酸石灰の束晶が認められる．道管と放射組織との間の壁孔は長だ円形，あるいは伸長している．柔組織は接線状の多数の細い線を形づくっている．繊維に有縁壁孔が著しい．(図 7.75)

43　リップルマークがある．道管は単せん孔をもつ．

…………メルナック，メルナキ　*Pentace* spp.

道管相互の壁孔は小さく，道管と放射組織との間の壁孔は道管相互のそれと同じか，大きく，長だ円形ないし柵状を示す．放射組織は異性Ⅱ〜Ⅲ型で，１〜３(４)細胞幅．

*)　ちょうちん状（図 7.72 c 参照）

43　リップルマークはない．　…………44

44　道管のせん孔は階段状，暗赤色，重硬．

…………バワンフタン，クリム　*Scorodocarpus borneensis* (BAILL.)BECC.

道管相互の壁孔は対列～階段状，放射組織は異性Ⅰ型で，1～2細胞幅，高さはしばしば1mmをこえる．道管と放射組織との間の壁孔は大きく，長だ円形などを示す．

44　道管は単せん孔をもつ．　…………45

45　道管の接線方向直径は250 μmに達する．淡黄褐色～黄白色．

…………カランパヤン　*Anthocephalus cadamba* (ROXB.) MIQ.

道管相互の壁孔は小さく，道管と放射組織との間の壁孔も前者と同じ．放射組織は異性Ⅰ型～(Ⅱ)型，1～3細胞幅で細胞中に砂晶を含むことがある．(図7.102)

45　道管の接線直径は120 μm前後．鮮かな橙色～黄色を示す．

…………*Neonauclea* spp.，*Nauclea* spp.

木材の組織は先に述べた以外は *Anthocephalus* によく似ている．*Neonauclea* では複合道管は少ないが，*Nauclea* ではそれが多い．

46　リップルマーク（放射組織以外による）が著しい．周囲状および翼状の柔組織とともに断続した柔組織の線がある．放射組織は高く広い（1cmをこえることもある）．

…………アンベロイ（前出p.273）

46　上述のようでない．　…………47

47　柔組織は翼状，連合翼状．　…………48

47　柔組織は周囲状，あるいは肉眼では認められない．　…………56

48　翼状ないし連合翼状の柔組織の層は厚く翼は短かい．　…………49

48　翼状ないし連合翼状の柔組織の層は薄く翼は長く細い．　…………54

49　柔組織は主として翼状．　…………50

49　柔組織は主として翼状および連合翼状，ないし連合翼状．　…………52

50　柔組織と放射組織は橙色．縦断面にハンドレンズにより乳管が認められる．　…………51

50　柔組織と放射組織は橙色でない．乳管はない．…………ターミナリア　*Terminalia* spp.

放射組織が単列を示す樹種と1～多列を示す樹種がある．柔組織に大型の集晶を含む異形細胞をもつ種が多い．道管相互の壁孔はしばしば10 μmに達する．道管と放射組織との間の壁孔は道管相互のそれと同じ．傷害細胞間道をもつことがある．(図7.93)

51　やや重硬ないし重硬．　…………*Artocarpus* spp.

重硬なものでは，心材の色調は金褐色で，しばしば黄色ないし黄白色の粉状の物質を含むことがある．放射組織は異性Ⅱ型を示し，1～8細胞幅である．さや細胞が認められる．道管相互の壁孔は大きく，しばしば10 μmをこえる．道管と放射組織との間の壁孔は，道管相互のそれと同じか，大きく伸長する．柔細胞の中に濃色の物質を含むものがある．

51　軽軟．　…………*Artocarpus* spp.，*Antiaris toxicaria* LESCH.

Antiaris の繊維は隔壁を有する（*Artocarpus* との差）．*Antiaris* のその他の性質は *Artocarpus* の軽軟な木材に非常によく似ているが，道管の直径ははるかに小さい．

52　リップルマークをもつ．樹皮に近い部分に材内師部をもつ．重硬．赤褐色．柔組織は明らかな淡色の縞として認められる（縦断面）．ときに注意すると柔組織の細い帯がハンドレンズで認められることがある. …………ケンパス *Koompassia malaccensis* MAING.

K. excelsa に非常に近い性質をもっている. 両者の差異は, この識別表で理解できるように, この樹種では柔組織は帯状になることはないので区別できる.

52 リップルマーク, 材内師部は認められない. …………53

53 赤褐色. 柔組織は肉眼では認めにくいが, ハンドレンズで注意すれば認められる.

…………ケラット *Eugenia* spp.

道管相互の壁孔は 12 μm に達する. 道管と放射組織との間の壁孔は大きく, 長だ円形, 階段状などを示す. 放射組織は異性Ⅰ型～Ⅱ型で, 1～5 細胞幅を示す.

53 黄色ないし帯黄緑色. 柔組織は淡色で, 翼状～連合翼状～帯状を示す.

…………ターミナリア *Terminalia* spp.

放射組織は主として単列, ときに複列を示す. 柔組織中に大きい柱晶をもつ. 道管相互の壁孔は 8 μm に達する. 道管と放射組織との間の壁孔は道管相互のそれと同じである. 傷害細胞間道をもつことがある. (図 7.95)

54 直径の大きい水平細胞間道*) に似た孔が接線断面で認められる. 褐色.

…………ジョンコン *Dactylocladus stenostachys* OLIV.

道管相互の壁孔は 8 μm, ときにそれ以上になる. 道管と放射組織との間の壁孔は長だ円形, ないしやや伸長し, 部分的に柵状を示すことがある. 放射組織は単列異性～同性型である. (図 7.48; 7.122)

54 水平細胞間道をもたない. 淡黄白色～白色. …………55

55 放射組織はやや広く, 道管は大きく (300 μm), 分布数は少ない. リップルマークは著しくないが認められる. 軽軟. …………ホワイトシリス *Ailanthus peekelii* MELCH.

道管の接線方向の直径は 300 μm をこえる. 道管相互の壁孔は小さい. 放射組織は異性Ⅲ型～(同性型), (1)～4 細胞幅. 道管と放射組織との間の壁孔は道管相互のそれと同じ. 放射組織の高さはしばしば 2 mm をこえることもある. 辺縁の細胞中にしゅう酸石灰の結晶をもつ.

55 放射組織は狭く, 道管は肉眼で認められる程度. 接線径は 200 μm 以下. また道管は縦断面でやや濃色 (赤色を帯びた) の条として認められる.

…………ラミン *Gonystylus bancanus* (MIQ.) KURZ

道管相互の壁孔は小さい. 放射組織は単列同性型を示す. まれに複列のものをもつ. しゅう酸石灰の結晶が放射組織および軸方向柔組織に認められる. 道管と放射組織との間の壁孔は道管相互のそれと同じ. 繊維の横断面での配列は規則的で, かなり針葉樹材の横断面を思わせる.

56 周囲柔組織は道管を厚く環状に包み, 肉眼またはハンドレンズではっきりと認められる.

…………57

56 周囲柔組織はハンドレンズでもかろうじて認められるか認められない. …………60

57 水平細胞間道をもつ. …………スポンジアス *Spondias dulcis* FORST.

57 水平細胞間道をもたない. …………58

58 横断面で白色の小点としてしゅう酸石灰の結晶が認めうれる. 木材の色調は淡色ないし赤褐色. …………59

58 しゅう酸石灰の結晶は上述のようには認められない. 木材の色調は淡褐色であるが, 鮮か

*) すでに 7.2.3, c (図 7.122 a, b) で述べたように, 外観的には大きい水平細胞間道のように見えるので, 実用的 (肉眼による識別のような場合に) にはこのようにして取り扱っているが, 通常の水平細胞間道と考えてはよくない.

な黄褐色ないし黄色が混在する不均一な色調を示す.

…………ドゥアバンガ *Duabanga moluccana* BL.

道管相互の壁孔の直径は約 10 μm, 柔組織および放射組織にはしゅう酸石灰の結晶が認められ, それらの形, 大きさは同一細胞内でも均一でない. 放射組織は単列で同性～異性. 道管と放射組織との間の壁孔は長だ円形ないし柵状などを示す.(図 7.53; 7.81; 7.86)

59 褐色ないし赤褐色. やや重硬. …………*Pithcellobium* spp.

道管の接線方向の直径は 200 μm に達する. 放射組織は単列同性型. しゅう酸石灰の結晶は長く鎖状に配列する. 一般に次の *Albizia* の場合に比較して柔組織のさやは厚い. 道管相互の壁孔は小さい. 道管と放射組織との間の壁孔は道管相互のそれと同じ.(図 7.85; 7.92)

59 淡色ないし白色. 軽軟. …………センゴンラウト *Albizia falcataria* FOSB.

道管の接線方向の直径は 300 μm に達する. 放射組織は単列同性型. しゅう酸石灰の結晶は長く鎖状に配列する. 道管相互の壁孔は小さい. 道管と放射組織との間の壁孔は道管相互のそれと同じ.

60 柔組織はハンドレンズで道管を包む薄い層として認められる. …………61

60 柔組織はハンドレンズでも認めにくい. …………63

61 水平細胞間道をもつ. …………スポンジアス(前出 p.275)

61 水平細胞間道をもたない. …………62

62 橙色を帯びた赤色. 金色の光沢をもつ. 特徴的な道管の複合がある.

…………ゲロンガン *Cratoxylon arborescens* (VAHL.) BL.

道管の複合がしばしばちょうちん状になることがある. 帯状の柔組織が認められることがある. 道管相互の壁孔は小さい. 道管と放射組織との間の壁孔は道管相互のそれと同じ. 放射組織は異性 III 型～同性型で, 1～3 細胞幅である. 放射組織中に小さいシリカを含むことがある(同属の中には帯状の柔組織が非常に発達するものがある *C. celebicum*).(図 7.72 c; 7.114)

62 黄褐色～緑黄色などを示す. …………メダン Lauraceae

63 水平細胞間道をもつ. …………*Canarium* spp., *Dacryodes* spp. など Burseraceae

道管相互の壁孔は 10 μm に達する. 道管と放射組織との間の壁孔は長だ円形, 伸長した形などを示す. 繊維は隔壁をもつ. 放射組織は異性 II 型ないし III 型, あるいは同性ないし異性 III 型などを示す. 1～4 あるいは 1～2 細胞幅で, しゅう酸石灰の結晶をもつことがある. 放射組織の細胞あるいは繊維中, ときに両者にシリカが認められる.

63 水平細胞間道をもたない. …………64

64 放射組織は肉眼でも認められる. …………65

64 放射組織は肉眼では認めにくい. …………Burseraceae(前出 63)

65 リップルマークが認められる. …………ソンポン *Tetrameles nudiflora* R. BR.

65 リップルマークが認められない. …………ビヌアン *Octomeles sumatrana* MIQ.

道管相互の壁孔の大きさは 7～8 μm. 放射組織は異性 III 型で, 1～4 細胞幅を示す. 多列部の細胞の大きさは均一でなく大小が認められる. 道管と放射組織との間の壁孔は大きく, 長だ円形, 部分的に階段状を示す. ソンポンとビヌアンの違いは上述のように層階状配列の, したがってリップルマークの有無にある.

66 水平細胞間道をもつ. …………67

66 水平細胞間道をもたない. …………68

67 道管の直径は小さく横断面では認めにくい．木材は桃色ないし紫色を帯びた桃色．

…………テレンタン，キャンプノスペルマ *Campnosperma* spp.

道管は階段状および単せん孔をもつ．道管と放射組織との間の壁孔はだ円形，ときに階段状に近い形を示す．放射組織は異性Ⅱ型で，1～2細胞幅．繊維は隔壁をもつことがある．

67 道管の直径は大きく肉眼でも認められる． …………Burseraceae (前出 p.276)

68 放射組織は高く，放射断面でシルバーグレインを形づくる．道管はほとんどが2～数個放射方向へ複合する．道管の直径は小さく，接線方向で100 μmに達する程度．

…………マラス *Homalium foetidum* (Roxb.) Benth.

放射組織は幅は狭いが高さが高く，異性Ⅰ～Ⅱ型を示し，1～3細胞幅を示す．単列部には結晶を含み，一般に多室状になっている．道管相互の壁孔は小さく，道管と放射組織との間の壁孔は道管相互のそれと同じである．繊維は隔壁を有する．木材の色調は新鮮なときは橙褐色を示す．

68 放射組織は低く，放射断面でシルバーグレインを形づくることはない．道管の直径は大きく，接線径は200 μmに達するものと，しばしばこえるものがある． …………69

69 一般に色調は鮮かな赤色を示し，金色の光沢をもつこともある．複合道管に特殊なものがある． …………ゲロンガン (前出 p.276)

69 上述のようではない． …………70

70 放射組織は肉眼でも認められる．道管は大きく，しかも分布数が多い． …………71

70 放射組織は肉眼ではやや認めにくい． …………72

71 リップルマークをもつ． …………ソンポン (前出 p.276)

71 リップルマークをもたない． …………ビヌアン (前出 p.276)

72 木材の色調は淡色で，やや褐色を帯びる程度．横断面に点々と白色のしゅう酸石灰の存在が認められる． …………センゴンラウト (前出 p.276)

72 上述のようでない． …………Burseraceae (前出 p.276)

73 道管の配列は環孔状． …………74

73 道管の配列は接線状である．

…………シルキーオーク Proteaceae (*Cardwellia sublimis* F.V. Muell., *Grevillea robusta* A. Cunn.，その他)

放射組織は広く高い．したがってシルバーグレインが著しい．柔組織の帯は主として道管の帯の樹皮側に認められるものと，通常の翼状，連合翼状を含むものとがある．放射組織にさや細胞が認められる．道管相互の壁孔は小さく，道管と放射組織との間の壁孔は道管相互のそれと同じである．燃焼試験により炭になるものと灰になるものがある．

74 木材の色調は金褐色～褐色などで，濃色の縞をもつ．材面は油状の感触をもつ．

…………チーク *Tectona grandis* Linn. f.

孔圏の道管の接線方向の直径は300 μmをこえることがある．白色～黄色の充填物が道管中に認められる．年輪の境界に沿って柔組織の帯（イニシアル柔組織）が認められる．放射組織は同性型～異性Ⅲ型を示し，1～4(5)細胞幅．繊維は隔壁を有する．(図7.80)

74 木材の色調は上述のようでない． …………75

75 木材の色調は赤色～赤褐色を示す．柔組織は帯状のものが孔圏に沿って存在するものだけが著しい． …………カランタス *Toona calantus* Merr. & Rolfe

柔組織の帯に接して小道管が数個～10個放射方向に1～2列に複合することがある．柔組織は孔圏に沿って帯状に配列するものと，周囲状の薄いさやになるものとがあるが，前者が認めやすい．放射組織は主として異性Ⅲ型を示し，1～5細胞幅．道管相互の壁孔は小さく，道管と放射組織との間の壁孔も小さい．

5　上述のようでない．柔組織は主として翼状ないし連合翼状．リップルマークが著しい．

…………76

76　木材の色調は黄褐色～赤色．道管は大きく肉眼でも明らかに認められる（～300 μm）．

…………ナーラ（カリン）*Pterocarpus indicus* WILLD.

放射組織は単列同性．

76　木材の色調は紫，赤，褐色などが縞状になっている．道管の大きさは肉眼で認められる程度（～150 μm）かやや大きい．材は芳香をもつ．　…………シタン類 *Dalbergia* spp.

放射組織は1～2(3)細胞幅．

…………トラック *D. cochinchinensis* PIERRE

放射組織は(1)～3，むしろ2～3細胞幅．

…………イーストインディアンローズウッド *D. latifolia* ROXB.

〔引 用 文 献〕

1）川上日出国，樋口晴一，神田孝：南洋材の研究．無機成分の含有量と難灰化性との関係．第19回日本林学会中部支部大会講演集（1970）．

2）SEIKEL, M, K., HALL, S.S., FELDMAN, L. C. & KOEPPEN, R. C. : Chemotaxonomy as an aid in differentiating wood of eastern and western whitepine. Am. Jour. Bot. **52**, 1046 (1965).

3）小林彌一，須藤彰司：木材識別カード．日本林業技術協会（1960）．

4）KUKACHKA, F.B. : Identification of coniferous woods. Tappi. **43**, 887 (1960).

5）MENON, B. : A dichotomous key for identification of the commercial woods of Malaya. Malayan Forester, **26**, 191 (1963).

6）DESCH, H.E. : Dipterocarp timbers of the Malay peninsula. Malayan Forest Records, No.14 (1941).

7）緒方健：フタバガキ科をめぐって．木材工業．**26**, 557（1972）．

参 考 文 献

1. 木材組織に関連した参考文献

1) BARGHOORN, E.S.: Evolution of cambium in geologic time. In ZIMMERMANN (ed.) The formation of wood in forest trees. Academic Press (1964).
2) BEEKMAN, W.B.: Elsevier's wood dictionary 1 Elsevier Pub. Co. (1964).
3) BRAZIER, J. D. AND FRANKLIN, G. L.: Identification of hardwoods. A microscope key. Forest Products Research Bull. 46. His Majestys Stationary office (1961).
4) BROWN, F.G.: Forest trees of Sarawak and Brunei and their products. Govt. Printing Office of Sarawak (1955).
5) BURGESS, P.F.: Timbers of Sabah. Forest Dept. of Sabah (1966).
6) CHANG, Y. Anatomy of common North American pulpwood barks. Tappi Monogr. Ser. **14**, 1 (1954).
7) CLOWES, F. A. L. and JUNIPER, B. E.: Plant cells. Blackwell Sci. Publications (1968).
8) Committee on Nomenclature, I.A.W.A.: Multilingual glossary of terms used in woodanatomy. I.A.W.A. (1964).
9) CÔTÉ, W. A. JR. and de ZEEUW, C.: Trends in literature on wood structure 1955—62. F. P. J., **7**, 203 (1962).
10) CÔTÉ, W. A. JR.: Wood ultrastructure—An atlas of electron micrographs. Univ. of Washington Press (1967).
11) CÔTÉ, W. A. JR. (Editor): Cellular Ultrastructure of woody plants. Syracuse Univ. Press (1965).
12) DAHMS, K. G.: Forst und Holz in Mittel und Südamerika DRW-verlags GmbH (1956).
13) DAHMS, K. G.: Afrikanische Exporthölzer. DRW-GmbH (1968).
14) DALLIMORE, W. and JACKSON, A. B.: A handbook of conifers and Ginkgoaceae. Ed. Arnold (1966).
15) DESCH, H. E.: Manual of Malayan timbers. Ⅰ. Ⅱ. Malayan Forest Record. **15** (1954, 1957).
16) DESCH, H. E.: Timber—Its structure & properties—. Macmillan St Martin's Press (1968).
17) EAMES, A. J. & McDANIELS, L. H.: An introduction to plant anatomy (2nd ed.). McGraw-Hill Book Co. (1947).
18) ESAU, K.: Anatomy of seed plants. John Wiley & Sons, Inc. (1960).
19) ESAU, K.: Plant anatomy (2nd ed.). John Wiley & Sons, Inc. (1965).
20) ESAU, K.: The phloem. Handb. PflAnatomy. **5** (2). Gebrüder Bornträger (1969).
21) Forest Products Research: Handbook of hardwood. Her Majesty's stationary office (1956).
22) Forest Products Research: Handbook of softwood. Her Majesty's stationary office (1957).
23) FREY-WYSSLING, A.: Die Pflanzliche Zellwand. Springer-Verlag (1959).
24) FREY-WYSSLING, A. and MÜHLETHALER, K.: Ultrastructural plant cytology. Elsevier Publishing Co. (1965).
25) FUJIOKA, M: Studien über dem anatomischen Bau des Holzes der japanischen Nadelbäume. 東京帝大農科大学紀要. **4**, 201 (1913).
26) GREGUSS, P.: Holzanatomie der europarschen Laubhölzer und Sträucher. Akademiai Kiado (1959).

27) Greguss, P.: Xylotomy of the living Conifers. Akademiai kiado (1972).
28) 原 襄：植物の形態. 裳華房 (1972).
29) Howard, A. L.: Timbers of the world. MacMillan (1951).
30) Huber, B.: Grundzuge der Pflanzenanatomy. Springer-Verlag (1961).
31) 猪野俊平：植物組織学. 内田老鶴圃 (1954).
32) Jane, F. W.: The Structure of Wood (Sec. Edi.). London Adam & Charles Black (1970).
33) Janssonius, H. H.: Mikrographie des Holzes der auf Java verkommenden Baumarten. 6 Vols. Brill (1906-1936).
34) Jeffrey, E. C.: The anatomy of woody plants. Chicago Univ. Press (1917).
35) 梶田茂編著：木材工学. 養賢堂 (1961).
36) Kanehira Ryozo: Anatomical characters and identification of Formosan wood. Govt. of Formosa (1921).
37) Kanehira Ryozo: Identification of the important Japanese woods by anatomical characters. Govt. of Formosa (1921).
38) 金平亮三：大日本産重要木材の解剖学的識別. 台湾総督府中央研究所林業部報告. **4** (1926).
39) 兼次忠蔵：木材識別の基礎的研究. I 濶葉樹の髄線と其構造. 日林誌. **10**, 175 (1928).
40) 兼次忠蔵： 〃 II 導管配列並に導管接触の分類. 日林誌. **11**, 637 (1929).
41) 兼次忠蔵： 〃 III 木柔細胞の形態竝配列. 日林誌. **12**, 1 (1930).
42) 兼次忠蔵： 〃 IV 仮導管の分布配列及細胞膜の紋様. 日林誌. **13**, 243 (1931).
43) 兼次忠蔵： 〃 V 導管, 仮導管及木繊維の形態. 日林誌. **14**, 91 (1932).
44) 加納孟：林木の材質. 日本林業技術協会 (1973).
45) 貴島恒夫, 岡本省吾, 林昭三：原色木材大図鑑. 保育社 (1962).
46) 北村四郎, 村田源：原色植物図鑑, 木本編 I. 保育社 (1971).
47) 小林彌一：本邦における針葉樹材のカード式識別法. 林試研報. **98**, 1 (1957).
48) Kollmann, F.: Technologie des Holzes. Bd. 1. Springer-Verlag (1951).
49) Kollmann, F. P. and Côté, W. A. Jr.: Principles of wood science and technology. I. Springer-Verlag (1968).
50) Kozlowski, T. T.: Growth and development of trees, Vol. II. Academic Press (1971).
51) Kribs, D. A. Commercial foreign wood on the American market. Buckhout Lab. Penn. State Univ. (1959).
52) Kukachka, B. F.: Identification of coniferous wood. Tappi. **43**, 887 (1960).
53) 倉田悟：原色日本林業樹木図鑑, 1～4. 地球社 (1964～1973).
54) Mark, R. E.: Cell wall mechanics of tracheids. Yale Univ. Press (1967).
55) Metcalfe, C. R. & Chalk, L.: Anatomy of the Dicotyledons. I. II. Oxford (1950).
56) 右田・米沢・近藤編：木材化学 (上). 共立出版 (1968).
57) 木材工業編集委員会編：日本の木材. 日本木材加工技術協会 (1966).
58) 望月常：木材の工芸的利用. 三浦書店 (1920).
59) 日本木材学会編：国際木材解剖用語集. 木材誌. Vol. 10, No. 4, p. 147—166 (1964).
60) 日本木材学会組織と材質研究会編：材質に関する組織用語案について. 木材誌. Vol. 15, No. 8, p. 345—350 (1969).
61) 小倉謙：植物形態学. 養賢堂 (1934).
60) 小倉謙：植物解剖および形態学. 養賢堂 (1962).
63) 大井次三郎：日本植物誌. 至文堂 (1953).
64) Panshin, A. J. and De Zeeuw, C.: Textbook of wood technology. Vol. 1 (Third Edition)

McGraw-Hill Book Co. (1970).

65) Phillips, E. W. J.: The identification of coniferous woods by their microscopic structure. Forest Products Research Bull. 22. His Majestys stationary office (1948).

66) Philipson, W. R., Ward, J. M. & Butterfield, B. G.: The vascular cambium. Chapman & Hall Ltd. (1971).

67) Preston, R. D.: The molecular architecture of plant cell walls. Chapman & Hall (1952).

68) Record, S. J. and Hess, R. W.: Timbers of the New warld. Yale Univ. Press (1949).

69) Rendle, B. J.: World timbers. 1. Europe & Africa, 2. North & South America, 3. Asia & Australia & New Zealand. Univ. Tronto Press (1969, 1970).

70) Reys, L. J.: Philippine woods. Bureau of Printing (1938).

71) 林業試験場編：木材工業ハンドブック．丸善 (1973).

72) Roelfson, P. A.: The plant cell wall. Gebruder Borntraeger (1959).

73) Rydholm, S. A.: Pulping process. Interscience Publishers (1965).

74) 関谷文彦：木材の解剖的性質．朝倉書店 (1947).

75) 島地謙：木材解剖図説．地球出版 (1964).

76) Sporne, K. R.: The Morphology of Gymnosperms. Hutchinson & Co. (1965).

77) 須藤彰司：本邦産広葉樹材の識別（識別カードを適用して)．林試研報．**118**, 1 (1959).

78) 須藤彰司：熱帯材の識別．林試研報．**157**, 1 (1963).

79) 須藤彰司：南洋材の知識（訂正版)．地球出版 (1963).

80) 須藤彰司：南洋材．地球出版 (1970).

81) 須藤彰司：熱帯材の組織の特徴．熱帯林業．**23**, 1 (1972).

82) 杉原・越島・布施・福山・浜田共著：基礎木材工学．フタバ書房 (1973).

83) Tappi: The influence of environment and genetics on pulpwood quality. Tappi Monograph series 24, Tappi (1962).

84) Tomlinson, P. B.: Stem structure in arborescent Monocotyledons. In Zimmermann (ed.) The formation of wood in forest trees. Academic Press (1964).

85) 唐　燿：中国木材学．商務印書館 (1936).

86) Tsoumis, G.: Wood as raw material. Pergamon Press (1968).

87) Uphof, J. C. Th.: Dictionary of economic plants. Verlay Von J. Cramer (1968).

88) Willis, J. C.: A dictionary of the flowering plants & ferns. (3d. Edi.) Cambridge Univ. Press (1973).

89) 山林暹：朝鮮産木材の識別．養賢堂 (1938).

90) 山林暹：木材組織学．森北出版 (1958).

91) 山林暹：木材組織学（改訂版)．森北出版 (1962).

92) Zimmermann, M. H. (Editor): The formation of wood in forest trees. Academic Press (1964).

2. 実験手法に関連した参考文献

1) Gray, P.: The encyclopedia of microscopy and microtechnique. Van Norstrand Reinhold (1973).

2) 浜野健也：偏光顕微鏡の使い方．技報堂 (1969).

3) 本陣良平：医学生物学のための電子顕微境学入門．朝倉書店 (1968).

4) Jensen, W. A.: Botanical histochemistry. W. H. Freeman & Co. (1962).

5) Johansen, D. A.: Plant microtechnique. McGraw-Hill Co (1940).

6) 西山市三：新編細胞遺伝学研究法．養賢堂 (1963).

7) Sass, J. E.: Botanical microtechnique (3 rd ed.). Iowa State Univ. Press (1958).

8) 田中克巳：顕微鏡の使い方．裳華房 (1966).

国際木材解剖用語集抜すい（標準式ローマ字によるABC順）

	英　語	ドイツ語
A		
網状柔組織	Reticulate parenchyma	Netzförmiges Parenchym
網状せん孔板	Reticulate perforation plate	Netzförmige Perforationsplatte
圧縮あて材	Compression wood	Druck-Holz
あて材	Reaction wood	Reaktions-Holz
B		
晩　材	Late wood	Spät-Holz
ベスチャード壁孔	Vestured pit	Skulpturierter Tüpfel
帽状柔組織	Unilaterally paratracheal parenchyma	Einseitig paratracheales Parenchym
紡錘形放射組織	Fusiform ray	Spindelförmiger Markstrahl
紡錘形柔細胞	Fusiform parenchyma cell	Spindelförmige Parenchymzelle
紡錘形始原細胞	Fusiform initial	Fusiförminitiale
紡錘組織	Prosenchyma	Prosenchym
分岐壁孔	Ramiform pit	Tüpfel mit verzweigten Kanälen
分泌性細胞間げき	Secretory intercellular space	Interzellularer Exkretraum
分裂組織	Meristem	Meristem
分　野	Cross-field	Kreuzungsfeld
分野壁孔	Cross-field pitting	Kreutungsfeld-Tüpfelung
C		
チロソイド	Tylosoid	Thylosoid
チロース	Tylosis, pl. tyloses	Thylle
直立細胞	Upright ray cell	Aufrechte Markstrahlzell
頂端分裂組織	Apical meristem	Apikales Meristem
柱　晶	Styloid	Säulenkristall
中層（→細胞間層）		
D		
道　管	Vessel	Gefäss
道管放射組織間壁孔	Ray-vessel pitting	Markstrahl-Gefäss-Tüpfelung
道管状仮道管	Vascular tracheid	Gefäss-tracheide
道管せん孔	Vessel perforation	Gefäss-Durchbrechung
道管相互壁孔	Intervascular pitting	Intervasculare Tüpfelung
道管要素	Vessel member or element	Gefässglied oder Gefässelement
同形放射組織	Homocellular ray	
独立柔組織	Apotracheal parenchyma	Apotracheales Parenchym
独立帯状柔組織	Apotracheal banded parenchyma	Apotracheales gebändertes Parenchym
同類要素	Congeneric elements	Elemente gleichartiger Differenzierung
同性放射組織	Homogeneous ray	Homogener Markstrahlen
同性放射組織型	Homogeneous ray tissue	Homogenes Markstrahlgewebe
同心型材内師部	Concentric included phloem	Konzentrisches eingeschlossenes Phloem
E		
エピセリウム	Epithelium	Epithel
エピセリウム細胞	Epithelial cell	Epithelzelle

F		
フェロイド細胞	Phelloid cell	Phelloide Zelle
フィブリル	Fibril	Fibrille
フィブリル傾角	Fibril angle	Fibrillenwinkel
複合管孔	Pore multiple	Vielfach-Poren
不連続生長輪	Discontinuous growth ring	Auskeilender Zuwachsring
G		
外樹皮	Outer bark	Aussenrinde
外孔口	Outer aperture	Äussere Tüpfeloffnung
外側帽状柔組織	Abaxial parenchyma	Abaxiales Parenchym
原生木部	Protoxylem	Protoxylem
偽年輪	False annual ring	Falscher Jahrring
ゴム道	Gum duct	Gummiführender Gang
H		
半縁壁孔	Half-bordered pit	Einseitig behöfter Tüpfel
半縁壁孔対	Half-bordered pit-pair	Einseitig behöftes Tüpfelpaar
半環孔材	Semi-ring-porous wood	Halbringporiges Holz
伴細胞	Companion cell	Geleitzelle
破生（の）	Lysigenous	Lysigen
平伏細胞	Procumbent ray cell	Liegende Markstrahlzelle
閉そく壁孔対	Aspirated pit-pair	Verschlossenes Tüpfelpaar
壁　孔	Pit	Tüpfel
壁孔道	Pit canal	Tüpfelkanal
壁孔縁	Pit border	Tüpfelwulst
壁孔壁（壁孔膜）	Pit membrane	Tüpfelschliesshaut
壁孔こう〔腔〕	Pit cavity	Tüpfelhöhle
壁孔室	Pit chamber	Tüpfelkammer
壁孔対	Pit-pair	Tüpfelpaar
片複壁孔	Unilaterally compound pitting	Einseitig zusammengesetzte Tüpfelung
辺　材	Sapwood	Splintholz
非分泌性細胞間げき	Interstitial space Non-secretory intercellular space	Interstitialraum Exkretfreier Interzellularraum
皮　目	Lenticel	Lentizelle
ヒノキ型壁孔	Cupressoid pit	Cupressoider Tüpfel
皮　層	Cortex	Cortex
引張あて材	Tension wood	Zug-holz
方形細胞	Square ray cell	Quadratische Markstrahlzelle
放射複合管孔	Radial pore multiple	Radiale Vielfachpore
放射柔組織	Ray parenchyma	Markstrahl-Parenchym
放射仮道管	Ray tracheid	Markstrahltracheiden
放射乳管	Latex tube	Milchrohre
放射組織	Ray	Markstrahl
放射組織始原細胞	Ray initial	Markstrahlinitiale
表　皮	Epidermis	Epidermis
I		
一次放射組織	Primary ray	Primärer Markstrahl

一次壁	Primary (cell) wall	Primärwand
一次壁孔域	Primary pit-field	Primäres Tüpfelfeld
一次木部	Primary xylem	Primäres Xylem
一次師部	Primary phloem	Primäres Phloem
異形放射組織	Heterocellular ray	
異形細胞	Idioblast	Idioblast
移行材	Intermediate wood	Intermediäres Holz
インデンチャー	Indenture	Einkerbung
イニシアル柔組織	Initial parenchyma	Initiales Parenchym
異性放射組織	Heterogeneous ray	Heterogene Markstrahlen
異性放射組織型	Heterogenous ray tissue	Heterogenes Markstrahlgewebe
J		
軸方向柔組織	Axial parenchyma	Axiales parenchym
軸方向要素	Axialel elements	Axiale Elemente
じん皮繊維	Bast fibre	Bast-Faser
樹　皮	Bark	Rinde
重年輪	Double (or multiple) ring	Doppelter (oder vielfacher) Jahrring
柔細胞ストランド	Parenchyma strand	Parenchymstrang
樹脂道	Resin canal (duct)	Harzkanal
樹脂溝（→樹脂道）		
柔組織	Parenchyma	Parenchym
じゅず状末端壁	Nodular end wall	Endwand mit Knötchen
K		
仮道管	Tracheid	Tracheide
階段柔組織	Scalariform parenchyma	Leiterförmiges Parenchym
階段壁孔	Scalariform pitting	Leiterförmige Tüpfelung
階段せん孔板	Scalariform perforation plate	Leiterförmige Perforationsplatte
開　口（→孔口）		
隔壁柔細胞	Septate parenchyma cell	Gefächerte Parenchymzelle
隔壁木繊維	Septate wood fibre	Gefächerte (gekammerte) Faser
隔壁繊維状仮道管	Septate fibre-tracheid	Gefächerte (gekammerte) Fasertracheide
管　孔	Pore	Pore
環孔材	Ring-porous wood	Ringporiges Holz
乾　輪（→傷害輪）		
カリトリス型肥厚	Callitrisoid thickening Calitroid thickening	Callitrisoide Verdickung
夏　材（→晩材）	Summer wood	
形成層	Cambium	Kambium
形成層始原細胞	Cambial initial	Kambiuminitiale
形成層帯	Cambium zone	Kambialzone
結　晶	Crystal	Kristall
結晶細胞	Crystalliferous cell	Kristallführende Zelle
結合柔組織	Conjunctive tissue	Verbindungsgewebe
結合孔口	Coalescent (pit) aperture	Zusammenfliessende Tüpfelöffnung
交互壁孔	Alternate pitting	Wechselständige (alternierende) Tüpfelung
厚壁チロース	Sclerotic tylosis	Stein-Thylle

孔　口	Pit aperture	Tüpfelöffnung (Apertur)
孤立管孔	Solitary pore	Solitäre Pore
コルク皮層	Phelloderm	Phelloderm
コルク形成層	Phellogen	Phellogen
コルク組織	Phellem Cork	Phellem
後生木部	Metaxylem	Metaxylem
クラスレー	Crassula(e)	Crassulae
鎖状管孔	Pore chain	Porenkette
M		
窓状壁孔	Window-like pit	Fenstertüpfel
マオウ型せん孔	Ephedroid perforation plate	Ephedroide Perforationsplatte
マツ型壁孔	Pinoid pit	Pinoider Tüpfel
末端壁	End wall	Endwand
木　部	Xylem	Xylem
木部母細胞	Xylem mother cell	Xylem-Mutterzelle
木部放射組織	Wood or xylem ray	Holz- oder Xylem-Markstrahl
木部柔組織	Wood or xylem parenchyma	Holz- oder Xylem-Parenchym
木部繊維	Wood fibre (fiber)	Holz-faser
盲壁孔	Blind pit	Blinder Tüpfel
無孔材	Non-pored wood	Holz ohne Poren (porenfrei)
N		
内部辺材	Included sapwood	Eingeschlossenes Splintholz
内樹皮	Inner bark	Innerrinde
内孔口	Inner (pit) aperture	Innere Tüpfelöffnung
内側帽状柔組織	Adaxial parenchyma	Adaxiales Parenchym
粘液細胞	Mucilage cell	Schleimzelle
年　輪	Annual ring	Jahrring
年輪状柔組織（→ターミナル柔組織）		
二次放射組織	Secondary ray	Sekundärer Markstrahl
二次壁	Secondary (cell) wall	Sekundärwand
二次木部	Secondary xylem	Sekundäres Xylem
二次師部	Secondary phloem	Sekundäres Phloem
乳　管	Laticifer	Milchsaftzelle
乳　跡	Latex trace	Milchröhrenspur
O		
帯状柔組織	Banded parenchyma	Gebändertes Parenchym
横臥細胞（→平伏細胞）		
P		
ピスフレック	Pith fleck	Markfleck
R		
らせん肥厚	Spiral thickening	Schraubenverdickung
連合翼状柔組織	Confluent parenchyma	Confluentes Parenchym
レンズ状孔口	Lenticular (pit) aperture	Linsenförmige Tüpfelöffnung
リチドーム	Rhytidome	Rhytidom
離破生（の）	Schizo-lysigeous	Schizo-lysigen

輪内孔口	Included (pit) aperture	Eingeschlossene Tupfelöffnung
輪出孔口	Extended (pit) aperture	Überlappende Tüpfelöffnung
リップルマーク	Ripple marks	Horizontale streifung
離生（の）	Schizogenous	Schizogen
離接柔組織	Disjunctive parenchyma	Disjunktes Parenchym
S		
細 胞	Cell	Zelle
細胞壁	Cell wall	Zellwand
細胞壁の裂目	Cell wall check	Zellwandriss
細胞間道	Intercellular canal	Interzellulargang
細胞間げき	Intercellular space	Interzellularer Raum
細胞間層	Intercellular layer	Mittellamelle
細胞内こう〔腔〕	Lumen, pl. lumina	Lumen
三次壁	Tertiary (cell) wall	Tertiärwand
散孔材	Diffuse-porous wood	Zerstreutporiges Holz
散在型材内師部	Foraminate included phloem	Foraminiertes eingeschlossenes Phlo-em
散在柔組織	Diffuse parenchyma	Diffuses Parenchym
砂 晶	Crystal sand	Kristallsand
さや細胞	Sheath cell	Scheidenzellen
生長輪	Growth ring	Zuwachsring
生長輪界	Growth ring boundary	Zuwachsringgrenze
生長層	Growth layer	Zuwachszone
石細胞	Stone cell	Steinzelle
繊 維	Fiber Fibre	Faser
繊維状道管要素	Fibriform vessel member or element	Faserförmiges Gefässglied oder -ele-ment
繊維状仮道管	Fibre-tracheid	Fasertracheide
線形壁孔	Linear pit	Schlitztüpfel
せん孔板	Perforation plate	Perforationsplatte
せん孔縁	Perforation rim	Perforationsrand oder -leiste
師 板	Sieve plate	Siebplatte
師 部	Phloem	Phloem
師部母細胞	Phloem mother cell	Phloem-Mutterzellen
師部放射組織	Phloem ray	Phloem-Markstrahl
師部柔組織	Phloem parenchyma	Phloem-Parenchym
師 域	Sieve area	Siebfeld
師 管	Sieve tube	Siebröhre
師管要素	Sieve tube member	Siebröhrenglied
真正木繊維	Libriform wood fibre	Libriform-Faser
針 晶	Acicular crystal	Nadelförmiger Kristall
心 材	Heartwood	Kernholz
師細胞	Sieve cell	Siebzelle
傷害柔組織	Traumatic parenchyma	Wund-Parenchym
傷害輪	Traumatic ring	Wundring
傷害細胞間道	Traumatic intercellular canal	Traumatischer Interzellulargang
集団管孔	Pore cluster	Porengruppe

集合放射組織	Aggregate ray	Zusammengesetzter Markstrahl
周　皮	Periderm	Periderm
周囲柔組織	Vasicentric parenchyma	Vasizentrisches Parenchym
周囲仮道管	Vasicentric tracheid	Vasizentrische tracheide
春　材（→早材）	Spring wood	
集　晶	Druse	Druse
層階状配列要素	Storied elements	Stockwerk Elemente
層階状形成層	Storied cambium	Stockwerk-Kambium
側　壁	Longitudinal wall	
束　晶	Raphid(e), raphis, pl. raphides	Raphide
霜　輪（→傷害輪）		
早　材	Early wood	Früh-Holz
スギ型壁孔	Taxodioid pit	Taxodioider Tüpfel
水平壁	Transverse wall	
水平細胞間道	Radial intercellular canal	Radialer Interzellulargang
スクレレイド	Sclereid	Sklereide
ストランド仮道管	Strand tracheid	Strang-Tracheide
T		
対列壁孔	Alternate pitting	Wechselständige Tüpfelung
タイル細胞	Tile cell	Ziegelzelle
多孔せん孔	Multiple perforation	Vielfache Durchbrechung
ターミナル柔組織	Terminal parenchyma	Terminales Parenchym
単壁孔	Simple pit	Einfacher Tüpfel
単壁孔対	Simple pit-pair	Einfaches Tüpfelpaar
単列放射組織	Uniseriate ray	Einreihiger Markstrahl
単せん孔	Simple perforation	Einfache Durchbrechung
短接線状柔組織	Diffuse-in-aggregates parenchyma	Diffusaggregiertes Parenchym
多列放射組織	Multiseriate ray	Vielreihiger Markstrahl
多室結晶細胞	Chambered crystalliferous cell	Kristallkammer-Faser
トウヒ型壁孔	Piceoid pit	Piceoider Tüpfel
トラベキュレー	Trabecula, pl. trabeculae	Trabekel
トールス	Torus	Torus
Y		
翼状柔組織	Aliform parenchyma	Flügelförmiges Parenchym
要　素	Element	Element
有縁壁孔	Bordered pit	Behöfter Tüpfel
有縁壁孔対	Bordered pit-pair	Behöftes Tüpfelpaar
有孔材	Pored wood	Holz mit Poren
油細胞	Oil cell	Ölzelle
材内師部	Included phloem	Eingeschlossenes Phloem
Z		
ゼラチン繊維	Gelatinous fibre	Gelatinöse Faser
髄	Pith	Mark
随伴柔組織	Paratracheal parenchyma	Paratracheales Parenchym
随伴散在柔組織	Scanty paratracheal parenchyma	Spärlich paratracheales Parenchym

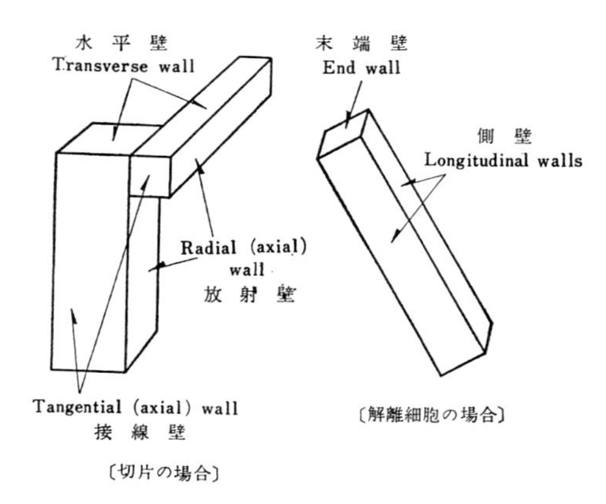

細胞壁の関係位置に関する用語

（この抜すいの中で，日本語と英語のみであげられている用語は，序文の第2ページ“執筆について”に述べた国際木材解剖用語集には用語としてあるが，Multilingual glossary of terms used in wood anatomy には含まれていないものである.）

索　　引（標準式ローマ字によるＡＢＣ順）

T

W

Y

Z

著 者 略 歴

島地　謙
1947年　東京大学農学部林学科卒業
1949年　東京大学助手
1961年　農学博士
1966年　東京大学助教授
1975年　京都大学教授
主要著書　木材解剖図説(1964)

須藤彰司
1952年　東京大学農学部林学科林産学専修卒業，同学大学院入学
1954年　静岡大学助手
1955年　農林省林業試験場木材部，1966年 材質研究室長
1965年　農学博士
1969年　組織研究室長
主要著書　南洋材の知識(1961)，南洋材(1970)

原田　浩
1949年　京都大学農学部林学科卒業
1951年　農林省林業試験場木材部
1958年　農学博士
1962年　京都大学助教授
1966年　京都大学教授
主要著書　木材工学(分担執筆)(1961)，Cellular Ultrastructure of Woody Plants(分担執筆)(1965)，木材化学（上）(分担執筆)(1968)

木材の組織

1976年4月5日　第1版第1刷発行

定価はカバー・ケースに表示してあります．

著者との協議により検印は廃止します．

著　者　島(しま)　地(じ)　謙(けん)
　　　　須(す)　藤(どう)　彰(しょう)　司(じ)
　　　　原(はら)　田(だ)　浩(ひろし)
発行者　森　北　常　雄
印刷者　増　田　嘉　十

発行所　森北出版株式会社
東京都千代田区富士見1—4—11
電話 東京（265）8341(代表)
振替 東京1-34757 郵便番号102

日本書籍出版協会・自然科学書協会・工学書協会　会員

落丁・乱丁本はお取替えいたします
印刷　祥文堂印刷／製本　長山製本

3061－9600－8409
Printed in Japan

木材の組織［新装版］

2016年7月29日　発行

著　者　島地　謙　須藤　彰司　原田　浩

発行者　森北　博巳

発　行　森北出版株式会社
〒102-0071
東京都千代田区富士見1-4-11
TEL　03-3265-8341　FAX　03-3264-8709
http://www.morikita.co.jp/

印刷・製本　株式会社ワコープラネット
〒101-0064
東京都千代田区猿楽町2-2-14

ISBN978-4-627-96219-4　Printed in Japan